T0237632

Gifte in unserer Umwelt

Thomas Miedaner · Andrea Krähmer

Gifte in unserer Umwelt

Thomas Miedaner
Universität Hohenheim
Stuttgart, Deutschland

Andrea Krähmer
Potsdam, Deutschland

ISBN 978-3-662-66577-0 ISBN 978-3-662-66578-7 (eBook)
https://doi.org/10.1007/978-3-662-66578-7

Die Deutsche Nationalbibliothek verzeichnet diese Publikation in der Deutschen Nationalbibliografie; detaillierte bibliografische Daten sind im Internet über http://dnb.d-nb.de abrufbar.

Planung/Lektorat: Stefanie Wolf
Springer ist ein Imprint der eingetragenen Gesellschaft Springer-Verlag GmbH, DE und ist ein Teil von Springer Nature.
Die Anschrift der Gesellschaft ist: Heidelberger Platz 3, 14197 Berlin, Germany

Inhaltsverzeichnis

1 Chemikalien, Gifte und die planetaren Belastungsgrenzen 1

2 Gifte in der Natur – von Botox bis Kugelfisch 11

3 Mykotoxine – giftige Schimmelpilze 51

4 Pestizide – Pflanzenschutz und Biozide 77

5 Dicke Luft – Feinstaub, NOx, CO_2 & Co 113

6 Hormone, Medikamente und was sich sonst noch in unseren Abwässern finden lässt 139

7 Kunststoffe – überall in unserer Umwelt 159

8 Belastung mit Radioaktivität – Bikini-Atoll, Kellerluft und Fukushima 191

9 Gifte im Haushalt – Weichspüler, Lacke und Desinfektionsmittel 211

10 Genussvolle Gifte – Zucker, Alkohol, Nikotin und andere Drogen 233

11 Schöne Gifte – bedenkliche Stoffe in Kosmetika 261

12 Bedenkliches in Lebensmitteln – Farbstoffe, Weichmacher, Enzyme und Schadstoffe 285

13 Schwere Metalle – Blei, Arsen, Quecksilber, Chrom und andere 319

14 Die Unaussprechlichen – PAK, PCB, Dioxine… 343

Stichwortverzeichnis 367

1

Chemikalien, Gifte und die planetaren Belastungsgrenzen

„Alle Dinge sind Gift, und nichts ist ohne Gift;
allein die Dosis machts, daß ein Ding kein Gift sei."
Philipus Theophrastus Bombastus von Hohenheim
genannt Paracelsus, Septem Defensiones, 1538

Chemie an sich ist nichts Schlechtes. Im Gegenteil, die gesamte belebte Natur kann mit chemischen Formeln und Reaktionen beschrieben werden. Das gilt für die Photosynthese genauso wie für unsere eigenen Stoffwechselprozesse. Und Chemie macht uns das Leben schöner, bunter, sicherer und leichter. Sie bringt uns Kosmetika, Farben und Lacke, Funktionskleidung, Mineraldünger, Fahrradhelme, Medikamente, Hausdämmung, Kondome und Handys. Ohne Chemie wäre unser heutiges Leben schlichtweg nicht denkbar. Aber Chemie kann auch schädigen.

Das Umweltprogramm der Bundesregierung beschreibt **Umweltchemikalien** als „Stoffe, die durch menschliches Zutun in die Umwelt gebracht werden und in Mengen oder Konzentrationen auftreten können, die geeignet sind, Lebewesen, insbesondere den Menschen, zu gefährden … Im engeren Sinne versteht man unter Umweltchemikalien chemische Produkte, die bei ihrer Herstellung, während oder nach ihrer Anwendung in die Umwelt gelangen" [1]. Es kann sich dabei auch um natürlich vorkommende Stoffe handeln, etwa Schwermetalle, die durch menschliche Tätigkeit wie Bergbau, Mülldeponien oder Abrieb von Autoreifen in die Umwelt gelangen. Aber natürlich gibt es auch eine große Zahl von Chemikalien, die von Menschen (anthropogen) hergestellt wurden und

T. Miedaner und A. Krähmer, *Gifte in unserer Umwelt*,
https://doi.org/10.1007/978-3-662-66578-7_1

eine Gefahr für die Umwelt darstellen. Außerdem gibt es Gifte, die die Natur selbst produziert und die keineswegs ungefährlicher sind. Tollkirsche, Fliegenpilz, das Gift der Klapperschlange und der Vogelspinne sind nur allgemein bekannte Gifte, hinzu kommen diejenigen von krankmachenden Bakterien und Schimmelpilzen, die in unseren Zimmerecken und auf verdorbenem Obst hausen. Allerdings treten diese Stoffe nur lokal oder temporal sehr begrenzt auf bzw. werden in der Umwelt schnell abgebaut. Anders bei den meisten anthropogenen Stoffen.

Die Dinge werden immer unübersichtlicher. Im Jahr 2015 wurde die Zahl von 100 Mio. bekannter Substanzen, die eine Registrierungsnummer (CAS-Nummer, *Chemical Abstract Service Registry Number*) erhalten hatten, überschritten. Vierzig Jahre zuvor waren nur rund 3 Mio. Chemikalien überhaupt beschrieben [2]. Im Dezember 2022, kurz vor Redaktionsschluss zu diesem Buch, waren es schon mehr als 203 Mio. registrierte organische und anorganische Verbindungen [3]. Weltweit werden schätzungsweise 350.000 Chemikalien oder Chemikalienmischungen in größeren Mengen produziert und in einer Unmenge von Produkten eingesetzt. Und die chemische Industrie ist die zweitgrößte verarbeitende Industrie der Welt. Ihre Produktion ist seit 1950 um das 50Fache gestiegen und wird sich von 2010 bis 2050 voraussichtlich noch einmal verdreifachen [4]. Überhaupt wird derzeit alles immer noch mehr. Nach derselben globalen Studie hat sich von 2000 bis 2015 der Ausstoß von Plastik um das 1,75Fache erhöht, der Verbrauch an Pestiziden stieg von 2008 bis 2017 um das 1,5Fache und das sind nur wenige Indikatoren für den Chemikalienverbrauch. Solche Maßzahlen führten kürzlich zu einer Diskussion um die planetaren Belastungsgrenzen. Dabei haben Linn Persson vom *Stockholm Resilience Center* und eine internationale Forschungsgruppe verschiedene Maßzahlen daraufhin untersucht, ob bereits die planetare Belastungsgrenze erreicht ist (Abb. 1.1). Sie unterschieden in drei Kategorien: 1) Wir sind noch im sicheren Bereich (grün), 2) es ist bereits unsicher, ob die Grenzen der Belastbarkeit schon erreicht sind (grau), oder 3) wir sind schon im nachweislich riskanten Bereich (rot).

Im Zusammenhang mit unserem Thema stehen dabei v. a. die chemische Belastung, die Klimakrise und damit zusammenhängend die Versauerung der Ozeane. Dabei haben wir die Belastungsgrenzen unserer Erde bereits überschritten oder sind kurz davor. Die Autoren schließen daraus, „dass die Menschheit derzeit außerhalb der planetaren Grenze operiert" und fahren fort: „Die zunehmende Produktion und Freisetzung größerer Mengen und einer höheren Anzahl neuartiger Substanzen mit unterschiedlichem Risikopotenzial übersteigt die Möglichkeiten der Gesellschaft, sicherheitsrelevante Bewertungen und Überwachungen durchzuführen" [4].

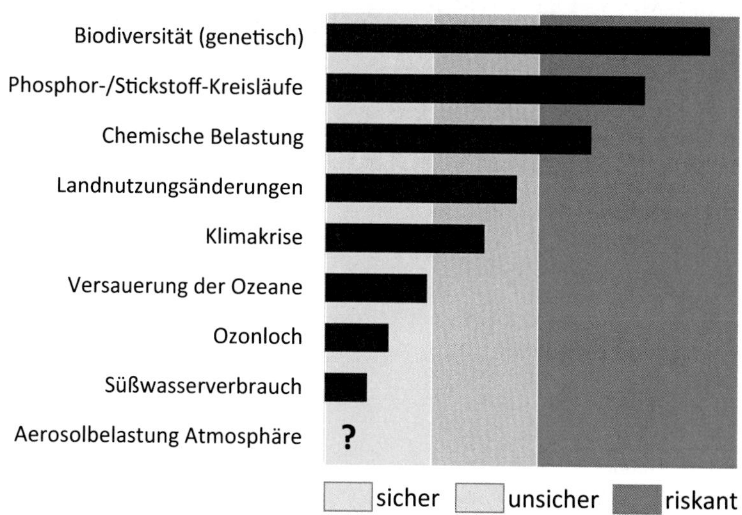

Abb. 1.1 Planetare Belastungsgrenzen sind für viele Maßzahlen bereits erreicht (riskant) oder kurz davor (unsicher) [4]

Das kann man leicht an den Bemühungen der EU festmachen, deren Verordnung zur „Registrierung, Bewertung, Zulassung und Beschränkung chemischer Stoffe (REACH)" weltweit als führend gilt. Sie trat 2007 in Kraft und bis Ende 2020 waren rund 23.000 chemische Stoffe registriert, davon mehr als 12.000 Stoffe als Ausgangs- oder Zielstoffe, d. h. keine nur temporär in der Synthese auftretenden Zwischenprodukte. Davon wiederum wurden nach 13 Jahren REACH nur 2400 Stoffe bewertet, also gerade einmal 10 %, wobei nur bei 786 Stoffen kein Risiko festgestellt wurde. Und eine solche behördliche Bewertung reicht noch nicht aus, um für die restlichen Stoffe wirklich Grenzwerte einzuführen [4].

Da die eingangs genannte Definition auf der Gefährdung von Lebewesen beruht, ist es durchaus legitim, solche Stoffe als Gifte zu bezeichnen. Denn ein Gift ist ja gerade dadurch gekennzeichnet, dass es einem Lebewesen Schaden zufügt. Entscheidend ist dabei natürlich die Dosis, wie schon Paracelsus wusste. Deshalb ist auch der Übergang vom Schadstoff zum Giftstoff häufig fließend. Selbst ein an sich harmloser Stoff wie Kochsalz (Natriumchlorid, NaCl) kann tödlich sein, wenn man zu viel davon einnimmt. Auch reines (entsalztes) Wasser kann zum Tode führen, obwohl es in keiner Weise giftig ist. Wenn man aber einem Menschen 10 L davon einflößt, kommt es zu einem osmotischen Entzug von Natrium aus den Körperzellen bis hin zum Tod (Tab. 1.1).

Tab. 1.1 LD_{50}- bzw. LC_{50}-Werte einiger Stoffe (Ratte, oral [5])

Substanz	LD_{50} [g/kg][a] (LC_{50} [g/L]) standardisiert
Wasser (entsalzt)	>90,0
Saccharose (Zucker)	29,7
Mononatriumglutamat (MSG)	16,6
Vitamin C (Ascorbinsäure)	11,9
Harnstoff	8,471
Ethanol (Alkohol)	7,06
Natriumchlorid (Kochsalz, NaCl)	3
***Δ⁹-trans*-Tetrahydrocannabinol** (THC)	1,27
Arsen (As)	0,763
Aspirin (Acetylsalicylsäure)	0,2
Coffein	0,192
Natriumfluorid (NaF)	0,052
Capsaicin	0,0472
Natriumcyanid (NaCN)	0,0064
Weißer **Phosphor**	0,00303
Aflatoxin B1 (aus ***Aspergillus flavus***)	0,00048
2,3,7,8-Tetrachlordibenzodioxin (TCDD, ein **Dioxin**)	0,00002
Polonium-210[b]	0,00000001
Botulinumtoxin (Botox)[c]	0,000000001

[a] Gramm je Kilogramm Körpergewicht
[b] Mensch Inhalation
[c] Mensch oral, Injektion, Inhalation

Um Giftwirkungen zu standardisieren, verfüttert man die Stoffe an Ratten oder Mäuse (oral) und bestimmt ihre letale Dosis (LD_{50}). Das ist die Dosis, bei der 50 % der Versuchstiere sterben und stellt eine errechnete statistische Maßzahl aus dem Tierversuch dar. Die LC_{50} ist die letale Konzentration, also eine aus der Umgebung des Lebewesens wirkende Stoffmengenkonzentration mit dem gleichen Effekt.

Die Tab. 1.1 zeigt auch, dass an sich harmlose Stoffe (Zucker, Glutamat), ja selbst das für die Gesundheit so wichtige Vitamin C, ab einer bestimmten Konzentration tödlich wirken können. Viele Stoffe erfordern allerdings eine unrealistisch hohe Menge, um giftig zu wirken. Beispielsweise THC, die Wirksubstanz des Haschisch. Niemand, der 70 kg schwer ist, wird wohl 120,4 g reines THC einnehmen, wenn doch schon ein Tausendstel dieser Menge für einen Rausch genügt. Deshalb gibt es weltweit keinen einzigen dokumentierten Todesfall, der durch die mit dem Haschisch aufgenommenen Menge an THC verursacht wurde. Das gilt natürlich auch für alle noch weniger gefährlichen Substanzen. Dennoch kann ein „Zuviel" z. B. auch an Vitamin C, erhebliche Gesundheitsschäden verursachen, beispielsweise durch unsachgemäßen Verzehr von meist unnatürlich hoch konzentrierten Nahrungsergänzungsmitteln, weniger aber durch übermäßigen Verzehr von Obst oder Gemüse.

Dabei sind aber nicht alle Stoffe für alle Lebewesen gleich giftig. So ist das Theobromin aus dem Kakao für uns ein Genussmittel, während es für Hunde und Katzen ab einer geringen Dosis tödlich ist. Außerdem beziehen sich diese Angaben nur auf die akute Toxizität eines Stoffes, also seine unmittelbare Wirkung. Es gibt Stoffe, die eine chronische Toxizität aufweisen, also erst dann schädlich werden, wenn sie über lange Zeit hinweg eingenommen oder eingeatmet werden. Dazu gehört beispielsweise das Nikotin. Eine Zigarette wird wohl niemanden schädigen, wer aber sein ganzes Leben raucht, wird mit hoher Wahrscheinlichkeit einen Schaden davontragen.

Die Giftigkeit hängt nicht mit der Herkunft eines Stoffes – natürlich oder synthetisch – zusammen. So ist das reine Coffein relativ giftig, obwohl es viele von uns täglich über das Naturprodukt Kaffee zu sich nehmen. Und die giftigste derzeit bekannte Substanz ist ein natürliches Bakteriengift (Botulinum). Das lassen sich manche Menschen sogar unter die Haut spritzen, um durch eine zeitweise Lähmung von Muskeln vorübergehend Fältchen zu beseitigen. Ebenfalls sehr giftig ist Polonium, ein auch natürlich vorkommendes, radioaktives Zerfallsprodukt von Radon.

Man kann die Gefährlichkeit von Umweltgiften auch danach ordnen, wie viele Menschen weltweit davon betroffen sind. Das hat die US-Umweltorganisation *Pure Earth,* New York zusammen mit dem *Green Cross* Schweiz 2015 gemacht und kam für die sechs gefährlichsten Gifte auf folgende Rangfolge [7]:

1. Blei (26 Mio. Menschen),
2. Radionuklide (22 Mio. Menschen),
3. Quecksilber (19 Mio. Menschen),
4. Chrom (16 Mio. Menschen),
5. Pestizide (7 Mio. Menschen),
6. Cadmium (5 Mio. Menschen).

Die beiden Organisationen gehen davon aus, dass diese industriellen Schadstoffe weltweit mehr Lebensjahre beeinträchtigen *(disability adjusted life years)* als Malaria und nur noch von HIV/AIDS übertroffen werden. In der überwiegenden Zahl sind davon Menschen des globalen Südens betroffen, weniger die aus Industrieländern.

Während es zur Bestimmung der akuten Toxizität ziemlich einfach ist, Ratten so lange mit einem Stoff zu füttern, bis sie tot umfallen, ist es wesentlich schwerer, das chronische bzw. „nur" schädigende Potenzial von Umweltgiften zu beurteilen. Warum? Weil …

- … Stoffe auch in Konzentrationen, die weit unter der akuten Toxizität liegen, chronisch schädlich sein können. Für die Bestimmung der chronischen Toxizität benötigt man aber sehr aufwendige Langzeitversuche.
- … wir ständig einer Vielzahl von Substanzen ausgesetzt sind und deren Wechselwirkung kaum zu bestimmen ist.
- … bestimmte Gefährdungsgruppen (z. B. Asthmatiker, Kinder, ältere Menschen) wesentlich empfindlicher sein können als der Durchschnitt der Bevölkerung.
- … Frauen und Männer sehr unterschiedlich auf den gleichen Stoff reagieren können und die Wirkung überhaupt sehr von den gesamten Lebensumständen abhängig ist (z. B. Alkoholkonsum, Essverhalten, Lebenszufriedenheit).
- … die physiologische Wirkung vieler, vielleicht sogar der meisten Stoffe, überhaupt nicht exakt bekannt ist.
- … Dosis-Wirkungs-Beziehungen sich auch bei Langzeitstudien kaum herstellen lassen.

Und dann gibt es noch das „Dreckige Dutzend": Das sind Chemikalien, die als so gefährlich und umweltgefährdend eingestuft wurden, dass sie im Stockholmer Übereinkommen vom 22. Mai 2001 weltweit verboten wurden. Es handelt sich dabei um organische Chlorverbindungen, die im Verdacht stehen, kanzerogen, mutagen und teratogen zu wirken und die sich in der Umwelt anreichern. Auf der Liste stehen v. a. Pflanzenschutzmittel der 1. Generation (u. a. Aldrin, DDT, Lindan) und Nebenprodukte von Verbrennungsprozessen (Dioxine, Furane). Seit 2009 wurden weitere Stoffe aufgenommen. Alle diese Stoffe befinden sich trotz z. T. Jahrzehnte zurückliegender Verbote immer noch in der Umwelt, da sie häufig nur sehr langsam abbaubar (persistent) sind und sich deshalb anreichern.

Ein riesiges Problem stellen auch alte Holz- und Flammschutzmittel dar, die heute zwar nicht mehr angewendet werden, aber überall noch in den Gebäuden verarbeitet sind und ausgasen. Sie wurden wegen ihrer hohen Persistenz eingesetzt, schließlich sollen tragende Holzbalken nicht innerhalb einiger Jahrzehnte verrotten. Aber genau das macht sie jetzt zum Problem. Hinzu kommen Weichmacher aus Plastikspielzeug, Bodenbelägen und Vinyltapeten, PCB, Lösemittel aus Möbeln, Lacken, Kleber. Diese Chemikalien finden sich überall – in der Luft, im Wasser und in alltäglichen Konsumprodukten. Man kann ihnen kaum entgehen. Amerikanische Forscher untersuchten kürzlich das Blut von Neugeborenen und deren Müttern in San Francisco auf 3.500 Industriechemikalien [8]. Dabei fanden sich tatsächlich 109 Umweltchemikalien, von denen 55 noch nie zuvor im Menschen nachgewiesen wurden. Bei 42 dieser Substanzen sind weder die Quelle noch die Anwendung und schon gar nicht die Gesundheitswirkung auf das ungeborene Kind bekannt [8]. Darunter fanden sich Stoffe aus Medikamenten, Weichmachern und Textilien, Kosmetika und Haushaltsreinigern. Dazu kamen 3 Flammschutzmittel, 23 Pestizide und 7 polyfluorierte Alkylverbindungen. Von all diesen Stoffen wird in den nachfolgenden Kapiteln noch ausführlicher die Rede sein.

„Gefahren" und „Risiken" sind nicht dasselbe? [9]

„Eine Gefahr ist eine mögliche Bedrohung für die Gesundheit aufgrund der inhärenten Eigenschaften eines Stoffes, etwa seiner Fähigkeit zur Schädigung der Nieren oder zur Erzeugung von Krebs. Das von einem Stoff ausgehende Risiko schädlicher Wirkungen hängt jedoch ab von:

- der Stoffmenge, der Menschen ausgesetzt sind,
- der Expositionsdauer,
- dem Zeitpunkt der Exposition, d. h. als Fötus, Kind oder Erwachsener".

Ein noch viel schwierigeres Gebiet ist die Zunahme der Allergien und Unverträglichkeiten, die seit Jahrzehnten beobachtet wird. Zum Beispiel ergab eine Vergleichsuntersuchung aus der Schweiz, dass Heuschnupfen im Jahre 1926 bei rund 1 % der Bevölkerung, 1958 bei schon 4,5 % und 1985 bei mittlerweile 10 % auftrat [10]. Heute geht man davon aus, dass in allen Industriestaaten 10–20 % der Bevölkerung unter einer Allergie leiden. Auch wenn man verbesserte Diagnosemöglichkeiten und eine größere Achtsamkeit der Menschen ins Spiel bringt, lässt sich diese Steigerung dennoch nicht kleinreden.

Dabei können allergische Reaktionen sehr viele Ursachen haben: natürliche Stoffe (Pollen, Nahrungsmittel) genauso wie Umweltchemikalien. Neben Heuschnupfen spielen dabei auch Kontaktallergien eine große Rolle, die nach Angaben des Hamburger Allergologen Professor Karl-Heinz Schulz häufig auf Inhaltsstoffe von Kosmetika, Textilien und Haushaltschemikalien zurückzuführen sind [10]. Als Verursacher von Asthma wird besonders auch eine Belastung von Gebäuden mit Schimmelpilzen, v. a. der Gattung

Alternaria, angenommen. Diese Mikroorganismen wachsen in Wohnungen auf Textilien, Tapeten, Blumenerde und Lebensmitteln. Die gleichen Effekte können auch die in Lebensmitteln enthaltenen Konservierungs-, Aroma- und Farbstoffe verursachen.

Auch die schlechte Luftqualität in den Innenstädten hat einen Anteil daran. Zwar sind wir weit von den katastrophalen Zuständen entfernt, die in Peking, Mexiko City und anderen Megastädten herrschen. Aber eine höhere Allergieanfälligkeit, Feinstaubemissionen und Luftschadstoffe spielen auch bei uns eine Rolle. So steigt seit rund 100 Jahren die Zahl der erwachsenen Asthmakranken. Besonders drastisch war der Anstieg in den vergangenen 3–4 Jahrzehnten in den westlichen Industrienationen. Inzwischen stagniert hier die Zahl der Erkrankten [11].

Wenn man über geringste Mengen von schädlichen Stoffen spricht, muss man sich klarmachen, welch geringe Mengen heute durch die Fortschritte der analytischen Chemie nachgewiesen werden können (Tab. 1.2).

Die Tatsache, dass die Spurenanalytik heute Mengen nachweisen kann, die vor 10, 15 und gar 50 Jahren undenkbar waren, führt natürlich auch dazu, dass man jetzt viel häufiger und viel mehr Substanzen in der Umwelt findet. Die verbesserten Analysetechniken erklären auch die eingangs beschriebene Zunahme an bekannten Substanzen in den letzten Jahrzehnten. Zudem ermöglichen sie die Erforschung von Auswirkungen geringerer Konzentrationen an Schadsubstanzen, sogenannte subletale Effekte. Bei einigen Chemikalien sind die Abbauprodukte deutlich gefährlicher als die ursprüngliche Substanz, sodass in der Analytik auch diese Abbauprodukte berücksichtigt werden müssen. Das macht die Sache nicht einfacher.

Besondere Vorschriften gibt es heute für Materialien, die für den Kontakt mit Lebensmitteln vorgesehen sind. Sie dürfen keine Stoffe an die Lebensmittel abgeben (Migration), die die Gesundheit gefährden oder die Eigenschaften der Nahrungsmittel beeinträchtigen. Allerdings sind viele dieser

Tab. 1.2 Erläuterung zu Konzentrationsangaben, die analytisch heute nachweisbar sind, mit Beispielen [12]

Ein Stück Würfelzucker (2,5 g) aufgelöst in …		
	entspricht	Beispiel
0,25 L (Tasse)	10 g/kg (%)	Alkohol in Getränken
2,5 L (Flasche)	1 g/kg (‰)	Alkohol im Blut
2.500 L (Lkw)	1 mg/kg (ppm)	Nitrat im Wasser
2,5 Mio. L (Tankschiff)	1 µg/kg (ppb)	Schwermetall im Wasser
2,5 Mrd. L (Stausee)	1 ng/kg (ppt)	Dioxine im Boden
2,5 Billionen L (See)	1 pg/kg (ppq)	Dioxine in der Muttermilch

Stoffe nicht vermeidbar oder kommen nur in so geringen Mengen vor, dass sie von der europäischen Behörde für Lebensmittelsicherheit (EFSA) oder vom Bundesinstitut für Risikobewertung (BfR) als gesundheitlich unbedenklich angesehen werden [12].

Was bleibt zu tun?

Was man tun kann, um sich und seine Kinder vor Umweltchemikalien zu schützen, zeigen führende kanadische Gesundheits- und Umweltexperten der "Canadian Partnership for Childrens Health and Environment" (CPCHE). Sie kamen dabei auf sechs relativ einfach zu befolgende Punkte [13]:

1. Staub reduzieren,
2. Hausstaub enthält besonders viele Umweltchemikalien aus der Luft und den im Haushalt verwendeten chemischen Mitteln. Häufiges feuchtes Wischen und Staubsaugen hilft.
3. Natürliche, parfümfreie Reinigungsmittel einsetzen, weil Parfüme den Hormonhaushalt beeinflussen können; von antibakteriellen Produkten wird abgeraten.
4. Mit Umsicht und Vorsicht renovieren, weil Staub und Dämpfe aus Farben und Klebstoffen entstehen, im Zweifelsfall Atemschutzmasken verwenden.
5. Bestimmte Plastikarten verbannen, z. B. keine Plastikbehälter für die Essensaufbewahrung benutzen, weil sie häufig Bisphenol A enthalten, PVC („Vinyl") enthält Phthalate; Lebensmittel möglichst frisch, in Gläsern eingeweckt, getrocknet oder tiefgefroren aufbewahren.
6. Quecksilberarme Fischarten wie Makrele, Hering, Wildlachs oder Regenbogenforelle bevorzugen. Thunfisch kann geradezu gefährlich für Kinder sein.

Und noch eines ist wichtig, auch wenn es die kanadischen Experten nicht aufführen: Das Wissen um die Chemikalien in unserer unmittelbaren Umgebung kann bereits zu ihrer Vermeidung führen. Dazu will das vorliegende Buch einen Beitrag leisten.

Literatur

1. UBA (o. J.) Umweltbundesamt. Umweltchemikalien. https://sns.uba.de/umthes/de/concepts/_00025149.html. Zugegriffen: 24. Aug 2022
2. Sacher F (2016) Spurenstoffe in der Umwelt – Bedeutung für Mensch und Ökologie. Zukunftsforum Naturschutz, 26. November 2016. https://lnv-bw.de/wp-content/uploads/2016/11/Sacher-Spurenstoffe-2016.pdf. Zugegriffen: 24. Aug 2022

3. CAS Registry®. https://www.cas.org/cas-data/cas-registry. Columbus, Ohio, USA. Zugegriffen: 24. Aug 2022
4. Persson L, Carney Almroth BM, Collins CD et al (2022) Outside the safe operating space of the planetary boundary for novel entities. Environ Sci Technol 56(3):1510–1521
5. WIKIPEDIA: Gift. https://de.wikipedia.org/wiki/Gift. Zugegriffen: 05. Juni 2023
6. Bernard E (2022) Planetare Belastungsgrenze für Schadstoffe überschritten. https://www.scinexx.de/news/geowissen/planetare-belastungsgrenze-fuer-schadstoffe-ueberschritten/. Zugegriffen: 24. Aug 2022
7. PureEarth/Green Cross (2015) World's worst pollution problems 2015 – The new top six toxic threats: a priority list for remediation world's worst. https://www.greencross.ch/wp-content/uploads/uploads/media/pollution_report_2015_top_six_wwpp.pdf. Zugegriffen: 24. Aug 2022
8. Wang A, Abrahamsson DP, Jiang T et al (2021) Suspect screening, prioritization, and confirmation of environmental chemicals in maternal-newborn pairs from San Francisco. Environ Sci Technol 55(8):5037–5049
9. EFSA (2015) European food safety authority. Wissenschaftliches Gutachten zu Bisphenol A. https://www.efsa.europa.eu/sites/default/files/corporate_publications/files/factsheetbpa150121-de.pdf. Zugegriffen: 05. Juni 2023
10. Anonym (1985) Allergien – Empfindliche Steigerung. ZEIT online. http://www.zeit.de/1985/50/empfindliche-steigerung. Zugegriffen: 24. Aug 2022
11. Mutius E, Maison M (2019) Wie häufig ist Asthma? https://www.lungeninformationsdienst.de/krankheiten/asthma/verbreitung/index.html. Zugegriffen: 24. Aug 2022
12. Anonym (o. J.) Migration ist zu vermeiden. http://www.papierverarbeitung.de/wpv/verbraucherschutz/migration/. Zugegriffen: 24. Aug 2022
13. Anonym (2015) Umweltgifte – Fünf Wege zum unbelasteten Leben. Focus online. https://www.focus.de/gesundheit/gesundleben/vorsorge/umweltgifte-fuenf-wege-zum-unbelasteten-leben_aid_637395.html. Zugegriffen: 24. Aug 2022

2

Gifte in der Natur – von Botox bis Kugelfisch

Nicht alles, was sich an Gift in der Umwelt findet oder in sie gerät, ist menschengemacht. Das wird oft von denen vergessen, die pauschal „das Natürliche" loben. Was wird nicht alles mit dem Stichwort „natürlich" beworben: „Natürlich stark" (Pharma), „natürlicher Mehrwert" (Fruchtsaft), „natürliche Zutaten" (Fertigsoße). Selbst den Slogan „natürlich werben" gibt es, als wäre das nicht ein (falscher) Zirkelschluss. Denn anscheinend glauben alle, dass das, was die Natur uns gibt, automatisch gut für sie ist. Als gäbe es nicht giftige Pflanzen, lebensgefährliche Pilze und tödliche Tiere. Als wäre die Natur selbst nicht während der längsten Zeit der Menschheitsentwicklung „unsere größte Gefahr" gewesen. Aber 100 Jahre unserer „künstlichen" Zivilisation haben offensichtlich genügt, um das gründlich vergessen zu machen. Erst ein potenziell tödliches Virus wie SARS-CoV-2 hat uns wieder gezeigt, wie gefährlich die Natur sein kann.

Die Natur hilft sich immer dann mit Giften, wenn sie effizient töten möchte oder sich wirksam verteidigen muss. Das Erste gilt für Bakterien ebenso wie für Giftschlangen, das Letztere v. a. für Pilze und Pflanzen. Als Toxine bezeichnet man dabei Gifte, die von Lebewesen gebildet werden. Und davon gibt es eine schier unglaubliche Vielfalt. Von den 13 giftigsten Stoffen überhaupt, kommen 10 direkt aus der Natur (Tab. 2.1), nur das Nervengift VX (Rang 6) und das Dioxin TCDD (Rang 7) sind menschengemachte Substanzen. Und Polonium-210 (Rang 2) ist ein natürlich auftretendes radioaktives Isotop.

T. Miedaner und A. Krähmer, *Gifte in unserer Umwelt*,
https://doi.org/10.1007/978-3-662-66578-7_2

Tab. 2.1 Die gefährlichsten biologischen Substanzen der Natur und ihre Giftigkeit als standardisierte tödliche Konzentration im Vergleich zu Kochsalz (NaCl [1], ergänzt); LD_{50}=Stoffmenge, bei der 50 % der Lebewesen sterben

Rang	Substanz	Herkunft	LD_{50}, Testobjekt, Verabreichung	Konzentration[a] [g/kg]
	Natriumchlorid, NaCl	–	3 g/kg, Ratte, oral	3,0
13	Cantharidin	Insekt	500 µg/kg, Mensch, oral	0,0005
12	Aflatoxin B1	Pilz	480 µg/kg, Ratte, oral	0,00048
11	Peptide und Proteine im Gift der brasilianischen Wanderspinne	Spinne	134 µg/kg, Ratte, subkutan	0,000134
10	Amanitin	Pilz	100 µg/kg, Mensch, oral	0,0001
9	Taipoxin	Schlange	25 µg/kg, Ratte, subkutan	0,000025
8	Ricin	Pflanze	22 µg/kg, Ratte, intraperitoneal	0,000022
5	Batrachotoxin	Frosch	2–7 µg/kg, Mensch, subkutan	0,000002
4	Abrin	Pflanze	0,7 µg/kg, Maus, intravenös	0,0000007
3	Maitotoxin	Dinoflagellat	0,13 µg/kg, Maus, intraperitoneal	0,00000013
1	Botulinumtoxin	Bakterium	1 ng/kg, Mensch, oral, Inhalation	0,000000001

[a] Zur besseren Verdeutlichung der Relation ist hier auf die Größenordnung g/kg vereinheitlicht. Damit wird ersichtlich, dass die Giftwirkung zwischen NaCl und Botulinumtoxin bei oraler Aufnahme um den Faktor 3.000.000.000 zunimmt. Oder anders, es reicht der dreimilliardste Teil des Gewichtes von NaCl an Botulinumtoxin für die gleiche Giftwirkung

Dennoch gibt es Unterschiede zwischen natürlichen und menschengemachten (anthropogenen) Giften. Bei Letzteren ist die Mehrheit der Stoffe sehr schwer in der Umwelt abbaubar, viele verteilen sich über den gesamten Planeten und können lokal in extrem hohen Konzentrationen vorkommen. Natürliche Gifte mit Ausnahme von radioaktiven Elementen und Schwermetallen entstammen selbst biologischen Prozessen und können durch solche wieder von Organismen abgebaut werden. Sie sind also weniger dauerhaft (persistent) als menschengemachte Giftstoffe und treten zudem meist nur lokal oder temporär auf. In einer gesunden Umwelt können sie daher kaum zu einer globalen Gefahr werden, weshalb ihr Risikopotenzial für die Umwelt im Vergleich zu menschengemachten Stoffen erheblich geringer ist.

Toxische Bakterien

Bakterien sind Lebensformen, die auf unserem Planeten überlebensnotwendig sind. Dies beginnt schon bei uns selbst. Jeder Mensch trägt auf und in sich etwa zehnmal so viele Bakterien, wie er eigene Körperzellen besitzt. Und das umfasst dabei auch mindestens 400 Arten! Allein im Mund finden sich 10^{10} Bakterienzellen, im Verdauungstrakt leben noch 10.000-mal mehr. Ohne sie könnten wir weder Nahrung verdauen noch überleben. Denn diese nützlichen Bakterien sorgen neben ihren eigentlichen Funktionen auch dafür, dass sich keine anderen schädlichen Bakterien einnisten können. Außerdem produzieren wir mithilfe von Bakterien Lebensmittel wie Essig, Joghurt und Sauerkraut, um nur die Wichtigsten zu nennen. Es gibt jedoch auch einige schädliche Bakterien, wie jeder weiß. Diese sind dann aber wirklich gefährlich und einige davon produzieren hochwirksame Giftstoffe, Bakterientoxine. Das Bekannteste ist gleich auch schon das giftigste Toxin, das überhaupt in der Natur entsteht, Botulinumtoxin. Das wird vom Bakterium *Clostridium botulinum* produziert und in seine Umgebung (das Substrat) abgegeben (Exotoxin). Der zweite Namensteil kommt übrigens von lat. „botulus", was Wurst bedeutet. Wir werden darauf gleich zurückkommen. Das Botulinumtoxin ist eine absolut tödliche Mischung von verschiedenen, nah verwandten Eiweißkörpern (Proteine), die sogar noch von einem speziellen Hüllprotein geschützt werden und deshalb unbeschadet selbst die Magensäure überstehen. Bereits wenige milliardstel Gramm (Nanogramm, ng) Botulinumtoxin können tödlich sein. Oder anders ausgedrückt: Mit der Menge an Toxin, die einem Salzkorn entspricht, könnte man theoretisch eine halbe Million Menschen töten [2].

Entdeckt wurde das Bakterium Ende des 19. Jahrhunderts bei der Untersuchung von Schinken, an dem damals drei Menschen gestorben waren. Es kommt überall in unseren Böden vor und bevorzugt pH-neutrale, sauerstofffreie, aber hoch nährstoffhaltige Substrate bei Temperaturen von über 10 °C. Deshalb war es früher besonders häufig in Konserven zu finden, wie eben Wurst-, Fleisch- und Fischkonserven, Mayonnaise, aber auch Frucht- und Gemüsekonserven. Die Bakterien führen in der Regel nicht zu Infektionen, das ist das Besondere daran, sondern nur das im Produkt gebildete Toxin kann einen Menschen töten. Es hemmt die Erregungsübertragung von Nervenzellen, was zu einer Muskelschwäche und infolgedessen zu Schluck-, Sprech- und Sehstörungen führt. Weiter kann es zu Muskellähmungen bis hin zum Stillstand der Lungenfunktion kommen, die dann als Atemlähmung tödlich ist. Heute sind aufgrund der großen Hygiene bei der

Lebensmittelproduktion Vergiftungen mit Bolulinumtoxin selten geworden. Trotzdem sollte man auf keinen Fall Konserven essen, deren Deckel aufgebläht erscheint und nach außen gewölbt ist. Meist riechen sie auch unangenehm und sollten deshalb sofort entsorgt werden. Auch 5 min Kochen führt zur Denaturierung des hitzelabilen toxischen Proteins und macht den Doseninhalt wieder sicher. Darauf sollte aber besser verzichtet werden. Denn in Deutschland finden sich immerhin jährlich 20–40 Fälle, von denen aber zum Glück lediglich 1–2 tödlich enden. Denn im frühen Stadium rettet heute ein Antiserum die betroffenen Menschen.

Weniger als Todesursache ist Botulinumtoxin heute in einem anderen Zusammenhang im Gespräch. Dieses giftigste aller Gifte, das die Natur bereithält, wird nämlich vielfach im kosmetischen Bereich eingesetzt und ist als Botox bekannt, obwohl das nur einer von mehreren Produktnamen ist. Wird es stark verdünnt in den Muskel gespritzt, blockiert dieser und kann nicht mehr wie gewohnt angespannt werden [2]. Das führt zu einer Glättung der Falten im Gesicht, beispielsweise der Augenfältchen. Das Fühlen und Tasten wird dabei nicht beeinträchtigt, allerdings kann die emotionale Mimik eingeschränkt werden. Das Gesicht erstarrt zu einer, wenn auch faltenfreien Maske. Die Wirkung hält 2–6 Monate an. Und so kommen die Patienten immer wieder. Dabei kostet eine Injektion mehrere Hundert Euro. Aber auch durch die Berichte der Massenmedien und das Vorbild von prominenten Personen hat sich Botox zum großen Geschäft entwickelt. In den USA und bei uns ist es die Nummer 1 aller Schönheitsbehandlungen. Experten schätzen den Markt auf 3 Mrd. USD und erwarten, dass er sich in den nächsten Jahren noch verdoppeln wird [3]. Dies schließt auch medizinische Anwendungen ein, etwa bei schweren Muskelverkrampfungen (Dystonie) oder chronischer Migräne. Warum das Bakterium sein Gift produziert, ist nicht einfach zu erklären. Vielleicht verteidigt es damit sein Substrat gegenüber anderen Mikroorganismen. Da es Warmblüter nicht infizieren kann, hat es auch keinen evolutionären Sinn, sie zu vergiften.

Das sieht beim verwandten Tetanuserreger *(Clostridium tetanus)* schon ganz anders aus, der ein chemisch ähnliches Toxin produziert [1]. Er kommt ebenfalls überall in unserer Umwelt vor und gelangt durch die Verschmutzung von Wunden z. B. durch Straßenstaub in den Körper. Ist die Wunde so tief, dass es zum Sauerstoffabschluss kommt, dann vermehrt sich das Bakterium und produziert Tetanospasmin. Ähnlich wie das Botulinumtoxin schädigt es die Nervenzellen, die die Muskelzellen steuern. Dadurch kommt es zu den namensgebenden Krämpfen, denn die Krankheit ist auch als Wundstarrkrampf bekannt, was sehr treffend sowohl den Übertragungsweg als auch die Symptome beschreibt. Wird die Krankheit nicht behandelt, führt sie zum Tod durch Atemlähmung. Der Erreger produziert noch ein zweites Toxin, das Tetanolysin, das herzschädigend ist, aber für die Erkrankung keine große Rolle spielt. Die beste Vorbeugung ist die Impfung, die dazu führte, dass es in Deutschland heute kaum noch 10 Erkrankungen pro Jahr gibt. Dabei dient übrigens das unschädlich gemachte Toxin als wirksamer Bestandteil, in dem es zu einer aktiven Immunisierung des Körpers führt.

Ähnlich verfährt man auch bei der Impfung gegen Diphtherie, einer weiteren durch ein Bakterientoxin verursachten Krankheit [1]. Hier stoppt das Toxin des Bakteriums *Corynebacterium diphtheriae* die Eiweißbildung im Körper. Ebenfalls Toxine produzieren weitere Bakterien, die oft tödlich verlaufende Krankheiten verursachen: Typhus, Cholera, Pertussis, Milzbrand, wobei deren Toxine unterschiedliche Wirkmechanismen haben.

Noch einmal zurück zur Lebensmittelvergiftung. Das Botulinumtoxin ist heute kein Problem mehr, wohl aber Vergiftungen durch Staphylokokken, die über die Hände von Metzger oder Küchenpersonal in Lebensmittel gelangen können und sich dort vermehren. Nachfolgendes Kochen und sogar die Magensäure töten zwar den Erreger *Staphylococcus aureus* ab, die verschiedenen, von ihm gebildeten Toxine überstehen aber diese Prozeduren und führen dann zu heftigem Durchfall und Erbrechen [1]. Da die Toxine nicht von den Bakterien abgegeben werden (Enterotoxine), entfalten sie erst beim Zerfall der Bakterienzellen, etwa durch die menschliche Verdauung, ihre Wirkung.

Tierische Gifte

Bei Giften denkt wohl jeder zuerst an Schlangen. Tierische Gifte dienen einerseits der Verteidigung, wie die Gifte von Insekten (Bienen, Wespen, Hornissen) oder Fröschen, andererseits aber auch dem Töten, womit wir bei den Schlangen wären. Bei Fischen gibt es beides. Einige Stechrochen, Seekatzen oder Stierkopfhaie nutzen das Gift zur Jagd, andere, wie etwa der berühmte Kugelfisch, sind nur passiv giftig, d. h., ihre Toxine machen erst Probleme, wenn man sie verzehrt.

Berühmt für ihre Gifte sind die tatsächlich auch zoologisch sogenannten Pfeilgiftfrösche (Baumsteigerfrösche). Sie umfassen zahlreiche Arten und einer der giftigsten ist ein kleiner gelber Frosch, der auf Deutsch „Schrecklicher Pfeilgiftfrosch“ *(Phyllobates terribilis)* heißt (Abb. 2.1). Sein Batrachotoxin ist neurotoxisch und auch für Menschen tödlich [4].

Abb. 2.1 Zwei Vertreter der Pfeilgiftfrösche aus den tropischen Regenwäldern: Der Schreckliche Pfeilgiftfrosch (*Phyllobates terribilis,* links [5]) aus Kolumbien und der Blaue Baumsteiger *(Dendrobates tinctorus azureus),* eine Farbvariante des Färberfrosches aus Surinam (rechts)

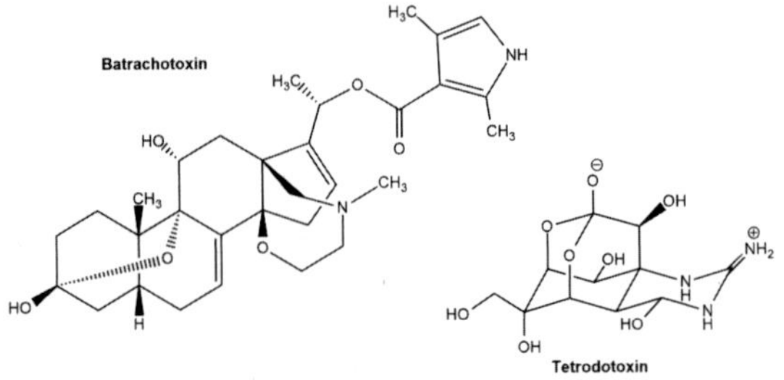

Abb. 2.2 Strukturformeln von Batrachotoxin, dem Gift des Pfeilgiftfrosches *Phyllobates terribilis,* und des Gegengiftes Tetrodotoxin vom Kugelfisch

Auf gesunder Haut zeigt dieses Gift keine Wirkung, es kann aber schon in kleinste Verletzungen eindringen und inaktiviert dann die Natriumkanäle, was zu Verkrampfungen, Kribbeln und Taubheit führt. Das geht in schweren Fällen bis hin zu Atemlähmungen und kann bei einem Menschen innerhalb von nur 20 Minuten zum Tod führen [4]. Ein Gegengift gegen Batrachotoxin ist Tetrodotoxin – das Gift des Kugelfisches (Abb. 2.2). Tetrodotoxin blockiert die Nervenkanäle schon am Nervenaxon und hebt damit die Wirkung des Froschgiftes Batrachotoxin auf.

Die Frösche der Gattung *Dendrobates* (Abb. 2.1) produzieren dagegen ein weniger giftiges Pumiliotoxin.

Genauere Untersuchungen zeigten, dass die entsprechenden Frösche nicht überall gleich giftig sind und dass sie in Gefangenschaft ihre Giftigkeit verlieren. Dies führte zu der Erkenntnis, dass sie das Gift gar nicht selbst produzieren, sondern über die Nahrung aufnehmen („Sequestrierung“).

Durch das Fressen von bestimmten Insekten, etwa Schuppenameisen oder Hornmilben, gelangen sie an das Gift und lagern es in oder unter ihrer Haut ein. Deshalb gibt es auch nicht „das" Pfeilgiftfrosch-Toxin. Und sie sind nicht einmal besonders wählerisch. Bei den Erdbeerfröschchen *(Oophaga pumilio)* aus Costa Rica und Panama fanden sich im Verlauf von 30 Jahren 232 giftige Alkaloide [6]. Ihre häufig besonders intensive Färbung ist ähnlich wie bei unserem leicht giftigen Feuersalamander ein Warnsignal an die Fressfeinde.

Ein auch kulturell berühmtes Insektengift ist das Cantharidin, das Gift der Spanischen Fliege (*Lytta vesicatoria,* Abb. 2.3), einem intensiv grün glänzenden Käfer [7]. Es war schon Hippokrates und Plinius dem Älteren bekannt und hatte von Anfang an den Ruf eines Aphrodisiakums. Angeblich mischten es reiche Römer in das Essen, um ihre Gäste zu sexuellen Ausschweifungen zu animieren. Der Stoff wird von verschiedenen Käfern gebildet, die ihn teils zur Verteidigung (Wehrsekret), teils als sexuelles Lockmittel verwenden. Cantharidin ist ein starkes Reiz- und Nervengift, das beim Menschen auch Gesundheitsschäden verursachen kann. Das geht von Hautirritationen bis hin zu Blasenbildung und Nekrosen. Sein Ruf als Aphrodisiakum ist wohl nicht ganz unbegründet und es wurde in der Geschichte immer wieder dafür gepriesen [7]. Allerdings ist die Dosierung, wie bei allen Naturstoffen, nicht ganz einfach und der Mann, der sich sein Glied mit zermahlener Spanischer Fliege einreibt, kann zwar mit einer Erektion belohnt werden. Diese kann jedoch bei Überdosierung auch eine schmerzhafte Dauererektion bewirken, die bis zur bleibenden Impotenz führen kann. Das ist dann offensichtlich des Guten zu viel. Bei Einnahme der getrockneten Insekten kann es auch noch zu Nierenschäden kommen.

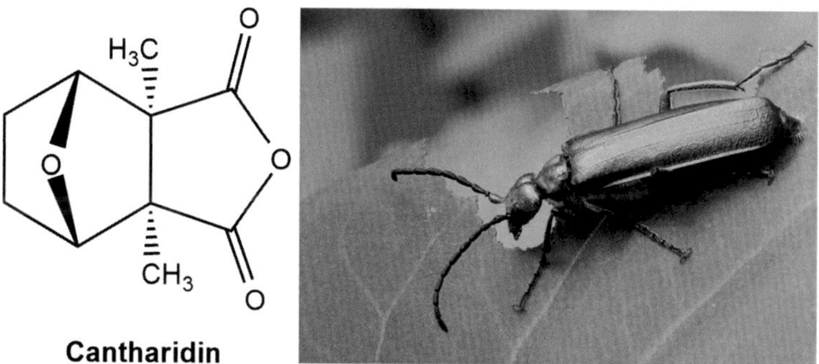

Abb. 2.3 Strukturformel von Cantharidin, dem Insektentoxin der Spanischen Fliege *(Lytta vesicatoria)* und das lebende Tier [8]

Als giftigste Schlange der Welt gilt der australische Inlandtaipan *(Oxyuranus microlepidotus),* der in einem abgelegenen Gebiet in den heißen Wüstengegenden des westlichen Queensland lebt [9]. Hauptbeute sind Mäuse und andere kleine Nager. Deshalb ist es etwas geheimnisvoll, warum ausgerechnet diese Schlange ein so starkes Gift produziert. Man hat ausgerechnet, dass mit einer gefüllten Giftblase theoretisch 250.000 Mäuse oder 150.000 Ratten bzw. 250 Menschen getötet werden könnten [9]. Damit ist der Inlandtaipan 50-mal giftiger als eine Indische Kobra [10]. Er produziert als Nervengift Taipoxin (ein Peptid) und außerdem Enzyme, die die Blutgerinnung hemmen und die roten Blutkörperchen und Muskelzellen zerstören. Eigentlich trifft der Mensch kaum auf diese Schlange. Sie lebt nämlich die meiste Zeit des Jahres in tiefen Felsenspalten und unterirdischen Gängen. Nur im Frühjahr kommt sie an sonnigen, warmen Tagen heraus.

Die giftigste Spinne der Welt stammt zwar aus Südamerika, hat aber auch in Deutschland schon Schlagzeilen gemacht. Wegen ihr wurden Supermärkte geräumt und Polizei und Feuerwehr geholt. Sehr gelegentlich wurde sie nämlich schon in Obstkisten als blinder Passagier gefunden. Es ist die Brasilianische Wanderspinne der Gattung *Phoneutria,* von der es 8 Arten gibt [11]. Die giftigste davon ist *Phoneutria nigriventer,* die nur in Brasilien, Paraguay, Uruguay und Argentinien vorkommt. Wegen ihres Drohverhaltens wird sie von den Einheimischen *Armadeira* genannt, was so viel wie „bewaffnet" heißt. Die Übersetzung ihres lateinischen Gattungsnamens ist nicht viel beruhigender. Er heißt „Mörderin". Ihr Gift – ein Mix verschiedener Proteine und Peptide – kann starke Schmerzen auslösen, es kommt zu einem erhöhten Blutdruck, Fieber, Schwindel, Übelkeit und Erbrechen. In schweren Fällen führt es manchmal zu einem Lungenödem, Schockzustand und Kreislaufversagen und es kann dann als eines der wenigen Spinnengifte auch für einen Erwachsenen tödlich sein. Bei Männern kann es auch noch eine Dauererektion auslösen, die unbehandelt zur Impotenz führt. Das wäre vielleicht ein Ansatzpunkt für ein neues Viagra? Das Neurotoxin wirkte in Tierversuchen als Calciumkanalblocker und Schmerzstiller. Daher könnte es vielleicht auch pharmakologisch interessant sein, da es eine ganz andere Wirkungsweise hat als das weitverbreitete Schmerzmittel Diclofenac [11].

Die Obstimporteure tun einiges, um einen Mittransport dieser – auch „Bananenspinnen" genannten – Gifttiere zu vermeiden. Die Bananen werden von Hand verpackt, 20 min in einem Wasserbad gereinigt – einige besprühen sie mit Chlorlösung – und der Schiffstransport findet oft unter sehr geringem Sauerstoffgehalt statt. Dies ist kein adäquater Lebensraum für Spinnen. Wie der Name „Wanderspinne" sagt, baut sie keine Netze, sondern geht aktiv auf Beutefang. Mit dem Gift lähmt sie die Beutetiere (z. B. Schaben, Grillen, kleine Skorpione, Mäuse und Frösche) und verspeist sie dann in Ruhe. Die Tiere werden bis 5 cm groß, sind als sehr aggressiv beschrieben und entsprechend ihrem Jagdverhalten auch sehr schnell in ihren Reaktionen. Dass diese Spinne unabsichtlich nach Deutschland kommt, ist extrem selten, denn wir importieren weniger als 1 % unserer Bananen aus Brasilien. Und aus Uruguay, Paraguay und Argentinien, wo sie ebenfalls natürlicherweise vorkommt, gar keine [12]. Die Wahrscheinlichkeit ist also um ein Vielfaches höher, dass sich, wenn überhaupt, eine andere tropische, weniger giftige oder ungiftige Spinne in den Obstkisten findet.

Auch in Australien gibt es eine Spinne, die Menschen gefährlich werden kann: die Sydney-Trichternetzspinne *(Atrax robustus)*. Sie baut trichterförmige Netze und lauert in der Dunkelheit auf Beute, die sie dann mit ihrem Gift betäubt [10]. Zur Paarungszeit gehen die Männchen auf Wanderschaft, wo es dann zum Zusammentreffen mit Menschen im Raum Sydney kommen kann. Auch diese Spinne sondert ein Nervengift (ebenfalls ein Protein) ab, das nach und nach die Muskulatur und damit auch die Atmung lähmt.

Und dann gibt es noch die Gifte wirbelloser Meerestiere, die für Taucher und v. a. Strandbesucher und Schnorchler, die viel nackte Haut zeigen, tödlich sein können. Dazu gehört die Seewespe *(Chironex fleckeri)*, die im Pazifischen Ozean und vor der Nord- und Ostküste Australiens vorkommt [10]. Ihre Nesselzellen, die an bis zu 3 m langen Tentakeln sitzen, entlassen bei Berührung feine Fäden, die sich durch die Haut des Opfers ätzen und ein sehr starkes Gift absondern. Es ist ebenfalls ein Nervengift, das zu Muskel- und Atemlähmung sowie zum Herzstillstand führt. Der Tod tritt innerhalb von Minuten ein. Äußerst qualvoll ist auch der Tod durch das Gift der Krustenanemone (*Palythoa* spp.). Es kommt dabei ebenfalls zur Lähmung des gesamten Muskelapparates. Die indigene Bevölkerung Hawaiis nutzte dieses Palytoxin als Speergift. Vergiftungen mit Palytoxin, einer der größten, bekannten Naturstoffe, gibt es auch hierzulande, wenn Aquarienfreunde mit der Anemone in Kontakt kommen. Dabei kann das Gift sowohl über die Haut als auch bei ungenügender Belüftung über die Atemwege aufgenommen werden.

Und dann gibt es noch hübsch gemusterte Kegelschnecken (*Conus* spp.), von denen einige Fische oder Schnecken als Beute erjagen (Abb. 2.4). Da diese Kegelschnecken sehr langsam sind, muss ihr Gift (Conotoxin, ein Peptid) sehr schnell wirken. Es ist ein Nervengift, verursacht beim Menschen große Schmerzen und führt zu Muskellähmungen und Seh- und Atemstörungen. Ein einziger Biss soll bis zu 20 Menschen töten können.

Abb. 2.4 Gefahr aus dem Meer: die Vielfalt der Kegelschnecken (*Conus* spp.) (links [13]) und ein Blaugeringelter Krake *(Hapalochlaena lunulata)* aus Indonesien (rechts [14]). Im linken Bild in der oberen Reihe sind Kegelschnecken, die Fische erbeuten, in der unteren Reihe solche, die Schnecken jagen, gezeigt. Unter ihnen finden sich diejenigen mit den stärksten Toxinen

Auch die Blaugeringelten Kraken (*Hapalochlaena* spp., Abb. 2.4) haben Speichel mit einem potenten Nervengift, dem Tetrodotoxin (s. Abb. 2.2), das auch dem Kugelfisch seine Giftigkeit verleiht [10]. Es dauert nur wenige Stunden, bis der Tod durch Lähmung der Atemmuskulatur und Herzkammerflimmern eintritt, was dazu führt, dass die Opfer bei vollem Bewusstsein ersticken. Das Gift wird nicht von den Tieren selbst produziert, sondern von Bakterien, die in den Speicheldrüsen der Kraken leben.

Dann gibt es noch die Dubois' Seeschlange *(Aipysurus duboisii)* aus Südostasien und Australien, die als tödlichste Seeschlange der Welt gilt. Es kommt durch ihr Gift ebenfalls zu Muskellähmungen, die letztlich zu Atemstillstand führen. Der Todeskampf kann 8 Stunden bis 3 Tage dauern und auch hier ist ein Peptid für die Gefährlichkeit verantwortlich. Eiweiße verleihen auch den Steinfischen *(Synanceiinae)* ihre Giftigkeit. Steinfische sind oft algenbewachsen und sehen genauso aus wie sie heißen. Sie lauern tagelang, perfekt getarnt am Boden, bis zufällig Beute nahe genug heranschwimmt [10]. Einige Arten injizieren ein auch für Menschen tödliches Gift, das zu starken Schmerzen, Blutdruckabfall, Kammerflimmern und Lähmungen bis hin zur Atemlähmung führt. Die Stacheln können selbst Badeschuhe durchstechen und bringen das Gift tief in die Wunde. Sie leben im tropischen Indopazifik, aber auch im Roten Meer und gehören zu den giftigsten Fischen überhaupt.

Natürlich verteidigen

Pilze und Pflanzen sind bekanntlich ortsgebunden und Weglaufen ist daher keine Verteidigungsoption. Für sie sind Gifte deshalb ein natürliches Mittel zur Abwehr von Fressfeinden und Krankheitserregern. Fressfeinde umfasst dabei alles von Kühen bis zu Insekten, von Ziegen bis zu Fadenwürmern. Deshalb ist es auch nicht verwunderlich, dass manche Pilze und Pflanzen recht starke Gifte beinhalten. Einer der giftigsten pflanzlichen Stoffe überhaupt ist auch wieder ein Protein, das Abrin, das von der Paternostererbse *(Abrus precatorius)* produziert wird (s. Tab. 2.1). Es ist mit dem Ricin verwandt, das aus den Samen des Wunderbaums *(Rizinus communis)* gewonnen wird und bei der Extraktion von Rizinusöl anfällt. Es ist bereits in geringsten Mengen tödlich und war auch schon als biologischer Kampfstoff im Gespräch. Als Protein bewirkt es die Inaktivierung der Ribosomen, lebensnotwendiger Zellorganellen. Dazu hat es einen Bestandteil, der an die Zelloberfläche bindet, wodurch es von der Zelle aktiv aufgenommen wird. Ein zweiter Bestandteil des Toxins entfaltet dann die giftige Wirkung. Dadurch wird die gesamte Eiweißsynthese der Zelle gestört und sie kann nicht mehr wachsen. Bei Einnahme einer entsprechenden Dosis tritt der Tod durch Kreislaufversagen bereits nach 2 Tagen ein.

Eines der giftigsten bekannten Toxine, das Maitotoxin, stammt von Einzellern (Dinoflagellaten), v. a. der Art *Gambierdiscus toxicus.* Da Fische diese Lebewesen gerne fressen, kann es dadurch beim Gourmet zu einer sogenannten „Fischvergiftung" kommen (Ciguarata-Vergiftung), die jedoch vom Toxin der gefressenen Tierchen stammt. Den Fisch selbst scheint das nicht besonders zu schädigen. Maitotoxin gilt als die giftigste Substanz, die sich im Meer findet [15]. Sie erhöht den Fluss von Calciumionen im Herzmuskel und kann zum Herztod führen. Zudem gehört dieses Toxin zu den größten, durch Biosynthese in einem lebenden Organismus gebildeten, nicht polymeren Strukturen.

Ein in der Natur weitverbreitetes Gift ist die Blausäure (Cyanwasserstoff, H-C≡N), dessen Salze Cyanide heißen. Es wird von Bakterien, Algen und Pflanzen gleichermaßen produziert – es ist also quasi ein universelles Gift. Es kommt in den Produzenten nicht in freier, also giftiger, sondern in einer inaktiven Form vor, die erst bei Verwundung zur giftigen Blausäure umgewandelt wird. Das macht die Verteidigungsfunktion überdeutlich. Solange der Produzent nicht angegriffen wird, ist er harmlos. Kommen aber Fressfeinde, dann werden sie eines Bitteren belehrt. Das führt in den meisten Fällen dazu, dass sie nicht weiterfressen, sondern sich bekömmlicheren Pflanzen zuwenden. Dazu passt, dass Cyanid häufig in den Vermehrungsorganen vorkommt, die besonders geschützt werden müssen, etwa in den Kernen von (Bitter-)Mandeln, Pfirsich, Sauerkirsche, aber auch in Hülsenfrüchten. Das Fruchtfleisch lockt die Fresser an und so ist es auch gedacht: Sie können das Süße ruhig verzehren, sollen dann aber die Kerne möglichst wieder ausspucken oder ausscheiden und somit weit verteilen, was der Verbreitung dient. Und da hilft das Cyanid. Es findet sich aber auch in Maniok, weshalb diese tropische Knolle nicht roh gegessen werden darf. Erst muss die Blausäure durch aufwendiges Verreiben der Knolle und mehrfaches Waschen herausgelöst werden. Bei Aprikosen- oder Bittermandelkernen ist die Giftigkeit begrenzt. Erwachsene müssten rund 60 Kerne essen, um zu Tode zu kommen, bei Kindern genügen 5–10 Kerne [16].

Cyanid gehört zu den am schnellsten wirkenden Giften der Welt. Deshalb befand es sich auch in den Giftkapseln, die die Nazi-Größen in den letzten Kriegstagen mit sich herumtrugen. Ein Zerbeißen einer solchen Kapsel führt rasch und ohne Rettungsmöglichkeit zum Tod. Denn Cyanid hemmt ein spezielles Enzym, die Cytochrom-c-Oxidase. Sie ist für die Sauerstoffaufnahme der Zellen verantwortlich, weshalb eine Hemmung zum Tod durch Ersticken führt. Dabei reichen bereits 6 mg für einen Erwachsenen aus.

Eine besondere raffinierte Methode der Giftigkeit findet sich bei manchen Weidegräsern, etwa dem weltweit vorkommenden Deutschen Weidelgras *(Lolium perenne)*. Sie tragen in manchen Weltgegenden in relativ hohen Anteilen einen toxinbildenden Pilz (*Neotyphodium lolii,* früher *Epichloë*) in ihrem Gewebe [17]. Die Pilze machen den ganzen Lebenszyklus der Pflanze mit, ohne diese zu schädigen (endophytisches Wachstum) und bilden mehrere Toxine. So verteidigen sie die Pflanze, während sie selbst durch die Pflanze ernährt und geschützt werden. Eine *Win-win*-Situation sozusagen. Allerdings gibt es doch einen Verlierer, nämlich die Weidetiere, die sich von diesen Gräsern ernähren und durch die Toxine sehr krank werden können. Bemerkbar macht sich die „Weidegras-Taumelkrankheit" bei Pferden u. a. durch Nervenstörungen, unablässiges Kopfschütteln bis hin zu schweren Lähmungserscheinungen und Koliken. Auch Schafe und Ziegen sind davon erheblich betroffen, weil sie die Gräser bis zum Erdboden verbeißen und gerade in den unteren Teilen der Pflanze die höchsten Gehalte vorhanden sind. Das Gras schützt damit seinen empfindlichen Bestockungsknoten, aus dem es immer wieder neu austreiben kann. Da Rinder das Gras nicht so tief verbeißen, sind sie von der Weidekrankheit kaum betroffen. Auch dieses Detail zeigt wieder, dass es bei giftigen Pflanzen v. a. um Selbstschutz geht.

Als man in den 1970er-Jahren diese Zusammenhänge entdeckte, befreite man im Experiment das Gras von seinem endophytisch wachsenden Pilz durch Gewebekultur. Doch das gab eine große Überraschung. Der Pilz schützt nämlich nicht nur die Pflanze mit seinen Giftstoffen vor Weidetieren, die zu tief abbeißen, sondern macht sie auch widerstandsfähiger gegen Trockenstress, Blattläuse, Viren und andere krankheitserregende Pilze. Außerdem steigert der Pilz durch die sekundären Inhaltsstoffe, die er abgibt, die Biomasse der Gräser. Deshalb findet man ihn besonders häufig in Gegenden, die für das Gras wegen zu großer Trockenheit oder Hitze ungünstige Wachstumsbedingungen bereithalten.

Gefahr durch Giftpilze

Früher war es durchaus üblich, Bauernkinder nachmittags nach der Schule in den Wald zu schicken, um Pilze für das Abendessen zu sammeln. Heute ist das Pilzsammeln üblicherweise ein Hobby. Die meisten mitteleuropäischen Pilze sind ungefährlich, einige wenige ungenießbar und noch ein paar weniger sind wirklich giftig. Dabei bezeichnet man als Giftpilze nur die Großpilze und deren Toxine als Pilzgifte, während die Gifte der Schimmelpilze (Mikropilze) Mykotoxine (s. Kap. 3) genannt werden. Obwohl es bei uns nur sehr wenige hochgiftige Großpilze gibt, kommt es im Jahr zu einigen Tausend Vergiftungsfällen (Tab. 2.2), die meisten davon enden mit Übelkeit und starken Brechdurchfällen, die bis zu 6 Tage anhalten können (gastrointestinales Syndrom) oder mit Bauchschmerzen,

Tab. 2.2 Die häufigsten Vergiftungen mit einheimischen Pilzen 2006 aus insgesamt 1704 Fällen; fett gedruckte Pilze können tödlich sein ([18], Gifte ergänzt durch [19])

Pilz	Häufigkeit [%]	Syndrom	Gifte
Knollenblätterpilze	**5,1**	**Phalloides**	**Amatoxine, Phallotoxine**
Karbolegerlinge	3,4	Gastrointestinales Syndrom	Agaricon, Xanthodermin
Hallimasch (roh)	3,0		
Pantherpilze	**1,9**	Amanita muscaria-Syndrom	**Ibotensäure → Muscimol**
Fliegenpilze	1,8		Ibotensäure → Muscimol
Gallenröhrlinge	1,7		
Düngerlinge	1,4	Psilocybin	Psilocin, Psylocybin u. a.
Kahle Kremplinge	**1,0**	**Paxillus**	**Hämolysine, Hämagglutinine**
Satans-Röhrling	0,9		

Übelkeit und Erbrechen (Pilzunverträglichkeit). Letzteres ist dabei ein Schutzmechanismus des Körpers. Statistisch gesehen sind in Deutschland Todesfälle durch Blitze (8–10 pro Jahr) doppelt so häufig wie tödliche Pilzvergiftungen (2–5 pro Jahr [18]). Für Letzteres sind dann nur 4 Pilzarten verantwortlich, die tatsächlich einen Erwachsenen töten können: Grüner Knollenblätterpilz, Frühjahrslorchel, Pantherpilz und Kahler Krempling.

Die giftigsten Pilze sind die Knollenblätterpilze und dabei v. a. der Grüne Knollenblätterpilz (*Amanita phalloides,* Abb. 2.5). Bei einer Vergiftung kommt es in den ersten 12–24 Stunden zu Übelkeit, starkem Erbrechen sowie Durchfällen, die zu starkem Flüssigkeitsverlust führen. Dann scheint sich der Patient zu erholen, während 1–2 Tage nach dem Pilzverzehr die richtigen Schäden auftreten: Gelbverfärbung der Haut, Blutgerinnungsstörungen und im schlimmsten Fall Nieren- und Leberversagen. Der Tod durch Leberkoma tritt meist zwischen 6 und 10 Tagen ein und kann in späten Stadien nur durch eine Lebertransplantation verhindert werden. Besonders gefährlich an den Knollenblätterpilzen ist, dass sie leicht mit dem schmackhaften Wiesenchampignon verwechselt werden. Zudem haben sie einen nur milden Eigengeschmack, sodass es keine Warnsignale gibt. Im Jahr 2010 wurden dem Bundesinstitut für Risikobewertung 10 Vergiftungsfälle mit Knollenblätterpilzen gemeldet. Im Durchschnitt gibt es etwa 5 Todesfälle jährlich. Die enthaltenen Gifte sind Amatoxine und Phallotoxine, die jeweils in verschiedenen Varianten vorkommen. Letztere werden wohl im Darm kaum resorbiert, die kritischste Substanz ist das hitzestabile Amanitin, das beim Kochen und Braten erhalten bleibt. Die tödliche Dosis liegt beim Menschen bei 0,1 mg/kg Körpergewicht, die bereits in 35 g frischem Pilz enthalten sind. Das bedeutet, dass ein einziger Pilz tödlich sein kann [20].

Zur selben Gattung gehört der Pantherpilz *(Amanita pantherina),* der in seltenen Fällen ebenfalls zum Tode führen kann22. Er enthält die an sich

Abb. 2.5 Die bekanntesten Giftpilze Deutschlands: der Grüne Knollenblätterpilz (links [21]) und ein junger Fliegenpilz (rechts)

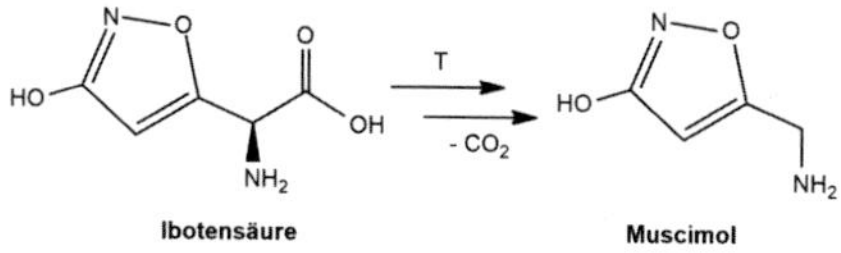

Abb. 2.6 Struktur von Ibotensäure und der Prozess der Trocknung zu Muscimol

schon giftige Ibotensäure, die durch Trocknung in Muscimol umgewandelt wird, das weniger giftig, aber hoch halluzinogen ist (Abb. 2.6). Der Pantherpilz wurde deshalb, ähnlich wie der Fliegenpilz, von sibirischen Völkern für Initiationsriten verwendet 22. Die tödliche Menge ist in etwa 100 g Frischpilz enthalten. Es kommt dann erst zu Übelkeit, Durchfall und Erbrechen, später zu Rauschzuständen, Krampfanfällen und Verwirrtheit. Bei der vollen Dosis kann es zum Koma und Tod durch Atemlähmung kommen. Auch eine Leberschädigung wird häufig berichtet.

Der nah verwandte Fliegenpilz *(Amanita muscaria)* ist – zumindest in seiner roten Form – eigentlich kaum mit Speisepilzen zu verwechseln (Abb. 2.5). Sein Gift (ebenfalls Ibotensäure) wirkt genauso wie beim Pantherpilz. Dabei kann es neben Angst und Depressionen auch zu Euphorie bis hin zu Glückszuständen kommen [23]. Typisch sind wohl Störungen des Raum-Zeit-Gefühls, ein Gefühl des Schwebens, Farbillusionen und Muskelzuckungen. Bei diesen Symptomen ist es kein Wunder, dass in der frühen Neuzeit Menschen, die in einem solchen Rausch beobachtet wurden, als Hexen oder Hexer verbrannt wurden. Eine Fliegenpilzvergiftung verläuft nicht tödlich, v. a., weil die (geschätzte) tödliche Dosis mit 1.000 g frischer Fliegenpilze viel zu hoch ist, als dass sie jemals verzehrt wird. Die Schamanen von indigenen sibirischen Völkern nutzten den Fliegenpilz wegen seiner Ekstase auslösenden Eigenschaft als Mittel, um mit der spirituellen Welt in Verbindung zu treten. Dabei kommt der Name „Fliegenpilz" aber nicht von einem durch ihn vermittelten Gefühl des Fliegens, sondern weil er auch für Fliegen tödlich ist. Der Inhaltsstoff hat nachgewiesenermaßen eine leicht insektizide Wirkung.

Aus demselben Grund wie beim Grünen Knollenblätterpilz, nämlich einer Verwechslung mit einem wertvollen Speisepilz, kann es auch bei der Frühlingslorchel *(Gyromitra esculenta)* zu Todesfällen kommen. Sie ähnelt nämlich der wohlschmeckenden Speisemorchel. Der Giftstoff Gyromitrin (Abb. 2.7) führt, ähnlich wie das Gift der Knollenblätterpilze, zunächst zu Übelkeit, Kopfschmerzen und Koliken, zu Brechdurchfällen und leichter Gelbsucht. Ab dem 3. Tag nach dem Pilzverzehr kommt es zu Bewusstseinsstörungen bis hin zu Leber- und Nierenversagen. Das Toxin ist flüchtig

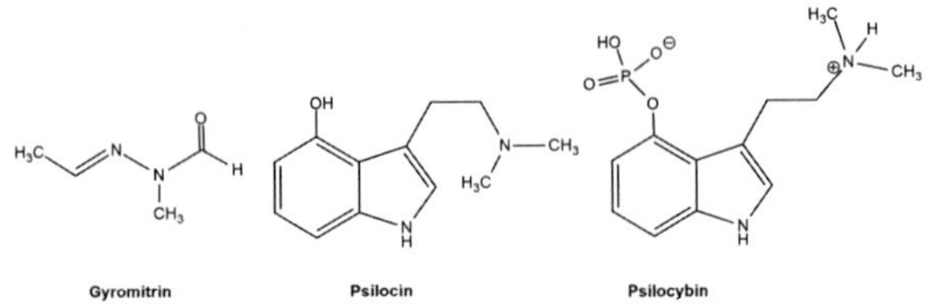

Abb. 2.7 Gyromitrin als Giftstoff der Frühlingslorchel und die zwei psychogenen Pilzgifte Psilocin und Psilocybin aus den Düngerlingen

und instabil, es entweicht bei zweimaligem, intensivem Kochen sowie beim Trocknen. Deshalb gilt der Pilz eigentlich als essbar, der lateinische Name „esculenta" sagt genau das aus. Allerdings sind die beim Kochen entstehenden Dämpfe toxisch und können auch zu Vergiftungen führen.

Interessant sind auch die einheimischen Düngerlinge: kleine schmale Pilze, die oft übersehen werden. Sie enthalten nämlich Psilocybin, ein halluzinogener Stoff, der ursprünglich in bestimmten mexikanischen Pilzen entdeckt wurde (Abb. 2.7). Einem amerikanischen Wissenschaftler fiel in den 1950er-Jahren auf, dass in Mexiko manche Pilze zu rituellen Handlungen gegessen werden und die Leute daraufhin Eingebungen und Visionen hatten [24]. Der berühmte Albert Hofmann, ein Schweizer Chemiker, der bereits per Zufall das LSD entdeckt hatte, isolierte aus dem Pilz *Psilocybe mexicana* die Stoffe Psilocybin und Psilocin, die stark halluzinogen wirken. Daraufhin nannte eine drogenaffine Gemeinde diese Pilze „Zauberpilze" („Magic Mushrooms") und pilgerte nach Mexiko, um die LSD-verwandten Stoffe zu probieren. Die Wirkung beginnt nach etwa 20 min, anschließend kommen für 5–6 h psychische Symptome wie eine Änderung der Farb- und Geräuschwahrnehmung, verändertes Raum- und Zeitgefühl, Euphorie, Halluzinationen, aber je nach Begleitumständen auch Angstzustände und Depressionen („Horrortrip" [25]). Später stellte man fest, dass es Pilze mit diesen Inhaltsstoffen auch bei uns gibt, so mehrere Düngerlinge *(Panaeolus)* und Kahlköpfe *(Psilocybe)*. Man kann solche Pilze im Internet bestellen, in Deutschland fallen sie allerdings unter das Betäubungsmittelgesetz und jeglicher Umgang mit ihnen ist strafbar.

Auch der Kahle Krempling *(Paxillus involutus)* galt früher als essbar. Das gilt aber nur, wenn man ihn lange erhitzt, weil dann die Toxine zerstört werden. Allerdings enthält er dann immer noch ein Allergen, das im Blut zu einer Antikörperbildung führt. Infolgedessen kommt es zum Auflösen von roten Blutkörperchen und im schlimmsten Falle endet der Verzehr durch Schock, Nieren- und Lungenversagen tödlich (Paxillus-Syndrom). Allerdings kommt es zu dieser Reaktion erst nach mehrmaligem Verzehr der Pilze.

Gift am Kinderspielplatz

Immer wieder gibt es in den Lokalzeitungen aufregende Artikel über „Tod am Kinderspielplatz“ oder „Tödliches Kraut“ und manche hyperbesorgten Eltern sind inzwischen so stark sensibilisiert, dass sie schon die Entfernung von Brennnesseln und Wacholder fordern, obwohl Letzterer durchaus einen Platz in der Küche als Gewürz hat. Dabei gibt es nur wenige Pflanzen, die auf dem Kinderspielplatz wirklich gar nichts zu suchen haben (Tab. 2.3). Das sind v. a. Pflanzen, die schon in geringer Dosis giftig sind, und für Kinder durch bunte Beeren oder die Verwechslungsgefahr mit Nahrungspflanzen besonders gefährlich sind. Das gilt etwa für den Goldregen mit seinen attraktiven gelben Blütendolden (Abb. 2.8). Die unreifen Schoten und Samen ähneln sehr stark Erbsen bzw. den Schoten von Zuckererbsen. Dass es aber eine völlige andere Pflanze ist, können Kinder nicht erkennen.

Bei Pfaffenhütchen, Seidelbast, Eibe und Stechpalme sind es v. a. die attraktiven orangenen oder roten Beeren, die so schön in der Sonne leuchten und alle hochgiftig sind (Abb. 2.8). Sie üben eine große Anziehungskraft auf Kinder aus, die mit den Beeren „Küche“ spielen und sie dabei auch in den Mund stecken können. Allerdings müssen beim Seidelbast und Pfaffenhütchen rund 10 Beeren gegessen werden, bevor sie eine tödliche Vergiftung bei Kindern auslösen. Meist kommt es beim Verzehr von wenigen Beeren bereits zu Übelkeit und heftigem Erbrechen, was die Kinder in der Regel davon abhält, mehr zu essen. Aber das ist natürlich viel zu unzuverlässig, um Kinder vor dieser Gefahr zu schützen. Beim Seidelbast kann das Gift auch über die Haut aufgenommen werden, was besonders tückisch ist. Zudem sind Vergiftungen mit diesen Pflanzen in der Klinik nur schwer nachzuweisen. Und da Kinder selten konkret Auskunft geben können, was sie in den Mund genommen oder gegessen haben, stellt das die Ärzte vor besondere Herausforderungen.

Darüber hinaus gelten Stechapfel, Tabak, Tollkirsche und Wasserschierling als sehr giftig, aber mit diesen Pflanzen kommen Kinder heute kaum jemals in Berührung. Über solche Listen kann man auch trefflich streiten. Das damalige Bundesministerium für Umwelt, Naturschutz und nukleare Sicherheit hat 2021 die am 17. April 2000 veröffentlichte offizielle Liste giftiger Pflanzen erneut überarbeitet [28] und dabei 9 Pflanzenarten in die Kategorie „hohes Vergiftungsrisiko“ eingeordnet. Dazu zählen aber auch Pflanzen, die bei uns im Freien gar nicht überleben (Engelstrompete) oder die nie an Spielplätzen zu finden sind (Wasserschierling, Weißer Germer).

Tab. 2.3 Einige sehr giftige Wild- und Zierpflanzen, die bei Kindern zu tödlichen Vergiftungen führen können, s. a. Tab. 2.4 [26, 27]; A = Alkaloid

Trivialname	Wissenschaftlicher Name	Giftige Teile	Wirkstoffe	Folgen der Vergiftung
Echter Seidelbast	*Daphne mezereum*	Beeren	Mezerein	Übelkeit, Erbrechen, Herz-Kreislauf-Störungen
Stechpalme	*Ilex aquifolium*	Beeren, Blätter	unklar	Übelkeit, Erbrechen, Herzrhythmusstörungen, Lähmungen, Nierenschäden, Durchfall, Magenentzündung
Goldregen	*Laburnum anagyroides*	alle, v. a. Samen	Cytisin-A	Lähmung bis zum Atemstillstand
Pfaffenhütchen	*Euonymus europaeus*	alle, v. a. Samen	verschiedene	Übelkeit, Erbrechen, Durchfall, Nieren-, Leberschäden
Herbstzeitlose	*Colchicum autumnale*	alle, v. a. Samen	Colchicin-A	Übelkeit, Tod durch zentrale Atemlähmung (20–40 mg)
Roter Fingerhut	*Digitalis purpurea*	Blätter	Digitoxin	Herzrhythmusstörungen, Entzündungen, Übelkeit, Erbrechen, Sehstörungen, Halluzinationen
Einbeere	*Paris quadrifolia*	alle	Pennogenin	Nierenschäden, ZNS-Störungen
Wunderbaum	*Ricinus communis*	Samen	Rizin	Übelkeit, Fieber, Herzrhythmusstörungen, blutige Durchfälle
Eibe	*Taxus baccata*	alle, außer Beerenfleisch	Taxin-A	Bewusstseinsstörungen, Kreislaufkollaps, Atemlähmung

Abb. 2.8 Gängige Giftpflanzen in Deutschland, die gerade für Kinder gefährlich sind (von links nach rechts, von oben nach unten): Roter Fingerhut, Wunderbaum (Rizinus), Stechapfel (Ilex), Eibe, Goldregen und Herbstzeitlose

Das Problem ist auch, dass es kaum möglich ist, sämtliche Spielplätze Deutschlands von allen Pflanzen freizuhalten, die potenziell Kinder gefährden könnten. Von den meisten müsste man außerdem so viele Blätter, Beeren oder Samen essen, dass es nicht praxisrelevant ist. Außerdem sind viele dieser Pflanzen auch in privaten Gärten vertreten. Somit ist es das Wichtigste, Kindern beizubringen, keine fremden Pflanzen oder Teile davon zu essen, auch wenn die Beeren noch so verlockend aussehen. So steht das auch in der Neufassung der DIN 18034 „Spielplätze – Vorgaben zu Einfriedung, Spielsand und Wasser" vom Oktober 2020, die keine Giftpflanzen mehr ausdrücklich erwähnt [29].

Daneben gibt es noch einige Pflanzen, die nicht giftig, aber phototoxisch oder stark allergieauslösend sind. Die Ersteren enthalten Inhaltsstoffe, die auf der Haut in Verbindung mit Sonnenlicht eine Giftwirkung haben. Dabei werden durch die hochenergetische UV-A-Strahlung der Sonne chemische Bindungen zerstört, die eine Freisetzung toxischer oder reizender Stoffe aus ungefährlichen Vorläufersubstanzen bewirken. Besonders verrufen ist in dieser Hinsicht der Riesen-Bärenklau (*Heracleum mantegazzianum,* syn. *H. giganteum*), eine eingewanderte Staude. Bei Berührung und Kontakt zu den Pflanzensäften kommt es in Verbindung mit Tageslicht zu schmerzhaften Rötungen, Entzündungen, Quaddeln oder Blasen, die nur schwer heilen und auf der Haut wie Verbrennungen aussehen. Ursache sind Furanocumarine, die bei empfindlichen Menschen schon beim bloßen Berühren Reaktionen auslösen [26].

Allergen sind auch die Pollen allerhand einheimischer Pflanzen (Haselnuss, Birke, Gräser), hochallergen dagegen sind die winzigen Pollen der Beifußblättrigen Ambrosia *(Ambrosia artemisiifolia),* ebenfalls einer invasiven Pflanze. Während es bei den einheimischen Gräsern beispielsweise erst ab 50 Pollen/m^3 Luft zu Beschwerden kommt, reichen bei sehr empfindlichen Personen bei der Ambrosia schon 1–3 Pollen/m^3. Ab 10 Pollen kommt es bei vielen sensibilisierten Menschen zu Allergiereaktionen [30]. Durch die späte Blüte im Juli–Oktober verlängert sich die übliche Pollensaison zudem um mehrere Monate.

Es gibt übrigens auch giftige Zimmerpflanzen. So ist bei der Dieffenbachia *(Dieffenbachia seguine)* v. a. der Pflanzensaft giftig, der zu Hautreizungen bis hin zu Herzrhythmusstörungen führen kann. Oder die Engelstrompete (*Brugsmania* spp.), früher auch Datura genannt, die allen Harry Potter-Fans bekannt ist (Abb. 2.9). Sie enthält hohe Konzentrationen verschiedener Alkaloide, die stimmungshebend wirken, die Pupillen stark erweitern und zu Halluzinationen führen können.

Abb. 2.9 So harmlos sehen einige der giftigsten Pflanzen Deutschlands aus: Gefleckter Schierling (oben links), Schwarzes Bilsenkraut (oben, rechts), Engelstrompete (unten links), Tollkirsche (unten, rechts)

Hexentränke und Flugsalben

HEXENSALBE des Giambattista della Porta (1558) und ihre Inhaltsstoffe

- 4 Teile *Lolium temulentum* (Taumellolch): Neurotoxine; Adjuvans?
- 4 Teile *Hyoscyamus niger* (Bilsenkraut: Tropanalkaloide; u. a. halluzinogen)
- 4 Teile *Conium maculatum* (Gefleckter Schierling; Coniin; verändert die Hautsensibilität)

- 4 Teile *Papaver rhoeas* (Klatschmohn; ungiftig; mild beruhigend)
- 4 Teile *Lactuca virosa* (Giftlattich; haut- und schleimhautreizender Saft; resorptionsfördernd)
- 4 Teile *Portulaca* (Burzelkraut; ungiftig; schleimhaltig, entzündungswidrig, reizlindernd)
- 4 Teile *Atropa belladonna* (Tollkirsche; Tropanalkaloide; u. a. halluzinogen)

Pro Unze (=31,1 g) dieser öligen Schmiere wird eine Unze Opium beigemengt. Laut Selbstversuchen soll 1 Skrupel (1,3 g) eine 2-tägige „Reise" garantieren. (*Magiae naturalis sive de miraculis rerum naturalium* [1558], nach [31]).

Der jahrhundertelange Aberglaube an Dämonen, Hexen und Teufelsanbeter hat in Europa tiefe Spuren hinterlassen. Noch heute neigen wir dazu eine alte, verbitterte Frau, die ausgelassen tobenden Kindern das Leben schwer macht, als „Hexe" zu bezeichnen. Was früher durchaus tödliche Folgen gehabt hätte. So gibt es bei uns über 60 Pflanzenarten, die aus sehr unterschiedlichen Gründen mit dem Hexenaberglauben in Verbindung gebracht werden [31]. Einmal bezeichnete man damit Unkräuter, die scheinbar aus dem Nichts zu kommen schienen und dem Gärtner oder Bauern das Leben erschwerten bzw. andere Pflanzen schädigten wie das Klettenlabkraut („Hexenzwirn") oder Kleeseide („Hexenhaar"). Dann gab es Pflanzen, die als „Hexenabwehr" angesehen wurden, meist weil sie stark riechen, wie etwa Dill, Dost, Beifuß. Man hängte sie zum Schutz vor Hexen büschelweise in die Stube oder den Stall. Und schließlich die Pflanzen, die als Grundlage für die Hexerei galten, die Männer impotent und Frauen oder Haustiere unfruchtbar werden ließen, über die angeblich der Kontakt zum Teufel hergestellt wurde oder die zum Fliegen befähigten. Und damit sind wir beim Thema, denn das sind durchweg giftige bis sehr giftige Pflanzen, die für den Normalsterblichen gefährlich sind und deshalb nur von Hexen mit ihrem Geheimwissen gewinnbringend genutzt werden konnten, so glaubte man (s. Box, Abb. 2.9).

Die wesentlichen Inhaltsstoffe der meisten „Hexenpflanzen" sind Alkaloide. Das ist eine große und strukturell sehr vielseitige Gruppe von Naturstoffen, die meist alkalisch reagieren, daher auch der Name. Sie werden von vielen verschiedenen Organismengruppen produziert und es sind heute rund 10.000 Verbindungen beschrieben. Am bekanntesten sind Alkaloide als giftige Inhaltsstoffe der grünen Teile von Nachtschattengewächsen wie Kartoffeln, Tomate und Tabak, aber auch in Kaffee, Tee und Schlafmohn sind sie die wirksamen Bestandteile. Sie dienen den Pflanzen im Wesentlichen zur Abwehr von Fressfeinden wie Insekten, denn viele Alkaloide sind Nervengifte.

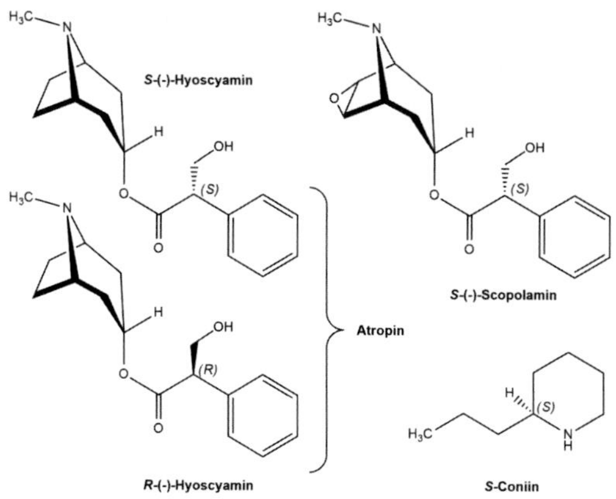

Abb. 2.10 Kleiner, aber lebenswichtiger Unterschied – allein die Anordnung der 4 Molekülreste an einem einzigen Kohlenstoffatom entscheiden über Giftigkeit oder Harmlosigkeit. In der (*S*)-Form ist (–)-Hyoscyamin sehr giftig (oben links), in der (*R*)-Form hingegen harmlos (unten links). Das hälftige Gemisch von beiden wird Atropin genannt und ist weniger giftig als das reine (*S*)-Hyoscyamin, dessen Epoxid das (*S*)-Scopolamin ist. Ebenso gefährlich ist die *S*-Form des Coniin, das Gift des Gefleckten Schierlings

Eines der herausragenden Alkaloide in europäischen Giftpflanzen ist das *S*-Hyoscyamin, das nach dem Schwarzen Bilsenkraut *(Hyoscyamus niger)* benannt wurde (Abb. 2.9). Es kommt aber auch in vielen anderen Nachtschattengewächsen vor. So ist auch in der Tollkirsche Atropin – eine Mischung von *S*- und *R*-Hyoscyamin – enthalten (Abb. 2.10). Da die *R*-Form keine Giftwirkung hat, ist die Tollkirsche weniger giftig als das Bilsenkraut.

Typisch für den Rausch mit Nachtschattengewächsen sind Realitätsverlust, Halluzinationen und Erscheinungen. Dabei genügt es, wenn man sich die entsprechenden Pflanzenextrakte auf die Haut einreibt, die Alkaloide gehen ins Blut über und führen zu Rauschzuständen. So entstand auch die Mär von den Flugsalben. Diese wurden auf Hand- und Fußgelenke aufgebracht und sollten einen Flug ermöglichen, etwa zum Blocksberg in der Walpurgisnacht. Die heftigen Rauschzustände, die Nachtschattengewächse bewirken, haben zur Illusion des Fliegens sicherlich beigetragen, v. a. wenn man genau das von ihnen erwartet. Die von dem neapolitanischen Universalgelehrten Giambattista della Porta überlieferte Hexensalbe (s. Box) enthielt gleich 5 hochgiftige Pflanzen, die damals den Hexen zugesprochen wurden. Diese werden wohl nicht alle in derselben Salbe verarbeitet worden sein, aber die Liste zeigt, was man den Hexen alles zutraute und sie ist nicht einmal vollständig (Tab. 2.4).

Tab. 2.4 Einheimische Pflanzen, die von Hexen benutzt worden sein sollen und Vergiftungen auslösen (Nach [31, 32])

Trivialname	Wissenschaftlicher Name	Giftige Teile	Wichtigste Wirkstoffe	Wirkung
Alraune	*Mandragora officinarum*	alle	*S*-(–)-Scopolamin	Betäubungsmittel, Aphrodisiakum
Bilsenkraut	*Hyoscyamus niger*	alle	*S*-(–)-Hyoscyamin, *S*-(–)-Scopolamin	Halluzinationen, Rausch, erotische Ekstase, Narkose
Blauer Eisenhut	*Aconitum napellus*	alle	Aconitin	Mordgift, auf Haut/Schleimhaut, betäubend, Lähmungen
Christrose	*Helleborus niger*	alle	Helleborin, Hellebrin	ähnlich Roter Fingerhut
Engelstrompete	*Brugmansia spp.*	alle	*S*-(–)-Scopolamin, *S*-(–)-Hyoscyamin	beruhigend, Willenlosigkeit
Gefleckter Schierling	*Conium maculatum*	alle, v. a. Samen	Coniin	Mordgift, steigert Adrenalinausschüttung, Taubheitsgefühl, Anaphrodisiakum
Roter Fingerhut	*Digitalis purpurea*	Blätter	Digitoxin	Übelkeit, Durchfall, Herzarryhthmien
Stechapfel	*Datura stramonium*	alle	*S*-(–)-Hyoscyamin, *S*-(–)-Scopolamin	Mordgift, betäubend, Luststeigerung
Stinkende Nieswurz	*Helleborus foetidus*	alle	Protoanemonin, Helleborin	Schleimhautreizend
Tollkirsche	*Atropa belladonna*	alle, v. a. Beeren	Atropin	Hemmung der Drüsensekrete, Halluzinationen, erotisierend
Wurmfarne	*Dryopteris*spp.	alle	Thiaminase u. a.	Übelkeit, Erbrechen, Durchfall, Herzschwäche

Als klassisches Hexenkraut galt schon immer das Bilsenkraut (Abb. 2.9), das durch sein düsteres Aussehen und den modrig riechenden Blüten geradewegs aus der Unterwelt zu kommen schien. Der indogermanische Wortstamm „bhel“ bedeutet Fantasie und in der richtigen Dosierung kann das Kraut angeblich die Seele auf Reisen schicken und den Teufel beschwören. Schon 2 Blätter können wohl Halluzinationen hervorrufen, die an die uralte christliche Vorstellung vom gehörnten und bocksbeinigen Teufel erinnern [31]. Der Volksmund nannte die Blüten auch „Teufelsaugen". Das Kraut ist auf jeden Fall bewusstseinserweiternd, kann Nahtoderlebnisse bescheren und Visionen von Tunneln, Geistern, Tod oder Teufel, verbunden mit dem Gefühl des Fliegens oder Fallens [31]. Diese drogeninduzierten Vorstellungen konnten auch mit sexueller Lust und wilder Ekstase einhergehen. Die enthaltenen Tropanalkaloide erhitzen den Körper, weshalb die Nutznießer gelegentlich auch nackt durch den Wald rannten. Diesen enthemmenden Effekt nutzten auch die mittelalterlichen Badehäuser, wenn sie Bilsenkraut verbrannten. Sie waren ja nicht nur zum Baden vorgesehen, sondern stellten in erster Linie getarnte Bordelle dar. Und im Mittelalter war das „Bilsen" eine beliebte Bierzutat, die Stadt Pilsen und damit das berühmte Pils sollen ihren Namen daher haben. Das Bayrische Reinheitsgebot wurde 1516 auch deshalb erlassen, um solche Zusätze zu verbieten. Denn Nachtschattengewächse verursachen nicht nur schöne Träume, sondern auch Mundtrockenheit, Sehstörungen, Kontrollverlust, Kreislaufstörungen, Herzbeschwerden bis hin zu Delirium und Kollaps, wenn die Menge zu groß ist. Natürlich kann das Bilsenkraut wie alle Hexenkräuter in geringerer Dosierung auch als Heilmittel eingesetzt werden. Es hat eine muskelentspannende, krampflösende und schmerzstillende Wirkung. Das muss einem Schmerzpatienten des Mittelalters, der noch keine Tabletten zur Verfügung hatte, wie ein Wunder erschienen sein, wenn die Einnahme von ein wenig getrocknetem Kraut ihm solche Erleichterung verschaffte.

Zu den Hexenkräutern passt auch der Schierling (Abb. 2.9), der schon in der Antike verwendet wurde, um Menschen aus dem Weg zu räumen. Sokrates war nicht der Einzige, der zum Tode durch den Schierlingsbecher verurteilt wurde. Andererseits war der Schierling eines der ersten Lokalanästhetika und für Amputationen und andere schwere Operationen war er neben dem Opium ein Segen. Schierling kann auch die Hautempfindung verändern und in Kombination mit Nachtschattengewächsen Halluzinationen bewirken. Aber Schierling kann auch impotent machen, er verzögert auf das Glied gestrichen den Samenerguss, senkt die Spermienproduktion und kann über längere Zeit angewandt auch eine Art zeitlich begrenzte Kastration bewirken.

Eine andere, hochgiftige Pflanze unserer Breiten ist die Tollkirsche (Abb. 2.9, *Atropa belladonna*). Der lateinische Artname hebt auf die „schöne Frau" ab, die sich den Saft in die Augen träufelt, um ihre Pupillen zu erweitern und damit sexuell begehrenswerter zu erscheinen. Der deutsche Name dagegen lässt schon vermuten, dass sie halluzinogen wirkt. Denn das

„Toll-“ bedeutet rasend, verrückt, nicht bei Sinnen und findet sich in veralteten Begriffen wie „Tollhaus“ oder „liebestoll“ wieder. Es wird berichtet, dass die halluzinogene Wirkung der Droge die Flug- und Verwandlungserlebnisse während des nächtlichen Schlafs so real vermittelte, dass die Betroffenen an die Realität der Träume glaubten [33]. Das Atropin stört die körpereigene Wärmeregulation, an heißen Tagen kann es bis zum Hitzekollaps führen. Auch Sehstörungen wurden berichtet. Im Volksmund heißt die Pflanze auch „Teufelsbeere“ nach den schwarzvioletten, süßlichen Beeren. Atropin ist auch in der Lage, Krämpfe zu beseitigen, geradezu „wegzuhexen“. Wie manche andere „Hexenpflanze“ konnte die Beere auch als Abtreibungsmittel eingesetzt werden. Injizierbares Atropin ist auch heute noch ein Gegenmittel gegen Vergiftungen mit Phosphorsäureestern, z. B. manchen Insektiziden.

Zwischen Heilung und Tod

Eigentlich hätte in diesem Kapitel jeder Überschrift das berühmte Zitat von Paracelsus vorausgehen können: „All Dinge sind Gift… allein die Dosis machts, dass ein Ding kein Gift sei“. Denn auch die giftigsten Giftpflanzen töten meist erst dann, wenn man eine gewisse Menge davon aufgenommen hat. Meist braucht es mehrere Beeren, Blätter, Triebe, um die Giftwirkung voll zu entfalten. Deshalb haben praktisch alle giftigen Pflanzen in der richtigen Dosis auch eine heilende Wirkung. Das wussten die Frauen, die damals Hexen genannt wurden, in Wirklichkeit aber Hebammen und Kräuterkundige waren, sehr genau. Und sie wussten auch, was man etwa Wöchnerinnen verabreichen musste, um die Frauen zu beruhigen und den Gebärraum zu desinfizieren (Johanniskraut), die Wehen zu fördern (Eisenkraut), die Geburt einzuleiten (Mutterkorn, s. unten), sie leichter zu machen (Beifuß) und hinterher die Blutung zu stillen (wieder Mutterkorn) [31]. Es liegt in der Natur der Sache, dass einige Mittel in höherer Dosierung und zu einer früheren Zeit der Schwangerschaft eingesetzt, auch zur Abtreibung dienen konnten (Mutterkorn, Rainfarn, Haselwurz), was die Kirche zu allen Zeiten streng verboten hatte. Bei solchen Naturdrogen ist jedoch die Dosierung äußerst schwierig, denn sie enthalten nicht nur in den verschiedenen Pflanzenteilen unterschiedliche Konzentrationen, sondern diese können auch vom Standort, von der Jahreszeit, selbst von der Zeit des Pflückens und natürlich auch der Aufbereitung abhängen. Das machte ihre Anwendung so schwierig und führte letztlich dazu, dass immer Vorbehalte und Misstrauen blieben. Mit den rasanten Entwicklungen in der chemischen Industrie kamen zu Beginn des vergangenen Jahrhunderts vermehrt synthetische Mittel in die Apotheken. Neben den bald geringeren Herstellungskosten war hier besonders die einfach zu steuernde Dosierung ein Vorteil. Und so ist nicht nur viel Wissen um Heilpflanzen verloren gegangen, sondern auch ihre Wirkstoffe werden heute nur noch in der Volksmedizin eingesetzt, wie bei Kamille, Johanniskraut, Fenchel und Pfefferminze.

Eine Ausnahme ist das Mutterkorn, das Produkt des Schadpilzes *Claviceps purpurea,* der während der Blüte Roggen und viele andere Gräser befällt. Es kommt dann auf der Ähre zur Ausbildung eines purpur-schwärzlichen Körpers, der das Überwinterungsstadium des Pilzes darstellt (siehe Abb. 3.1) und zahlreiche Alkaloide enthält. Diese Gifte führten ab dem frühen Mittelalter zu Zehntausenden von Toten. Damals waren die weitaus meisten Menschen Bauern und sie aßen ihre eigenen Erzeugnisse. In Jahren, in denen es im Juni nass war, gab es auf dem Roggen viel Mutterkorn und wenn man über den ganzen Winter mehrfach am Tag mutterkornhaltiges Schrot oder Mehl essen musste, dann kam es unweigerlich zu Vergiftungserscheinungen, dem sogenannten Ergotismus. Dabei gibt es zwei Erscheinungsformen [34]: den *Ergotismus gangraenosus* („brandiger" Ergotismus) und den *Ergotismus convulsivus* („Kriebelkrankheit"). Ersterer verursacht brennende Schmerzen einzelner Gliedmaßen, die als „Antoniusfeuer" beschrieben wurden. Diese werden später gefühllos und sterben schließlich aufgrund einer extremen Verengung der Blutgefäße ab („Muttergottesbrand"). Die Abb. 2.11 zeigt die Geschwüre des von Fäulnisbakterien unterwanderten brandigen Ergotismus [34]. Die zweite Krankheitsform führt über Kribbeln der Haut („Kriebelkrankheit") zu starken Muskelkrämpfen („Krampfsucht") und Lähmungserscheinungen. Aber es können auch neurologische Defekte, wie Verwirrtheit und Wahnvorstellungen, auftreten. Bei chronischen Vergiftungen kommt es auch zu Durchblutungsstörungen von Herzmuskel und Nieren bis hin zum Tod [34]. Die Vielgestaltigkeit der Symptome entsteht durch die Mischung mehrerer Alkaloide, die je nach Jahr und Ort in unterschiedlichen Zusammensetzungen vorkommen.

Die Mutterkornalkaloide leiten sich alle von der Lysergsäure (Abb. 2.12) ab und haben sehr unterschiedliche Wirkungen (Tab. 2.5). Diese Stoffe werden heute noch aus dem Mutterkorn des Roggens hergestellt und in hochgereinigter Form als Medikamente eingesetzt. Am bekanntesten ist die Wirkung von Ergometrin und Methylergometrin, die direkt an der Muskulatur der Gebärmutter angreifen und mit rhythmischen

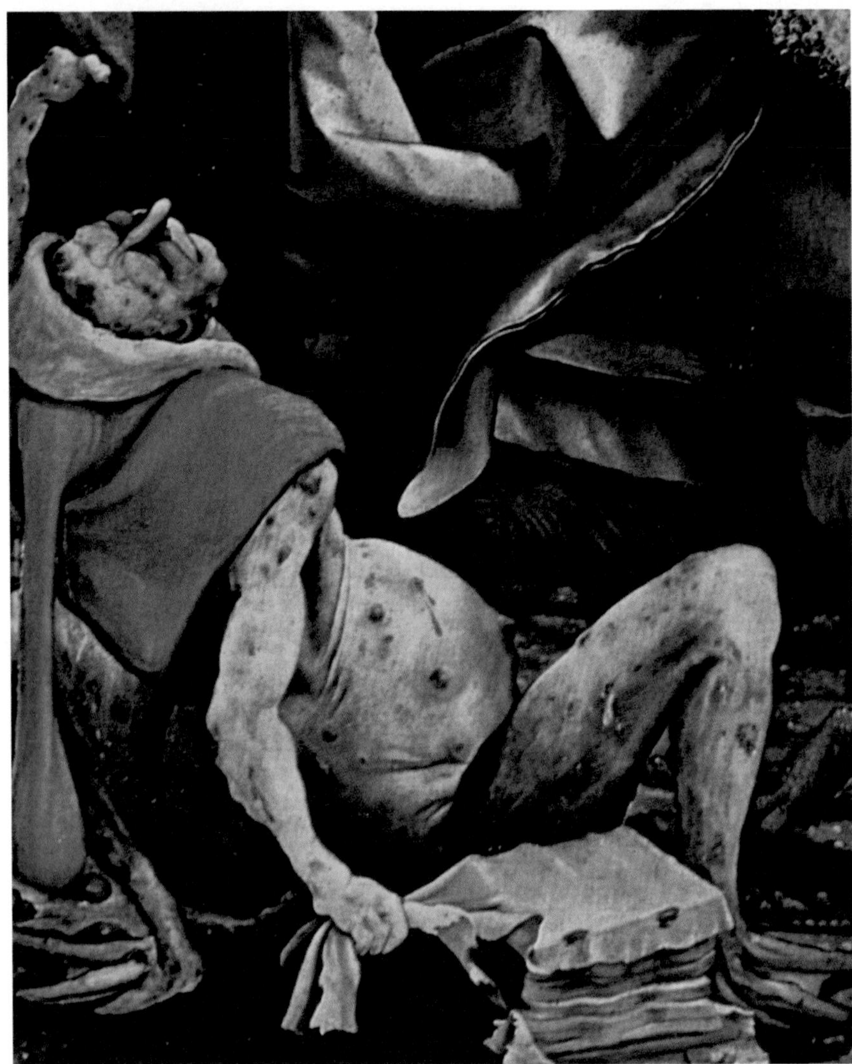

Abb. 2.11 Ein am Antoniusfeuer Leidender. Ausschnitt des Isenheimer Altars von Matthias Grünewald (1480–1528) mit dem Titel *Versuchungen des heiligen Antonius* [35]

Kontraktionen die Wehen einleiten. Dadurch konnten sie in frühen Schwangerschaftsstadien auch zur Abtreibung benutzt werden. Aufgrund der Gefahr von Dauerkontraktionen werden sie heute nicht mehr zur Einleitung der Wehen, sondern nur noch nachgeburtlich und im Wochenbett eingesetzt. Die gefäßverengenden Wirkungen dienen dazu, Blutungen zu

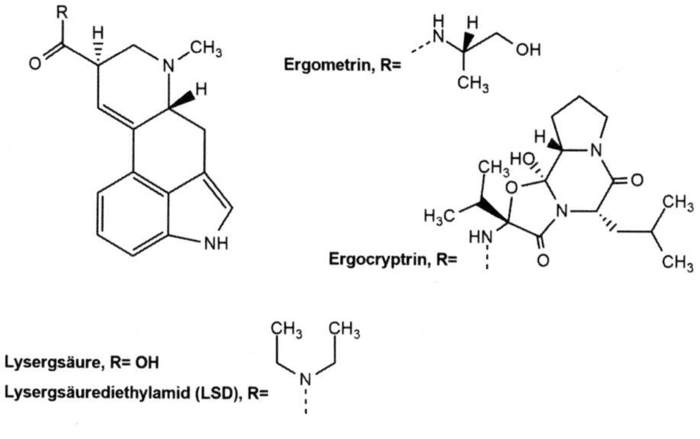

Ergometrin, R=

Ergocryptin, R=

Lysergsäure, R= OH

Lysergsäurediethylamid (LSD), R=

Abb. 2.12 Lysergsäure sowie das künstlich erzeugte Diethylamid (LSD) sowie Ergometrin und Ergocryptin als Beispiele pharmazeutisch relevanter Abkömmlinge der Lysergsäure

Tab. 2.5 Ausgewählte Mutterkornalkaloide mit pharmazeutischer Wirkung [36]

Mutterkornalkaloid	Pharmazeutische Wirkung
Ergometrin	Wird bei Geburten verwendet, um Blutungen zu stoppen und Einleitung der 3. Phase der Wehen
Ergocryptin	Behandlung der Parkinson-Krankheit und anderer Demenzformen; Prophylaxe bei starker Migräne
Ergocornin, Ergocristin	Behandlung von Demenzsymptomen
Ergotamin	Verengung von Blutgefäßen, verursacht Gangräne (absterbendes Gewebe durch Durchblutungsstörung)
Ergosin	Verengung der Venen

stoppen [34], die früher direkt nach der Geburt häufig zu starken Blutverlusten bis hin zum Tod der Mutter führten. Mutterkornalkaloide haben deshalb seit ihrer Anwendung Millionen von Müttern das Leben gerettet.

Diese Wirkung der Mutterkornalkaloide auf Einleitung der Wehen und Stillung von nachgeburtlichen Blutungen sind seit dem 16. Jahrhundert schriftlich festgehalten, wir können aber davon ausgehen, dass auch die Hebammen des Mittelalters darüber Bescheid wussten. Weitere Anwendungsgebiete sind heute die Behandlung von Parkinson, da Ergocryptin und davon abgeleitete Verbindungen den Dopaminmangel ausgleichen, der durch die Krankheit verursacht wird. Aber auch bei demenziellen Hirnleistungsstörungen im Alter und gegen Migräne kommt Ergocryptin zum Einsatz. Die Mutterkornalkaloide werden heute in der Medizin meist als halbsynthetische Stoffe eingesetzt, teilweise wurden sie auch durch Alternativen ersetzt. Lysergsäure ist übrigens auch der Ausgangsstoff für die Herstellung der Droge LSD (Lysergsäurediethylamid, Abb. 2.12).

Einige wichtige Arzneimittel stammen von Giftpflanzen ab. So wirken g-Strophanthin und k-Strophanthine gegen akute Herzinsuffizienz (Abb. 2.13). Sie stammen aus dem Samen einer hübsch blühenden afrikanischen Schlingpflanze (*Strophanthus* spp.), die in ihrer Heimat als Pfeilgift, etwa für die Elefantenjagd, eingesetzt wurde. Der Botaniker John Kirk entdeckte schon 1859 während einer Expedition die stark herzwirksame Wirkung von Pulvern der entsprechenden Samen [37]. Schon 1865 wurden alkoholische Lösungen der Samen im medizinischen Bereich verwendet, ab 1906 war die intravenöse Verabreichung bei Herzkranken weitverbreitet und bis 1992 Standardtherapie [37]. Heute bevorzugt man allerdings für denselben Zweck die *Digitalis*-Inhaltsstoffe (Abb. 2.14).

Es gibt noch viele andere Beispiele von Medikamenten, die aus Giftpflanzen stammen. So hat das Atropin aus der Tollkirsche eine breite medizinische Anwendung, etwa bei Kreislaufstillstand, bei einer zu niedrigen Herzfrequenz, als diagnostisches Mittel in der Augenheilkunde zur Pupillenerweiterung und sogar als Gegengift bei Einnahme bestimmter Insektizide und Nervenkampfstoffe. Das Scopolamin aus dem Gemeinen Stechapfel *(Datura stramonium)* unterdrückt den Brechreiz und wird deshalb noch heute gegen Reisekrankheit eingesetzt. Es diente früher aber auch zur Beruhigung von geistig Kranken und zur Erleichterung der Atmung bei Sterbenden. Diese hohe medizinische Wirksamkeit der Nachtschattengewächse lässt vermuten, dass sie von den „Hexen" auch und vielleicht v. a. zu diesen Zwecken eingesetzt wurden.

Womit wir wieder beim Thema sind: Alles was schädigt, kann auch heilen – in der richtigen Dosis. Ein Paradebeispiel dafür sind die Gifte des

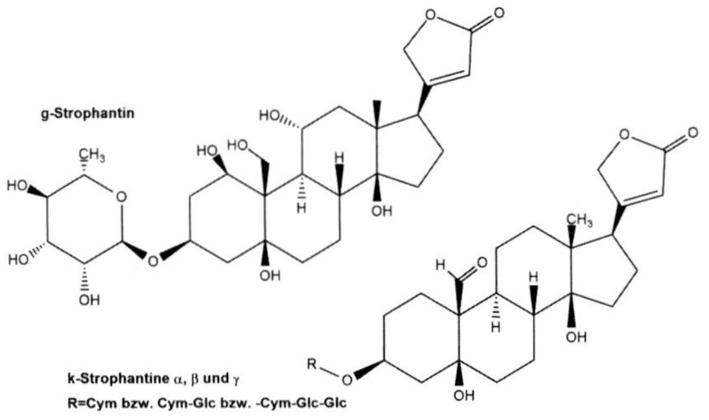

Abb. 2.13 g-Strophanthin und die drei k-Strophanthine der afrikanischen Schlingpflanzen der Gattung *Strophantus*. (Cym = Cymarose, Glc = Glucose). Mit anderen Zuckerresten wie Rhamnose oder Glucorhamnose kommt k-Strophantidin auch im Maiglöckchen vor

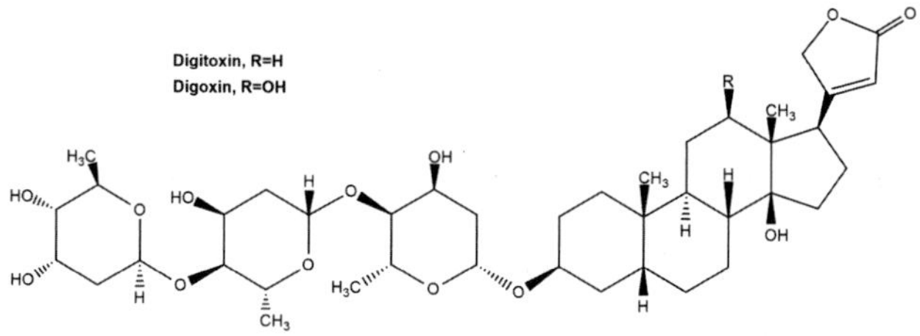

Abb. 2.14 Strukturformeln von Digoxin und Digitoxin, zwei hochwirksame Steroid-Glycoside aus dem Roten und Wolligen Fingerhut

Roten Fingerhutes *(Digitalis purpurea)*. Die Pflanze war schon seit dem 18. Jahrhundert in der Volksmedizin als Mittel gegen Herzinsuffizienz bekannt und ist in allen Pflanzenteilen hochgiftig. Schon 2 Blätter können beim Verzehr tödlich sein. Die wichtigen Inhaltsstoffe sind herzwirksame Glykoside, die heute hauptsächlich aus dem Wolligen Fingerhut *(D. lanata)* gewonnen werden. Es handelt sich dabei im Wesentlichen um Digoxin und Digitoxin (Abb. 2.14), die das Herz positiv beeinflussen. So erhöhen sie die Kontraktionskraft, d. h., das Herz kann mehr Blut auf einmal pumpen, was das Altersherz unterstützt. Außerdem schlägt es seltener, wird kräftiger und dadurch entlastet. Bei Überdosierung – und hier sind wir wieder auf dem schmalen Grat zwischen Heilung und Tod – kann es zu Herzrhythmusstörungen und Kammerflimmern kommen.

Die „dunkle Seite" der Giftpflanzen ermöglichte aber nicht nur die jederzeit von Kirche und Staat verbotene Abtreibung, sondern auch das Ermorden unliebsamer Menschen. Von alters her gilt der Giftmord als „typisch weiblich", und es gibt aus der Geschichte viele Beispiele, wobei das stets nur die aufgeklärten Morde sind. Viel größer dürfte die Dunkelziffer gewesen sein. Nach der Dissertation von Erika Eikermann [38], die sich mit den pharmazeutischen Aspekten von Giftmorden beschäftigte, gab es zu jeder Zeit bevorzugte Modegifte. Im Rom der Kaiserzeit, wo Giftmorde in höheren Kreisen fast schon normal waren, bevorzugte man Pflanzenextrakte der Nachtschattengewächse, wie Schierling, Eisenhut oder Tollkirsche, die aber sehr schwer zu dosieren sind. Später kam Arsen in Mode [39], diesmal ein natürlich vorkommendes metallisches Element, das bis ins 19. Jahrhundert hinein in der Apotheke als Rattengift frei verkäuflich war. Übrigens galt auch Arsen lange Zeit als Medizin. Es wurde etwa in der Renaissance Italiens als Fiebermittel und zur Therapie von Migräne, Gicht, Rheuma oder Malaria eingesetzt [39].

Und dann gibt es auch noch Tropanalkaloide (wie Atropin, Scopolamin, Kokain, s. Kap. 10). Die kommen zwar auch v. a. in Nachtschattengewächsen

Abb. 2.15 Auch bei uns kann man in wärmeren Gegenden schon den Stechapfel finden, hier als Ruderalpflanze im Maintal bei Miltenberg; zu sehen ist eine Blüte sowie die unreifen Früchte

vor, aber einige dieser Pflanzen können auch als Unkraut in Getreidefeldern wachsen. Wenn die Samen dann mit dem Weizen oder Mais zusammen geerntet werden, können die Alkaloide in Lebensmittel gelangen. Einzelne Vergiftungsfälle sind aus Österreich und Slowenien bekannt, wo der Stechapfel als Unkraut in Buchweizenbeständen vorkam und mitgeerntet wurde. Seit dem 01.09.2022 gelten in Österreich Höchstgehalte für die Tropanalkaloide Atropin und Scopolamin in Hirse, Sorghum und Buchweizen, die v. a. aus dem giftigen Stechapfel *(Datura stramonium)* kommen (Abb. 2.15 [40]).

Venomics – wissensbasierte Suche nach tierischen Giften

Früher beschäftigte man sich mit Gifttieren, um Gegenmittel zur Rettung gebissener Menschen zu entwickeln. Heute hingegen gibt es einen ganzen Forschungszweig, der tierische Giftstoffe, vorwiegend Eiweiße, auf eine mögliche Eignung als Arzneimittel untersucht: Venomics (engl. „venom" für Gift, „-omics" meint die Strukturaufklärung und Wirkungsweise der Gifte).

Von den Kegelschnecken (*Conus* spp.) war ja schon die Rede (s. Abb. 2.4). Ihre Gifte, die Conotoxine, binden an bestimmte Ionenkanäle und stören die Erregungsleitung durch die Nerven, machen also schmerzunempfindlicher. Das heute synthetisch nachgebaute Peptid Ziconotid, das natürlicherweise als ein Conotoxin in der Kegelschnecke vorkommt, wird heute zur Bekämpfung stark chronischer Schmerzen bei Erwachsenen eingesetzt [41]. Es ist wirksamer als Morphin und verursacht keinen Gewöhnungseffekt.

Heute geht es bei der Venomics-Forschung auch nicht mehr nur um ganz offensichtliche Gifttiere, sondern auch um giftige Krebse, Hundertfüßer und das Gift von Solitärbienen und Wespen. Dabei ist die Fähigkeit, Gifte zu bilden, in den einzelnen Tiergruppen in der Evolution immer wieder unabhängig voneinander entstanden.

Daneben gibt es noch passiv wirksame Gifte, die die Tiere über die Haut absondern, um sich selbst zu schützen. Das sind oft Alkaloide, Phenole oder Blausäure. Bei besonders kleinen Tieren muss dabei die gesamte Giftdrüse entfernt werden, um wenigstens ein paar winzige Tropfen an Toxinen zu gewinnen. Heute kann man aber auch gleich die aktive RNS aus den Giftdrüsen isolieren und die Gene für die Toxinproduktion direkt fassen. Diese können dann in Bakterien eingesetzt werden, die dann das Toxin in großem Maßstab produzieren.

Trotz aller Analytik sind die Ergebnisse bisher bescheiden. Immerhin konnte aus dem Gift einer australischen Vogelspinne *(Selenotypus plumipes)* ein Bioinsektizid gewonnen werden. Es diente der Spinne ursprünglich dazu, Insekten zu betäuben, um sie zu fressen. Das isolierte Peptid wirkt gegen die Baumwoll-Kapseleule besser als viele synthetische Insektizide [42]. Dieser schädliche Schmetterling befällt v. a. Baumwolle und Mais in wärmeren Ländern. Interessanterweise muss das Gift nicht in die Insekten injiziert werden, wie es die Spinne auf der Jagd macht, sondern es wirkt auch beim Fraß. Zudem ist es so stabil, dass es mit der Pflanzenschutzmittelspritze ausgebracht werden kann. Da man das Gen inzwischen kennt, das dieses spezifische Eiweiß produziert, könnte man es auch direkt in Nutzpflanzen einbringen, die dann beim Befall durch Insekten selbst das Spinnentoxin produzieren.

Mit Giften jagen

Ein ganz anderer Aspekt von natürlichen Giften ist ihr Einsatz als Jagdwaffe des Menschen. Die Pfeilgiftfrösche tragen diese Verwendung ja schon im Namen, aber auch viele andere Pflanzen und Tiere wurden dafür eingesetzt. So fand sich an einem ägyptischen Pfeil aus einem Grab, das auf die Zeit zwischen 2180 und 2050 v. Chr. datiert wurde, ein wasserlösliches Gift. Es soll angeblich noch bei der Entdeckung 4000 Jahre später nach Verabreichung an Mäuse tödlich gewesen sein. Dabei fanden sich Effekte wie bei dem herzwirksamen Strophanthin und muskellähmenden Alkaloiden [43]. Diese Pfeilgifte dienen auch heute noch sowohl zum Krieg führen als auch zum Jagen und zum Fischfang. Sie werden aber auch für Gottesurteile und als Mordgifte verwendet.

Pfeilgifte finden sich auf allen Kontinenten, auch in Europa. So beschreibt Homer, dass Odysseus seine Pfeile vergiftete und auch in der Bibel im Buch Hiob 6:4 werden vergiftete Pfeile erwähnt [44]. In China wurden die Pfeile mit Knollen von wildem Eisenhut (*Aconitum* sp.) gekocht, der auch bei uns eine der giftigsten Pflanzen ist. Das berühmteste Pfeilgift ist wohl Curare, ein eingedickter Extrakt von Rinden und Blättern verschiedener Lianenarten aus Südamerika. Vor allem werden Brechnussarten (*Strychnos* spp.) und Mondsamengewächse *(Menispermaceae)* verwendet, wobei es je nach Stamm und Region verschiedene Rezepte gibt [45]. Curare führt zur Muskellähmung und am Ende zum Tod durch Atemstillstand, weil auch die Atemmuskulatur gelähmt wird. Besonders attraktiv ist eben, dass sich das getroffene Tier kaum noch weiterbewegen kann und vom Baum fällt. Sein Genuss als Jagdbeute ist ungefährlich, da Curare nur über die Blutbahn wirkt, nicht aber über die Verdauung. In der Anästhesie wurden einzelne Inhaltstoffe des Curare als Muskelrelaxans eingesetzt. Die Pfeilgifte der südamerikanischen indigenen Bevölkerung wurden schon von den Spaniern vielfach beschrieben, nicht zuletzt, weil dadurch auch spanische Soldaten qualvoll starben.

Ähnlich wie Curare stammen auch die afrikanischen Pfeilgifte meist aus Mischungen verschiedener Pflanzen [43]. Es gibt bei jedem Volk ein überliefertes Rezept, das peinlich genau bei der Zubereitung eingehalten wird und oft sehr kompliziert ist. In den Waldgebieten Zentralafrikas werden meist zwei Hauptgifte eingesetzt, die rasch wirken, und noch einige andere Gifte, die sie unterstützen. So können diese die Haftfähigkeit des Extrakts an der Pfeilspitze verbessern, die Giftwirkung steigern und/oder die Giftaufnahme aus der Wunde in das Blut fördern [43].

Da die Gifte, die zum Jagen verwendet werden, meist sehr komplexe Gemische aus Eiweißbestandteilen sind, ist es gar nicht so einfach, einzelne Substanzen zu isolieren und zu untersuchen. Dazu werden heute modernste Analysegeräte, aber auch biochemische und molekularbiologische Verfahren eingesetzt [46], denn sicherlich lassen sich hier auch Heilwirkungen entdecken.

Was hilft wirklich?

Wir kommen in Deutschland eigentlich kaum mit natürlichen Giften in Berührung. Es gibt nur sehr wenige giftige Tiere und Pflanzen, wobei diese meistens eher mindergiftig sind. Wichtig ist es, keine Pilze zu essen, die man nicht wirklich kennt, und keine unbekannten Pflanzen anzufassen oder gar deren Früchte oder Blätter zu verzehren. Kindern sollte man beibringen, dass sie außer Haus überhaupt nichts essen, das nicht eindeutig als Lebensmittel bekannt ist. Auffallende rote oder schwarze Beeren sollen nicht gesammelt und zum Spielen verwendet werden. Besonders gefährdet sind Kinder von 1 bis 4 Jahren, die noch kein Unterscheidungsvermögen zwischen Fremdstoffen und Lebensmittel haben. Mittlere bis schwere Vergiftungsfälle bei Kindern traten v. a. bei der Engelstrompete und dem Goldregen auf, aber auch bei unreifen Gartenbohnen und Lebensbäumen [47]. „Anzeichen einer Vergiftung können Bauchschmerzen oder Übelkeit, Erbrechen, Schwindel, Müdigkeit und Unwohlsein bis hin zu Bewusstlosigkeit und Herz-Kreislauf-Stillstand sein", so Kinderarzt Dr. Thiele [47]. Allerdings ist das sehr selten. Im Jahr 2013 traten nach einer Statistik der Kommunalen Unfallversicherung Bayern bei bundesweit rund 3000 erfassten Fällen pflanzlicher Vergiftungen nur 4 schwere Verläufe auf, 85 mittlere Verläufe, der Rest war leicht bis symptomlos [47]. Das macht doch Hoffnung.

Wie kann ich mich schützen?

- Keine Pilze, Beeren oder Pflanzen essen, die man nicht genau kennt. Auch bei Nutzung von Bestimmungs-Apps auf den Genuss im Zweifel verzichten.
- Kinder müssen dazu erzogen werden, nichts Fremdes in den Mund zu stecken, v. a. keine bunten Beeren. Das gilt auch an Spielplätzen und im Wald.
- Die Telefonnummer des örtlichen Giftnotrufes im Telefon einspeichern und im Vergiftungsfall möglichst genaue Angaben machen, Pflanzenteile mit zum Arzt nehmen.

- Von fremden, auswärtigen Pflanzen fernhalten, weil sie starke Allergien auslösen können. Das gilt v. a. für den Riesen-Bärenklau (phototoxisch!) und die Beifußblättrige Ambrosia (Asthma!).
- Vergiftungen von Kindern gehen heute eher von Haushaltschemikalien (s. Kap. 9) und Arzneimitteln aus (Rang 1 und 2) als von Pflanzen (Rang 3).
- Das Interesse von Kindern an der Natur wecken und das Allgemeinwissen um giftige und Nahrungs- und Heilpflanzen wieder mehr fördern.
- Als wirksamer Schutz gegen all die vielen gefährlichen, auch toxinbildenden Bakterien reicht fast immer eine gute Hand- und Nahrungsmittelhygiene bzw. ein aktiv gehaltener Impfstatus.

Literatur

1. WIKIPEDIA: gift, Tetanus, Diphtherie. https://de.wikipedia.org/wiki/Gift, https://de.wikipedia.org/wiki/Tetanus, https://de.wikipedia.org/wiki/Diphtherie, https://de.wikipedia.org/wiki/Lebensmittelvergiftung Zugegriffen: 12. Juni 2023
2. Feldmeier H (2012) Schon ein Zehnmillionstel Gramm Botox ist tödlich. WELT online. https://www.welt.de/wissenschaft/article106388732/Schon-ein-Zehnmillionstel-Gramm-Botox-ist-toedlich.html. Zugegriffen: 1. Nov 2022
3. Hüttmann K (2017) Vergoldetes Gift. ZEIT online. https://www.zeit.de/2017/02/botox-verwendung-botulinumtoxin-medizin-pharmakonzerne/seite-2. Zugegriffen: 1. Nov 2022
4. WIKIPEDIA: baumsteigerfrösche. https://de.wikipedia.org/wiki/Baumsteigerfr%C3%B6sche. Zugegriffen: 12. Juni 2023
5. WIKIMEDIA COMMONS: Micha L. Rieser, CC0. https://commons.wikimedia.org/wiki/File:Phyllobates-terribilis.jpg. Zugegriffen: 12. Juni 2023
6. Saporito RA et al (2007) Spatial and temporal patterns of alkaloid variation in the poison frog *Oophaga pumilio* in Costa Rica and Panama over 30 years. Toxicon 50(6):757–778
7. WIKIPEDIA: cantharidin. https://de.wikipedia.org/wiki/Cantharidin. Zugegriffen: 12. Juni 2023
8. WIKIMEDIA COMMONS: Stefanie Hamm, gemeinfrei. https://commons.wikimedia.org/wiki/File:Lytta-vesicatoria03.jpg. Zugegriffen: 12. Juni 2023
9. WIKIPEDIA: inlandtaipan https://de.wikipedia.org/wiki/Inlandtaipan. Zugegriffen: 12. Juni 2023
10. Anonym (2013) Die giftigsten Tiere der Welt. BILD-Redaktion. https://www.bild.de/10um10/2013/10-um-10/hitliste-um-zehn-giftigste-tiere-30218792.bild.html###wt_ref=https%3A%2F%2Fev.turnitin.com%2F&wt_t=1654094647702. Zugegriffen: 1. Nov 2022

11. WIKIPEDIA: Bananenspinnen. https://de.wikipedia.org/wiki/Bananenspinnen. Zugegriffen: 12. Juni 2023
12. Wesseloh C (2013) Bananenspinnen. Naturkundemuseum Karlsruhe. https://www.smnk.de/forschung/zoologie/wissenswertes/bananenspinnen/. Zugegriffen: 1. Nov 2022
13. Bjørn-Yoshimoto WE, Ramiro IBL, Yandell M et al. (2020) Curses or cures: a review of the numerous benefits versus the biosecurity concerns of conotoxin research. Biomedicines 8(8):235. https://doi.org/10.3390/biomedicines8080235; Foto 1 (beschnitten): CC-BY 4.0
14. WIKIMEDIA COMMONS: Rickard Zerpe CC-BY 2.0. https://commons.wikimedia.org/wiki/File:Greater_blue-ringed_octopus_(Hapalochlaena_lunulata)_(48272090161).jpg. Zugegriffen: 12. Juni 2023
15. WIKIPEDIA: maitotoxin-1. https://de.wikipedia.org/wiki/Maitotoxin-1. Zugegriffen: 12. Juni 2023
16. Anonym. (2022) Blausäure (Cyanid). https://www.gesundheit.com/gesundheit/1/blausaeure-cyanid. Zugegriffen: 1. Nov 2022
17. Reinholz J (2000) Analytische Untersuchungen zu den Alkaloiden Lolitrem B und Paxillin von *Neotyphodium lolii* und *Lolium perenne, in vivo* und *in vitro.* Dissertation, Universität-Gesamthochschule Paderborn, 145 S
18. Hahn A (2008) Pilzvergiftungen in Deutschland. BfR – Bundesinstitut für Risikobewertung. https://mobil.bfr.bund.de/cm/343/pilzvergiftungen-in-deutschland.pdf. Zugegriffen: 1. Nov 2022
19. WIKIPEDIA: Wulstlinge. Karbol-Champignon. Kahler Krempling. https://de.wikipedia.org/wiki/Wulstlinge#Knollenbl%C3%A4tterpilze, https://de.wikipedia.org/wiki/Karbol-Champignon, https://de.wikipedia.org/wiki/Kahler_Krempling. Zugegriffen: 12. Juni 2023
20. WIKIPEDIA: grüner Knollenblätterpilz. https://de.wikipedia.org/wiki/Gr%C3%BCner_Knollenbl%C3%A4tterpilz. Zugegriffen: 12. Juni 2023
21. WIKIPEDIA COMMONS: Holger Krisp, CC-BY-3.0. https://commons.wikimedia.org/wiki/File:Gr%C3%BCner_Knollenbl%C3%A4tterpilz_Amanita_phalloides.jpg. Zugegriffen: 12. Juni 2023
22. WIKIPEDIA: pantherpilz. https://de.wikipedia.org/wiki/Pantherpilz. Zugegriffen: 12. Juni 2023
23. WIKIPEDIA: fliegenpilz. https://de.wikipedia.org/wiki/Fliegenpilz. Zugegriffen: 12. Juni 2023
24. Müller G (o. J.) Das Psilocybin-Syndrom. Vergiftung durch ‚Rauschpilze'.http://www.pilzepilze.de/psilo.html. Zugegriffen: 1. Nov 2022
25. Kleber JJ, Haberl B, Zilker T (2000) Psilocybin-Syndrom. Toxikologische Abteilung der II. Medizinischen Klinik der Technischen Universität München. https://toxinfo.org/pilz/db/frameset_genic_PSILOCYBINSYNDROM.html. Zugegriffen: 1. Nov 2022

26. DGUV (2006) Deutsche Gesetzliche Unfallversicherung. Giftpflanzen – Beschauen, nicht kauen! DGUV-Information 202-023. https://www.unfallkasse-nrw.de/fileadmin/server/download/Regeln_und_Schriften/Informationen/202-023.pdf. Zugegriffen: 1. Nov 2022
27. WIKIPEDIA: Liste giftiger Pflanzen. https://de.wikipedia.org/wiki/Liste_giftiger_Pflanzen. Zugegriffen: 12. Juni 2023
28. Bundesanzeiger (2021) Bekanntmachung einer Liste besonders giftiger Gartenpflanzen und einheimischer Pflanzen in der freien Natur vom 19. Mai 2021 (BAnz AT 02.07.2021 B4) https://www.bundesanzeiger.de/pub/publication/cb9rFDxrsetJdU4RBZu/content/cb9rFDxrsetJdU4RBZu/BAnz%20AT%2002.07.2021%20B4.pdf?inline. Zugegriffen: 1. Nov 2022
29. Anonym (2021) DIN 18034 „Spielplätze – Vorgaben zu Einfriedung, Spielsand und Wasser". https://www.forum-verlag.com/blog-ov/din-18034. Zugegriffen: 1. Nov 2022
30. Riederer M (2022) Gefahr für die Gesundheit: Ambrosia erkennen und bekämpfen. Bayerischer Rundfunk (BR). https://www.br.de/nachrichten/wissen/ambrosia-erkennen-und-bekaempfen-gefahr-fuer-die-gesundheit,RxMfWqX. Zugegriffen: 1. Nov 2022
31. Madejsky M (2018) Hexenpflanzen oder über die Zauberkünste der weisen Frauen. https://www.natura-naturans.de/medicina-magica/hexenpflanzen-margret-madejsky/. Zugegriffen: 1. Nov 2022
32. Malizia E (2002) Liebestrank und Zaubersalbe, Gesammelte Rezepturen aus alten Hexenbüchern. Orbis, München, ISBN 3-572-01309-7, S 80 ff., zitiert nach: Willig HP. https://www.biologie-seite.de/Biologie/Schwarze_Tollkirsche#cite_ref-Maliz1_22-0. Zugegriffen: 1. Nov 2022
33. Engel, G (2016) Mutterkorn – von Massenvergiftungen im Mittelalter zu hochwirksamen Arzneimitteln der Gegenwart. https://scienceblog.at/Mutterkorn
34. WIKIMEDIA COMMONS (2002). https://commons.wikimedia.org/wiki/File:Mathis_Gothart_Gr%C3%BCnewald_018.jpg. The Yorck Project *10.000 Meisterwerke der Malerei* (DVD-ROM), distributed by DIRECTMEDIA Publishing GmbH. ISBN: 3936122202 (gemeinfrei). Zugegriffen: 12. Juni 2023
35. Gordon A, Delamare G, Tente E, Boyd L (2019) Determining the routes of transmission of ergot alkaloids in cereal grains. Project Report No. 603, AHDB Cereals & Oilseeds
36. WIKIPEDIA: g-Strophanthin. https://de.wikipedia.org/wiki/G-Strophanthin. Zugegriffen: 12. Juni 2023
37. Eikermann E (2004) Heilkundige Frauen und Giftmischerinnen – eine pharmaziehistorische Studie aus forensisch-toxikologischer Sicht. Diss., Univ Bonn
38. Zaphod B (2013) Die Medici. https://www.geschichtsforum.de/thema/die-medici.46109/. Zugegriffen: 1. Nov 2022

39. AGES (2022) Österreichische Agentur für Gesundheit und Ernährungssicherheit GmbH. Kontrolle auf giftigen Stechapfel vor der Ernte. https://www.ages.at/ages/presse/news/detail/kontrolle-auf-giftige-stechaepfel-vor-der-ernte?sword_list%5B0%5D=Tropanalkaloide&no_cache=1. Zugegriffen: 1. Nov 2022
40. Tetsch L (2021) Die Gift-Allianz. Labor Journal online. https://www.laborjournal.de/editorials/m_2258.php?consent=1. Zugegriffen: 1. Nov 2022
41. Hardy MC, Daly NL, Mobli M et al (2013) Isolation of an orally active insecticidal toxin from the venom of an Australian tarantula. PLoS ONE 8(9):e73136
42. Neuwinger HD (2012) Afrikanische Ethnobotanik: Gifte und Arzneien. Eine Einführung. https://web.archive.org/web/20120314124544/http://www.neuwinger-online.de/ethnobot.html. Zugegriffen: 1. Nov 2022
43. WIKIPEDIA: pfeilgifte. https://de.wikipedia.org/wiki/Pfeilgift. Zugegriffen: 12. Juni 2023
44. WIKIPEDIA: curare. https://de.wikipedia.org/wiki/Curare. Zugegriffen: 12. Juni 2023
45. Tetsch L (2022) Venomics – Tiergiftforschung neu erfunden. Labor Journal online. https://laborjournal.de/rubric/hintergrund/hg/m_hg_22_06_02.php?consent=1. Zugegriffen: 1. Nov 2022
46. Frenzel E (2018) (Gift-)Pflanzen auf dem Spielplatz?!? Vortrag beim Bewegungsplan-Plenum Fulda, 17./18.04.2018. https://bewegungsplan.org/wp-content/downloads/referenten-2018/Dr.%20Elke%20Frenzel%20-%20Giftpflanzen%20auf%20dem%20Spielplatz.pdf. Zugegriffen: 1. Nov 2022
47. Anonym (2019) Richtig handeln bei Vergiftungen. Helios-Magazin. https://www.helios-gesundheit.de/magazin/kinder-und-jugendmedizin/news/richtig-handeln-bei-vergiftungen/. Zugegriffen: 1. Nov 2022

3

Mykotoxine – giftige Schimmelpilze

„Der Aff' frisst nie Verschimmeltes", heißt es bei Wilhelm Busch um 1896 in seinem „Naturgeschichtlichen Alphabet". Heute ist es Allgemeinwissen, dass man schimmliges Brot wegwerfen soll und verdorbener Joghurt gefährlich sein kann. Der Grund dafür sind Schimmelpilze, von denen es eine reiche Auswahl gibt (Tab. 3.1). Dabei sind nicht die Pilze selbst für uns gefährlich, sie befallen nur Pflanzen, sondern ihre (sekundären) Stoffwechselprodukte, die Mykotoxine. Schimmelpilze bilden diese Giftstoffe auf allen möglichen Lebensmitteln und verteidigen damit ihren Lebensraum (Substrat). Leider sind sie auch für Mensch und Tier gefährlich. Zur Unterscheidung bezeichnet man die Gifte von Knollenblätter-, Fliegenpilz & Co. als Pilzgifte (s. Kap. 2).

Die Verursacher

Die Wissenschaft streitet noch, ob heute 300 oder eher 500 Mykotoxine bekannt sind. Die genaue Zahl ist eigentlich unerheblich, denn es gibt von jedem Mykotoxin zahlreiche Abkömmlinge, die sich nur durch chemische Feinheiten unterscheiden. So sind heute allein rund 160 Trichothecene bekannt (Tab. 3.1). Etwas einfacher wird die Situation dadurch, dass im Wesentlichen nur fünf Gattungen von Schimmelpilzen Mykotoxine in größerem Umfang verursachen. Dabei werden manche Mykotoxine nur von einer oder wenigen Arten produziert, andere hingegen von Arten verschiedener Gattungen. Umgekehrt kann derselbe Pilz auch eine Vielzahl

T. Miedaner und A. Krähmer, *Gifte in unserer Umwelt*,
https://doi.org/10.1007/978-3-662-66578-7_3

Tab. 3.1 Die „Big Five" der Verursacher von giftigen Mykotoxinen und ihr bevorzugtes Vorkommen

Verursacher	Mykotoxine	Vorkommen	Wirkungen
Aspergillus-Arten	Aflatoxine	Nüsse, Getreide	karzinogen
Fusarium-Arten	Trichothecene Zearalenon Fumonisine	Getreide, Mais	Erbrechen, immunsuppressiv, Fruchtbarkeitsprobleme
Alternaria-Arten	Alternariol AAL-Toxine	Getreide, Gemüse, Früchte	karzinogen
Penicillium-Arten, *Aspergillus*-Arten	Ochratoxine Patulin	Kaffee, Bier, Wein u. a. Kernobst	Nierenerkrankungen, karzinogen
Claviceps purpurea	Mutterkornalkaloide	Roggen	Krampfseuche, Wahnvorstellungen

chemisch unterschiedlicher Mykotoxine bilden. Deshalb kommen Schimmelpilze in der Natur häufig vergesellschaftet vor. Die Bedingungen, unter denen Mykotoxine produziert werden, sind je nach Pilzart sehr unterschiedlich. Immer jedoch sind eine gewisse Feuchtigkeit und kohlenhydratreiches Substrat nötig, wie etwa stärkereiches Getreide, ölhaltige Nüsse oder süße Früchte (Übersicht bei [1]).

Die für Mensch und Tier gefährlichsten Mykotoxine überhaupt sind die Aflatoxine, die von **Aspergillus-Arten** produziert werden; sie sind schon in geringster Konzentration schädlich. Hauptproduzent ist *Aspergillus flavus*, nach dem auch die Toxine genannt wurden (A-fla-Toxine). Es gibt rund 20 natürlich vorkommende Aflatoxine, die v. a. in fetthaltigen Lebensmitteln wie etwa Nüssen gefunden werden, aber auch in Mais auftreten. Da Aflatoxine nur bei feucht heißen Bedingungen von 28–36 °C gebildet werden, gelten sie bei uns als „Importtoxine", d. h. sie entstehen nicht in Deutschland, sondern werden bereits mit Lebens- und Futtermitteln importiert. In der Vergangenheit gab es große Aufregungen um z. B. verseuchte Pistazien aus dem Iran, die für die Speiseeisproduktion verwendet wurden, oder Mais aus Serbien, der als Futtermittel verkauft wurde.

Die ***Fusarium*-Arten** sind wohl die weltweit am häufigsten vorkommenden Mykotoxinproduzenten. Es gibt sie in zahlreichen Arten auf allen Kontinenten außer der Antarktis und sie können nahezu alle Pflanzenarten befallen. Dabei produzieren sie rund zwei Dutzend chemisch unterschiedlicher Mykotoxine, von denen die drei wichtigsten Stoffklassen in der Tab. 3.1 genannt sind. Auch sie gibt es in jeweils zahlreichen Abkömmlingen. Am häufigsten finden sich *Fusarien* als Schadpilze bei Getreide einschließlich Mais, das sie bereits auf dem Feld während der Blüte infizieren

Abb. 3.1 Krankheitssymptome von Pilzen, die Mykotoxine produzieren: Ährenfusarium durch *Fusarium culmorum* an Weizen (links), Kolbenfusarium durch *Fusarium graminearum* an Mais (Mitte) und Mutterkornpilz an Roggen (rechts)

(Abb. 3.1). Sie verbreiten sich dann auf der ganzen Ähre bzw. dem Kolben und besiedeln die entstehenden Körner. Die bekanntesten Arten sind bei uns *Fusarium graminearum* bei allen Getreiden und *F. verticillioides* bei Mais. Aber es gibt noch rund 15 weitere Arten, die jeweils ganze Cocktails von Mykotoxinen bilden (siehe „Auch *Fusarium*-Toxine sind nicht ohne"). Auch im Lager können sie noch weiterwachsen und weitere Gifte produzieren, wenn die Körner zu feucht ($\geq$14 % Wassergehalt) gelagert werden.

***Alternaria*-Arten** werden umgangssprachlich als „Schwärzepilze" bezeichnet, da sie ein grauschwarzes Myzel (Pilzkörper) bilden. Die bekannteste Art ist *Alternaria alternata.* Es gibt rund 30 *Alternaria*-Toxine, von denen nur wenige genauer untersucht sind. Angeblich sollen sie in China bereits als Verursacher von Speiseröhrenkrebs identifiziert worden sein. *Alternaria*-Toxine finden sich in Getreide, Sonnenblumenkernen, Pekannüssen und verschiedenen Gemüsen und Früchten wie Kartoffeln, Tomaten, Oliven, Mandarinen, Melonen, Trauben. Äpfeln, Himbeeren und Erdbeeren [2]. Auch in Gewürzen wie Pfeffer konnten sie entdeckt werden. In Deutschland fand sich Alternariol (Abb. 3.2) auch in Apfel- und Traubensaft sowie AAL-Toxine in Tomatenpüree.

Die ***Penicillum*-Arten** zeigen sehr schön die ambivalente Seite der sekundären Stoffwechselprodukte von Pilzen. Einige von ihnen produzieren potente Antibiotika, schließlich wurde das Penicillin nach ihnen benannt. Daneben bilden sie aber auch gefährliche Mykotoxine wie die Ochratoxine. Diese haben als Ochratoxin A (Abb. 3.2) eine sehr weite Verbreitung in Lebensmitteln. *Penicillium*-Arten finden sich in allen Getreidearten,

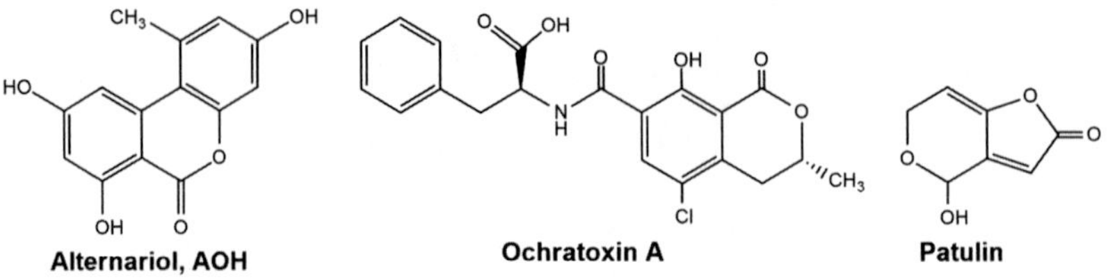

Alternariol, AOH Ochratoxin A Patulin

Abb. 3.2 Strukturformeln der bedeutendsten Mykotoxine von *Alternaria*- und *Penicillum*-Arten

in vielen Obst- und Gemüsearten (Zitronen, Trauben, Feigen), in verarbeiteten Erzeugnissen wie Obstsäften, Bier und Wein und sogar in Kaffee, Kakao und Schokolade. In unseren Breiten werden Ochratoxine v. a. von *P. verrucosum, P. viridicatum, P. cyclopium* und *P. chrysogenum* gebildet. Seltener ist auch der Pilz *Aspergillus ochraceus* die Ursache, der etwas höhere Temperaturen benötigt. Diese Mykotoxinbildner treiben bei uns ihr Unwesen nicht auf dem Feld, sondern erst im Lager, wenn es zu viel Feuchtigkeit gibt. Im Tierversuch erwies sich Ochratoxin A als krebserregend sowie als Nierengift.

Auch Patulin (Abb. 3.2) wird von ***Aspergillus*- und *Penicillium*-Arten** gebildet, v. a. von *Penicillium expansum.* Dieser Pilz ist auch verantwortlich dafür, dass Früchte und Gemüse faulen. In rund 40 % der braunfaulen Stellen von Äpfeln ist Patulin nachweisbar und findet sich deshalb häufig in Apfelsaft [3]. Bei Vergärung zu Apfelmost wird das Toxin abgebaut, bei der industriellen Herstellung von Apfelsaft verringert es sich je nach Verfahren um 20–40 %.

Der Erreger des **Mutterkorns *(Claviceps purpurea)*** produziert die Mutterkornalkaloide, auch Ergotalkaloide genannt. Er kommt nur im Feld vor und infiziert viele Grasarten zur Blüte. Es bilden sich dann bläulich schwarze Gebilde („Mutterkorn"), die sogenannten Sklerotien, die bei Roggen so groß sind, dass sie aus der Ähre herausragen (s. Abb. 3.1). Bei uns finden sich Mutterkörner v. a. auf Roggen und Gräsern. Im Mittelalter kannte man nicht die Gefährlichkeit des Verzehrs, hielt die Mutterkörner für besonders schön gewachsene Roggenkörner und aß sie im Mehl vermahlen einfach mit. Obwohl die Mutterkörner nur von geringer akuter Toxizität sind, führt ein monatelanger Verzehr zu schweren chronischen Gesundheitsstörungen bis hin zum Tod. Dies war immer dann der Fall, wenn es zur Roggenblüte stark regnete, was den Pilzbefall begünstigte. Heute wird der Roggen vor der Verarbeitung gereinigt und zumindest in großen Mühlen dürfte kein Mutterkorn mehr im Getreide oder Brot enthalten sein. Gleichzeitig sind die Alkaloide Ausgangsprodukt von wertvollen Medikamenten (s. Kap. 2).

Es gibt kein pflanzliches Lebensmittel, das nicht Mykotoxine enthalten kann. Das ist die schlechte Nachricht für Vegetarier und Veganer. Die gute Nachricht für Fleischesser ist, dass Mykotoxine, von Aflatoxin M aus der Milch abgesehen, praktisch nicht in tierischen Produkten oder Fleisch vorkommen [4].

Wie gefährlich?

Die Wirkung von Mykotoxinen auf den Organismus von Warmblütern ist außergewöhnlich vielfältig und man kann sie nicht verallgemeinern (s. Box).

Die Wirkung von Mykotoxinen

- krebserregend (karzinogen),
- nervenschädigend (neurotoxisch),
- das Immunsystem schädigend (immunsuppressiv),
- erbgutschädigend (mutagen),
- Gefährdung des Embryos (teratogen),
- Organschäden, z. B. an Leber, Niere (hepato-, nephrotoxisch),
- Haut- und Schleimhautschäden bei Berührung,
- Hemmung oder Einleitung von enzymatischen Stoffwechselprozessen,
- allergische Reaktionen,
- Fruchtbarkeitsstörungen durch hormonelle Wirkung.

Gerade weil Mykotoxine so gefährlich sind, gibt es Höchstmengen in pflanzlichen Ausgangsstoffen und Lebensmitteln (Tab. 3.2), die in der ganzen EU gelten und nicht überschritten werden dürfen. Diese Höchstmengen orientieren sich an der Gefährlichkeit der Toxine, den wichtigsten Lebensmittelgruppen, in denen sie gefunden werden, der Verarbeitungsstufe und der Empfindlichkeit der Bevölkerungsgruppe. Deshalb dürfen Aflatoxin B_1 und Ochratoxin A in den besonders gefährdeten Lebensmitteln mit je 2 µg/kg nur in geringsten Mengen vorliegen. Deoxynivalenol, das deutlich weniger gefährlich ist, kann dagegen im Brot bis zur 250fachen Menge vorhanden sein.

Je näher das Lebensmittel am Verzehr des Menschen ist, desto geringer darf die Menge sein. So darf mehr Zearalenon im Getreidemehl sein als in Frühstückscerealien, weil das Mehl ja immer weiterverarbeitet wird, die Cerealien aber unverändert gegessen werden. Und schließlich sind die Höchstmengen für Säuglinge und Kleinkinder nochmal um einen Sicherheitsfaktor verkleinert. Die Tab. 3.2 zeigt beispielhaft, wie detailliert die Vorschriften hier sind. Zu den Mengenangaben ist zu bemerken, dass 1000 µg/kg der Menge

Tab. 3.2 Höchstmengen für Mykotoxine in verarbeiteten Lebensmitteln zum unmittelbaren menschlichen Verzehr (EG Nr.1881/2006 bzw. EU 2021/1399, Auszug) [5]

Mykotoxine	Vorkommen	Höchstmenge [µg/kg]
Aflatoxin B1	Erdnüsse, Trockenfrüchte, Getreide	2
	Mandeln, Pistazien, Aprikosenkerne	8
	Beikost für Säuglinge und Kleinkinder	0,1
Deoxynivalenol	Getreide, Getreidemehl, Teigwaren (trocken)	750
	Brot, Gebäck, Kekse, Snacks, Frühstückscerealien,	500
	Getreidebeikost für Säuglinge und Kleinkinder	200
Zearalenon	Getreide (außer Mais), Getreidemehl	75
	Brot, Gebäck, Kekse, Snacks, Frühstückscerealien aus Mais	50
	Beikost für Säuglinge und Kleinkinder	20
Fumonisin B1 + B2	Maismehl, Maiskeime, raffiniertes Maisöl	1000
	Lebensmittel aus Mais	400
T-2 + HT-2-Toxine[a]	Haferkleie, Haferflocken,	200
	Getreidekleie (außer Hafer), Maiserzeugnisse	100
	Brot, Gebäck, Kekse, Getreidesnacks, Nudeln	25
Ochratoxin A	Wein, Sekt, Traubensaft	2
	Gerösteter Kaffee bzw. Kaffeebohnen	5
Patulin	Fruchtsäfte, -nektar, Apfelwein	50
	Feste Apfelerzeugnisse	25
	Apfelsaft, alle Apfelprodukte für Säuglinge, Kleinkinder	10
Mutterkornalkaloide[b]	Roggenmahlprodukte (bis 30.06.2024)	500
	Ab 01.07.2024	250
	Beikost für Säuglinge und Kleinkinder	20

[a] EU-Empfehlung, nicht bindend [6]
[b] Summe von 12 Mutterkornalkaloiden [7]
Anmerkung: 1000 µg/kg = 1 mg/kg = 1 ppm (part per million); 1 µg/kg = 1 ppb (part per billion (engl. für Milliarde))

eines Zuckerwürfels in einem Milchtankwagen (2500 L) entspricht, 1 µg/kg ist mit der Menge eines Zuckerwürfels in einem Tankschiff mit 2,5 Mio. L gleichzusetzen (s. Kap. 1). Das ist heute problemlos nachweisbar.

Das Vorkommen von Mykotoxinen in Lebens- und Futtermitteln ist ein weltweites Problem. Die *Food and Agriculture Organization* (FAO) der UN schätzt, dass bis zu 25 % der weltweit produzierten Nahrungsmittel mit Mykotoxinen belastet sind und jährlich ca. 1000 Mio. t vernichtet werden müssen [8]. Und das sind nur die Lebensmittel, bei denen die Mykotoxine überhaupt entdeckt werden. Trotz unserer hoch entwickelten Untersuchungsmöglichkeiten und sehr hohen Hygienestandards kommt es auch in Mitteleuropa immer wieder zu einzelnen Fällen, wo sich Mykotoxine in schädlicher Menge in Lebensmittel finden.

Ein besonderes Problem sind dabei die „importierten Mykotoxine", also solche, die gar nicht in Deutschland oder Mitteleuropa gebildet werden, sondern über Lebensmittel aus dem Ausland eingeführt werden (Tab. 3.3). Dabei werden bei Produktwarnungen häufig keine Konzentrationen angegeben. Immer ist jedoch der Grenzwert um ein Mehrfaches überschritten.

Besonders betroffen sind auch Mandeln, Erdnüsse, Pistazien, Feigen und Haselnüsse, die immer wieder durch erhöhte Aflatoxingehalte auffallen. So wurden alleine in Bayern (2005–2009) in jedem Jahr 10–20 % dieser untersuchten fetthaltigen Lebensmittel wegen zu hoher Aflatoxinmengen beanstandet und aus dem Handel genommen. Auch von den untersuchten Fruchtsäften enthielten rund 30 % Patulin, allerdings waren alle Proben unterhalb des erlaubten Höchstgehaltes [12].

Tab. 3.3 Beispiele von Produktwarnungen von Lebensmitteln wegen Grenzwertüberschreitung von Mykotoxinen in 3 Perioden ([9], andere wie angegeben)

Produkt (Land)[a]	Mykotoxine	Mengen	Datum
Maismehl (PT)	Fumonisine	6739 µg/kg 4734 µg/kg	11.06.2015 [10] 20.10.2015 [10]
Weißmaisdunst (CH)	Fumonisine, Deoxynivalenol, Zearalenon		Oktober 2015 [10]
Cornflakes (EU)	Deoxynivalenol	bis 1690 µg/kg	Februar 2015 [11]
Popcornmais (DE, AT, CH)	Aflatoxin, Ochratoxin A	K. A[b]	28.09.2018
Popcorn (DE)	Aflatoxin	K. A	22.09.2018
Popcorn (CH)	Aflatoxin	K. A	21.09.2018
Feigen (ES)	Ochratoxin A	K. A	25.03.2022
Erdnüsse	Aflatoxin B1	K. A	14.03.2022

[a] PT = Portugal, CH = Schweiz, EU = Europäische Union, DE = Deutschland, AT = Österreich, ES = Spanien
[b] K. A. = keine Angabe

Als mögliche Gefahren für den Menschen werden dabei von den Behörden regelmäßig angegeben: Übelkeit, Magenschleimhautentzündung und Leberschädigung (Patuline), Übelkeit, Erbrechen (Deoxynivalenol, HT-2-/T-2-Toxine), Krebserzeugung (Fumonisine, Aflatoxin, Ochratoxin A), Nierenschäden (Ochratoxin A). Natürlich kommt es dabei immer auf die Menge an, die man zu sich nimmt. Allerdings mussten 2011 auch Bionudeln mehrerer Marken zurückgerufen werden, bei denen das Mykotoxin Deoxynivalenol (DON) in sehr hohen Mengen vorkam [13].

Zusammenfassend finden sich bei uns Mykotoxine, die über dem Höchstwert liegen, besonders häufig in Nüssen und Gewürzen (Aflatoxine), Trockenfrüchten (Ochratoxin A) und Maisprodukten (Fusariumtoxine).

Aflatoxine – die giftigsten Mykotoxine überhaupt

Die gefährlichsten Mykotoxine überhaupt sind Aflatoxine, sie sind das potenteste natürliche Kanzerogen. Es gab in Deutschland deshalb schon aufsehenerregende Rückrufaktionen (Tab. 3.3). 1999 wurden die Kontrolleure in Baden-Württemberg fündig. Bei 35 Stichproben aus Pistazienpaste lag der Mittelwert an Aflatoxinen bei 35 µg/kg. Das ist rund 20-mal höher als damals zulässig und die schlimmste Probe lag sogar rund 200-mal höher [14]. Mittlerweile wurde der Höchstgehalt für Aflatoxin B_1 in Pistazien, Mandeln und Ähnlichem auf 8 µg/kg hochgesetzt, bei Erdnüssen bleibt der geringere Wert von 2 µg/kg erhalten (s. Tab. 3.2). Trotzdem nehmen die Probleme nicht ab. Es gibt verschiedene Aflatoxinderivate, von denen Aflatoxin B1 das häufigste ist (Abb. 3.3). Eine gewisse Bedeutung bei uns haben auch die nur in Milch vorkommenden Abkömmlinge Aflatoxin M_1 und M_2.

Aflatoxine werden nur unter (sub-)tropischen Temperaturen gebildet, sind heute aber bereits in Ländern wie Italien, Serbien und der Türkei ein

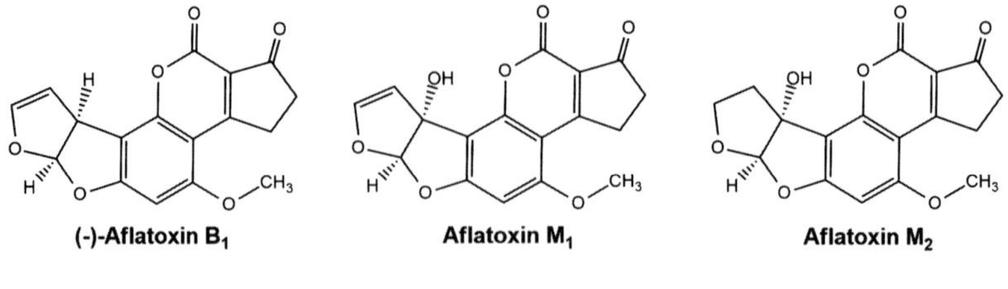

(-)-Aflatoxin B_1 — Aflatoxin M_1 — Aflatoxin M_2

Abb. 3.3 Strukturformeln der drei für Deutschland bedeutendsten Aflatoxinderivate B_1, M_1, M_2

Problem. Noch schlimmer wird die Belastungssituation in Afrika. Die Pilze fühlen sich auf fetthaltigen Lebensmitteln besonders wohl, weshalb immer wieder Nüsse in das Visier der Lebensmittelkontrolleure geraten. Aber auch Getreide wird von *Aspergillus*-Pilzen befallen. Interessanterweise ist Aflatoxin B_1 als das gefährlichste Derivat der rund 20 Aflatoxine als Naturprodukt gar nicht bedenklich. Es wird erst durch den Abbau in der Leber „scharfgemacht" (Abb. 3.4). Mithilfe des Enzyms Cytochrom P450 (CYP450) wird das Molekül wasserlöslich, weil das Enzym Sauerstoff in eine Doppelbindung einführt. Dadurch entsteht ein Epoxid, das sehr reaktionsfähig ist. Es kann in den Zellkern der Leberzellen eindringen und mit der dortigen DNS eine chemische Bindung mit der Base Guanin eingehen. Dies verursacht Fehler bei jeder Zellteilung, was eine Ursache für Krebs ist. Deshalb erhöht Aflatoxin B_1 bei langfristiger Aufnahme v. a. die Gefahr eines Leberzellkarzinoms, eine der tödlichsten Krebsarten. Ebenso können Leberdystrophie oder Leberzirrhose als Folge auftreten. Eine Konzentration von 10 µg/kg greift bereits die Leber an [15]. Auf einen 70 kg schweren Menschen umgerechnet, müsste man dafür täglich 87,5 g Pistazien oder 350 g Erdnüsse mit 8 µg/kg bzw. 2 µg/kg Aflatoxin B_1-Belastung essen. Außerdem kann das häufige Einatmen der *Aspergillus*-Sporen zu einem

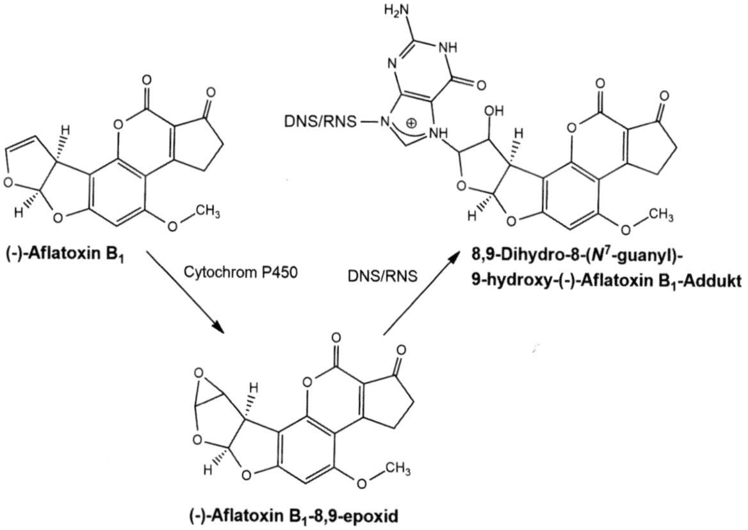

Abb. 3.4 Aflatoxin B_1 ist selbst nicht gesundheitsgefährdend, erst die Umwandlung zu einem Epoxid in der Leber macht es toxisch, weil sich das reaktionsfreudige Epoxid leicht an die Base Guanin der DNS oder RNS bindet [16]

Bronchialkarzinom führen. So etwas kann beim Umschaufeln von aflatoxinbelasteten Ernteprodukten in der Scheune passieren.

Trotzdem wird sich in den westlichen Industriestaaten wohl niemand an Aflatoxinen vergiften. Dazu ist der Verzehr von aflatoxinbelasteten Lebensmitteln viel zu gering, wie das Beispiel der Pistazien und Erdnüsse zeigte. In den tropischen Ländern Afrikas und Asiens sieht es da schon ganz anders aus. Hier sind v. a. Mais und Erdnüsse im Visier, die vielerorts als Grundnahrungsmittel dienen. Die Maiskolben können bei ausreichender Feuchte schon auf dem Feld mit toxigenen Pilzstämmen befallen werden. Kaum ein Landwirt kann sich dort eine Trocknung leisten. Erdnüsse werden häufig unreif geschnitten und dann auf dem Feld in der Sonne nachgetrocknet. Bei ausreichender Feuchtigkeit entstehen dann sehr hohe Toxinkonzentrationen. Im Extremfall wird Mais im Freien gelagert. Dort entstehen dann extreme Aflatoxinkonzentrationen, weil der Pilz bei ausreichend Feuchtigkeit im Lager weiterwächst und noch höhere Mykotoxingehalte produziert.

In Sambia enthielten zwischen 2012 und 2014 die meisten Erdnussbutterproben aus Supermärkten oder lokalen Märkten einen unzulässig hohen Aflatoxinwert. Weniger als 30 % der Proben entsprachen den EU-Grenzwerten [17]. Auch in Malawi enthielten 40–100 % der auf Erdnüssen basierenden Nahrungsmittel zu viele Aflatoxine. In Kenia, wo die Kontamination mit Aflatoxinen besonders hoch ist, starben zwischen 2004 und 2006 fast 200 Menschen an akutem Leberversagen durch verseuchten Mais. Betroffen waren meist die Familien von Kleinbauern, die von ihrer eigenen Ernte leben müssen und fast nur Mais anbauen. Und 2010 wurden etwa 2 Mio. Säcke mit Mais als ungeeignet für den menschlichen Verzehr befunden [17]. Durch die hohen Aflatoxingehalte können die afrikanischen Erdnüsse kaum exportiert werden. Aber sie sorgen auch für einen schlechten Gesundheitszustand der Bevölkerung, v. a. der Kinder. Nach UNICEF leiden rund 40 % der Kinder in Afrika an Wachstumsstörungen und Beeinträchtigung der Gehirnentwicklung durch Aflatoxine [18]. Die Kinder bleiben deutlich kleiner und sind anfälliger für Infektionskrankheiten, denn manche Mykotoxine schwächen auch das Immunsystem.

Aber es gibt auch Hoffnung. Denn nicht alle *Aspergillus*-Stämme bilden Toxine, manche sind völlig ungefährlich. Daraus entwickelten amerikanische Wissenschaftler zusammen mit afrikanischen Partnern Aflasafe®, eine Kombination aus vier Stämmen von *A. flavus,* die keine Aflatoxine bilden und Mais und Erdnüsse schützen sollen [17]. Das Mittel wird auf die Ackerböden gestreut und verhindert durch Konkurrenz eine Ausbreitung der toxinbildenden Stämme. In Nigeria ist Aflasafe® eine eingetragene Handelsware und ähnliche Produkte gibt es in Kenia, Burkina

Faso, im Senegal, in Gambia und Sambia, wo die Bauern dadurch eine weitgehende Reduzierung der Aflatoxinverseuchung erreichten.

Auch *Fusarium*-Toxine sind nicht ohne ...

Zwar sind *Fusarien* als Schadpilze nur dem Fachmann bekannt, trotzdem sind sie schon jedem begegnet. Denn ihre vielen Arten befallen praktisch jede Pflanze und sie produzieren sehr unterschiedliche Mykotoxine. Dabei beziehen sich die Krankheitssymptome immer auf Tiere, meistens Schweine, weil diese am empfindlichsten sind und hier die meisten Untersuchungen vorliegen (Übersicht bei [1]). Die Wirkung auf den Menschen ist ähnlich, aber der Getreideanteil an unserer täglichen Nahrung (25 %) ist weitaus geringer als im Tierfutter (bis zu 60 %). Deshalb sind die Symptome hier nur schwer zu erkennen und noch schwerer zu untersuchen. Die größte Gruppe der *Fusarium*-Toxine sind die Trichothecene im Getreide und Mais (Abb. 3.5).

Deoxynivalenol (DON, Vomitoxin) ist weitverbreitet und wird mit der heutigen Spurenanalytik sehr häufig in Getreide gefunden. Typische klinische Anzeichen einer DON-Vergiftung beim Tier sind Futterverweigerung, Erbrechen und Durchfall. Empfindlich sind v. a. Schweine. Erhalten sie länger DON-haltiges Futter, dann wirkt das Mykotoxin immunsuppressiv – die Tiere zeigen eine erhöhte Anfälligkeit für Krankheiten. Die zelltoxische Wirkung kann bei erhöhter Belastung auch zu Veränderungen von Blut- und Leberwerten führen.

T-2- und HT-2-Toxine werden häufig in Hafer und Hafererzeugnissen gefunden. In Mais kommen sie in geringeren Konzentrationen vor, in den anderen Getreidearten sind sie nur selten bis gar nicht nachweisbar. Sie sind die giftigsten *Fusarium*-Toxine und schädigen nicht nur Körperzellen direkt, sondern beeinträchtigen den Aufbau lebenswichtiger Zellbestandteile und

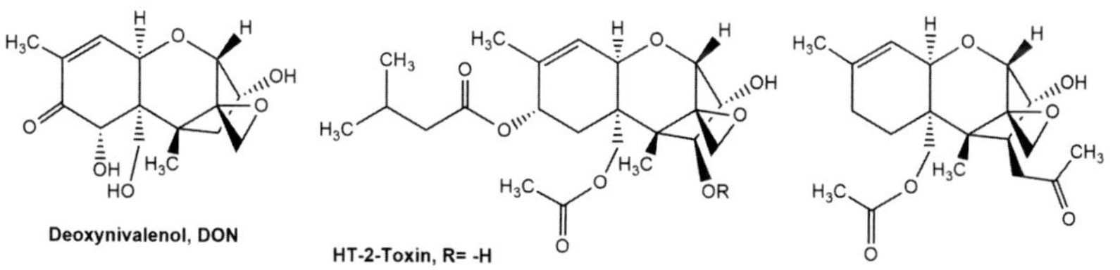

Deoxynivalenol, DON

HT-2-Toxin, R= -H
T-2-Toxin, R= $-COCH_3$

Diacetoxyscirpenol, DAS

Abb. 3.5 Die wichtigsten Vertreter der Trichothecen-Mykotoxine

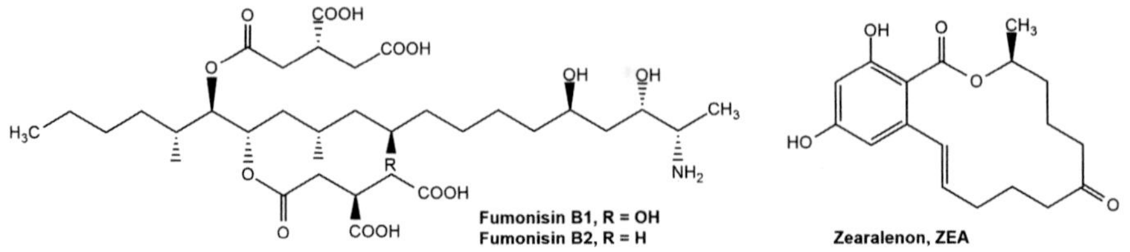

Abb. 3.6 Strukturformeln der häufigsten Fumonisine B_1 und B_2 sowie von Zearalenon als drei bedeutende im Mais vorkommende Mykotoxine

wirken immunsuppressiv. Reduziertes Körpergewicht, Infektanfälligkeit und Fortpflanzungsstörungen können die Folge sein.

Diacetoxyscirpenol (DAS) kommt in Getreide, aber auch häufiger in Kartoffeln vor. Es hemmt die Proteinbildung, was zum Tod sich schnell teilender Zellen führt. Bis in die 1980er-Jahre wurde es deshalb sogar als Krebsheilmittel erprobt.

Zearalenon (ZON, früher F-2 Toxin, Abb. 3.6) kommt nicht ganz so häufig vor. Es wird aber teilweise von denselben *Fusarium*-Arten gebildet wie DON, sodass es durchaus Proben mit mehr als einem Mykotoxin gibt. Es ist ein Östrogenabkömmling und führt beim weiblichen Schwein zu Schwellungen und Entzündungen der Vulva, Vergrößerung des Uterus und Zystenbildung an den Eierstöcken, zu schwächlichen Ferkeln und Totgeburten.

Fumonisine (FUM) wurden erst 1988 entdeckt und kommen v. a. im Mais in höheren Konzentrationen vor (Abb. 3.6). Es sind heute 28 Abkömmlinge dieser Gruppe bekannt. Sie stehen im Verdacht, kanzerogen zu sein, werden mit Speiseröhrenkrebs in Verbindung gebracht und sollen ein Auslösefaktor für Leberkrebs sein. Gefährdet sind v. a. Menschen, die große Mengen Mais verzehren, der in vielen afrikanischen Ländern die Speise der Armen ist.

Was die *Fusarium*-Toxine bedenklich macht, ist ihre große Hitzestabilität, sodass ihre Mengen durch Kochen, Backen und Brauen nur wenig verringert werden. Beim Kochen von Nudeln geht ein Teil in das Kochwasser über, aber ansonsten finden sie sich auch in verarbeiteten Lebensmitteln pflanzlicher Herkunft, auch im Bier. Dadurch sind wir ständig geringen Mengen ausgesetzt und ihre Wirkung ist beim Mischköstler Mensch dann kaum noch isoliert nachzuvollziehen.

Arme Tiere

Die Entdeckung der Mykotoxine ist eine faszinierende Geschichte an sich. Um 1960 fand sich in Großbritannien erstmals eine seltsame Krankheit bei Geflügel, die sich durch Appetitlosigkeit, Schwäche und Schäden an der Leber äußerte. Allein in Großbritannien starben 100.000 Puten. Man tippte zunächst auf eine Viruserkrankung, die Tierärzte nannten sie Turkey-X. Später stellte sich heraus, dass das Futter mit Aflatoxinen vergiftet war. Dies war der Zeitpunkt der Entdeckung dieser hochgiftigen Mykotoxine. Auch bei Ratten, Meerschweinchen und Jagdhunden fanden sich ähnliche Symptome. Ursache war in allen Fällen Erdnussmehl in kommerziellen Futtermischungen, das in hohen Konzentrationen Aflatoxine und wahrscheinlich noch ein weiteres *Aspergillus*-Toxin enthielt. Große Aufregung gab es 2013, weil serbischer Mais, der besonders viel Aflatoxin enthielt, aus der Vorjahresernte exportiert wurde. In Niedersachsen wurde der Import generell verboten, in Nordrhein-Westfalen wurden vier Milchviehbetriebe gesperrt, weil das giftige Aflatoxin B_1 sich in der Milch als Aflatoxin M wiederfinden lässt (s. Abb. 3.3). Viel schlimmer waren die Auswirkungen auf den Balkanstaaten. Hier wurden Millionen von Litern Milch aus den Regalen genommen. Von dem importierten Mais wurden 10.000 t in Deutschland an rund 3560 Höfe verkauft, 35.000 t wurden von den deutschen Behörden gesperrt. Diese verkaufte der Importeur später in die USA – legal, weil dort die Grenzwerte für Aflatoxine in Futtermitteln bis zu 25fach höher sind als in der EU [19]. Ein Kollateralschaden der Globalisierung!

Nutztiere sind am häufigsten von den negativen Auswirkungen von Mykotoxinen betroffen, weil sie in großer Häufigkeit mit Getreide gefüttert werden. Bei manchen Schweinemästern besteht bis zu 60 % der Futterrationen aus Getreide, besonders Weizen und Gerste. Das Hauptproblem sind dabei nicht die kommerziell erhältlichen Einzel- oder Mischfuttermittel. Bayrische Untersuchungen für alle Mykotoxine zeigen, dass hier nur in Einzelfällen die Orientierungswerte überschritten werden. Das größte Problem „verursachen" die Landwirte selbst, die hofeigenes und unzureichend getrocknetes Futter verwenden. Sie produzieren auf ihrem Betrieb Mais, Weizen, Gerste, Triticale oder Roggen und verfüttern das an ihre eigenen Tiere. In der angegebenen Reihenfolge nimmt die Toxinkonzentration ab, d. h., wenn es zu Kontaminationen mit *Fusarium*-Toxinen kommt, dann zeigt Mais in der Regel die höchsten und Roggen die niedrigsten Werte.

Ein Spezialproblem beim Roggen sind die Mutterkornalkaloide, die bei feuchtem Wetter zur Blüte immer auftreten. Sie werden wie oben beschrieben von dem Schimmelpilz *Claviceps purpurea* gebildet, der Dutzende von verschiedenen Toxinen produziert. Diese führen bei chronischem Konsum zu schweren Gesundheitsschäden (Ergotismus). Deshalb dürfen nur 0,02 % dieser Mutterkörner im Roggen sein, wenn er für Lebensmittel verwendet wird, bei Futtermitteln liegt der Orientierungswert derzeit bei 0,1 %. Die Alkaloide verursachen zwei unterschiedliche Symptome: Durchblutungsstörungen, die bei chronischem Konsum bei Tieren an Ohren, Nase, Schwanzspitze und Gliedmaßen die Haut absterben lassen bzw. das zentrale Nervensystem wird beeinträchtigt, was zu Kribbeln, Zittern (Ferkelzittern), Durchfällen und Krämpfen führt. Bei Zuchtsauen führen einige Mutterkornalkaloide zu Kontraktionen der Gebärmutter und können so Aborte, Früh- und Totgeburten auslösen, andere verursachen Milchmangel bei der laktierenden Sau [20].

Bei Futtermitteln gibt es, anders als bei Lebensmitteln, von der EU keine juristisch bindenden Höchstwerte, sondern nur sogenannte Orientierungswerte (Tab. 3.4). Es wird den Landwirten empfohlen, unterhalb dieser Werte zu bleiben, damit die Tiergesundheit und -produktivität nicht beeinträchtigt wird. Es gibt aber keine Kontrollen. Auch die Landwirte selbst können die Toxingehalte in ihrem Futter nicht kontrollieren, da die chemischen Verfahren zeitaufwendig und teuer sind. Sie müssen durch geeignete Maßnahmen bereits auf dem Feld dafür sorgen, dass möglichst gar kein verschimmeltes Getreide entsteht.

Für *Fusarium*-Mykotoxine gilt, dass Schweine sehr empfindlich sind. Ein besonderes Problem ist der Futterhafer, bei dem sich der Pilzbefall unter der Spelze befindet und deshalb nicht sichtbar ist. Leider bilden die *Fusarium*-Arten hier eine besonders reichhaltige Mykotoxinflora.

Rinder vertragen mit ihren komplexen Mägen bis zur 5fachen Menge DON und bis zur 10fachen Menge ZON verglichen mit Schweinen. Am

Tab. 3.4 Maximal tolerierbare Konzentrationen für *Fusarium*-Toxine im Futter (Ergänzungs- und Alleinfuttermittel, µg/kg Gesamtration) [21]

Tierart	DON	ZON	FUM
junge weibliche Zuchtschweine	900	100	5.000
Mast-, Zuchtschweine	900	250	5.000
Broiler, Legehenne	5.000	–	20.000
Rinder	5.000	–	50.000
Pferde	–	–	5.000

– keine Festlegung

unempfindlichsten sind Geflügel, also Hühner, Puten und Enten. *Fusarium*-Toxine gehen weder ins Fleisch noch in tierische Produkte über. Sie werden sehr schnell verstoffwechselt und Lebensmittel tierischer Herkunft sind im Grunde die einzigen Lebensmittel, die wirklich frei von *Fusarium*-Toxinen sind. Allerdings schaden sie dem Tier und es kommt deshalb verstärkt zu Krankheitsproblemen im Stall.

Was können Landwirte und Verarbeiter tun?

Mykotoxine sind weder gottgegeben noch entstehen sie willkürlich. Sie sind immer Ursache einer Pilzinfektion der Pflanze – entweder schon auf dem Feld oder als Erntegut im Lager bzw. als Lebensmittel, das falsch gelagert wird. Am einfachsten lässt sich in Industrieländern das Lagerproblem lösen. Getreide – genauso wie Lebensmittel – müssen trocken gelagert werden. Sie sollten möglichst hermetisch verschlossen sein, denn es darf nicht zu einem Feuchteeintrag oder zur Kondenswasserbildung kommen. Lagert man so Getreide mit 14 % Feuchtigkeit ein, dann können sich keine Lagerpilze etablieren. Die schon vom Feld hereingetragenen Pilze können keine weiteren Mykotoxine verursachen, da sie sich nicht weiterentwickeln können. Auch können unter diesen Bedingungen möglicherweise im Getreide befindliche Insekten nicht überleben. Oft sind es vorratsschädliche Insekten, die über Atmung und Exkremente Feuchtigkeit in das Vorratsgut eintragen und so zusätzlich die Ausbreitung von Pilzen befördern. Geringe Lagertemperatur ($\leq$13 °C) und, wenn möglich, eine reduzierte Sauerstoffatmosphäre (z. B. bei Vakuumverpackung) schützen zusätzlich Lebensmittel vor Pilzbefall und gesundheitsgefährlichen Toxinen. Leider lässt sich dieses Problem in den Tropen nicht so leicht lösen. Das liegt an der dort herrschenden hohen Luftfeuchtigkeit und den häufig nicht gegebenen technischen Lagermöglichkeiten unter Kühlung oder Luftabschluss. Wenn Maiskolben wochenlang am Straßenrand liegen oder gar auf dem Dach der Gebäude aufbewahrt werden, dann ist eine Mykotoxinbildung unvermeidlich. Bei *Fusarium*-Toxinen bildet sich dann im Lager ein Vielfaches der Menge, die auf dem Feld schon produziert wurde.

Den Pilzbefall auf dem Feld zu reduzieren, ist dagegen nicht so einfach. Dafür braucht es Vorbeugungsmaßnahmen. Bei uns spielen dabei v. a. die *Fusarium*-Toxine eine Rolle. Bei feuchter Witterung zur Blütezeit des Getreides infizieren die Pilze bereits die Blütchen oder die gerade gebildeten Körner und wachsen dann bis zur Reife hin in der Pflanze weiter. Dabei können sie erhebliche Mengen Mykotoxine bilden (Abb. 3.7).

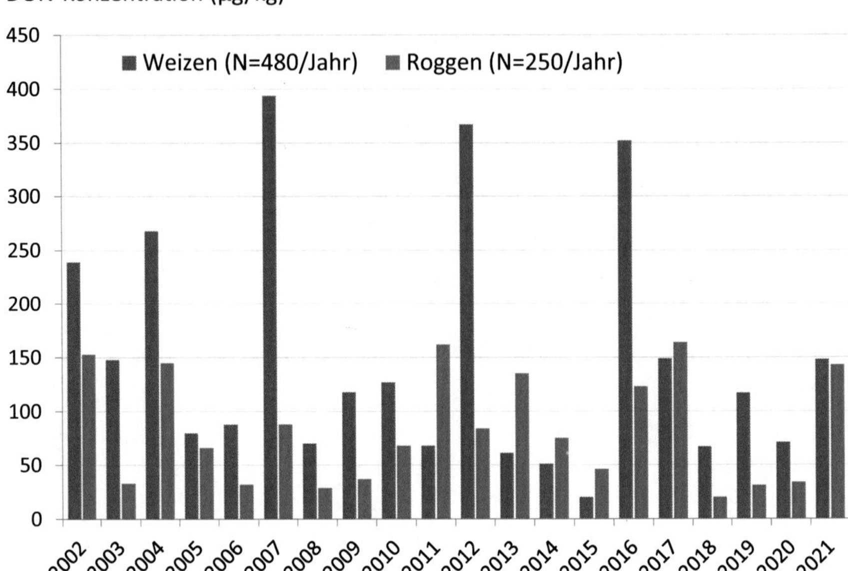

Abb. 3.7 Mengen des Mykotoxins Deoxynivalenol (DON) in der deutschen Weizen- und Roggenernte [22, 23]

Eine über fast 20 Jahre laufende Untersuchung des Max-Rubner-Instituts für Sicherheit und Qualität bei Getreide in Detmold zeigt das Problem [22, 23]. Dafür werden jedes Jahr rund 500 Weizen- und 250 Roggenproben der jeweiligen Ernte direkt beim Landwirt gezogen und im Labor chemisch auf die wichtigsten Toxine untersucht. Dabei gibt es deutliche Jahreseffekte. In den Jahren 2007, 2012 und zuletzt 2016 gab es erhebliche Spitzen der DON-Produktion im Weizen. Das waren Jahre mit überwiegend feuchten Witterungsbedingungen. Dann kann der Pilz leichter infizieren und sich weiterentwickeln. Die absoluten Werte sind alle unbedenklich, wenn man berücksichtigt, dass der gesetzliche Grenzwert für unverarbeitetes Getreide, wie es hier beprobt wurde, bei 1.250 µg DON je Kilogramm liegt. Und in den letzten 5 Jahren lagen jeweils nur 1–4 % aller Proben über diesem Höchstwert [23]. Allerdings finden sich in belasteten Proben nicht nur DON, sondern auch andere Mykotoxine, die von derselben Pilzgruppe produziert werden. Im Vergleich zum Weizen hat der Roggen meist geringere Mittelwerte, im Gesamtmittel liegt er nur rund halb so hoch in der DON-Konzentration wie Weizen.

Was also tun? Es gibt für den Landwirt eine Vielzahl vorbeugender Maßnahmen. Bei der Verwendung von Getreide als Futtermittel können auch Reinigungs- und Entgiftungsmaßnahmen durchgeführt werden (s. Box). Dies ist v. a. dann wichtig, wenn der Landwirt das selbstproduzierte Getreide als Futter auf dem eigenen Hof verwendet.

Möglichkeiten der Vorbeugung und Verminderung von Mykotoxinen im Erntegut bzw. in Futtermitteln (nach [24], ergänzt)

Vorbeugende Maßnahmen im Anbau (Landwirt)
- Keinen Mais als Vorfrucht vor Getreide anbauen bzw. Maisrückstände weitestgehend zerkleinern und in den Boden einarbeiten,
- Bodenbearbeitung möglichst mit Pflug durchführen, damit infiziertes Pflanzenmaterial von der Bodenoberfläche verschwindet,
- Sorten mit geringer Anfälligkeit gegen Ährenfusariosen anbauen; bei großer Feuchtigkeit zur Blüte ggf. ein Pilzvernichtungsmittel (Fungizid) einsetzen,
- optimale Reinigungsleistung des Mähdreschers einstellen, befallene Teilflächen separat ernten.

Vorbeugende Maßnahmen bei der Lagerung (Händler)
- Erntegut zügig auf max. 14 % Feuchtigkeit trocknen, danach kühlen und nachreinigen,
- Lagerung muss trocken und in abgeschlossenen Behältnissen erfolgen, Insektenbefall, Feuchtenester und Kondenswasserbildung sind unbedingt zu vermeiden, Kontrolle der Temperatur erforderlich,
- Futtergetreide kann mit organischen Säuren konserviert werden.

Direkte Bekämpfung in Futtermitteln (Landwirt)
- Schmachtkörner sollten durch geeignete Maßnahmen abgetrennt werden; werden die 20 % leichteren Samen weggeworfen, können die Gehalte an Mykotoxinen um 10–40 % verringert werden,
- Entfernung von Spelzen bei Hafer und Gerste verringert die Toxingehalte,
- mäßig belastete Partien können in geringen Anteilen mit unbelastetem Getreide verschnitten werden,
- kommerzielle Präparate mit bestimmten Mikroorganismen entgiften die Futtermittel zu einem gewissen Anteil.

Schimmel als Untermieter

In den USA ist es schon längst ein Megathema, in Deutschland noch eher unbeachtet: Schimmelpilze in der Wohnung. Wenn sich in schlecht durchlüfteten Ecken in der Wohnung, in Kellerräumen oder im Badezimmer Schimmelbeläge zeigen, werden diese in der Regel schnell weggeputzt. Aber das löst das Problem nicht! Sie kommen immer wieder, wenn die Ursache nicht beseitigt wird. Und Schimmel ist nicht nur unangenehm, er kann auch krank machen. Seit einigen Jahren werden sogar speziell ausgebildete Spürhunde eingesetzt. Sie können durch ihren hoch entwickelten Geruch nach entsprechender Ausbildung Schimmel unter dem Teppichboden, Parkett oder Estrich oder hinter Einbaumöbeln entdecken und anzeigen [25]. Bei starkem Befall merken auch die Bewohner einen modrigen, muffigen und unangenehmen Geruch.

Es gibt Hunderte von Schimmelpilzarten, einige davon fühlen sich auch in Wohnungen wohl. Sie wachsen wie alle Pilze mit feinen Pilzfäden (Hyphen) und produzieren Sporen. Beide sind so klein, dass sie leicht in der Luft schweben und sich durch die ganze Wohnung verbreiten. Das Hauptproblem sind hier Allergien. Menschen, die sowieso schon allergisch auf Pollen oder Hausmilben reagieren, sind natürlich besonders gefährdet. Wie bei allen Allergien bilden sich beim Erstkontakt sogenannte IgE-Antikörper, die sich an die Mastzellen im Körper binden. Bei weiteren Kontakten produzieren sie das Hormon Histamin und andere Botenstoffe. Der Körper reagiert dann rasch, was die üblichen Beschwerden auslöst: Schnupfen, Augentränen, Hustenanfälle und Kopfweh. Die Symptome einer Schimmelpilzallergie unterscheiden sich nicht von denen anderer Allergien und können bis hin zu Asthma gehen. Dabei besteht aber kein Grund zur Panik, nur etwa 5 % der Menschen sind empfindlich gegen Schimmelpilze. Das ist eigentlich nicht besonders viel, wenn man bedenkt, dass in Wohnungen 100–1.000 und im Freiland je nach Jahreszeit und Vegetationsperiode mehr als 10.000 Sporen pro Kubikmeter Luft herumfliegen [26].

Krank werden durch Schimmelpilze, das wird von Sanierungs- und Altbauexperten immer wieder kolportiert, findet aber nur äußerst selten statt. Es betrifft hauptsächlich immungeschwächte Menschen, also v. a. Personen mit einer Krebserkrankung, unmittelbar nach einer Chemotherapie, organtransplantierte Patienten und solche mit HIV. Dabei kommt es dann meistens zu Infektionen der Atemwege, gelegentlich ist auch das zentrale Nervensystem betroffen. „Etwa 5.000 Menschen sind in Deutschland derzeit pro Jahr von einer Schimmelpilzinfektion betroffen. Etwa die Hälfte stirbt daran" [27].

Allerdings können empfindliche Menschen durch starken Schimmelpilzbefall in der Wohnung auch ganz unspezifische Krankheitsbilder entwickeln, die kaum einer Ursache zuzuordnen sind. Sie wirken oft wie Burn-out: Die Betroffenen sind antriebslos, können sich zu nichts aufraffen und sind ständig müde. Ob dies durch freigesetzte Mykotoxine verursacht wird, konnte bis heute nicht geklärt werden. Es ist weitgehend unbekannt, was passiert, wenn Toxine nicht gegessen, sondern eingeatmet werden. Außerdem können manche Schimmelpilze flüchtige organische Verbindungen absondern, deren

Wirkung auf den Menschen überhaupt noch nicht aufgeklärt ist. Dabei handelt es sich um ein Gemisch aus verschiedenen Stoffen, etwa Alkohole, Terpene, Ketone, Ester und Aldehyde [28].

Um welche Pilze geht es hier? Es handelt sich dabei meist um völlig andere Pilze als diejenigen, die unsere Lebensmittel kontaminieren. Nur *Aspergillus flavus* ist eine Ausnahme (Tab. 3.5). Besonders gefürchtet ist *Stachybotrys chartarum* in den USA, der dort als „toxic black mold" bezeichnet wird [27]. Er ist seit den 1930er-Jahren aus der Landwirtschaft bekannt, wo verschimmeltes Stroh zur Vergiftung von Pferden führte. Dabei waren die Ballen nach der Ernte wieder feucht geworden und die Tiere, die davon fraßen, starben nach hohem Fieber und starkem Durchfall an Infekten. Bei den betroffenen Landwirten wurden Hautausschläge, Husten und blutiger Schnupfen festgestellt [27]. Tatsächlich produziert dieser Pilz eine Vielzahl toxischer Substanzen, einige davon sind dieselben Toxine wie bei den *Fusarium*-Arten (DON, T-2-Toxin). Deshalb gilt in den USA inzwischen ein Haus mit Schimmelflecken als gesundheitlich gefährlich und unverkäuflich. Für den dadurch hervorgerufenen Krankheitskomplex wurden die Begriffe „damp house-related illness" oder einfach „sick-building syndrome" geprägt [28].

Im Gegensatz zu vielen anderen Schimmelpilzen, die „nur" über ihre Sporen und Ausdünstungen krank machen, können manche *Aspergillus*-Arten Menschen auch direkt besiedeln (Aspergillose). Besonders gefährdet sind immungeschwächte oder anderweitig vorgeschädigte Menschen, etwa mit einer ausgeheilten Tuberkulose oder COPD [30]. Auch Landwirte, die während ihrer Arbeit täglich *Aspergillus*-Sporen einatmen, können chronisch

Tab. 3.5 Die wichtigsten Schimmelpilze in Wohnungen und mögliche Krankheiten [29]

Art	Aussehen	Mögliche Krankheiten
Aspergillus fumigatus u. a.	schwarz	Befall von Nasennebenhöhlen, Bronchien, Lunge u. a. Organen, Allergien
Aspergillus flavus	gelb	Aflatoxinproduzent
Stachybotrys chartarum („toxic black mold")	schwarz	Herzrhythmusstörungen, Nasenbluten, Stachybotrose
Trichoderma spp.		Bauchfellentzündung, Lebererkrankung
Cladosporium cladosporioides	dunkelbraun	Fließschnupfen, Husten, Niesanfälle, Nesselfieber, Asthma
Penicillium chrysogenum		Allergien, Asthma
Chaetomium globosum		Allergien, Hautinfektionen

krank werden („farmer's lung"). Dabei kommt es zu einem Befall der Nasennebenhöhlen, zu Asthmaerscheinungen bis hin zu einer Infektion von Bronchien und Lunge, in denen dann das Pilzgewebe nachweisbar ist.

Die Ursachen für Schimmelpilzbildung in der Wohnung liegen auf der Hand und haben immer mit Feuchtigkeit zu tun. Abgesehen von Unfällen wie Wasserrohrbrüche oder undichte Abflussrohre wird meist zu wenig gelüftet. Früher waren die Fenster ziemlich luftdurchlässig und es kam dadurch 1- bis 2-mal am Tag zu einem vollständigen Luftaustausch. Durch moderne Zwei- und Dreifachverglasung ist dieser unterbunden und es muss aktiv gelüftet werden. Auch wenn zu wenig geheizt wird, besteht Schimmelpilzgefahr. Wenn Innenräume zu kalt sind, kondensiert Atemluft an ihren Wänden und es kann dann Schimmelpilzbefall auftreten. Natürlich sollte auch bei Tätigkeiten, bei denen natürlicherweise Feuchtigkeit auftritt, also Kochen, Duschen, Wäschetrocknen, hinterher gründlich gelüftet werden. Auch in unbeheizten Kellerräumen kann bei offenem Fenster im Sommer warme und feuchte Außenluft an den kalten Wänden zu Tauwasserbildung führen, die dann einem Schimmelpilzbefall ausreichende Feuchtigkeit gibt [28].

Übrigens können auch Bakterien in Innenräumen auftreten. Dabei handelt es sich um *Actinomyceten,* die schimmelpilzähnlich wachsen und sich durch einen typisch erdig modrigen Geruch auszeichnen.

Mykotoxine als biologische Kampfstoffe

Mykotoxine waren trotz der Ratifizierung der UN-Biowaffenkonvention durch 183 Staaten immer mal wieder als biologische Kampfstoffe im Gespräch. Die Standardausrede für Staaten, sich mit Biowaffen zu beschäftigen, ist dabei die vermeintlich nötige Vorbereitung auf mögliche terroristische Angriffe. Tatsächlich können Mykotoxine sehr leicht und billig in großen Mengen hergestellt werden. Dazu werden ihre Verursacher im Labor isoliert und dann großtechnisch in Fermentern unter geeigneten Bedingungen vermehrt. Die Giftstoffe werden aus der Kulturbrühe herausgereinigt und in entsprechenden Anlagen zu einem Aerosol verarbeitet. Das kann mithilfe von Flugzeugen oder Raketen über weite Gebiete versprüht werden.

Aflatoxine und DON haben zahlreiche "günstige" Eigenschaften für ihren Einsatz als biologische Kampfstoffe. Sie sind sehr stabil, selbst eine Erhitzung auf 120 °C macht ihnen nichts aus. Sie haben nur ein geringes Molekulargewicht, sind kaum in Wasser löslich und hochgradig UV-stabil.

Hinzu kommt, dass sehr geringe Mengen ausreichen, um Effekte bei den Betroffenen zu erzielen. Die beiden Mykotoxine haben verschiedene Wege, um in den menschlichen Körper zu gelangen. Dies kann durch Einatmen genauso geschehen wie durch Essen, aber sie können auch direkt durch die Haut eindringen.

Dem Irak Saddam Husseins warfen die Amerikaner vor, heimlich nukleare, chemische und biologische Kampfstoffe zu produzieren [31]. Bei UN-Kontrollen wurden tatsächlich Toxine gefunden, die für eine biologische Kriegsführung geeignet gewesen wären. Nach irakischen Angaben wurden bezogen auf Toxine zwischen 1985 und 1991 rund 19.000 L Botulinumtoxin und 2.200 L Aflatoxin hergestellt [32]. In einer der kontrollierten Anlagen fand sich eine Sprühtrocknungsanlage, die so winzige Partikel herstellen konnte, dass sie als Aerosol für den Biowaffeneinsatz geeignet gewesen wären. Bei Botulinum handelt es sich um ein von Bakterien produziertes Toxin und zudem um das giftigste natürlich vorkommende Toxin (s. Kap. 2). Dagegen spricht auch nicht, dass es sich manche unter die Haut spritzen lassen, um Fältchen zu beseitigen. Und schließlich fand sich auch Aflatoxin, die gefährlichste von Pilzen produzierte Substanz. Diese biologischen Giftstoffe sollten in Raketensprengköpfe gefüllt werden und bei den Kontrollen der UN-Mitarbeiter fanden sich tatsächlich Spuren der genannten Substanzen.

Mykotoxine sind auch deshalb ideal als biologische Kampfstoffe geeignet, weil sich ihre Produktionsanlagen leicht tarnen lassen. So können in den riesigen Bottichen einer Brauerei nicht nur Hefen ihre Arbeit verrichten, sondern auch Bakterien oder Pilze Toxine herstellen. Die Iraker bezeichneten eine (vermeintliche) Produktionsanlage als Fabrik für Hühnerfutter, auch Impfstoffforschung wurde schon als Deckmantel vorgeschoben.

Auch die damalige Sowjetunion soll im Vietnamkrieg und dem 2. Laotischen Bürgerkrieg (1963–73) Mykotoxine, u. a. das von *Fusarien* produzierte T-2-Toxin, als Kampfstoff eingesetzt haben. So sollten amerikanische und südvietnamesische Soldaten sowie Angehörige des Hmong-Volkes, die die Amerikaner unterstützten, geschädigt werden [32]. Die Affäre wurde unter „Gelbem Regen" („Yellow Rain") bekannt, weil sowjetische Flugzeuge gelbe Substanzen versprüht haben sollen. Auch bei der vietnamesischen Invasion in Kambodscha (1979–1981) und dem sowjetischen Einmarsch in Afghanistan (1978–1979) sollen Toxine eingesetzt worden sein, die zu Benommenheit, Ohnmacht, Bluthusten und Schock bis hin zum Tod geführt haben sollen. Der damalige amerikanische Außenminister Alexander Haig warf dies am 13. September 1981 bei einer Rede in Westberlin den Sowjets vor. Umgekehrt wurde auch den USA vorgeworfen, T-2-Toxin als chemischen Kampfstoff zu erforschen [33]. Eine CIA-Delegation reiste 1981 nach Laos und untersuchte Leichen von Kriegsopfern, nahm Proben an Vegetation und Wasser und bestätigte angeblich den Verdacht auf Mykotoxine [32]. Auch in Proben, die von Soldaten und Flüchtlingen in die USA geschmuggelt wurden, fanden sich mehrere *Fusarium*-Mykotoxine, u. a. T-2, DON und NIV. Die gelben Flecken, die sich auf einigen Proben fanden, wurden allerdings als enorme Pollenmengen asiatischer Honigbienen identifiziert [34, 32]. Auch finden sich *Fusarium*-Toxine weltweit in Hunderten von sehr unterschiedlichen Pflanzen und Pflanzenteilen, bei Weitem nicht nur in Kulturgetreide. Und das gleichzeitige Vorkommen vieler Toxine in einer Probe ist bei der heutigen hochempfindlichen Spurenanalytik eher die Regel als die Ausnahme. Deshalb geht man davon aus, dass die gefundenen Mykotoxine natürlicherweise in den jeweiligen Gebieten vorgekommen sein könnten. Damit ist die *Yellow-Rain*-Geschichte eher ein Produkt des Kalten Krieges, die die Amerikaner lancierten, um von der eigenen Biowaffenforschung abzulenken.

Infolge der verschärften Antiterrorgesetze nach dem 11. September 2001 erstellten die USA eine Liste von inzwischen 67 besonders gefährlichen biologischen Substanzen („Select Agents and Toxins"). Darunter finden sich neben dem Botulinumtoxin und Conotoxinen aus Meeresschnecken (s. Kap. 2) auch 2 *Fusarium*-Toxine wieder, das bekannte T-2-Toxin und Diacetoxyscirpenol (DAS) [34].

Was bleibt zu tun?

- Keine Lebensmittel essen, die sichtbar geschädigt (verschimmelt) sind oder Bohrlöcher von Insekten aufweisen.
- Besonders gefährdet sind Lebensmittel mit hohem Wassergehalt; diese niemals essen, wenn sie verschimmelt sind (auch nicht den Schimmel ausschneiden!). Beispiele sind Brot, Marmelade, Obst und Gemüse, Joghurt, Weichkäse etc.
- Lebensmittel trocken, kühl und in geschlossenen Gefäßen lagern; dies verhindert Pilzbefall und Insekten, die von außen kommen (weitere Hinweise siehe [35]).
- Nüsse sollten nur von vertrauenswürdigen Herstellern bezogen werden, als Herkunftsländer empfehlen sich die USA oder Australien, weil hier die Nüsse nach der Ernte aufwendig getrocknet werden. Denn: In Nüssen, Feigen und Pistazien bilden sich besonders häufig die hochgiftigen Aflatoxine. Geschälte und geriebene Nüsse sollten rasch verbraucht werden. Nüsse mit Verfärbungen und unangenehmen Gerüchen unbedingt wegwerfen.

- Räume häufig und gründlich lüften, im Winter Stoßlüftung, damit sich keine feuchten Ecken bilden, die Schimmelpilzbefall ermöglichen; die Luftfeuchte sollte zwischen 40 und 60 % liegen.
- Schimmelflecken rasch entfernen, die betroffene Fläche mit einem Spezialmittel oder 70 %igen Alkohol (Apotheke) behandeln, dabei Schutzhandschuhe und Mundschutz tragen; die Ursachen suchen und bekämpfen!

Literatur

1. Degen GH (2017) Mykotoxine in Lebensmitteln. Bundesgesundheitsblatt-Gesundheitsforschung-Gesundheitsschutz, 60:745–756. https://doi.org/10.1007/s00103-017-2560-7. Zugegriffen: 18. Aug 2022
2. BfR (2003) Bundesinstitut für Risikobewertung. Alternaria-Toxine in Lebensmitteln. https://www.bfr.bund.de/cm/343/alternaria_toxine_in_lebensmitteln.pdf. Zugegriffen: 18. Aug 2022
3. Knapp H (2019) Patulin. https://www.lgl.bayern.de/lebensmittel/chemie/schimmelpilzgifte/patulin/index.htm. Zugegriffen: 18. Aug 2022
4. Blank R (2002) Die Bedeutung von Lebensmitteln tierischer Herkunft für die Mykotoxinaufnahme beim Menschen. Umweltwiss Schadst Forsch 14:104–109
5. Verordnung (EG) Nr. 1881/2006 der Kommission vom 19. Dezember 2006 zur Festsetzung der Höchstgehalte für bestimmte Kontaminanten in Lebensmitteln. OJ L 364, 20.12.2006, S. 5–24 und Verordnung (EU) Nr. 165/2010 der Kommission vom 26. Februar 2010 zur Änderung der Verordnung (EG) Nr. 1881/2006 zur Festsetzung der Höchstgehalte für bestimmte Kontaminanten in Lebensmitteln hinsichtlich Aflatoxinen. OJ L 50, 27.2.2010, S. 8–12
6. 2013/165/EU: Empfehlung der Kommission vom 27. März 2013 über das Vorhandensein der Toxine T-2 und HT-2 in Getreiden und Getreideerzeugnissen. OJ L 91 03.04.2013, S 12
7. Verordnung (EU) 2021/1399 der Kommission vom 24. August 2021 zur Änderung der Verordnung (EG) Nr. 1881/2006 hinsichtlich der Höchstgehalte an Mutterkorn-Sklerotien und Ergotalkaloiden in bestimmten Lebensmitteln. OJ L 301 25.08.2021, S 1
8. Jäger H (2014) Mykotoxine: Das unsichtbare Gift. Bauernzeitung. https://www.bauernzeitung.ch/artikel/tiere/mykotoxine-das-unsichtbare-gift-368164. Zugegriffen: 18. Aug 2022
9. Anonym (oJ) Produktwarnung D-A-CH. https://www.produktwarnung.eu. Zugegriffen: 18. Aug 2022
10. Cleankids (2022) Stichwort Mykotoxine. https://www.cleankids.de/Stichwort/mykotoxine. Zugegriffen: 18. Aug 2022

11. Cleankids (2015) Rückruf: Gesundheitsgefahr – Mykotoxin in HAHNE Cornflakes via tegut und EDEKA. https://www.cleankids.de/2015/02/19/rueckruf-gesundheitsgefahr-mykotoxin-in-hahne-cornflakes-via-tegut-und-edeka/52580. Zugegriffen: 18. Aug 2022
12. LGL (2009) Bayrisches Landesamt für Gesundheit und Lebensmittelsicherheit. Mykotoxine in Lebensmitteln – Untersuchungsergebnisse 2009 https://www.lgl.bayern.de/lebensmittel/chemie/schimmelpilzgifte/ue_2009_schimmelpilzgifte.htm. Zugegriffen: 18. Aug 2022
13. Cleankids (2011) Spiralnudeln: Zwei Bio-Nudelmarken mit Schimmelpilzgift. https://www.cleankids.de/2011/03/26/spiralnudeln-zwei-bio-nudelmarken-mit-schimmelpilzgift/11153?cookie-state-change=1544353594957. Zugegriffen: 18. Aug 2022
14. Giftiges Pistazieneis. http://www.spiegel.de/spiegel/vorab/a-82493.html. Zugegriffen: 18. Aug 2022
15. Krauss J (2018) Aflatoxin: Wie das Pilzgift in Lebensmittel gelangt. https://utopia.de/ratgeber/aflatoxin-wie-das-pilzgift-in-lebensmittel-gelangt
16. Arnold W (2017) Fact Sheet Aflatoxine. https://www.awl.ch/pilze/presse/pilzeuebersicht/Aflatoxine_Arnold.pdf. Zugegriffen: 18. Aug 2022
17. Bafana B (2015) Südliches Afrika: Wachsende Gefahr durch Aflatoxine – Hohe Verluste für Agrarsektor durch krebserregende Pilzgifte. http://schattenblick.net/infopool/umwelt/internat/uila0098.html. Zugegriffen: 18. Aug 2022
18. Anonym (2016) IARC-Report: Mykotoxine verzögern Wachstum von Kindern in Afrika. Aerzteblatt. https://www.aerzteblatt.de/nachrichten/65801/IARC-Report-Mykotoxine-verzoegern-Wachstum-von-Kindern-in-Afrika. Zugegriffen: 18. Aug 2022
19. Futtermais mit hochgiftigem Pilz entdeckt. ZEIT Online. https://www.zeit.de/wissen/2013-03/aflatoxin-futtermittel-schimmelpilz. Zugegriffen: 18. Aug 2022
20. Leberl P (2015) Schadet Mutterkorn den Zucht- und Mastschweinen. https://www.bwagrar.de/Land-Leben/Forum/L0NCQl9MSVNUP01BSU5DTUQ9REVUQUlMJkZPUkVOSUQ9MTYzMjUzJkJCSUQ9MjA5MzkmTEFZT1VUPUxJU1QmTUlEPTE2Mjk0Nw.html. Zugegriffen: 18. Aug 2022
21. 2006/576/EG: Empfehlung der Kommission vom 17. August 2006 betreffend das Vorhandensein von Deoxynivalenol, Zearalenon, Ochratroxin A, T-2- und HT-2-Toxin sowie von Fumonisinen in zur Verfütterung an Tiere bestimmten Erzeugnissen. OJ L 229, 23.8.2006, S. 7–9
22. BMELV (2010) Bundesministerium für Ernährung, Landwirtschaft und Verbraucherschutz (jetzt Bundesministerium für Ernährung und Landwirtschaft, BMEL). Besondere Ernte- und Qualitätsermittlung (BEE) 2010. Reihe: Daten-Analysen. Seite 41. https://www.bmel-statistik.de/fileadmin/daten/EQB-1002000-2010.pdf. Zugegriffen: 18. Aug 2022

23. BMEL (2021) Bundesministerium für Ernährung und Landwirtschaft. Besondere Ernte- und Qualitätsermittlung (BEE) 2020. Reihe: Daten-Analysen. Seite 43. https://www.bmel-statistik.de/fileadmin/daten/EQB-1002000-2020.pdf. Zugegriffen: 18. Aug 2022
24. Anonym (2016) Schimmelpilze, Mykotoxinbildende Pilze. https://www.oekolandbau.de/landwirtschaft/pflanze/grundlagen-pflanzenbau/pflanzenschutz/schaderreger/vorratsschaedlinge/schimmelpilzen-und-mykotoxinbildenden-pilzen-vorbeugen/. Zugegriffen: 18. Aug 2022
25. Anonym (2015) Spürhunde für schimmelige Ecken. https://www.proplanta.de/Agrar-Nachrichten/Energie/Spuerhunde-fuer-schimmelige-Ecken_article1448806911.html. Zugegriffen: 18. Aug 2022
26. Witte F (2014) Wie krank macht Schimmel? Mit den Pilzen wuchert die Angst. Süddeutsche Zeitung. https://www.sueddeutsche.de/gesundheit/wie-krank-macht-schimmel-mit-den-pilzen-wuchtert-die-angst-1.1968870. Zugegriffen: 18. Aug 2022
27. Nauber T (2015) So krank macht uns versteckter Schimmel. Welt Online vom 20.10.2015. https://www.welt.de/gesundheit/article147807051/So-krank-macht-uns-versteckter-Schimmel.html. Zugegriffen: 18. Aug 2022
28. Pestka JJ, Yike I, Dearborn DG et al (2008) *Stachybotrys chartarum,* trichothecene mycotoxins, and damp building–related illness: new insights into a public health enigma. Toxicol Sci 104:4–26
29. UBA (2002) Umweltbundesamt. Leitfaden zur Vorbeugung, Untersuchung, Bewertung und Sanierung von Schimmelpilzwachstum in Innenräumen. https://www.umweltbundesamt.de/sites/default/files/medien/publikation/long/4218.pdf. Zugegriffen: 18. Aug 2022
30. Latgé JP, Chamilos G (2019) *Aspergillus fumigatus* and Aspergillosis in 2019. Clinical Microbiological Reviews 33:e00140-18
31. Vasek T (2002) Wahrheitssucher beim Vater aller Täuscher. Die Zeit 40/2002. https://www.zeit.de/2002/40/Wahrheitssucher_beim_Vater_aller_Taeuscher. Zugegriffen: 18. Aug 2022
32. WIKIPEDIA: gelber Regen. https://de.wikipedia.org/wiki/Gelber_Regen. Zugegriffen: 05. Juni 2023
33. Desjardins AE (2009) From yellow rain to green wheat: 25 years of trichothecene biosynthesis research. *Journal of agricultural and food chemistry,* 57(11), 4478–4484.
34. Select Toxin Guidance, *Centers for Disease Control and Prevention, Atlanta, USA.*, Select toxin guidance (2017).
35. JKI (o. J.) Julius Kühn-Institut. Schadinsekten. https://vorratsschutz.julius-kuehn.de/index.php?menuid=2. Zugegriffen: 18. Aug 2022

4

Pestizide – Pflanzenschutz und Biozide

Chemische Pflanzenschutzmittel sind heute stark in der öffentlichen Diskussion. Auch die EU verspricht in ihrem *Green Deal* (2021), sie um 50 % zu reduzieren. Dabei gibt es Pflanzenschutz schon so lange, wie der Mensch Ackerbau betreibt. Denn Pflanzenschutz ist schon das Hacken von Feldfrüchten zum Entfernen konkurrierender Beikräuter. Auch die Förderung von Marienkäfern, Ohrenkneifern oder das Ausbringen von Florfliegenlarven zur biologischen Kontrolle ist Pflanzenschutz. Und die Römer verwendeten schon Chemikalien, um Schädlinge zu töten. Selbst der Ökolandbau kann nicht auf sie verzichten.

Wer einen Garten hat, weiß, wie wertvoll Pflanzenschutzmittel sein können. Sie helfen gegen die braunen Flecken bei Tomaten, gegen Blattläuse im Salat und gegen Schnecken. Für konventionelle Landwirte gilt das sowieso. Hier werden Pflanzenschutzmittel regelmäßig eingesetzt und sichern nicht nur die Erträge, sondern auch die Qualität der erzeugten Nahrungsmittel. Niemand möchte gerne Äpfel mit Würmern, Gurken mit Faulstellen oder Getreide mit Schimmelpilzen essen. Zumal einige der schädlichen Pilze zusätzlich noch Giftstoffe produzieren, sogenannte Mykotoxine, die auch für Mensch und Tier schädlich sind (s. Kap. 3). Hinzu kommen unangenehme Unkräuter und Ungräser, die heute weniger wertend Wild- oder Beikräuter genannt werden. Sie machen den Nahrungspflanzen aber Nährstoffe und Wasser streitig. Bei Mais, Zuckerrüben und Gemüse können sie im Jugendstadium sogar deren Wachstum ganz unterbinden, dann erntet man gar nichts mehr (Abb. 4.1).

T. Miedaner und A. Krähmer, *Gifte in unserer Umwelt*,
https://doi.org/10.1007/978-3-662-66578-7_4

Abb. 4.1 Das ist ein Zuckerrübenfeld ohne (chemische oder mechanische) Unkrautbekämpfung. Von den Zuckerrüben ist nichts mehr zu sehen, da sie vom Unkraut völlig überwachsen wurden

Insgesamt werden weltweit mehr als ein Drittel der Ernte der wichtigsten Kulturpflanzen schon auf dem Feld durch Unkräuter, Schädlinge, Krankheitserreger (Pathogene) und Viren vernichtet (Abb. 4.2). Gegen einige Krankheiten und Schädlinge gibt es Alternativen zu Pflanzenschutzmitteln: veränderte Bodenbearbeitung, weitergestellte Fruchtfolgen, weniger Mineraldüngung, spätere Aussaat, dünnere Bestände, resistente Sorten. Gegen Unkräuter kann man mechanische Hacken oder Hightechhackgeräte einsetzen, die die unerwünschten Pflanzen per Sensor erkennen. Aber auch das kostet Geld und ist trotz aller Technisierung in der Regel auch heute noch aufwendiger als das Sprühen von Pflanzenschutzmitteln. Ohne den Einsatz von Pflanzenschutzmitteln würden wir in Deutschland rund ein Drittel weniger von derselben Fläche ernten, manches Mal würden die Schädlinge noch höhere Verluste bringen. Wer das nicht glaubt, braucht bloß auf Zeiten zurückzuschauen, als es noch keinen weitverbreiteten Einsatz dieser Chemikalien gab. Da haben Pilzkrankheiten im 19. Jahrhundert fast den ganzen europäischen Weinbau vernichtet, eine Kartoffelkrankheit ließ zur selben Zeit rund 1 Mio. Iren verhungern und 1,5 Mio. Iren auswandern.

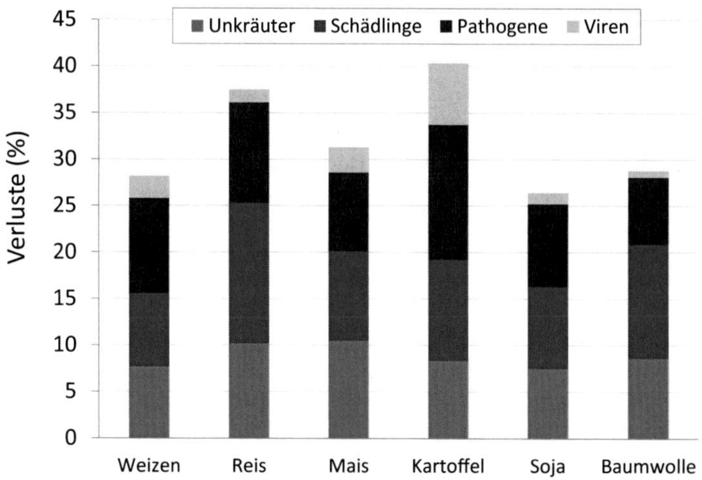

Abb. 4.2 Weltweite Ernteverluste und ihre Ursachen bei den wichtigsten Kulturpflanzen [1]

Der Mutterkornpilz im Roggen verursachte seit dem frühen Mittelalter Fehlgeburten, ließ Hunderttausende zu Krüppeln werden oder gleich ganz sterben. Bis ins 20. Jahrhundert hinein wurden Schulklassen losgeschickt, um Kartoffelkäfer abzusammeln und der Weizen wurde schon zu biblischen Zeiten von Rostpilzen vernichtet. Vom 12. bis zum 19. Jahrhundert gab es im Durchschnitt wegen Missernten alle 5 Jahre irgendwo in Deutschland eine regionale, alle 10 Jahre eine überregionale Hungersnot. Dafür waren auch Dürre, Überschwemmungen und Frost verantwortlich, häufig aber Schädlinge und Pilze. So gesehen sind moderne Pflanzenschutzmittel ein in der aktuellen landwirtschaftlichen Praxis unverzichtbares Werkzeug, das uns ausreichende und gesunde Ernten sichert. Dennoch sind die Umweltauswirkungen der derzeitigen konventionellen landwirtschaftlichen Praxis unbestreitbar und ein einfaches „weiter so" führt unweigerlich zu noch mehr Ressourcenschwund. Hier treffen viele Zielkonflikte aufeinander, die zu entwirren eine gesamtgesellschaftliche Aufgabe ist. Doch der Reihe nach.

Was Pestizide sind und wie sie entdeckt wurden

Schon Römer und Griechen versuchten sich gegen die Pflanzenschädlinge zu wehren. Sie verwendeten Arsen, Salpeter, Schwefel und Feuer – Mittel auf die man später auch wieder zurückkam. Von ihnen stammt auch der Begriff Pestizide, der v. a. im englischen Sprachgebrauch verwendet wird.

Dort bedeutet *pest* einfach nur Schädling und hat nicht den negativen Beiklang wie bei uns, der auf den lateinischen Begriff *pestis,* Geißel, Seuche zurückgeht. Der zweite Teil des Wortes kommt von *caedere,* töten, und bezeichnet treffend die Funktion des Stoffes. Heute sind im Deutschen Pestizide die Gesamtheit von Pflanzenschutzmitteln und Bioziden. Letzteres sind Stoffe, die ähnliche Funktionen und Wirkungen wie Pflanzenschutzmittel haben können, aber ihre Anwendung im nicht agrarischen Bereich finden (z. B. bei Kammerjägern, zur Desinfektion, Antimückenspray usw.).

Anwendungsbereiche von Pestiziden

1. **Schutz von Pflanzen (Pflanzenschutzmittel)**
   - Management von Unkräutern, Ungräsern (Wildpflanzen, Herbizide),
   - Bekämpfung von Pilzen (Fungizide),
   - Bekämpfung von Insekten (Insektizide),
   - Bekämpfung von Schnecken (Molluskizide),
   - Bekämpfung von Nagern (Rodentizide).
2. **Schutz von Lebensmitteln, Häusern etc. (Biozide)**
   - Desinfektionsmittel – Hygiene, Lebens-, Futtermittel, Trinkwasser,
   - Schutzmittel – Holz, Fasern, Leder, Mauerwerk, Kühlleitungen u. a.,
   - Schutz vor Schädlingen, Lästlingen – Insekten, Mäuse, Ratten,
   - Sonstige – Antifoulingprodukte (Schiffsbau), Taxodermie.

Während in der Antike systematisch an die Bekämpfung von Schaderregern herangegangen wurde und schon Vorschläge etwa zur Saatgutbehandlung gemacht wurden, sollten im Mittelalter v. a. Gebete, Prozessionen und fallweise auch Hexenprozesse die Krankheiten und Schädlinge vertreiben.

Der moderne Pflanzenschutz begann der Legende nach mit einem Winzer aus dem Bordeaux, der sich jedes Jahr über die Traubendiebe ärgerte, die sein kostbares Erntegut stibitzten. So kam er um 1880 auf die Idee, seine Weinstöcke an den Wegen mit einer Mischung aus Kupfersulfat und Kalkmilch zu besprühen. Dadurch bekamen die Blätter und Trauben intensiv blaue Flecken. Pierre-Marie Alexis Millardet, Botanikprofessor an der Universität Bordeaux, bemerkte, dass die blaugesprühten Trauben nicht von einem damals neuen Pilz, dem Falschen Mehltau, befallen wurden. Das erste wirksame Mittel gegen Pilze war gefunden und man nennt es heute noch Bordeauxbrühe. Der wirksame Bestandteil war das Kupfer und dieses Mittel wird heute noch im ökologischen Weinbau breit gegen Schadpilze eingesetzt. Schon früher hatte man entdeckt, dass Schwefel gegen andere Pilze hilft. Er wird auch heute noch im ökologischen Landbau eingesetzt.

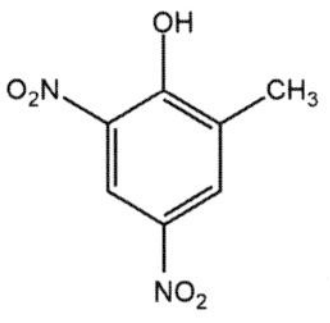

2-Methyl-4,6-dinitrophenol
(4,6-Dinitro-*o*-kresol, DNOC)

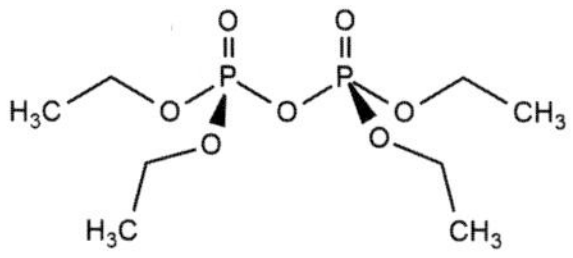

Tetraethylpyrophosphat (TEPP)

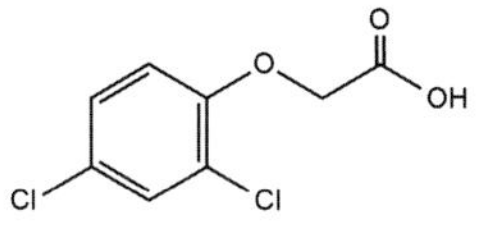

2,4-Dichlorphenoxyessigsäure (2,4-D)

Abb. 4.3 Strukturformeln von frühen Pflanzenschutzmitteln I

Die anorganischen Salze von Kupfer, Arsen, Blei und Quecksilber, die mit als Erste entdeckt wurden, waren für Menschen hochgiftig. Deshalb erschien die Entwicklung organischer Pflanzenschutzmittel zunächst wie ein Segen, war ihre Giftigkeit dem Menschen gegenüber doch deutlich geringer. Das erste organische Pflanzenschutzmittel war das 1892 von Bayer produzierte 4,6-Dinitro-*o*-kresol (DNOC, 2-Methyl-4,6-dinitrophenol), das als Insektizid und Herbizid diente (Abb. 4.3 [2]). Im Jahr 1938 folgte das gut wirksame Insektizid TEPP (Tetraethylpyrophosphat, Abb. 4.3). Ein weiterer Meilenstein war 1942 die Entdeckung des 2,4-D (2,4-Dichlorphenoxyessigsäure) als erstes organisches Herbizid .

Vierzehn Jahre später folgten die Triazin-Herbizide wie z. B. Atrazin (Abb. 4.4). 1944 entdeckte Gerhard Schrader die Thiophosphorsäureester als wirksame Insektizide [2]. Aufgrund der guten biologischen Abbaubarkeit wird diese Stoffgruppe zur Schädlingsbekämpfung gerne eingesetzt. Ein seit 2020 in der EU nicht mehr zugelassener Wirkstoff der Thiophosphorsäureester ist Chlorpyrifos. In den USA entdeckte man 1930 die fungizide Wirkung von Dithiocarbamaten, damit war die Palette der frühen organischen Pflanzenschutzmittel perfekt.

„Der stumme Frühling"

Im Jahr 1939 wurde von dem Schweizer Chemiker Paul Hermann Müller (damals Geigy AG, Basel) die insektizide Wirkung des Dichlordiphenyltrichlorethan (DDT, Abb. 4.5) entdeckt [3]. Das war damals ein großer Durchbruch. DDT war nicht nur als Fraß- und Kontaktgift gegen eine

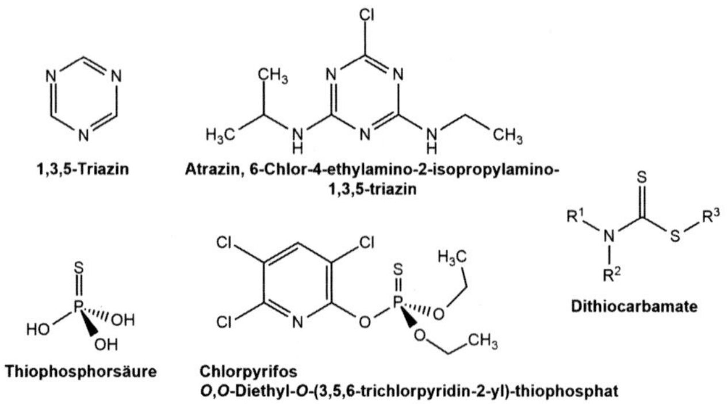

1,3,5-Triazin

Atrazin, 6-Chlor-4-ethylamino-2-isopropylamino-1,3,5-triazin

Dithiocarbamate

Thiophosphorsäure

Chlorpyrifos
O,O-Diethyl-*O*-(3,5,6-trichlorpyridin-2-yl)-thiophosphat

Abb. 4.4 Strukturformeln von frühen Pflanzenschutzmitteln II

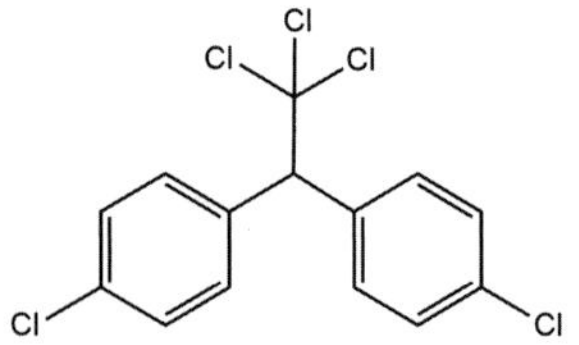

DDT, Dichlordiphenyltrichlorethan

Abb. 4.5 Strukturformel des weltberühmten Insektizids DDT

breite Palette von Insekten hochwirksam. Es hatte auch nur eine geringe akute Giftigkeit für Mensch und Säugetiere und war unschlagbar billig. Zeitweise war es das weltweit meistverwendete Insektizid. Vor allem in den Kriegsjahren war es unverzichtbar. Das Deutsche Reich orderte 1942 allein 10.000 t von den Schweizern gegen den Kartoffelkäfer. Im gleichen Jahr wurde es von der Wehrmacht zur Läusebekämpfung bei den Soldaten entdeckt. Gleichzeitig nutzte auch die US-Regierung die insektizide Wirkung und setzte das Mittel im 2. Weltkrieg im Pazifik gegen die Anopheles-Mücke ein, die Überträger des Malariaerregers ist. Mit dem Flugzeug wurden ganze Inseln mit DDT eingesprüht, US-Soldaten puderten sich sogar die eigene Kleidung damit.

Als in den USA 1945 das Mittel auch für die Landwirtschaft freigegeben wurde, ging der Verbrauch erst richtig los. Es fanden sich über 300 Anwendungen: Im Obst- und Weinbau ersetzte DDT das hochgiftige Bleiarsenat, beim Baumwollanbau wurde es wegen der vielen schädlichen Insekten besonders häufig verwendet. Kurz nach Ende des Krieges wurde 1948 seinem Entdecker P. H. Müller in Oslo der Nobelpreis in Medizin verliehen.

Es fanden sich immer wieder Gründe, DDT auf ganze Wälder und Wohngebiete auszubringen, sei es die Eindämmung einer Fleckfieberepidemie 1943/44 in Neapel, die Bekämpfung von Maikäfern 1950 in der Schweiz oder von Ulmensplintholzkäfern in den USA [3]. Zur Beseitigung des Schwammspinners wurde ein Teil des Bundesstaates New York mit DDT eingenebelt, ganz gleich, ob es sich um Gewässer, Wälder, landwirtschaftliche Flächen oder Vorstädte handelte. Die DDR brachte allein 600 t in einer Saison gegen den Borkenkäfer aus. In tropischen Gebieten propagierte die Weltgesundheitsorganisation (WHO) ab den 1950er-Jahren, die Häuser und Hütten zur Malariabekämpfung zweimal im Jahr mit DDT einzunebeln. Dadurch konnte allein in Indien die Zahl der jährlichen Neuinfektionen mit Malaria von geschätzten 100 Mio. im Jahr 1952 auf rund 50.000 Fälle in 1961 gesenkt werden [3]. Elf Jahre später wurde das Programm beendet, weil die Mücken durch die häufige und flächendeckende Anwendung eines einzigen Mittels weitgehend widerstandsfähig (resistent) geworden waren. Selbst 2006 empfahl die WHO noch, DDT in Wohngebäuden einzusetzen, weil so zumindest die nicht resistenten Mücken, die sich vor und nach ihren Blutmahlzeiten an den Wänden abzusetzen pflegen, gut erreicht werden konnten.

Heute ist nicht mehr festzustellen, wie viel DDT weltweit ausgebracht wurde. Es ist nur klar, dass es riesige Mengen waren, wie die Produktionszahlen der USA zeigen, die das meiste DDT produzierten (Abb. 4.6). In der Bundesrepublik Deutschland, die weltweit an 2. Stelle in der Produktion stand, waren es 1965 rund 30.000 t. Auch in der damaligen Sowjetunion wurden um diese Zeit 15–25.000 t jährlich produziert [3].

Schon während des Masseneinsatzes von DDT fiel auf, dass nicht nur Schadinsekten vernichtet wurden, sondern auch Bienen, Schmetterlinge und allerhand anderes nützliches Getier. Das Mittel hatte kaum eine Selektivität. Auch war die Milch des Staates New York nach dem DDT-Einsatz nicht mehr verkäuflich, weil die Kühe das Mittel während des Weidens in hohen Mengen aufgenommen hatten. Es kam auch zu ausgedehntem Fischsterben in den Flüssen und Seen.

Aber das war noch nicht alles. DDT reicherte sich quantitativ in der Umwelt an, es war kaum abbaubar und wurde im Fett von Tier und Mensch gespeichert. Deshalb ist es noch heute weltweit in der Muttermilch genauso nachweisbar wie in dem Fettgewebe antarktischer Robben. So fanden sich in den USA 1955 im Mittel 15.000 µg DDT/kg Fettgewebe in der Bevölkerung, 1980 waren es noch 5.000 µg/kg [3]. Zur selben Zeit fand sich in Westdeutschland 1.910 µg DDT/kg in der Muttermilch, in der DDR waren es noch 10 Jahre später 2.250 µg/kg Fettgewebe. Auch heute

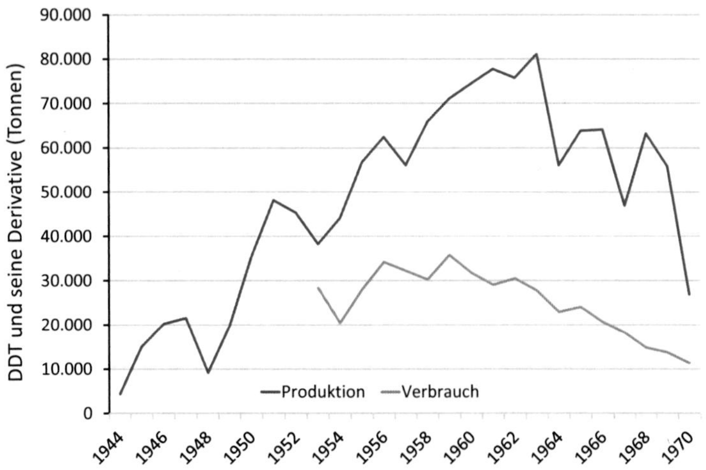

Abb. 4.6 Produktion und Verbrauch von DDT und seinen Derivaten in den USA von 1944 bis 1970 [4]

noch kann man bei Reihenuntersuchungen in Europa rund 1.000 µg DDT/kg Fettgewebe nachweisen, obwohl der Stoff seit über 40 Jahren verboten ist. Direkt schädlich ist das nicht. Im Blut von Arbeitern, die in der DDT-Produktion arbeiteten, wurde das Vielfache gefunden. Für eine tödliche Dosis müsste ein Mensch 20–30 g reines DDT essen [5]. Das Problem liegt hier an anderer Stelle.

Das verdeutlichte Rachel Carson in ihrem Buch „Der stumme Frühling" von 1962, in dem sie das Verschwinden der Vogelbestände anprangerte. Allein im Jahr 1962 wurde in den USA 75.764 t DDT produziert (s. Abb. 4.6). Das Hauptproblem ist der enorm langsame Abbau von DDT – in Böden der gemäßigten Klimazone wurden Halbwertszeiten zwischen etwa 2 und 17 Jahren gefunden. Im Boden wird es zwar rasch gebunden, es kann aber über Starkniederschläge, Erosion und Grundwasser auch in Oberflächengewässer kommen. Durch die enormen weltweiten Einsatzmengen fand sich bald überall DDT. Wegen seiner großen Beständigkeit und der hohen Affinität zu Fett (lipophil) reichert sich DDT in der Nahrungskette an (Bioakkumulation). Es wird von Kleinstlebewesen im Wasser aufgenommen, die von Muscheln und Schnecken gefressen werden, schließlich von Fischen, Robben, Walen und Fisch- oder Seeadler. So reichern Fische DDT um das 12.000- bis 100.000fache an, verglichen mit dem Gehalt ihrer Nahrung. Bei Muscheln findet sich die 5.000- bis 690.000fache Konzentration, bei Schnecken die 36.000fache Menge [3]. Am Ende der Nahrungskette finden sich dann die höchsten Konzentrationen. Und das war es, was Rachel Carson anprangerte. Man fand große Mengen an DDT und seinem Abbaumetaboliten Dichlordiphenyldichlorethen (DDE) bei Greifvögeln, die sich von anderen Vögeln oder Fischen ernähren. Bei ihnen verdünnten sich die Eierschalen so stark, dass die Vögel beim Brüten schon die Eier zerdrückten. In Großbritannien wurde 1961 ein katastrophaler Rückgang des Wanderfalken beobachtet, die Eierschalendicke hatte sich um 20 % verringert. Ähnliches galt für Sperber und Merlin. In großen Teilen Europas starb der Wanderfalke bis Ende der 1970er-Jahre völlig aus. Auch in Nordamerika zog der Weißkopfseeadler, das Wappentier der USA, kaum noch Junge auf. Die Kormorane an den Großen Seen in Kanada gingen dramatisch in ihrer Zahl zurück. In ihren Eiern fanden sich bis zu 22.400 µg DDE/kg Frischgewicht. Das Buch führte zu großen Diskussionen über den Einsatz chemisch-synthetischer Pflanzenschutzmittel und damit zu einem allmählichen Umdenken beim unkontrollierten DDT-Einsatz.

Aber die Durchseuchung hörte bei den Vögeln nicht auf. So fanden sich hohe DDT-Konzentration bei jungen Kegelrobben in der Nordsee: 1.200–2.500 µg/kg im Fett [3]. In der Ostsee war die Belastung um das 20fache höher. Aber die Tiere waren damals eben nicht nur mit DDT, sondern auch mit anderen Umweltgiften belastet, wie etwa mit PCB, Quecksilber, Dioxinen, Chlordan und Dieldrin.

Nach und nach wurde der DDT-Einsatz in allen Industriestaaten untersagt, als erster Staat verbot Schweden 1970 das Insektenvernichtungsmittel. Deutschland, lange Zeit der zweitwichtigste DDT-Produzent nach den USA, folgte 1972 und die USA nach einer Entscheidung des Appellationsgerichtshofes dann im Jahr 1973. In zahlreichen Entwicklungs- und Schwellenländern wurde es auch in der Landwirtschaft weiterverwendet, in Indien bis 1989. Seit 2001 steht DDT auf der Liste des Stockholmer Abkommens (Tab. 4.1), es darf aber noch zur Bekämpfung krankheitsübertragener Insekten eingesetzt werden [3].

Die Bioakkumulation war nicht das einzige Problem des DDT für die Umwelt. Später stellte man fest, dass es auch eine hormonähnliche Wirkung hat, also als endokriner Disruptor wirkt (s. Kap. 6). Auf den Östrogenrezeptor im weiblichen Körper wirkt es wie das Hormon selbst. Am Androgenrezeptor dagegen verhindert es die Anlagerung körpereigener Androgene, wirkt selbst aber nicht androgen. Dazu passt, dass beim Florida-Puma noch in den 1990er-Jahren eine verringerte Spermienzahl, Spermienanomalien und ein Hodenhochstand diagnostiziert wurde [3]. Beim Hechtalligator aus Florida und den Westmöwen aus Südkalifornien verschob sich das Geschlechterverhältnis zu den Weibchen hin, die Männchen wurden feminisiert.

DDT wurde von der Internationalen Agentur für Krebsforschung der Weltgesundheitsorganisation (World Health Organization, WHO) im Jahr 2015 als „wahrscheinlich krebserregend beim Menschen“ eingestuft [6]. Bei Nagetieren konnte seine kanzerogene Wirkung eindeutig nachgewiesen werden. Es bildeten sich bei Langzeitstudien an Ratten, Mäusen und Hamstern Tumore in Leber, Lunge und Lymphsystem [3].

DDT ist gleichzeitig ein Beispiel dafür, wie internationale Zusammenarbeit über die Zeit Früchte tragen kann. Heute sind Kegelrobben und Seeadler in größerer Zahl wieder heimisch und 2018 wurden in der Ostsee sogar das erste Mal wieder Kegelrobben geboren [7]. Es gibt also Hoffnung, aber nur, wenn die Politik Vernunft entwickelt, langfristige Verträge eingeht und sie auch einhält, trotz der ständigen Einwände der Wirtschaft.

Das dreckige Dutzend

Es gibt Chemikalien, die so umweltgefährlich sind, dass sie von den Vereinten Nationen weltweit verboten wurden. Im sogenannten Stockholmer Übereinkommen vom 22. Mai 2001 waren ursprünglich 12 Substanzen gelistet, deshalb nennt man sie auch „Dreckiges Dutzend“ [8]. Von diesen 12 sind 9 ehemalige Pflanzenschutzmittel (Tab. 4.1). Es sind alles organische Chlorverbindungen (Abb. 4.7) und ihre Gefährlichkeit beruht darauf, dass sie im Verdacht stehen, krebserregend, mutagen und teratogen zu sein. Außerdem reichern sie sich im Gewebe von Menschen und Tieren an und haben eine hohe Giftigkeit. Es kam in der Vergangenheit zur Wasserverseuchung, zu Fischsterben und v. a. in den Entwicklungsländern auch zur Vergiftung von Menschen. Diese Pflanzenschutzmittel waren in Deutschland schon vor Inkrafttreten des Abkommens am 17. Mai 2004 verboten worden, aber bis dahin wurden sie auch bei uns eingesetzt und sind heute noch in der Nahrungskette nachweisbar. Das ist auch kein Wunder, weil sie alle sehr langlebig (persistent) sind und nur schwer abgebaut werden können. Deshalb werden sie im Fachjargon auch als POPs bezeichnet, „persistent organic pollutants“, was für „langlebige organische Verunreinigungen“ steht.

Es ist kein Zufall, dass die Stoffe mit nur einer Ausnahme alles Insektizide sind. Sie sind neurotoxisch und der Stoffwechsel von Insekten steht uns etwas näher als der von Mikroorganismen. Inzwischen kamen weitere alte Insektizide auf die Liste, etwa im Jahr 1942 Lindan und 1954 Endosulfan (Abb. 4.8).

Tab. 4.1 Nach dem Stockholmer Abkommen zu eliminierende Pflanzenschutzmittel (Annex A) [8]

Substanz	Kategorie	Verwendung	Risiken
Aldrin, Dieldrin, Endrin	Insektizid	Termiten, Tsetsefliege, Heuschrecken, Drahtwürmer	krebserregend
Chlordan	Insektizid	Boden-, Saatgutbehandlung, Termiten, Ameisen u. a.	schädigt Immunsystem
DDT[a]	Insektizid	Sehr viele Insektenarten, Moskitos, Tsetsefliege	schädigt Fortpflanzungssystem
Heptachlor	Insektizid	Termiten, Ameisen, Würmer	krebserregend
Hexaclorbenzol	Fungizid	Beizmittel, Holzschutzmittel	schädigt Immun-, Fortpflanzungssystem
Mirex (Dechloran)	Insektizid	Termiten, Ameisen	krebserregend
Toxaphen (Chlorbornane)	Insektizid	Beißende Insekten	krebserregend (Schilddrüsentumore)

[a] Später in Annex B abgestuft und zur Bekämpfung von Moskitos, Tsetsefliegen etc. erlaubt

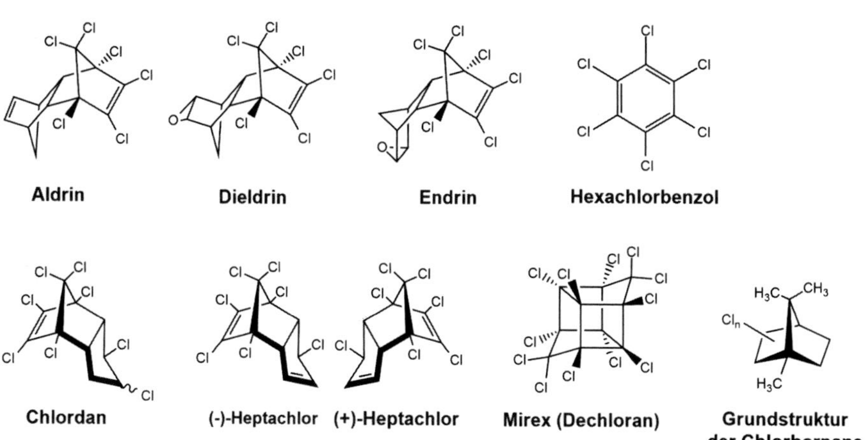

Abb. 4.7 Strukturformeln der heute weltweit geächteten Pflanzenschutzmittel (s. Tab. 4.1)

„Millionen Fische sind von der Mainmündung bis Rotterdam kieloben, also mit dem Bauch nach oben den Rhein runtergetrieben. Es gab damals Aufnahmen, die gezeigt haben, dass der Rhein völlig silbrig war, weil der gesamte Fischbestand damals vernichtet wurde [9].“

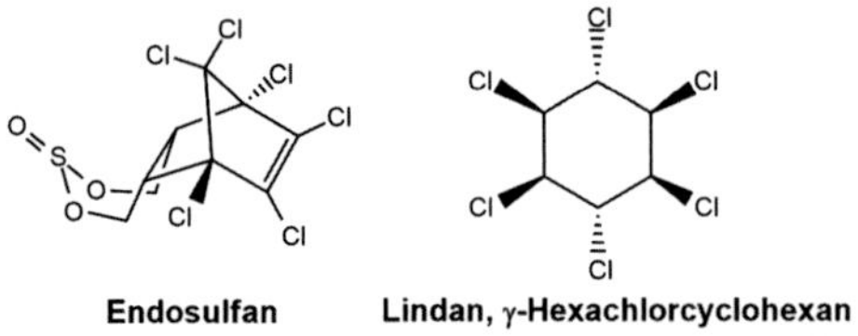

Endosulfan Lindan, γ-Hexachlorcyclohexan

Abb. 4.8 Strukturformeln heute ebenfalls verbotener insektizider Pflanzenschutzmittel

Das Fischsterben rüttelte Bevölkerung und Politiker wach, und es begann sich ein erstes breites Umweltbewusstsein zu regen. Und v. a. wurde man sich der Tatsache bewusst, dass der Rhein das Trinkwasser für Millionen von Anrainern lieferte.

Alle „dreckigen" Pflanzenschutzmittel gelangten durch ihre breite Anwendung in der Landwirtschaft nicht nur in den Boden. Über verschiedene Transportprozesse, wie z. B. Regen- und Beregnungswasser, wurden sie auch in Grund- und Oberflächengewässer eingetragen, wo sie heute noch gefunden werden. Im Frühjahr 1968 untersagten die USA und Kanada die Einfuhr schweizerischen Käses, weil er die Höchstgehalte an Lindan, Dieldrin und DDT überschritt. Als Hauptursache wurde eine insektizidhaltige Anstrichfarbe gefunden, mit der viele Kuhställe zur Fliegenbekämpfung gestrichen worden waren [3].

Lindan zeigt auch ein anderes Problem dieser Stoffe. Es wird geschätzt, dass während der 60-jährigen Produktionszeit zwischen 4 und 7 Mio. t Abfall angefallen sind [10]. Ein großer Teil dieses toxischen, langlebigen und umweltschädlichen Abfalls lagert in ungeschützten Deponien, die heute teilweise gar nicht mehr bekannt sind. Damit kann er jederzeit in das Grund- und Oberflächenwasser gelangen oder über Ausdünstungen in die Luft. Lindan ist dabei sehr fischgiftig.

Moderne Pflanzenschutzmittel und ihre Zulassung

In großem industriellen Maßstab ging es mit der Entwicklung und dem Einsatz von Pflanzenschutzmitteln (PSM) in Deutschland nach dem 2. Weltkrieg los. Die chemische Industrie hatte mit ihnen ein neues, lukratives Feld entdeckt und die Landwirte eine große Hilfe bei ihrer täglichen Arbeit. Da es nach dem Krieg und während des Wirtschaftswunders kaum

Abb. 4.9 Eine moderne Pflanzenschutzmittelspritze für den Großbetrieb mit einer Breite von insgesamt 36 m

noch Arbeitskräfte für die Landwirtschaft gab, waren v. a. die Herbizide ein riesiger Fortschritt. So konnte man sich mit einer einzigen Überfahrt tagelanges Hacken ersparen (Abb. 4.9). Fungizide und Insektizide verringern die Ernteverluste (s. Abb. 4.2). Und da man immer mehr düngte, brauchte man sie auch vermehrt, da die Pflanzen in dichteren, ertragreichen Beständen krankheitsanfälliger wurden. Gleichzeitig verbilligten die Pflanzenschutzmittel die landwirtschaftliche Produktion. Negative Auswirkungen auf unsere Umwelt sind bislang nicht in der Preisbildung berücksichtigt. Und das gilt heute noch – vergleichen Sie einmal die Preise von herkömmlichen und Bioprodukten. Ein Einkaufskorb mit Obst, Gemüse, Milch, Eier und Fleisch ist schon im Biosupermarkt rund 80 % teurer, im Bioladen ist es sogar das Doppelte. Dieser Preisunterschied wird dadurch noch bestärkt, dass förderliche Umweltmaßnahmen wie kostenintensiveres mechanisches Unkrautmanagement oder Förderung der Biodiversität durch eine weiter gestellte Fruchtfolge und größere Nutzpflanzenvielfalt in den Agrarsubventionen bisher nur unzureichend berücksichtigt werden.

Pflanzenschutzmittel unterliegen heute strengen Kontrollen. Gleich 4 Behörden sind für deren Zulassung in Deutschland zuständig (Abb. 4.10). Dabei wird nicht nur ihre Wirksamkeit und Pflanzenverträglichkeit auf dem Feld geprüft, sondern die Hersteller müssen auch exakte Angaben zur akuten Toxizität, zum Umweltverhalten in Luft, Boden und Gewässern, zur Abbaubarkeit unter verschiedensten Bedingungen und Auswirkungen auf Nichtzielorganismen einschließlich Nutztieren und Mensch machen.

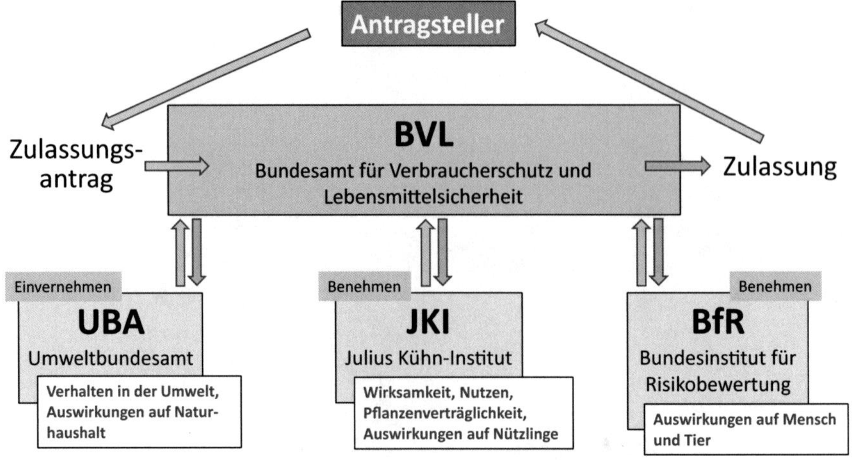

Abb. 4.10 Verfahren zur Zulassung von Pflanzenschutzmitteln in Deutschland (stark vereinfacht [11])

Dabei wird in unterschiedlichen Szenarien die Menge des Pflanzenschutzmittels geschätzt, mit dem der Landwirt in Kontakt kommt, aber auch diejenige, die ein vorübergehender Spaziergänger einatmet. Zusätzlich dürfen nur Pflanzenschutzmittel zugelassen werden, deren Wirkstoffe in der Positivliste der EU aufgeführt sind. Schließlich werden konkret Kulturen und Aufwandmengen vorgeschrieben, ebenso die Schadorganismen, gegen die es eingesetzt werden darf. Das Bundesamt für Verbraucherschutz und Lebensmittelsicherheit (BVL) definiert die zulässigen Höchstwerte in den Ernteprodukten. Das Umweltbundesamt (UBA) und das Bundesinstitut für Risikobewertung (BfR) betrachten und bewerten Auswirkungen auf den Menschen, die Umwelt und den Naturhaushalt. Das Julius Kühn-Institut (JKI) bewertet neben Wirksamkeit und Pflanzenverträglichkeit zudem auch die Auswirkungen der Pflanzenschutzmittel auf Bienen und Nützlinge im Rahmen der Zulassung. Mit dem JKI erarbeitet Deutschland als einziges europäisches Land Kennzeichnungsvorschläge zum nützlingsschonenden Einsatz für die Hersteller und Nutzer.

Die Zulassungsverfahren wurden in den letzten Jahrzehnten immer mehr verfeinert, erweitert und verschärft. Auch die Zahl der Wirkstoffe nimmt ab, weil immer weniger Chemikalien auf die Positivliste kommen. Dadurch steigt der Aufwand der chemischen Industrie für die Zulassung neuer Pflanzenschutzmittel. In einigen Bereichen gibt es bereits Lücken, v. a. bei kleinen Feldkulturen, wo sich der Aufwand der Mittelentwicklung und Zulassung finanziell nicht lohnt.

Pflanzenschutzmittel dürfen laut Gesetz nur in Übereinstimmung mit ihrer Zulassung verwendet werden. Der Landwirt muss mögliche Alternativen prüfen und sie so dosieren und zeitlich gesteuert ausbringen, dass sie ihre optimale Wirkung entfalten können, ohne dabei Nützlinge wie Bienen zu gefährden. Die Bundesregierung hat seit 2013 aufgrund von EU-Bestimmungen ein eigenes Programm aufgelegt, um den Einsatz von Pflanzenschutzmitteln zu verringern (Nationaler Aktionsplan, NAP, zur nachhaltigen Anwendung von Pflanzenschutzmitteln, s. Box).

Ziele des Nationalen Aktionsplans zur nachhaltigen Anwendung von Pflanzenschutzmitteln (NAP) [12]

- Reduzieren von Risiken, die durch die Anwendung von Pflanzenschutzmitteln für den Naturhaushalt entstehen können; Ziel ist eine Verminderung um 30 % bis 2023 (Basis: Mittelwert der Jahre 1996–2005).
- Senken von Überschreitungen der Rückstandshöchstgehalte in allen Produktgruppen einheimischer und importierter Lebensmittel auf unter 1 % bis 2021 (nicht erreicht in einzelnen Produktgruppen [13]).
- Begrenzen der Pflanzenschutzmittelanwendungen auf das notwendige Maß. Dies ist die Intensität der Anwendungen von Pflanzenschutzmitteln, die notwendig ist, um den wirtschaftlichen Anbau der Kulturpflanzen zu sichern. Sie liegt oft deutlich unterhalb der zugelassenen Anwendungen.
- Fördern der Einführung und Weiterentwicklung von Pflanzenschutzverfahren mit geringen Pflanzenschutzmittelanwendungen im integrierten Pflanzenschutz und im ökologischen Landbau.
- Verbessern der Sicherheit beim Umgang mit Pflanzenschutzmitteln.
- Verbessern der Information der Öffentlichkeit über Nutzen und Risiken des Pflanzenschutzes, einschließlich der Anwendung chemisch-synthetischer Pflanzenschutzmittel.

Pflanzenschutzmittel in der Umwelt

Trotz aller Genehmigungsverfahren haben Pflanzenschutzmittel unerwünschte, oft nicht vorhersehbare Auswirkungen auf die Umwelt, schließlich ist ein Feld kein Gewächshaus, sondern in eine größere Agrarlandschaft integriert. Das Hauptproblem ist die für Chemikalien sonst nicht übliche massenhafte Ausbringung von Pflanzenschutzmitteln: In Deutschland sind derzeit 950 Pflanzenschutzmittel mit insgesamt 281 verschiedenen Wirkstoffen zugelassen [14]. Im Jahr 2021 wurden rund 28.950 t Wirkstoffe bzw. ca. 86.400 t Pflanzenschutzmittel ausgebracht (ohne inerte Gase wie CO_2, N_2 [14]). Das sind etwa 2,3 kg Wirkstoff bzw. 7,1 kg Pflanzenschutzmittel je Hektar Ackerfläche. Und immer wieder tauchen diese Wirkstoffe an unerwünschten Stellen auf (Abb. 4.11).

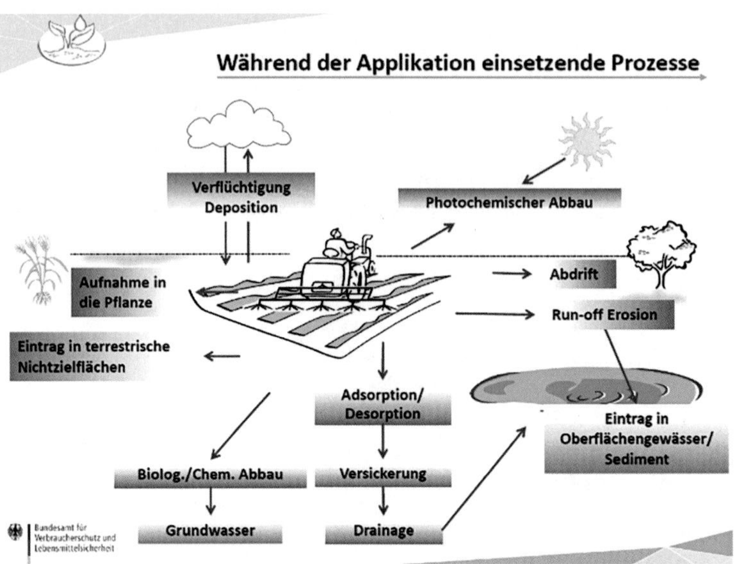

Abb. 4.11 Verbleib von Pflanzenschutzmitteln in der Umwelt [15]

So können Pflanzenschutzmittel auf unterschiedlichen Wegen in **Oberflächengewässern** (Seen, Bäche, Flüsse) landen. Denn beim Sprühen von Pflanzenschutzmitteln kann es zu Abdrift, Run-off und Erosion kommen. Abdrift ist die Verfrachtung von Tropfen mit dem Wind während des Sprühens. Um deren Wirkung möglichst gering zu halten, sollen bei starkem Wind keine Mittel angewendet werden und es müssen Sicherheitsabstände zu Gewässern und Bächen eingehalten werden. Schwieriger zu verhindern ist der Run-off, also die Abschwemmung von gelösten Teilen von Pflanzenschutzmitteln von Blattoberflächen oder aus dem Boden sowie die Erosion, der Abtrag von Boden durch Wind oder Regenwasser. Dabei werden natürlich auch die ausgebrachten Wirkstoffe verfrachtet. Verhindern lässt sich das nur durch möglichst ganzjährige Bedeckung der Fläche mit Pflanzen, sei es durch die angebauten Arten selbst, durch Gründüngung, Untersaaten oder Zwischenfrüchte sowie durch eine angepasste Bodenbearbeitung (nicht wendende/pfluglose Bodenbearbeitung). Eine weitere Maßnahme wäre die dauerhafte Bepflanzung von Gewässerrandstreifen mit einigen Metern Breite. So würden die Mindestabstände quasi automatisch eingehalten und möglichst tief wurzelnde Pflanzen wie Bäume und Gehölze könnten auch den unterirdischen Eintrag abpuffern.

Ein zweites Problemfeld ist der Verbleib der **Pflanzenschutzmittel im Boden.** Insbesondere Herbizide werden direkt auf den Boden ausgebracht, um die unerwünschten Pflanzen zu bekämpfen. Sie können entweder an Bodenpartikeln absorbiert, um- und abgebaut werden oder sich im Boden nach unten verlagern. Ein besonderes Kapitel sind dabei die sogenannten Metabolite – Stoffe, die durch den Abbau oder Umwandlung der Pflanzenschutzmittel entstehen. Auch sie müssen auf ihre Wirkung getestet werden. In Abhängigkeit vom Abbauverhalten können die Substanzen früher oder später das Grundwasser erreichen. Bei Vorliegen einer Drainage im Acker können sie so auch unbeabsichtigt in Oberflächengewässer umgeleitet werden. Detaillierte Maßzahlen zu diesem Verhalten im Boden müssen die Hersteller bereits beim Antrag auf Zulassung liefern, ebenso muss geklärt sein, ob und wie der Abbau vonstattengeht. Allerdings stammen diese Daten aus Laborversuchen, künstlichen Bodensäulen oder dem Verhalten in kontrollierten, freilandähnlichen Anlagen (Lysimeter). Sie sind notwendigerweise nur bedingt aussagekräftig, wenn man vorhersagen will, was mit einem Mittel passiert, wenn es jahrzehntelang auf Millionen von Hektar ausgebracht wird. Zudem betrachtet ein Antragsteller nur die Wirkung des von ihm beantragten Wirkstoffs bzw. Mittels. In der Landwirtschaft kommen aber im Laufe einer Anbauphase mehrere Mittel zum Einsatz, oft auch in enger zeitlicher Abfolge. Die Kombination verschiedener Mittel kann so schwer abschätzbare Auswirkungen – eine sogenannte Mischtoxizität – aufweisen. Die vergleichsweise hohe Anzahl an Wirkstoffen bzw. Mitteln macht es nahezu unmöglich, hier alle möglichen Kombinationen eingehend zu bewerten. Da gab es in der Vergangenheit schon einige unvorhergesehene Schäden.

So wurde das Herbizid Atrazin seit Ende der 1950er-Jahre im Maisanbau eingesetzt. Allein in den USA versprühte man zwischen 1992 und 2012 jedes Jahr 30–36.000 t [16]. Obwohl es von der Fachwelt nicht erwartet wurde, fand sich schließlich Atrazin und sein Hauptmetabolit Desethylatrazin im Grundwasser und auch in den Trinkwasserbrunnen wieder. Wegen dieser Auswaschung und seiner hormonartigen Wirkung auf Fische kam es 1991 zu einem Verbot in Deutschland, 2004 zog die EU nach. Es ist jedoch auch noch heute in der Umwelt nachweisbar. So wurde es beim Elbhochwasser 2002 ausgeschwemmt und später vor Helgoland in Miesmuscheln und den Lebern von Flundern wiedergefunden [17]. Auch im Mittelmeer finden sich erhebliche Atrazinrückstände, die vermutlich über das Schwarze Meer aus Anrainerstaaten außerhalb der EU kommen [18]. Aber auch in den Quellen von Karstgebieten in Mitteleuropa findet sich heute noch Atrazin. Nach Schätzungen von Wissenschaftlern wurden seit den 1970er-Jahren erst 5 % des Mittels und seines Metabolits abgebaut [18].

Heute wird ein sehr großer Wert auf Umweltsicherheit gelegt, beispielsweise wird das Trinkwasser auf rund 600 verschiedene Pflanzenschutzmittel untersucht. Um jedes Risiko auszuschließen und die Sache übersichtlich zu halten, gilt für die Summe der gefundenen Pflanzenschutzmittel und ihre Metabolite ein allgemeiner, stoffunabhängiger Grenzwert von 0,1 µg Substanz je Liter Trinkwasser, insgesamt darf nicht mehr als das 5Fache dieser Menge an Pflanzenschutzmittelrückständen vorliegen [19]. Wenn Überschreitungen festgestellt werden, klären die Landesbehörden, ob ein gesundheitliches Risiko besteht. Dabei stehen ihnen Leitwerte für jedes Pflanzenschutzmittel zur Verfügung, die die Höchstkonzentration angeben, die ein Leben lang ohne Gesundheitsschädigung aufgenommen werden kann [19]. Aus Vorsorgegründen soll dieser Leitwert die zulässige tägliche Aufnahmemenge („acceptable daily intake", ADI) des Mittels nur zu maximal 10 % ausschöpfen.

Funde von Pflanzenschutzmittel im oberflächennahen Grundwasser nehmen seit Jahren eher ab (Abb. 4.12).

Dies liegt laut Umweltbundesamt auch daran, dass viele Altlasten allmählich abgebaut werden bzw. sich stark verdünnt haben. In der letzten Erhebungsphase waren 81 % der Messstellen ohne jegliche Befunde. Im kritischen Bereich von über 0,1 µg Substanz je Liter Trinkwasser (Grenzwert) lagen nur 3,5 % der Messstellen. Diese Zahl war früher mehr als

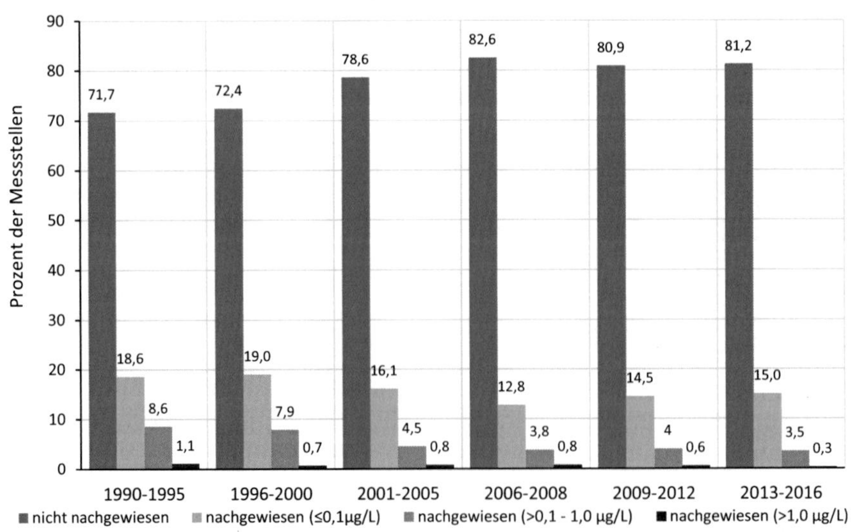

Abb. 4.12 Funde von Pflanzenschutzmitteln im oberflächennahen Grundwasser [20]

doppelt so hoch. Sehr starke Belastungen mit >1 µg/L sind fast ganz verschwunden. Ein Wasserversorger, der entsprechende Belastungen hat, muss das Wasser mit Aktivkohlefilter oder durch Beimischung von unbelastetem Wasser unterhalb des Grenzwertes bringen. Erst dann kommt es in die Trinkwassernutzung. Nicht ohne Grund gilt unser Trinkwasser deshalb als das am besten überwachte Lebensmittel.

„Insekten um 76 % verringert"

Selten hat eine wissenschaftliche Arbeit so viel öffentliches Aufsehen erregt wie die sogenannte „Krefelder Studie" von 2017 [21]. Hier hat der entomologische Verein Krefeld e. V. Daten veröffentlicht, die über 27 Jahre hinweg mit standardisierten Insektenfallen in 63 deutschen Schutzgebieten im Raum Krefeld, aber auch in anderen Bundesländern erhoben wurden. Die Autoren kamen zu dem Ergebnis, dass sich die Biomasse an fliegenden Insekten in diesem Zeitraum um 76 % verringert hat, besonders dramatisch in den Sommermonaten. Das Besondere der Studie ist, dass sie nicht auf einzelne Insektengruppen oder -arten bezogen wurde, wie häufig in wissenschaftlichen Studien, sondern auf die Gesamtbiomasse der Insekten. Nach Ansicht der Autoren gibt dies die ökologische Funktion von Insekten besser wieder. Sie betonen, dass dieser Rückgang unabhängig vom Typ des Schutzgebietes ist und „Änderungen im Wetter, der Landnutzung und der Habitateigenschaften diesen Gesamtrückgang nicht erklären können." [21].

Das Medienecho war überwältigend. Praktisch alle Tages- und Wochenzeitungen und über 100 Onlineportale berichteten. Obwohl die Autoren nur an einer Stelle Pflanzenschutzmittel als eine Ursache unter vielen erwähnen, ist die Meinung der Öffentlichkeit schnell gefestigt: „Die Bauern sind schuld!". Manches Mal wird das noch zugespitzt und die Ursache sogar auf ein einzelnes Pflanzenschutzmittel geschoben. Das umstrittene Glyphosat, das schon seit Längerem für eine breite Diskussion sorgt, und sein Abbauprodukt Aminomethylphosphonsäure (AMPA) ist so ein Beispiel (Abb. 4.13).

Am Insektenrückgang zweifelt kaum jemand und zahlreiche Studien kommen zu ähnlichen Ergebnissen, wenn auch mit unterschiedlichen Zahlen. Dabei ist stets zu beachten, ob es um die Anzahl an Insekten (Populationsgröße, Biomasse wie in der Krefelder Studie [21]) oder um die Artenvielfalt, also Biodiversität geht [22, 23]. Die Abb. 4.14 zeigt deutlich, dass auch in anderen Ländern alle Insektenformen vom Rückgang betroffen

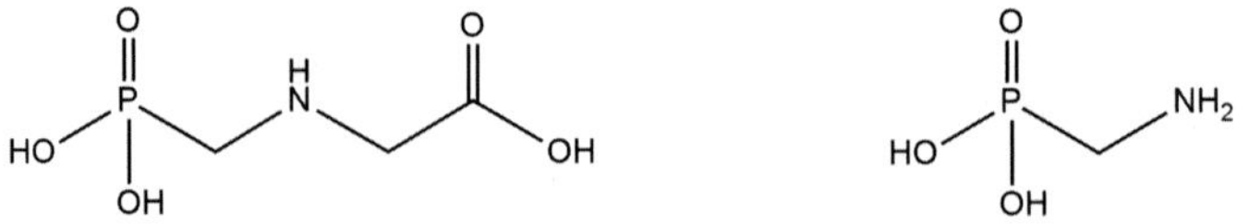

Glyphosat, *N*-(Phosphonomethyl)glycin

Aminomethylphosphonsäure, AMPA

Abb. 4.13 Strukturformeln des weltweit am häufigsten eingesetzten Herbizidwirkstoffes Glyphosat und seines Metaboliten AMPA

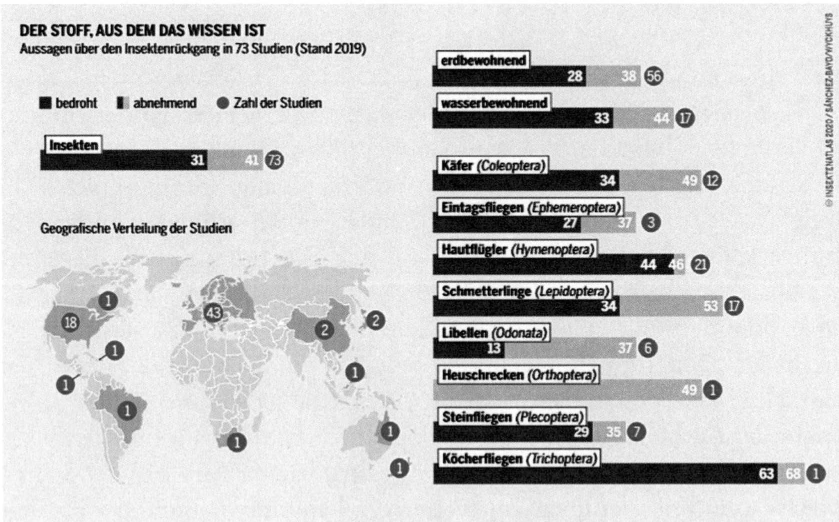

Abb. 4.14 Ergebnisse von 73 weltweiten Studien über den Rückgang der Insektenanzahl (Biomasse, Population oder Individuen) in Prozent der jeweils betrachteten Arten je Ordnung, Familie oder Gattung (CC-BY 4.0 [22]; Daten: [23])

sind. Dabei stammen die meisten Studien aus Europa und den USA und beziehen sich auf Agrarflächen.

Neben dem Einsatz von Pflanzenschutzmitteln gibt es viele weitere Einflüsse (Abb. 4.15). Wenn man versucht, die Ursachen in Zahlen zu fassen, dann sind die Haupttreiber des Insektenrückgangs die Veränderung des Lebensraumes und die Umweltbelastungen. Hinzu kommen biologische Gründe und die globale Klimaerwärmung. Pestizide (Pflanzenschutzmittel und Biozide) wurden mit 12,6 % beziffert, der Einsatz von Mineraldünger mit 10,1 % und die intensive Landwirtschaft mit 23,9 % als Ursache benannt.

Durch den Einsatz von Insektiziden verschwinden wichtige Bestäuber wie Wildbienen und Hummeln, aber auch andere Insekten wie Marienkäfer,

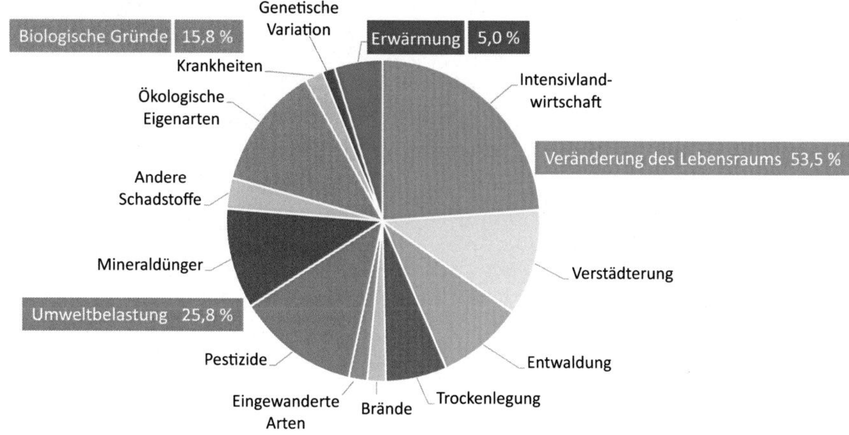

Abb. 4.15 Die wichtigsten Ursachen für den Insektenrückgang, Verteilung in Prozent (CC-BY 4.0 [22]; Daten: [23])

Kurzflügler, Laufkäfer und Schwebfliegen [24]. Sie sind aber als Räuber zur biologischen Schädlingsbekämpfung und als Zersetzer sehr wichtig. Zudem sind sie selbst eine unersetzliche Nahrungsgrundlage für andere Tiere, v. a. Vögel. Der Einsatz von Herbiziden, besonders solche mit breiter Wirksamkeit wie Glyphosat, reduziert Wildkräuter und damit die Nahrungsquelle vieler Insekten. Große, strukturarme Felder und enge Fruchtfolgen stellen weitere Ursachen für den Rückgang der Biomasse und der Biodiversität von Insekten dar.

Es sind nicht nur die Insekten

Der flächendeckende Einsatz von Pflanzenschutzmitteln, aber auch die großflächige Ausräumung der Landschaft fordern ihre Opfer. Durch die Ausrottung von Wildkräutern mit Herbiziden werden für viele Schmetterlings- und Vogelarten, Amphibien und Wirbellose die Nahrungsnetze gestört. Allein auf den bei Landwirten unbeliebten Ackerkratzdisteln finden 27 Schmetterlingsarten Nahrung in Form von Nektar. Fünf weitere Arten legen ihre Eier darauf ab, die Raupen fressen dann die Blätter. Einheitliche Lebensräume mit geringer Pflanzenvielfalt verringern die Verfügbarkeit von Nahrung [24]. Dadurch wird die Erholung der Populationen nach einer Pflanzenschutzmittelanwendung erschwert und die Wirkungen der Mittel negativ verstärkt. Dasselbe passiert durch das Auftreten zusätzlicher Stressfaktoren wie etwa Trockenheit und Konkurrenz. So kann gezeigt werden, dass bereits sehr niedrige Insektizidkonzentrationen, die für sich alleine keinen messbaren Effekt zeigen, sich unter natürlichen Konkurrenzbedingungen im Freiland in ihrer Wirkung verstärken. Dasselbe gilt für die Kombination verschiedener Pflanzenschutzmittel. Hinzu kommt die hormonelle Wirkung mancher Wirkstoffe, die zur Verzwitterung von Fischen und Fröschen führen oder zur Ausbildung rein weiblicher Formen (s. Kap. 6).

In Gewässern verändert der Einsatz von Insektiziden besonders in den Randbereichen die Struktur und die Vielfalt der dortigen Lebensgemeinschaften. Weltweit sank die Populationsgröße wirbelloser Tiere hier im Durchschnitt um 45 %, ebenso werden es insgesamt weniger Arten, die noch überleben können [24]. Das Vorhandensein von Glyphosat in Laichgewässern bewirkt bei Kaulquappen bei niedrigen Temperaturen Fehlbildungen. Weil sie dann länger brauchen, um sich zu entwickeln, sind sie damit noch länger dem Herbizid ausgesetzt [25]. Solche nicht tödliche (subletale), indirekte Effekte können erst nach intensiver, langjähriger Forschung gefunden werden. Im Rahmen der Zulassungsverfahren fallen sie nicht auf bzw. synergistische Effekte verschiedener Mittel können kaum bewertet werden. Hier bedarf es eines konsequenten Nachzulassungsmonitorings und entsprechender Maßnahmen, wenn sich daraus negative Auswirkungen aufzeigen.

Auch für die verringerten Vogelbestände in der Agrarlandschaft sind der Verlust von Lebensräumen und der Einsatz von Pflanzenschutzmittel zentrale Ursachen [26]. So haben die Rebhuhnbestände dramatisch abgenommen, vielerorts sind sie ganz verschwunden [27]. Sie finden in unseren dichten, hochproduktiven Getreidefeldern kaum noch einen Platz, an dem sie sich verstecken können. Rebhühner sind reine Bodenbrüter, durch das Verschwinden von Weg- und Grabenrändern, Hecken und Sträuchern fehlen Brutplätze. Die Küken des Rebhuhns leben in den ersten Lebenswochen hauptsächlich von Insekten. Und auch außerhalb der Felder sind sie hochgefährdet, denn die Mahd der meisten Wiesen fällt genau in den Brutzeitraum der Rebhühner. Auch den Feldhasen fehlen Nahrung und Deckung. Ihre Jungen werden genauso von modernen Grasmähmaschinen zerhäckselt wie die Rehkitze, weil sie bei einer Störung nicht davonspringen, sondern sich ruhig verhalten und auf die Mutter warten. Hierfür gibt es zwar schon sensorbasierte Lösungen, die dem Landwirt versteckte Tiere aufzeigen, deren Einsatz zum Schutz der Tiere ist aber aktuell noch nicht vorgeschrieben.

Eine Gesamtschau der Literatur zeigt, dass die Nach- und Nebenwirkungen von Pflanzenschutzmitteln bisher unterschätzt wurden. Viele von ihnen sind deutlich länger im Boden nachweisbar, als im Rahmen der Zulassungsverfahren erwartet wird. Eine Studie aus der Schweiz fand 2017 heraus, dass von 80 ausgewählten Pflanzenschutzmitteln, die zwischen 1995 und 2008 auf 14 Feldern ausgebracht wurden, immer noch 80 % in geringsten Konzentrationen im Boden nachweisbar sind. Zur Hälfte handelt es sich dabei um ihre Abbauprodukte/Metabolite [28].

Schaut man sich das Gesamtbild der Biodiversität in der Agrarlandschaft an, so zeigt sich, dass neben den geschilderten Einflüssen von Pflanzenschutzmitteln noch weitere 9 Faktoren für deren Verlust maßgeblich verantwortlich sind (s. Box).

Ursachen für den Verlust an Biodiversität in der Agrarlandschaft [26, 29]

- Verlust von Habitaten,
- Vergrößerung der Schläge (Ackerflächen einer Bewirtschaftung),
- Aufgabe oder zu starke Extensivierung der Bewirtschaftung führt zur Verbuschung und dadurch zu einer weiteren Artenverdrängung,
- hoher Einsatz von Düngemittel und hohe Futtermittelimporte führen zu Überschüssen an Stickstoff und verdrängen viele Wildpflanzen, die auf nährstoffärmere Bedingungen angewiesen sind,
- Einträge von Nitrat und Phosphor in Gewässer: Eutrophierung,
- Einsatz von Pflanzenschutzmitteln und deren Verfrachtung auf Nichtzielflächen,
- Einengung von Fruchtfolgen und geringere Vielfalt an Kulturen,
- Einträge von Schwermetallen durch Wirtschaftsdünger,
- Einträge von Feinmaterial in Gewässer,
- Klimawandel führt zu weiteren Habitatverlusten.

Dazu gehört der Verlust von Habitaten durch die Entfernung von Hecken, Söllen und Gräben sowie die Vergrößerung der Schläge und damit größerer Flächen mit monokultureller Bewirtschaftung. Der erhöhte Stoffeintrag in die Umwelt durch Düngemittel, Gülle und deren Kontaminanten wie Schwermetalle, Antibiotika und Feinmaterial (Mikroplastik, Feinstaub) sind weitere bedeutende Ursachen. Auch der Klimawandel trägt negativ zur Biodiversität bei, v. a., weil manche Tier- und Pflanzenpopulationen in der wärmer werdenden Umwelt kein Auskommen mehr finden.

Auch der Ökolandbau spritzt

Was von der öffentlichen Diskussion oft vereinfacht oder vergessen wird – auch der ökologische Landbau setzt hochwirksame Pflanzenschutzmittel ein (s. Box). Gemäß der Absatzzahlen des Bundesamtes für Verbraucherschutz und Lebensmittelsicherheit (BVL) waren das im Ökolandbau in Deutschland 2021 fast 7.500 t Pflanzenschutzmittel bzw. 3.700 t Wirkstoffe (beides ohne inerte Gase wie CO_2, N_2 [14].) Das sind meist andere Wirkstoffe und Mittel als in der konventionellen Landwirtschaft, aber einige davon sind ebenfalls nicht ohne Nebenwirkungen. So reichert sich Kupfer als Schwermetall im Boden an und stört dort massiv die Mikroorganismengemeinschaft. Ebenso wie Schwefel wirkt es nicht selektiv. Letzteres gilt schlussendlich mehr oder weniger für alle im ökologischen Pflanzenbau zugelassene Mittel. Sie wirken auch alle nur oberflächlich, werden also im Gegensatz zu modernen Pflanzenschutzmitteln nicht von der Pflanze aufgenommen und über den Stoffwechsel in alle Pflanzenteile verteilt (=nicht systemisch). Hier ist das Problem, dass nach jedem Regen die oberflächliche Schutzschicht abgewaschen wird und das Mittel neu ausgebracht werden muss. Dies ist besonders kritisch für Kupfer, weil es sich so noch mehr im Boden anreichert. Vor Erfindung des modernen Pflanzenschutzes wurden 20–30 kg Kupfer je Hektar verwendet. Heute ist die maximale Menge nach der EU-Ökoverordnung auf durchschnittlich 6 kg je Hektar und Jahr beschränkt, wobei in einzelnen Jahren mehr eingesetzt werden darf, wenn das in anderen Jahren entsprechend eingespart wird [30]. Die Richtlinien des DEMETER-Verbandes lassen durchschnittlich 2 kg Kupfer je Jahr und Hektar zu.

Im Ökologischen Pflanzenbau zugelassene Pflanzenschutzmittel [31]

Fungizide: Kupferhydroxid, Kupfersulfat, Schwefel, Kaliumhydrogencarbonat, Senföle,
Insektizide: Azadirachtin (Neemöl), Kaliseife, Kaliumhydrogencarbonat, Pyrethrine, Rapsöl, Spinosad, Orangenöl, Paraffinöl, Kohlendioxid,
Molluskizide: Eisen(III)-sulfat,
Sonstige: Ethylen, Kieselgur, Quarzsand, Schaffett.

Besondere Probleme bereiten im ökologischen Pflanzenbau weniger die Pilze bei Getreidearten als vielmehr die Kraut- und Knollenfäule bei Kartoffeln, die Mehltaupilze bei Reben oder die Vielzahl von Insekten bei Raps. Hier funktioniert die Bekämpfung mit den im ökologischen Landbau zugelassenen nicht-systemischen Pflanzenschutzmitteln kaum.

Zukunft ohne Pflanzenschutzmittel?

Die Auswirkungen des flächendeckenden und z. T. bedenkenlosen Einsatzes chemisch-synthetischer Pflanzenschutzmittel auf Mensch und Umwelt wurden bereits umfänglich beschrieben und sind heute unbestreitbar. Wie die Probleme mit Schadorganismen im Ökolandbau zeigen, ist ein nahezu kompletter Verzicht auf diese Mittel nicht ohne Weiteres möglich, v. a. nicht, wenn wir weiter ganzjährig und zu Billigstpreisen unsere Lebensmittel kaufen wollen und die heimischen Landwirte den Weltmarkt bedienen sollen.

Am Ende ist die Frage nach der Reduktion des chemischen Pflanzenschutzes zugunsten einer gesunden Umwelt – wie viel uns unser Essen und unsere Gesundheit wert sind und auf wie viel Bequemlichkeit und Konsum wir dafür bereit sind zu verzichten. Die Verbindung gesunde Umwelt – gesundes Essen – gesunder Mensch ist der Grundsatz des „Planetary Health“-Konzeptes [32]. Dieses hat die *Planetary Heath Alliance,* ein Verbund aus über 340 Universitäten, Forschungsinstituten und staatlichen Behörden sowie NGOs aus über 64 Ländern, konzipiert und stellt den engen Zusammenhang zwischen menschlicher und Umweltgesundheit im Rahmen der planetaren Grenzen dar [33].

Ohne die Entwicklung eines neuen Verständnisses dessen, was Landwirtschaft gesellschaftlich leisten kann und soll sowie entsprechender gesellschaftlicher Veränderungen ist ein Verzicht auf chemisch-synthetische Pflanzenschutzmittel nicht möglich. Die Frage, wo und in welcher Form zukünftig bei steigender Weltbevölkerung und sich verstärkenden Folgen des Klimawandels unsere Nahrung noch produziert werden kann, stellt eines der existenziellen Probleme unserer Zeit dar. Diese Thematik ist sehr komplex und füllt allein ganze Bücher. Eine Abhandlung im Rahmen dieses Buches könnte fachlich nur an der Oberfläche bleiben und würde der vielschichtigen Problematik nicht gerecht werden. Dem Leser seien daher die folgenden Bücher und Abhandlungen empfohlen, die auch für Laien die Thematik anschaulich und umfassend beleuchten [34–36].

Was kann man besser machen?

Nach Angaben des Forschungsinstitutes für biologischen Landbau (FiBL), eines der führenden Forschungsinstitute für organische Landwirtschaft in der Schweiz, würde die weltweite und vollständige Umstellung auf nicht -chemischen Pflanzenschutz zu durchschnittlich 30 % Ertragsrückgang über alle Kulturen hinweg führen [37]. Bei manchen Arten, wie etwa Obst, sind es noch deutlich mehr. Nach Angaben der Autoren könnte die Menschheit weltweit nur dann mit ökologischer Landwirtschaft ernährt werden, wenn der Fleischkonsum um etwa 50 % zurückgeht und der Verlust und die Verschwendung der Lebensmittel (derzeit rund 30 %) völlig aufhört. Beides sind idealistische Annahmen. Zwar nimmt bei uns der Fleischkonsum in Deutschland ein wenig ab, in vielen Schwellenländern wächst er dagegen deutlich. Und Verschwendung von Lebensmittel heißt nicht nur, dass sie der Verbraucher in den Abfall wirft. Das beinhaltet auch die Vernichtung von Lebensmitteln schon auf dem Acker, weil sie zur Unzeit reif werden, Mängel haben oder aus anderen Gründen nicht vermarktet werden können. Im Supermarkt wird weiter weggeworfen, weil das Ablaufdatum erreicht ist oder Obst und Gemüse nicht mehr frisch genug aussehen. Um auch in schlechten Zeiten gewappnet zu sein, müssten wir also mindestens 50 % mehr pflanzliche Nahrungsmittel produzieren, wenn die gesamte Landwirtschaft umgestellt werden sollte. Dazu müsste es zu einer Ausdehnung der Ackerflächen kommen und es ist vorhersehbar, dass der Import von Lebensmitteln nach Deutschland zunimmt, wir also die Probleme ins Ausland verlagern. Ein Verzicht auf chemischen Pflanzenschutz erfordert damit nicht nur den Umbau der Landwirtschaft, sondern auch der Lebensmittelproduktion, unserer Ernährungsgewohnheiten und des Konsumverhaltens und kann aufgrund der Handelsverflechtungen nur global gelingen. Das klingt für den Einzelnen zunächst nach einer unlösbaren Herkulesaufgabe. Und dennoch bleiben uns keine Alternativen, wenn wir die Lebensgrundlagen auch für kommende Generationen lebenswert erhalten und den Hunger in der Welt dauerhaft bekämpfen wollen.

Trotzdem könnte man auch sofort Vieles besser machen. An erster Stelle steht die Verringerung des Pflanzenschutzmitteleinsatzes. Dafür hat die Bundesregierung schon mehrere Reduktionsprogramme aufgelegt und nach einer neueren französischen Studie könnten zwei Drittel der Betriebe 40 % der Pflanzenschutzmittel ohne große Verluste einsparen [38]. Das Problem dabei ist, dass es für den Landwirt immer einfacher ist, zu spritzen, als sich mit Einsparungen auseinanderzusetzen. Denn das heißt, dass er seine Pflanzenbestände viel genauer beobachten, eventuell auch mal außerplanmäßig eingreifen und insgesamt ein größeres Risiko für eine verringerte Ernte eingehen muss. Auch müsste er häufig grundlegende Bedingungen in seinem Betrieb ändern, etwa die Fruchtfolge oder die Art der Bodenbearbeitung. Aber Zeit ist bei Landwirten unter heutigen Produktionsbedingungen ein knappes Gut. Und zudem sind Pflanzenschutzmittel aktuell relativ billig. Hier sollte die Politik nicht nur mit Anreizen für eine ökologischere Bewirtschaftung locken, sondern den schädigenden Einsatz chemisch-synthetischer Mittel besteuern und die daran verdienende Industrie an den Kosten zur Behebung der Unmweltschäden beteiligen.

Ein zweiter Problemkreis, der von der Nationalen Akademie der Wissenschaften Leopoldina angesprochen wurde, ist das Zulassungsverfahren von Pflanzenschutzmitteln [26]. In Deutschland waren 2021 Pflanzenschutzmittel mit 281 unterschiedlichen Wirkstoffen zugelassen, häufig in Kombinationen [14]. Wird ein Pflanzenschutzmittel zugelassen, dann darf es nach den Vorgaben frei auf allen Äckern Deutschlands eingesetzt werden. Hier setzt nun der Vorschlag an, in Zukunft neue Pflanzenschutzmittel erst in Testregionen zuzulassen, die dann intensiv beobachtet und erforscht werden. Erst wenn keine negativen Auswirkungen gefunden werden, soll die generelle Zulassung für ganz Deutschland erfolgen. Weiterhin sollen zur besseren Abschätzung von Umweltauswirkungen die Pflanzenschutzmittel zukünftig im Labor an mehr Organismen erprobt werden. Bisher steht beispielsweise nur ein Kompostwurm *(Eisenia foetida)* repräsentativ für alle Bodenmakroorganismen für ökotoxikologische Tests zur Verfügung. Dieser Kompostwurm kommt aber auf dem Acker überhaupt nicht vor. Zudem gibt es in Deutschland knapp 50 verschiedene Arten von Regenwürmern, die wahrscheinlich sehr unterschiedlich auf dasselbe Mittel reagieren können.

Auch werden derzeit in der Praxis auftretende Stoffgemische verschiedener Pflanzenschutzmittel nicht auf ihre Giftigkeit und Umweltwirkung (Mischtoxizität) geprüft. Man geht einfach davon aus, dass eine Mischung nicht schlimmer sein kann als die daran beteiligten Einzelkomponenten. Und auch indirekte oder subletale Effekte sollten nach Meinung der Forscher stärker berücksichtigt werden. So weiß man heute, dass der Einsatz von Neonicotinoiden, einer Klasse von Insektenbekämpfungsmitteln, nicht zum direkten Tod von Bienen und Hummeln führt, wohl aber zu einer Verhaltensänderung. Diese bewirkt, dass viele Tiere ihre Stöcke und Behausungen nicht mehr finden. Ihr Gedächtnis und Lernverhalten nimmt ab, sie pflanzen sich schlechter fort. So entstehen weniger Königinnen und die Drohnen haben weniger Spermien. Solche subletalen Wirkungen werden bisher nicht systematisch bei der Zulassung untersucht.

Schließlich muss auch eine intensivere Forschung zur Umweltsicherheit beitragen. Bisher wird die Wirkung von Pflanzenschutzmitteln immer nur in Modellversuchen unter Labor- oder sehr restriktiven Freilandbedingungen geprüft, nie jedoch in Landschaftszusammenhängen. So wird die Abtragung von eingesetzten Mitteln in Oberflächengewässer nur anhand ihrer Eigenschaften abgeschätzt, aber nicht routinemäßig in der wirklichen Welt überprüft. Dies könnte dazu führen, dass man früher kritische Mittel identifizieren kann, bevor sie in den Trinkwasserbrunnen auftauchen. Und es muss dem Grundsatz Geltung verschafft werden, dass Pflanzenschutzmittel erst dann zum Einsatz kommen dürfen, wenn alle weniger schädlichen Maßnahmen nicht wirksam sind und ein nichthinnehmbarer Ertragsverlust droht.

Biozide – von Holzschutzmitteln, Operationssälen und „Pflanzenschutzmitteln" bei uns zu Hause

Dass die Silbe „zid" abtöten heißt, haben wir schon gehört. Biozide töten allgemein alles Leben. Das klingt gefährlich, aber wir nutzen Biozide täglich, um die menschliche Gesundheit zu schützen oder um unsere Produkte vor dem vorzeitigen Verfall zu bewahren. Beispielsweise in Kliniken und Operationssälen kommen Desinfektionsmittel zum Einsatz. Ebenso bekannt dürften Holzschutzmittel sein, die dazu dienen, Holzwürmer, Holzböcke und Hausschwamm von den Dachbalken unserer Häuser, aber auch von Möbeln, Sofas oder Schreibtischen fernzuhalten. In den Innenstädten und der Tierhaltung werden Biozide eingesetzt, um Ratten in den Haushalten und Ställen zu bekämpfen. Schon nach dieser Definition ist klar, dass Biozide giftig sein müssen. Die Frage ist nur, wie giftig?

Dieses Thema ist besonders brisant, da Biozide nach ihrer Definition im direkten Umfeld des Menschen eingesetzt werden, also im und am Haus. Und jeder, der schon einmal in größerem Umfang neue Möbel gekauft oder seine Dachbalken mit Holzschutzlasur versehen hat, weiß, dass diese noch Monate später „komisch riechen" können, dass also Biozide ausdünsten.

Wofür brauchen wir Biozide?

Über Holzschutzmittel und Operationssäle wurde schon gesprochen. Aber wir verwenden Biozide auch in der Klima- und Prozesstechnik, um die Wasserkreisläufe frei von Verkeimung zu halten. Farben für Fassaden- und Schiffsanstriche enthalten Biozide („Antifoulingprodukte") und seit einigen Jahren sogar manche Textilien. Es gibt Biozide, um Mauerwerk, Fasern, Leder und Gummimaterialien zu schützen. Selbst Wasch- und Reinigungsmitteln, Duschmitteln, Shampoos und Kosmetika sowie Lacken und Farben werden Biozide („Topfkonservierungsmittel") zugesetzt. Häufig sind Biozide Gemische aus

Chemikalien, die dann auch gegen Insekten und Pilze bzw. Bakterien und Pilze gleichzeitig wirken.

Viele der Wirkstoffe und Mittel, die als Pflanzenschutzmittel in der Landwirtschaft zugelassen sind, fanden oder finden sich auch bei den Bioziden wieder. Ein Beispiel dafür ist Lindan, das neben seinem Einsatz als Insektenvernichtungsmittel auch als Holzschutzmittel verwendet wurde. Früher kannte man diesbezüglich in der Bauindustrie ebenso wenig Hemmungen wie in der Landwirtschaft. Wird es heute noch in Gebäuden gefunden, müssen diese aufwendig saniert werden, da es selbst nach Jahrzehnten noch ausdampft. In der DDR wurde dem Holzschutzmittel *Hylotox 59* DDT zugesetzt, das bis 1988 hergestellt und bis 1991 legal eingesetzt wurde. Es gilt heute als Gebäudeschadstoff und erfordert umfangreiche Sanierungs- und Entsorgungsmaßnahmen.

Holzschutzmittel haben viel mit Pflanzenschutzmitteln gemein bzw. sie werden als solche auch in der Landwirtschaft eingesetzt. Es ist nicht der Stoff, der ein Biozid vom Pflanzenschutzmittel unterscheidet, sondern die Anwendung, sprich der Einsatzbereich. So kann ein und derselbe Wirkstoff und sogar dasselbe Produkt ein Pflanzenschutzmittel bei Einsatz im Forst oder ein als Biozid wirkendes Holzschutzmittel sein, wenn es das Holz vor Befall mit Pilzen oder Schädlingen in Gebäuden schützen sollen. Solche Holzschutzmittel sind chemische Gemische, die bei Einsatz im Außenbereich außerdem einen Schutz vor UV-Strahlung, Niederschlag und mechanischem Abrieb bieten sollen. Bei tragenden Gebäudeteilen sind Holzschutzmittel heute noch baurechtlich vorgeschrieben; bis 1990 galt dies sogar generell bei der Verwendung von Hölzern im Baubereich. Es gibt zwar auch zahlreiche Möglichkeiten, das Holz dauerhaft auf nicht -chemische Weise zu schützen. Aber die Anwendung von Holzschutzmitteln ist oft einfacher, kostengünstiger und benötigt weniger Umsicht und Planung. Es wird geschätzt, dass ca. 2500 Produkte mit etwa 700 verschiedenen Substanzen auf dem Markt sind [39].

Eingesetzt werden im Wesentlichen sehr unspezifisch wirkende Fungizide und Insektizide, die im landwirtschaftlichen Bereich längst verboten sind: Als Fungizide kommen Pentachlorphenol (PCP), Tributylzinnverbindungen, Chlorthalonil oder als Insektizide Lindan, Endosulfan, Permethrin,

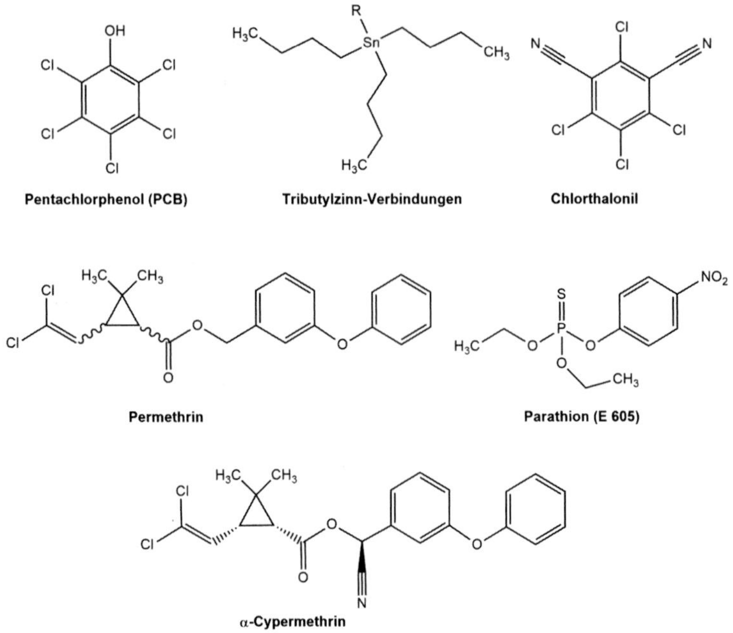

Pentachlorphenol (PCB)

Tributylzinn-Verbindungen

Chlorthalonil

Permethrin

Parathion (E 605)

α-Cypermethrin

Abb. 4.16 Strukturformeln wichtiger Biozide, die in der Bauwirtschaft gegen Pilze und Insekten eingesetzt wurden und z. T. noch werden

Cypermethrin (gehört zu den Pyrethroiden) und Parathion zum Einsatz (Abb. 4.16).

Die in Baumärkten erhältlichen Holzschutzmittel sind meist harmloser und beugen in der Regel nur Bläuepilzen vor, die das Holz unschön verfärben. Trotzdem können auch diese Mittel riskant für Menschen, Tiere und Umwelt sein. Gewerbliche Holzschutzmittel tragen zahlreiche Hinweise auf ihre Gefährlichkeit (s. Box).

Beispiele für Gefahren- (H) und Sicherheitshinweise (P) bei Bioziden [40]

H304 – kann bei Verschlucken und Eindringen in die Atemwege tödlich sein
H410 – sehr giftig für Wasserorganismen mit langfristiger Wirkung
EUH066 – wiederholter Kontakt kann zu spröder oder rissiger Haut führen
EUH208 – enthält Permethrin; kann allergische Reaktionen hervorrufen
P260 – Nebel/Dampf/Aerosol nicht einatmen
P273 – Freisetzung in die Umwelt vermeiden
P280 – Schutzhandschuhe/Schutzkleidung/Augenschutz/Gesichtsschutz tragen

Besonders gefährlich ist auch das für gewerbliche Anwender erhältliche Dinatriumtetraborat. Es kann die Fruchtbarkeit beeinträchtigen, das Kind im Mutterleib schädigen (H360FD) und gilt deshalb als „besorgniserregende Substanz". Trotzdem sind Holzschutzmittel mit diesem Stoff nach wie vor zugelassen. Dieses Mittel (und einige andere) unterliegen der Gefahrstoff- bzw. Chemikalien-Verbotsverordnung und benötigen eine besondere Schulung der Mitarbeiter.

Das Hauptproblem bei der Anwendung im Innenraum ist, dass Holzschutzmittel über Jahrzehnte hinweg ausgasen können und dabei unspezifische Symptome bei den Bewohnern verursachen, wie Kopfschmerzen und Übelkeit. PCP ist zwar seit 1989 verboten, auch Parathion wird heute nicht mehr eingesetzt. Allerdings können diese noch in langlebigen Hölzern vorhanden sein. Lindan ist sehr weitverbreitet und kann zu Bauchschmerzen, Erbrechen, Kopfschmerzen und Schwindel führen sowie Schädigungen am Nervensystem (Krämpfe, Lähmungen etc.) bewirken. Ebenfalls häufig verwendet werden Pyrethroide wie Permethrin oder α-Cypermethrin, die ursprünglich aus natürlichen Systemen (z. B. Chrysanthemen) stammten. Einatmen kann zu ähnlichen Symptomen wie Lindan führen, beide gelten als krebserregend.

Heute geht man davon aus, dass im Innenbereich überhaupt keine chemischen Holzschutzmittel mehr nötig sind. Entweder wird das Holz auf andere Weise behandelt (z. B. UV-bestrahlt) oder es wird pilzresistenteres Kernholz verbaut, das natürlich teurer ist. Außerdem sollte man gut und regelmäßig lüften und z. B. bei Holzvertäfelungen eine Hinterlüftung vorsehen, Spritzwasserkontakt vermeiden und nur gut ausgetrocknetes Holz verwenden. Auch gibt es heute lösungsmittelarme Wachse und ökologisch unbedenkliche Holzlasuren, die zur Oberflächenbehandlung ausreichen. Saunaholz darf sowieso nie chemisch behandelt werden [39].

Moderne Biozide sollen eine möglichst geringe Umweltwirkung haben. Das ist natürlich ein Zielkonflikt, da sie andererseits möglichst breit wirken sollen. Biozide entfalten ihre Aktivität, indem sie im Zielorganismus das Zellplasma verklumpen, die Zellmembran auflösen oder die

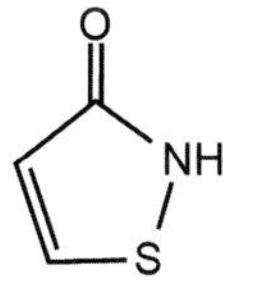

O
NH
S
Isothiazolinon

Abb. 4.17 Strukturformel des Isothiazolinons, dem Grundgerüst moderner Biozide

Zelle durch Bildung freier Radikale zerstören. Heute werden als Biozide v. a. Isothiazolinone eingesetzt (Abb. 4.17).

Es gibt verschiedene Abkömmlinge dieser Stoffgruppe, die breit gegen Mikroorganismen (Bakterien, Pilze) wirken. Sie haben aber auch Nebenwirkungen. So zeigen sie im Wasser eine hohe Giftigkeit auf die dort lebenden Organismen. Geprüft werden Fische, Wasserflöhe und Algen und einige der Isothiazolinvertreter können bei Menschen eine allergene Reaktion hervorrufen. Deshalb muss ihre Verwendung gekennzeichnet werden und sie sind deshalb auch nicht mehr in Haarshampoos, Duschgels und Kosmetika zu finden.

Um den Verbraucher zu schützen, trat 2002 in Deutschland ein Biozid-Gesetz in Kraft und 2012 die Biozid-Verordnung (EU) Nr. 528/2012, die beide eine Prüfung der Produkte auf gesundheitliche und umweltrelevante Risiken zwingend vorschreiben. Ähnlich wie bei Pflanzenschutzmitteln erfolgt die Genehmigung der Wirkstoffe EU-weit, die Zulassung des jeweiligen Produktes unterliegt jedoch den nationalen Zulassungsbestimmungen. Allerdings gelten Übergangsregeln für Altwirkstoffe bis 2024. Und ähnlich wie bei Pflanzenschutzmitteln gelangen auch sie nicht ohne Konsequenzen in die Umwelt. So gibt es immer wieder Funde von Rodentiziden (Mittel zur Bekämpfung von Nagetieren wie Ratten) in der wild lebenden Fauna. Es lassen sich erhöhte Gehalte an blutgerinnungshemmenden Bioziden (antikoagulante Rodentizide) in Füchsen, Eulen und Greifvögeln nachweisen [41]. Hier wird die Belastung vermutlich über die Nahrungskette erfolgen, wenn Kleinsäuger die Köder aufnehmen und dann zur Beute werden. Davon sind selbst geschützte Arten wie der Gartenschläfer betroffen [42].

Was bleibt zu tun, was kann ich tun?

- Für mehr Naturschutz in der Landwirtschaft und bessere Lebensmittel müssen wir unser Essen mehr wertschätzen und mehr bezahlen, ggf. auf den Konsum an anderer Stelle verzichten.
- Die Erwartungshaltung der Allseitsverfügbarkeit billiger und jahreszeit- und regional untypischer Lebensmittel muss ein Ende haben.
- Die saisonale und regionale Versorgung sollte Vorrang haben, d. h. Spargel nur im Frühjahr, Erdbeeren nur im Sommer, im Winter Kartoffeln, Karotten, Kohl, Wurzelgemüse und haltbar Gemachtes.
- Wir müssen bereit sein, mit unbedenklichen „natürlichen" Makeln zu leben, wie etwa Übergrößen bei Karotten, Flecken auf dem Apfel, Schorf auf den Kartoffeln, krummen Spargelstangen etc. Dies würde die Verschwendung von Lebensmitteln auf dem Acker und damit den Produktionsdruck verringern.

- Verzicht auf (hoch-)prozessierte Lebensmittel wie etwa Pizza aus der Tiefkühltruhe, Tütensuppen und Dosenessen. Mehr selbst machen, ausprobieren und Portionen einfrieren.
- Keine unverdorbenen Lebensmittel wegwerfen! Es kann fast alles eingefroren, am nächsten Tag gegessen oder verschenkt werden.
- Das Mindesthaltbarkeitsdatum ist kein Verfallsdatum; die Lebensmittel unabhängig davon auf Verzehrfähigkeit testen (Nutzen der natürlichen Sinne und Instinkte).
- Finanzielle Wertschätzung von Lebensmitteln durch maßvollen Konsum; Großpackungen nutzen in erster Linie dem Handel, wenn sie nicht aufgebraucht werden. Genussmittel als solche behandeln, d. h. in vernünftigem Ausmaß genießen.
- Verzicht auf Überseeprodukte, die oft stark gespritzt wurden (z. B. Spargel aus Chile, Kartoffeln aus Peru, Trauben aus Südafrika).
- Im eigenen Garten oder gar in den Innenräumen keine chemischen Pflanzenschutzmittel anwenden; draußen einheimische Blütenpflanzen kultivieren, die von vielen Insekten angeflogen werden; bitte keine Koniferenwüsten und Gärten voller Steine.

Literatur

1. Oerke EC (2006) Crop losses to pests. J Agric Sci 144(1):31–43. https://doi.org/10.1017/S0021859605005708
2. WIKIPEDIA: pflanzenschutzmittel. https://de.wikipedia.org/wiki/Pflanzenschutzmittel. Zugegriffen: 2. Juni 2023
3. WIKIPEDIA: dichlordiphenyltrichlorethan. https://de.wikipedia.org/wiki/Dichlordiphenyltrichlorethan. Zugegriffen: 2. Juni 2023
4. WHO (1979) World health organization. Environmental health criteria 9, DDT and its Derivatives, ISBN 92 4 154069 9. Geneva, Switzerland. S 32
5. Lexikon der Chemie. DDT. https://www.spektrum.de/lexikon/chemie/ddt/2227. Zugegriffen: 23. Dez 2022
6. IARC (2015) International agency for research on cancer. IARC monographs evaluate DDT, lindane, and 2,4-D. http://www.iarc.fr/en/media-centre/pr/2015/pdfs/pr236_E.pdf. Zugegriffen: 23. Dez 2022
7. Habekuss F (2019) Die Kegelrobbe – Sie ist wieder da. Zeit Online: https://www.zeit.de/2019/17/kegelrobbe-artenschutz-ostsee-oekosystem?utm_referrer=https%3A%2F%2Fwww.google.com%2F. Zugegriffen: 23. Dez 2022
8. WIKIPEDIA: stockholmer Übereinkommen. https://de.wikipedia.org/wiki/Stockholmer_%C3%9Cbereinkommen. Zugegriffen: 4. Juni 2023
9. DLF (2008) Deutschlandfunk Kultur. Vor 50 Jahren: als die Wasserqualität zum Problem wurde. Die Rheinverschmutzung und die Anfänge des Umweltbewusst-

seins. http://www.deutschlandfunkkultur.de/vor-50-jahren-als-die-wasserqualitaet-zum-problem-wurde.984.de.html?dram:article_id=153423. Zugegriffen: 23. Dez 2022
10. Vijgen J, Abhilash PC, Li YF, Lal R, Forter M, Torres J et al (2010) Hexachlorocyclohexane (HCH) as new Stockholm Convention POPs – a global perspective on the management of Lindane and its waste isomers. Environmental Science and Pollution Research 18:152–162. https://doi.org/10.1007/s11356-010-0417-9
11. IVA (o. J.) Industrieverband Agrar. Zulassung von Pflanzenschutzmitteln in Deutschland. In: Kontrolle und Verbraucherschutz für sichere Lebensmittel. https://www.iva.de/ernaehrung/kontrolle-verbraucherschutz. Zugegriffen: 23. Dez 2022
12. BMEL (o. J.) Bundesministerium für Ernährung und Landwirtschaft. Ziele des Nationalen Aktionsplans Pflanzenschutz. https://www.nap-pflanzenschutz.de/ueber-den-aktionsplan/ziele-des-nap. Zugegriffen: 23. Dez 2022
13. BMEL (2021) Nationaler Aktionsplan zur nachhaltigen Anwendung von Pflanzenschutzmitteln, Jahresbericht 2021. https://www.bmel.de/SharedDocs/Downloads/DE/Broschueren/NAP-NationalerAktionsplanPflanzenschutz2021.pdf?__blob=publicationFile&v=4. Zugegriffen: 23. Dez 2022
14. BVL (2022) Bundesamt für Verbraucherschutz und Lebensmittelsicherheit. Absatz an Pflanzenschutzmitteln in der Bundesrepublik Deutschland. Ergebnisse der Meldungen gemäß § 64 Pflanzenschutzgesetz für das Jahr 2021. https://www.bvl.bund.de/SharedDocs/Downloads/04_Pflanzenschutzmittel/01_meldungen_par_64/meld_par_64_2021.pdf;jsessionid=2014CAF1CCDD35789486A26C3CFDC17B.2_cid290?__blob=publicationFile&v=3
15. Mögliche Eintrittspfade von Pflanzenschutzmitteln in die Umwelt. Quelle: Bundesamt für Verbraucherschutz und Lebensmittelsicherheit, Folienserie „Pflanzenschutz und Naturhaushalt – Modul 3: Verbleib von Pflanzenschutzmitteln in der Umwelt", Stand: Mai 2012. https://www.nap-pflanzenschutz.de/risikoreduzierung/schutz-von-umwelt-und-gesundheit. Zugegriffen: 23. Dez 2022
16. USGS (2021) The United States geological survey. estimated annual agricultural pesticide use. Pesticide use maps – atrazine http://water.usgs.gov/nawqa/pnsp/usage/maps/show_map.php?year=2012&map=ATRAZINE&hilo=L&disp=Atrazine. Zugegriffen: 23. Dez 2022
17. WIKIPEDIA: atrazin. https://de.wikipedia.org/wiki/Atrazin. Zugegriffen: 4. Juni 2023
18. Licha T (2015) Anthropogene Spurenstoffe als Indikatoren im Grundwasser. https://docplayer.org/109705066-Anthropogene-spurenstoffe-als-indikatoren-im-grundwasser-pd-dr-tobias-licha-ag-hydrochemie-georg-august-universitaet-goettingen.html. Zugegriffen: 23. Dez 2022
19. BfR (2017) Bundesinstitut für Risikobewertung. Pflanzenschutzmittelrückstände im Trinkwasser. https://www.bfr.bund.de/de/pflanzenschutzmittelrueckstaende_im_trinkwasser-127788.html. Zugegriffen: 23. Dez 2022

20. UBA (2016) Umweltbundesamt. Pflanzenschutzmittelverwendung in der Landwirtschaft. Häufigkeitsverteilung der Funde von Pflanzenschutzmittelwirkstoffen in oberflächennahen Grundwassermessstellen. https://www.umweltbundesamt.de/daten/land-forstwirtschaft/pflanzenschutzmittelverwendung-in-der#funde-von-pflanzenschutzmitteln-in-gewassern. Zugegriffen: 23. Dez 2022
21. Hallmann CA, Sorg M, Jongejans E, Siepel H, Hofland N, Schwan H et al (2017) More than 75 percent decline over 27 years in total flying insect biomass in protected areas. PLoS ONE 12(10):e0185809. https://doi.org/10.1371/journal.pone.0185809
22. Maennel A (2020) Insektenatlas 2020. Heinrich-Böll-Stiftung, BUND, Le Mond Diplomatique. https://www.boell.de/sites/default/files/2020-02/insektenatlas_2020_II.pdf. Zugegriffen: 23. Dez 2022
23. Sánchez-Bayo F, Wyckhuys KA (2019) Worldwide decline of the entomofauna: a review of its drivers. Biol Cons 232:8–27
24. Niggli U, Gerowitt B, Brühl C, Liess M, Schulz R (2019) Pflanzenschutz und Biodiversität in Agroökosystemen. Stellungnahme des Wissenschaftlichen Beirats NAP. https://www.bmel.de/SharedDocs/Downloads/DE/_Ministerium/Beiraete/pflanzenschutz/Stellungnahme_Pflanzenschutz_Biodiversitaet_in_Agraroekosystemen.pdf?__blob=publicationFile&v=2. Zugegriffen: 23. Dez 2022
25. Baier F, Gruber E, Hein T et al (2016) Non-target effects of a glyphosate-based herbicide on Common toad larvae (*Bufo bufo,* Amphibia) and associated algae are altered by temperature. PeerJ 4:e2641
26. Schäffer A, Filser J, Frische T et al. (2018) Der stumme Frühling – Zur Notwendigkeit eines umweltverträglichen Pflanzenschutzes. Diskussion Nr. 16, Leopoldina, Halle/Saale, 65 Seiten
27. Deutsche Wildtierstiftung (o. J.) Rebhuhn – Hochbedrohter Charaktervogel unserer Feldflur. https://www.deutschewildtierstiftung.de/wildtiere/rebhuhn#bedrohungen. Zugegriffen: 23. Dez 2022
28. Chiaia-Hernandez AC, Keller A, Wächter D et al (2017) Long-term persistence of pesticides and tps in archived agricultural soil samples and comparison with pesticide application. Environ Sci Technol 51(18):10642–10651
29. Feindt PH, Bahrs E, Engels EM et al (2018) Für eine gemeinsame Agrarpolitik, die konsequent zum Erhalt der biologischen Vielfalt beiträgt. Stellungnahme des Wissenschaftlichen Beirats für Biodiversität und Genetische Ressourcen beim Bundesministerium für Ernährung und Landwirtschaft, 36 Seiten
30. EU (2007) EG-Öko-Basisverordnung (EG) Nr. 834/2007 des Rates vom 28. Juni 2007 über die ökologische/biologische Produktion und die Kennzeichnung von ökologischen/biologischen Erzeugnissen und zur Aufhebung der Verordnung (EWG) Nr. 2092/91, ABl. Nr. L 189 vom 20.07.2007, S 1. https://www.bmel.de/SharedDocs/Downloads/Landwirtschaft/OekologischerLandbau/834_2007_EG_Oeko-Basis-VO.html;jsessionid=59A8BF7B964FC2AEB89D6B886BA55596.2_cid296. Zugegriffen: 23. Dez 2022

31. BVL (2018) Zugelassene Pflanzenschutzmittel. Auswahl für den ökologischen Landbau nach der Verordnung (EG) Nr. 834/2007. Stand: Juli 2018. psm_oekoliste-DE.pdf
32. Whitmee S, Haines A, Beyrer C, Boltz F, Capon AG (2015) Safeguarding human health in the Anthropocene epoch: report of the rockefeller foundation–Lancet commission on planetary health. Lancet 386:1973–2028. https://doi.org/10.1016/S0140-6736(15)60901-1
33. PHA (o. J.) Planetary health alliance. https://www.planetaryhealthalliance.org/about-the-pha
34. Niggli U (2021) Alle satt, Ernährung sichern für 10 Milliarden Menschen. Residenz Verlag, 1. Aufl. ISBN 978-3701734191
35. Miedaner T (2021) Gesunde Pflanzen – ohne Chemie?! Auf der Suche nach neuen, nachhaltigen Wegen. Erling Verlag GmbH & Co. KG, 1. Aufl., ISBN 978-3862631711
36. Grossarth J (2019) Future food. Die Zukunft der Welternährung. Wbg Theiss in Wissenschaftliche Buchgesellschaft (WGB), 1. Aufl. ISBN 978-3806239713
37. Muller A, Schader C, Scialabba NEH et al (2017) Strategies for feeding the world more sustainably with organic agriculture. Nat Commun 8(1):1–13
38. Lechenet M, Dessaint F, Py G et al (2017) Reducing pesticide use while preserving crop productivity and profitability on arable farms. Nature Plants 3(3):17008
39. Infonetz (o. J.) Biozide und Holzschutzmittel. https://infonetz-owl.de/katalog/bauen-und-renovieren/biozide-und-holzschutzmittel/
40. DESTRA (o. J.) Holzschutzmittel. https://www.destra-shop.de/Holzschutzmittel/. Zugegriffen: 23. Dez 2022
41. Jacob J, Broll J, Esther A, Schenke D (2018) Rückstände von als Rodentizid ausgebrachten Antikoagulanzien in wildlebenden Biota. Abschlussbericht. Texte 04/2018, ISSC 1862-4359. http://www.umweltbundesamt.de/publikationen. Zugegriffen: 23. Dez 2022
42. Lüdemann D (2022) Deutschland rettet die Schlafmaus DIE ZEIT vom 20. August 2022. https://www.zeit.de/wissen/umwelt/2022-08/gartenschlaefer-artenschutz-nistkasten-bilche-schlafmaus. Zugegriffen: 23. Dez 2022

5

Dicke Luft – Feinstaub, NO_x, CO_2 & Co

Keine Frage: Seit den 1960er-Jahren ist unsere Luft viel sauberer geworden, wenn es um halogen- und schwefelhaltige Verbindungen geht. Die Industrieabgase werden gereinigt, die Abluft von Kohlekraftwerken durch Filter gejagt und es wird weniger Holz verbrannt. Die Diskussion um den sauren Regen (etwa 1960–1990), der hauptsächlich von Schwefeldioxid (SO_2) verursacht wurde, führte 1985 zum Helsinki-Protokoll. Die dort beschlossenen Maßnahmen zur Verminderung dieses Luftschadstoffs waren so erfolgreich, dass die Landwirte heute sogar wieder Schwefel auf ihre Felder düngen müssen. So sauber ist die Luft in dieser Hinsicht geworden.

Die Diskussion um den „Sommersmog" (1980–2000) führte v. a. durch die Einführung des Dreiwegekatalysators zur Verminderung von Stickoxiden (NO_x) und flüchtigen organischen Verbindungen („non-methane volatile organic compounds", NMVOC) [1]. Wir können heute die Luft, die wir atmen, nicht mehr sehen. Wer das für einen Scherz hält, sollte sich einmal den Smog in Peking oder Mexiko City ansehen.

Umso mehr geraten die Abgase ins Visier, die immer noch entstehen. Die meisten Abgase stammen heute aus der Verbrennung fossiler Energieträger (Kohle, Öl, Gas), sei es in Kraftwerken zur Stromgewinnung, in der Industrie oder im Verkehr. Die jahrelange Diskussion um den „Dieselskandal" hat die Brisanz des Themas wieder vor Augen geführt. Ein zweiter Problembereich ist die Landwirtschaft. Durch Massentierhaltung, Mineraldüngung und tiefgreifende Bodenbearbeitung werden Treibhausgase (THG) freigesetzt. Diese stehen heute in ihrer Bedeutung über allem, da sie erheblich zur globalen Klimakrise beitragen. Dazu hat jedes Industrieland heute

T. Miedaner und A. Krähmer, *Gifte in unserer Umwelt*,
https://doi.org/10.1007/978-3-662-66578-7_5

seine „Problemzonen", etwa die weltweit größte Braunkohleverbrennung in Deutschland, die Steinkohleförderung in Australien, die Forcierung von Kohlekraftwerken in China und die Abholzung und Verbrennung des Amazonas-Regenwaldes in Brasilien. Die 20 wirtschaftsstärksten Staaten tragen zu 80 % zur Klimakrise bei.

Zur Luftverschmutzung tragen alle bei

Luft ist ein komplexes Gemisch von Gasen. Saubere Luft besteht fast nur aus Stickstoff (78,08 Vol.-%) und Sauerstoff (20,95 Vol.-%). Schon das dritthäufigste Gas Argon ist mit 0,93 Vol.-% nur noch in Spuren vorhanden. Noch seltener ist in sauberer Luft das Treibhausgas Kohlenstoffdioxid (knapp 0,04 Vol.-%). Als Luftverschmutzung kann man nur die Abweichung von dieser natürlichen Zusammensetzung definieren.

Zunächst ist festzuhalten, dass wir abgesehen von den Treinbhausgasen bei der Luftreinhaltung erhebliche Fortschritte erzielt haben (Abb. 5.1). So ist die Emission aller dort genannten Stoffe seit 1990 erheblich zurückgegangen, beim Schwefeldioxid beispielsweise um 96 %, die geringste Verminderung war beim Ammoniak mit 25 %.

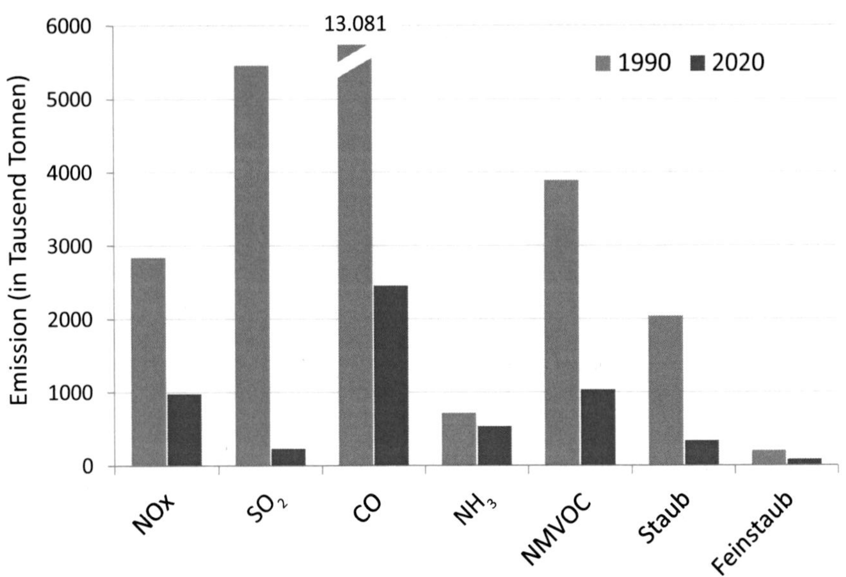

Abb. 5.1 Ausstoß der wichtigsten Luftschadstoffe 2020 im Vergleich zu 1990 (NMVOC: flüchtige organische Verbindungen ohne Methan) [2]

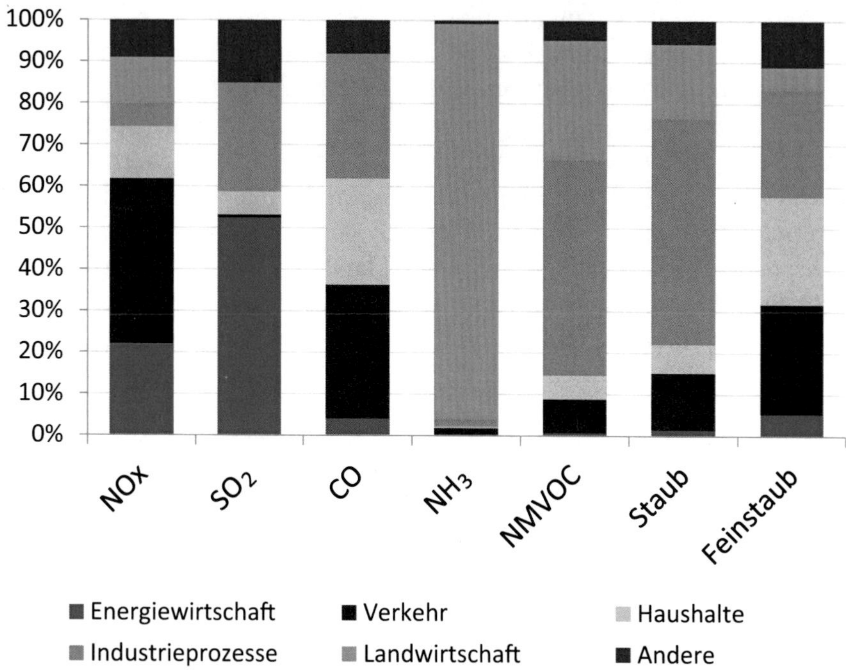

Abb. 5.2 Anteile von Verursachergruppen an der Gesamtemission in Deutschland 2020 (NMVOC: flüchtige organische Verbindungen ohne Methan) [2]

An der Luftverschmutzung sind alle schuld, wenn auch mit sehr unterschiedlichen Beiträgen, was die einzelnen Stoffe und Mengen angeht (Abb. 5.2).

Die Energieerzeugung hat besonders hohe Beiträge bei SO_2, v. a. durch die Verbrennung von Stoffen aus fossilen Quellen, während die Industrie Hauptemittent von flüchtigen, organischen Verbindungen und Staub ist. Der Verkehr stößt v. a. Stickoxide, Kohlenmonoxid (CO) und Feinstaub aus. Ammoniak (NH_3)wird fast ausschließlich von der Landwirtschaft emittiert, sie hat auch noch relativ hohe Beiträge bei den flüchtigen organischen Verbindungen. Beides stammt v. a. aus der tierischen Erzeugung, insbesondere aus der Lagerung und Ausbringung von Wirtschaftsdüngern (Gülle, Jauche, Mist). Die privaten Haushalte sind wegen der Kleinfeuerungsanlagen für den Kohlenmonoxid- und Feinstaubausstoß in relevantem Maße mitverantwortlich.

Es ist heute nicht mehr strittig, dass Luftverschmutzung zu Gesundheitsbeeinträchtigungen führt. Dabei stehen v. a. Feinstaub, Ozon (O_3)und NO_2 im Vordergrund. Sie werden eingeatmet und reizen Bronchien und

Lungenbläschen, führen zu Erkrankungen der Atemwege bei Kindern und Erwachsenen, etwa zu Anfällen von Atemnot, chronischem Husten, Auswurf, Bronchitis, chronischer Bronchitis oder Asthma. Langfristig bewirkt die Luftverschmutzung eine Verkürzung der Lebenserwartung durch Herz-Kreislauf- und Atemwegserkrankungen bis hin zu Lungenkrebs. Und während die Entscheidung zu rauchen eine individuelle ist, sind von der Luftverschmutzung alle betroffen, ohne sich wehren zu können.

Eine neue Studie der US-Universität Harvard in Zusammenarbeit mit 3 britischen Universitäten schätzt, dass 2018 weltweit 8 Mio. (vorzeitige) Todesfälle auf Luftverschmutzung durch fossile Brennstoffe zurückzuführen sind [3]. Das entspricht einer durchschnittlichen Verkürzung der Pro-Kopf-Lebenserwartung von rund 3 Jahren. Die Autoren nutzten dabei ein neues Modell der Atmosphärenchemie, das v. a. auch die Wirkungen von Feinstaub berücksichtigt. Der Schwerpunkt liegt dabei in China und Indien, aber auch in Deutschland gibt es rund 220.000 vorzeitige Todesfälle durch verschmutzte Luft [4].

Was beim Auto hinten raus kommt

Wir fahren (fast) alle Auto – durchschnittlich rund 15.000 km im Jahr. Eine Familie der Mittelklasse hat heute 2–4 Autos, je nachdem wie alt die Kinder sind. Auf Deutschlands Straßen fuhren am 1. Januar 2022 67,7 Mio. Kraftfahrzeuge, davon 48,5 Mio. Pkw. Insgesamt finden sich damit 717 Kraftfahrzeuge je 1000 Einwohner [5]. Kein Wunder, dass manche Städte jeden Tag einen Verkehrskollaps erleben und somit eine Menge Abgase zusammenkommen.

Bei der Verbrennung von fossilen Brennstoffen entsteht zwangsläufig ein Gemisch von Hunderten von Substanzen, von denen die meisten schädlich für Mensch, Tier und Pflanze sind (Tab. 5.1).

Tab. 5.1 Die anteilig wichtigsten Autoabgase [6] und ihre ausgestoßene Gesamtmenge in Deutschland im Jahr 2014 (PM: „particulate matter")

Schadstoff	Chemisches Symbol/ Abkürzung	Menge [1.000 t/Jahr]
Kohlendioxid	CO_2	150.000
Kohlenmonoxid	CO	820
Stickoxide	NO_x	520
Flüchtige organische Verbindungen (ohne Methan)	NMVOC	93
Staub, Feinstaub	PM	46.000

Kohlendioxid (CO_2) entsteht bei jedem Verbrennungsvorgang, wenn kohlenstoffhaltige Substanzen wie im Benzin und Diesel beteiligt sind. Der Kohlenstoff verbindet sich mit Sauerstoff aus der Luft. Der Diesel stößt weniger CO_2 aus als der Benzinmotor, weil sein Verbrauch deutlich geringer ist. Wenn bei der Spritverbrennung zu wenig Sauerstoff vorhanden ist, entsteht Kohlenmonoxid (CO). Das geruchlose Gas ist für den Menschen deutlich gefährlicher als CO_2, es blockiert beim Einatmen die Sauerstoffaufnahme im Blut. Pkw sind mit Abstand die größten CO-Erzeuger in Deutschland, die übliche Konzentration in der Luft gilt aber als unbedenklich. Der Diesel hat hier deutlich weniger CO-Emissionen.

Die Stickoxide (NO_x) entstehen bei hohen Verbrennungstemperaturen von über 1.000 °C und Luftüberschuss. Dann verbindet sich der ungefährliche Stickstoff mit Sauerstoff zu NO. In Bodennähe wird NO durch Ozon zu NO_2 oxidiert. UV-Strahlung kann diese Reaktion umkehren, so entsteht dann wieder Ozon, das den Sommersmog verursacht. Der Hauptverursacher für diese Prozesse ist der Dieselmotor.

Flüchtige organische Verbindungen entstehen ebenfalls bei der Verbrennung, aber auch beim Tanken als Benzindämpfe. Dem wird heute durch die Gasrückführung an den Tankstellen Rechnung getragen. Zweitaktmotoren sind besonders emissionsstark.

Schließlich ist auch der Feinstaub ein wichtiger Schadstoff beim Fahrzeugbetrieb. Er entsteht durch Abrieb von Reifen und Bremsscheiben, aber auch in Form von Ruß aus dem Auspuff. Hauptverursacher ist auch hier der Diesel, die vorgeschriebenen Rußpartikelfilter haben das Problem jedoch verringert.

Neben diesen Hauptschadstoffen gibt es weitere Gifte, wie Schwefeldioxid, Ammoniak oder Lachgas (N_2O). Die beiden Letzteren entstehen als Beiprodukte durch den Dreiwegekatalysator. Er wandelt Stickoxide, Kohlenwasserstoffe und Kohlenmonoxid in Wasserdampf und Kohlendioxid um. Daneben scheiden die Ottomotoren überwiegend Aldehyde, Benzol und andere einfache Aromaten sowie polyzyklische aromatische Kohlenwasserstoffe (PAK, s. Kap. 14), Blei und organische Bleiverbindungen aus. Dagegen gelangen aus den Dieselmotoren neben den PAK und Aldehyden auch Rußpartikel in die Luft, die einen Teil des Feinstaubs darstellen.

Es ist keine Frage, dass die Autoabgase pro Fahrzeug in den letzten Jahrzehnten durch Verbesserungen an den Motoren stark abgenommen haben (Tab. 5.2). Die Gründe dafür sind die stetig strenger werdenden Abgasvorschriften für Pkw und die Verbesserung der Kraftstoffqualität.

Allerdings hat die Zahl der Autos in derselben Zeit enorm zugenommen: 1970 gab es nur 16,8 Mio. Kraftfahrzeuge, fast 3-mal so viele waren es im

Tab. 5.2 Reale Emissionen aus Autoabgasen in g/km [7] und Euro-6-Vorgaben [8]

	1970	2000	2014	
Schadstoff			Euro-6-Ottomotor	Euro-6-Diesel
Kohlenwasserstoffe	9,0	1,75	0,1	–
Kohlenmonoxid	72,3	13,10	1,0	0,5
Stickoxide	2,5	0,87	0,06	0,08
Feinstaub	0,25		0,005	0,005
Kohlendioxid		258		

Jahr 2000 (45,7 Mio. [9]). Und nur gut 20 Jahre später (01.01.2022) fahren bereits 67,7 Mio. Kraftfahrzeuge durch Deutschland [5]. Zudem nimmt die Größe der Pkw auch noch zu, man denke nur an die 4,3 Mio. SUVs, die über die deutschen Straßen fahren. So haben inzwischen auch die Benzinmotoren Probleme mit dem Ruß, weil sie zunehmend auf Direkteinspritzung getrimmt werden. Dann stoßen sie teils 3- bis 10-mal so viele ultrafeine Partikel aus wie ein Dieselmotor [6]. Und der Trend zu Turbomotoren und hoher Verdichtung führt auch beim Benziner zu einem hohen NO_x-Ausstoß.

Rechnet man den jetzigen Trend hoch, dann könnte sich die Anzahl der Pkw weltweit verdoppeln. Besonders in China, Indien und Südostasien nimmt das Wachstum ungebrochen zu [10]. Auch der Güterverkehr sowie der internationale Flugverkehr wuchs vor der Covid19-Pandemie weiterhin Jahr für Jahr. Und heute (2023) haben wir wieder das Niveau vor Corona erreicht. In Deutschland ist der gesamte Verkehr nach Angaben des Umweltbundesamtes derzeit für 20 % der Treibhausgasemissionen verantwortlich [11]. Im Sommer werden zahlreiche Autoabgase durch die intensive Sonneneinstrahlung direkt in die Photooxidanzien umgewandelt, die den Sommersmog ausmachen. Teilweise verstärken sie auch die Bildung des bodennahen Ozons [12]. Dieses trägt ebenso wie Wasserdampf und Kohlendioxid zur Verstärkung des Treibhauseffektes bei. Dabei haben die einzelnen Gase einen unterschiedlichen Effekt. Der Verkehr liefert zu allen genannten Gasen außer Methan einen erheblichen Anteil. So entsteht durch den geregelten Dreiwegekatalysator und der Abgasnachbehandlung in Dieselmotoren ein nicht unerheblicher Anteil an Distickstoffmonoxid (=Lachgas, N_2O). Hinzu kommen Schwefeldioxid, Stickoxide, Kohlenmonoxid, flüchtige organische Verbindungen (volatile organic compounds, VOC) und Feinstaub. Diese haben ebenfalls eine Wirkung auf die Atmosphäre, oftmals auch eine höhere klimaschädigende Wirkung als CO_2.

Die Wirkung der Autoabgase auf den Menschen lässt sich nicht isoliert betrachten. Es spielen zahlreiche andere Faktoren wie Temperatur, Luftfeuchtigkeit und Vorerkrankungen eine Rolle. Während unmittelbare

Gesundheitsfolgen heute eher zurückgegangen sind, ist die Auswirkung der Abgase in Bezug auf längerfristige chronische Erkrankungen (Atemwege, Herz-Kreislauf-Probleme, Krebs) naturgemäß nur schwer zu bestimmen. Außerdem ist es ein Unterschied, ob man einen jungen, gesunden Erwachsenen betrachtet oder Kleinkinder, Schwangere, ältere Menschen oder Asthmatiker. Für jede dieser Gruppen gibt es spezielle Risiken.

Das böse Stickstoffdioxid (NO_2)

Stickoxide (NO_x) ist ein Sammelbegriff für die gasförmigen Oxidationsprodukte des Stickstoffs. Obwohl im Wesentlichen Stickstoffmonoxid (NO) emittiert wird, oxidiert es in der Atmosphäre zu Stickstoffdioxid (NO_2) und wird deshalb als Umrechnungsgröße verwendet. Infolge des „Dieselskandals" (ab 2015) um die Verwendung illegaler Abschalteinrichtungen kam es zu Diskussionen um die Luftqualität in Städten, weil Dieselautos das meiste Stickstoffdioxid ausscheiden (Abb. 5.3). Dabei wurden die europäischen Grenzwerte in rund 70 deutschen Städten seit Jahren

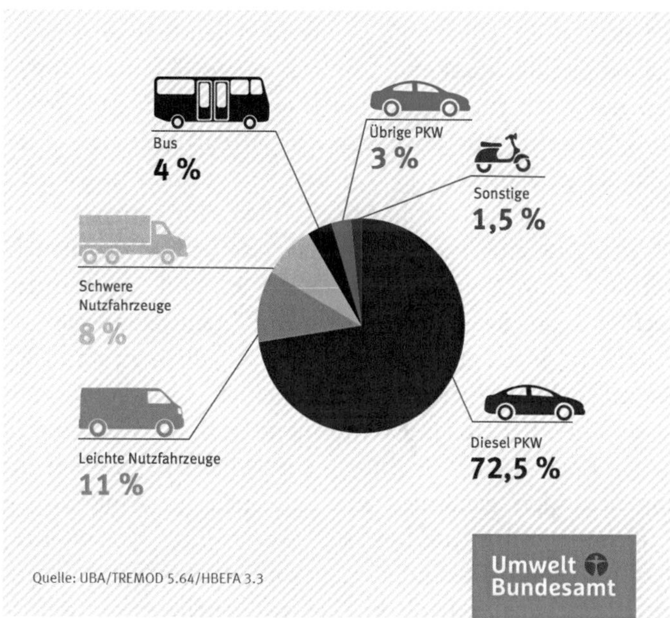

Abb. 5.3 Der Anteil unterschiedlicher Fahrzeugtypen am NO_2-Ausstoß [16]

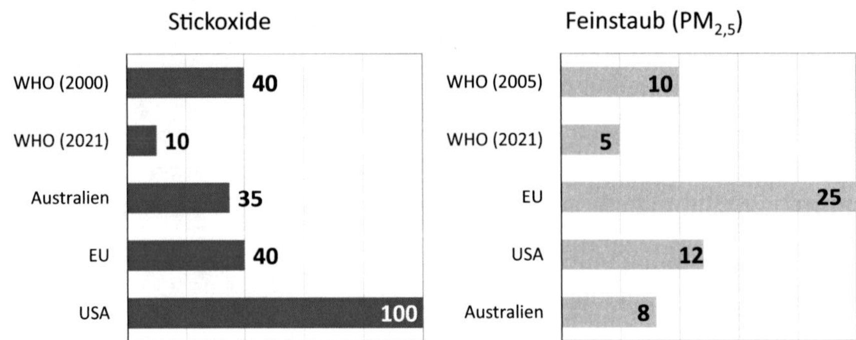

Abb. 5.4 Grenzwerte für Stickoxide und Feinstaub ($PM_{2,5}$: „particulate matter" mit einer Durchschnittsgröße von 2,5 μm); Jahresmittelwerte in μg/m³ Luft [19]

überschritten. Dieser Wert liegt seit 2010 bei einem Jahresmittelwert von 40 μg/m³ Luft (Abb. 5.4), eine 1-stündige Belastung von 200 μg darf höchstens 18-mal im Jahr überschritten werden. In München wurden 2017 dagegen 78 μg im Jahresdurchschnitt gemessen, in Stuttgart 73 μg und in Köln 62 μg, um nur die drei am stärksten belasteten Städte zu nennen [13]. Was vielleicht noch schlimmer ist: Fast 60 % aller verkehrsnahen Messstationen in Deutschland überschritten 2016 den Grenzwert [14]. Durch Klagen der Umwelthilfe erließen Gerichte in vielen Städten Fahrverbote an besonders neuralgischen Punkten. Und das zeigte Wirkung: Im Jahr 2019 überschritten nur noch rund 21 % der Messstellen den EU-Grenzwert, im Coronajahr 2020 sogar nur noch rund 5 %, darunter Berlin, Hamburg, München, Frankfurt, Stuttgart [15]. Mitverantwortlich war auch der Austausch alter Diesel durch neue Fahrzeuge („Abwrackprämien").

Stickstoffdioxid ist ein ätzendes Reizgas, das beim Einatmen bis in die Lunge vordringt. Dort greift es die Zellen an und kann Entzündungsprozesse auslösen. So steigt das Risiko für Atemwegserkrankungen, die Bronchien werden durch die ständige Reizung überempfindlich. Studien zeigen, dass mehr Menschen wegen chronischer Bronchitis, Asthma und Herz-Kreislauf-Krankheiten ins Krankenhaus müssen, wenn die Stickstoffdioxidbelastung hoch ist [17]. Natürlich sind Menschen mit entsprechender Vorbelastung besonders gefährdet. Das gilt auch für Kinder, da sich ihre Atemwege noch entwickeln und sie sich wegen ihrer kleinen Körpergröße näher an den Autoabgasen befinden. Laut Umweltbundesamt können schon geringe Konzentrationen schädliche Folgen haben, wenn die Menschen ihnen über einen längeren Zeitraum ausgesetzt sind. Selbst kurzfristige Belastungen beeinträchtigen die Gesundheit.

Insgesamt sind die Stickoxidemissionen laut Umweltbundesamt von 1990 bis 2019 von rund 2,9 Mio. auf 1,1 Mio. t/Jahr zurückgegangen. Der Verkehr hat am meisten zur Senkung beigetragen, ist aber trotzdem mit 43 % immer noch der größte Verursacher [18]. Die Verschärfung des EU-Grenzwertes wurde ja gerade wegen der Gesundheitsgefährdung von Bürgern durchgesetzt.

In dem im Jahr 2019 entbrannten Streit um die Höhe der Grenzwerte spielte NO_2 eine besondere Rolle. Es fällt trotz vieler Studien schwer, einen Grenzwert medizinisch zu begründen. Dies liegt daran, dass Stickoxide niemals alleine als Verschmutzer in der Luft vorkommen, sondern immer gekoppelt mit anderen Schadstoffen. Weil NO_2 einfach und genau zu messen ist, hat der Gesetzgeber dieses Gas quasi als Indikator dafür benutzt, dass die Luft nicht sauber ist. Selbst in Konzentrationen, die für Menschen noch nicht gefährlich sind, ist deshalb Vorsicht geboten, weil immer noch andere Luftverschmutzer gleichzeitig vorhanden sind, die sehr wohl Umwelt und Gesundheit schädigen können. Dies bedeutet aber im Umkehrschluss, dass NO_2 nie alleine für Schäden durch Umweltverschmutzung verantwortlich ist. Die WHO hatte im Jahr 2000 einen Richtwert für Europa von 40 $\mu g/m^3$ Luft vorgeschlagen (Abb. 5.4), obwohl seine genaue Höhe damals noch wissenschaftlich umstritten war.

So kam die US-Umweltbehörde EPA in einer eigenen Metastudie zu einem 2,5fach so hohen Grenzwert von 103 $\mu g/m^3$ Luft. Kalifornien setzte dagegen einen Grenzwert von 57 $\mu g/m^3$ Luft fest. Aufgrund einer neuen Auswertung von über 500 Forschungsarbeiten hat die WHO 2021 den Grenzwert auf 10 $\mu g/m^3$ Luft deutlich verschärft [15]. Die EU-Kommission hat im Oktober 2022 vorgeschlagen, den Grenzwert für Stickoxide auf 20 $\mu g/m^3$ Luft und für Feinstaub $PM_{2,5}$ auf 10 $\mu g/m^3$ Luft herabzusetzen. Damit erreicht sie noch nicht die strengeren WHO-Werte, geht aber einen großen Schritt in diese Richtung [20]. Für Deutschland hätte das erhebliche Konsequenzen, denn über die Hälfte der Messstationen überschreitet den neuen NO_2-Grenzwert. Dabei sind die EU-Grenzwerte im Gegensatz zu denen der WHO keine Empfehlungen, sondern geltendes Recht und enthalten einen Entschädigungsanspruch, wenn Menschen unter der Luftverschmutzung gesundheitlich leiden [20].

Es ist relativ unstrittig, dass kurzfristig hohe NO_x-Belastungen zu Asthmaanfällen führen können. Für den Zusammenhang zwischen NO_x-Gehalten und Herz-Kreislauf-Störungen, Diabetes, vermindertem Wachstum des Embryos, Krebs und einer höheren Sterblichkeitsrate fehlen jedoch aussagekräftige Studien, die das eindeutig dem NO_x und nicht anderen Luftschadstoffen zuschreiben [21]. Und der Epidemiologe

Heinz-Erich Wichmann erklärte, dass Fahrverbote in einzelnen Straßen die Gesundheitsgefährdung ganzer Stadtviertel erhöhen kann, weil die Autofahrer dann ausweichend durch andere Straßen fahren und dort den NO_x-Wert erhöhen. Davon sind u. U. mehr Menschen betroffen, als in den für Dieselfahrzeuge gesperrten Straßen wohnen [22]. Außerdem wies er darauf hin, dass ein Luftschadstoffmix auch dann gefährlich ist, wenn keine Grenzwerte überschritten werden: „Er ist nur etwas weniger gefährlich, als wenn der Grenzwert überschritten wird [22].“ Es wird eben in der öffentlichen Debatte kaum berücksichtigt, dass es sich immer nur um Eintrittswahrscheinlichkeiten handelt, nie jedoch darum, ob jemand konkret krank wird. Natürlich können auch starke Raucher wie Helmut Schmidt und seine Frau über 90 Jahre alt werden, aber die Wahrscheinlichkeit ist eben sehr viel höher, dass sie früher sterben. Hier hilft am Ende nur eine Verringerung des individuellen Autoverkehrs.

Was ist mit dem Feinstaub?

Die Luft enthält nicht nur gasförmige Bestandteile, sondern auch feste. Feinstaub ist einer der gefährlichsten davon. Er entsteht natürlicherweise durch die Erosion von Gesteinen, durch Pollen und Pilzsporen (s. Kap. 3), was besonders für die Innenräume von Bedeutung ist, sowie durch Vulkanausbrüche, Busch- und Waldbrände, aber eben auch durch zahlreiche menschliche Tätigkeiten. In erster Linie zählt dazu der Betrieb von Fahrzeugen mit Benzin und Diesel. Hier entsteht Feinstaub durch die Verbrennung im Motor, aber auch durch Reifen- und Bremsabrieb. Allein auf deutschen Straßen rechnet das Umweltbundesamt mit rund 110.000 t Reifenabrieb im Jahr. Aber auch Kraftwerke und Müllverbrennungsanlagen, Kachelöfen und Heizungen in Wohnhäusern, selbst die Landwirtschaft verursacht Feinstaub. In geschlossenen Räumen entsteht Feinstaub durch Rauchen, Laserdrucker und Kopierer [23].

Die Gefährlichkeit des Feinstaubs wurde erst in jüngerer Zeit entdeckt. Dabei wird Feinstaub nach seiner Größe klassifiziert, weil diese ein wesentlicher Maßstab für seine Gesundheitsgefährdung ist [23]. Gröbere Partikel werden in der Nase und im Rachenraum von Schleimhäuten und Härchen herausgefiltert, je kleiner die Partikel („particulate matter“, PM), desto weiter dringen sie in den Körper vor. PM_{10} umfasst im Mittel Partikel mit ca. 10 µm Durchmesser, $PM_{2,5}$ (Feinststaub) entsprechend solche mit einem durchschnittlichen Durchmesser von 2,5 µm. Partikel unter 10 µm sind bereits lungengängig. Außerdem gibt es noch Ultrafeinstaub (UFP), das sind

Partikel mit einem Durchmesser von weniger als 0,1 µm. Diese gelangen wegen ihrer geringen Größe bis in die Lungenbläschen und werden dort kaum wieder entfernt (Staublunge). Sie können sogar in den Blutkreislauf übergehen und dann im gesamten Körper verteilt werden.

Wissenschaftlich gut bewiesen sind die Zusammenhänge zwischen Feinstaub und Gesundheitsgefährdung. Mit steigender Konzentration an Feinstaub in der Atemluft steigt auch die Zahl der Todesfälle, die dann durch Herz-Kreislauf-Erkrankungen wie Herzinfarkt und Schlaganfall verursacht werden. Dazu kommen typischerweise Atemwegserkrankungen wie asthmatische Anfälle, Lungenkrebs, COPD (chronisch obstruktive Lungenerkrankung) und Allergiesymptome [19]. Für die europäische ESCAPE-Studie wurden in den 1990er-Jahren 360.000 Teilnehmer aus 22 europäischen Ländern untersucht [21]. Anhand des Wohnortes konnte für jeden Teilnehmer der individuelle Wert der durchschnittlichen Feinstaubbelastung erfasst werden. Dieser wurde dann 14 Jahre lang mit ihrer Krankenakte verglichen. Wie die Veröffentlichung im angesehenen medizinischen Fachblatt *The Lancet* zeigt [24], stieg mit jedem Anstieg des Feinstaubs um 5 $\mu g/m^3$ Luft die Gesamtsterblichkeit um 7 % – und das auch unterhalb des in der EU festgelegten Grenzwerts von 25 $\mu g/m^3$ Luft [19]. Das bedeutet, je mehr Feinstaub in der Luft ist, umso mehr Menschen sterben vorzeitig. Zwar ist das Risiko für den Einzelnen nur leicht erhöht, da aber ein großer Teil der Bevölkerung betroffen ist, multipliziert sich das in schwindelerregende Höhen. Deshalb lag der 2005 von der Weltgesundheitsorganisation (*World Health Organisation,* WHO) empfohlene Richtwert für Feinstaub bei nur 10 $\mu g/m^3$ Luft als Jahresmittelwert (Abb. 5.4), den die Amerikaner mit 12 $\mu g/m^3$ Luft nahezu vollständig übernommen haben. Im Jahr 2021 wurde der Wert von der WHO mit 5 $\mu g/m^3$ Luft nochmals halbiert. Damit liegt die EU mit ihrem derzeitigen Grenzwert um das 5Fache über der Empfehlung der WHO, in Zukunft mit dem neuen Grenzwert aber immer noch beim Doppelten. Und das bei einem Schadstoff, der eindeutig und wissenschaftlich unzweifelhaft die Gesundheit gefährdet. Die Schwerfälligkeit der EU in diesem Punkt ist verständlich, wenn man weiß, dass Spitzenwerte in europäischen Städten bei 300 $\mu g/m^3$ Luft liegen. Dies zeigt wieder einmal, dass Grenzwerte zwar auf wissenschaftlichen Studien beruhen, ihr tatsächlicher Wert aber von politischen und ökonomischen Rahmenbedingungen abhängt. Der neue Empfehlungswert der WHO von 5 $\mu g/m^3$ Luft ist jetzt ein richtiges Problem für Deutschland, denn außer einer Messstation im Pfälzer Wald lag selbst im Coronajahr 2020 keine einzige Station unter diesem Wert [15].

Aufgrund der vielfältigen Quellen von Feinstaub lässt sich die Verursacherdiskussion nicht so einfach führen wie bei den Stickoxiden. Es ist eben nicht nur „der böse Verkehr" Schuld, sondern auch alle anderen Wirtschaftsbereiche einschließlich der Privathaushalte. Holzfeuerungen, die im Zuge des Einsatzes nachwachsender Rohstoffe zeitweise als besonders nachhaltig beworben wurden, tragen v. a. in den Innenstädten, die schon durch den Verkehr besonders belastet sind, erheblich zum Feinstaubaufkommen bei. Andererseits atmet ein Raucher in einem geschlossenen Raum rund 10-mal mehr Feinstaubpartikel ein als ein moderner Diesel-Pkw ausstößt [23].

Die Karte der Feinstaubbelastung der europäischen Umweltbehörde EEA zeigt, dass nach den neuen WHO-Richtlinien nur Skandinavien, Finnland, Island und einzelne andere extrem dünn besiedelte Regionen weitgehend unbelastet sind (Abb. 5.5). Massive Feinstaubprobleme gibt es in der norditalienischen Poebene, in Polen, auf dem Balkan und in der Türkei. Der Median der Feinstaubbelastung liegt bei 10–20 µg/m³, in diesem Bereich liegen die meisten Messstationen.

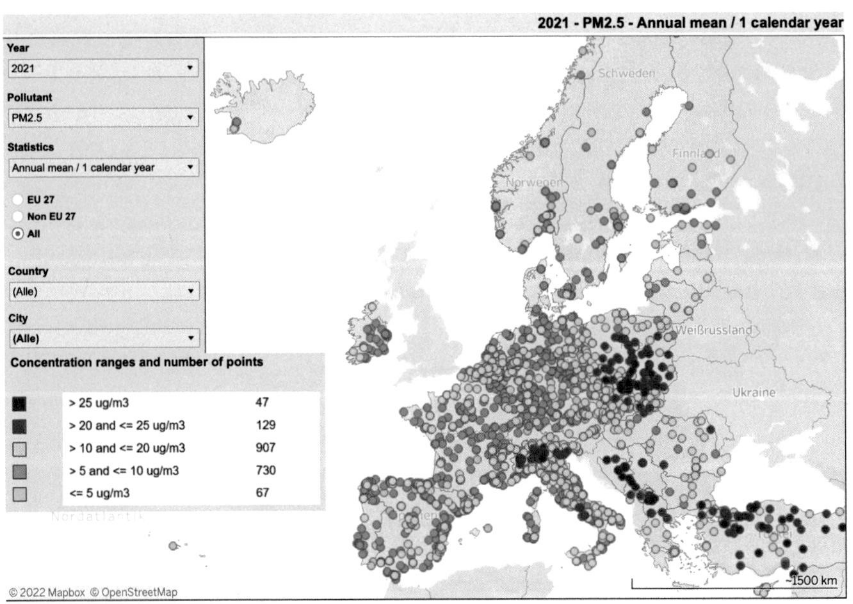

Abb. 5.5 Feinstaubbelastung ($PM_{2,5}$) in Europa 2021; der EU-Grenzwert liegt derzeit bei 25 µg/m³ Luft, während der neue, von der WHO empfohlene Wert 5 µg/m³ Luft beträgt. Nach dem WHO-Wert wären in Europa nur die hellblau gefärbten Bereiche ungefährlich [25], nach dem neuen Vorschlag der EU-Kommission (10 µg/m³ Luft) auch noch die dunkelblau gefärbten Punkte

Und Feinstaub verursacht noch ein weiteres Problem. Er bindet an Pollen und transportiert Pollenbruchstücke bis in die feinsten Verästelungen der Bronchien. Damit werden Allergiereaktionen noch verstärkt. So ist es kein Wunder, dass heute laut der europäischen Stiftung für Allergieforschung 30 % der Bevölkerung an allergischer Rhinitis und akuten Atemwegserkrankungen leiden [26]. Dies ist natürlich ein besonderes Problem der Städte, wo erhöhte Feinstaubwerte auf eine zunehmende Pollenbelastung treffen. Durch den Klimawandel haben sich die Pollenflugzeiten deutlich verlängert, Erle und Haselnuss etwa blühen heute deutlich früher, oft schon im Dezember.

Treibhausgase und die Erwärmung der Erde

Der menschliche Einfluss auf die globale Erwärmung ist heute unter Fachleuten unstrittig und es gibt Anzeichen, dass sie schneller vorangeht als vorhergesagt. Auch ob die Erwärmung auf 1,5 °C zu begrenzen ist, wie im Pariser Klimaschutzabkommen (2015) beabsichtigt, ist heute schon fraglich. Trotz aller politischen Äußerungen und Versprechen tragen die Länder viel zu wenig zu diesem Ziel bei. Nach einem neuen UN-Bericht (2021) steuern wir mit dem derzeitigen Ausstoß von Treibhausgasen (THG) auf 2,7 °C Erwärmung bis zum Ende des Jahrhunderts zu [27].

Die drei mengenmäßig wichtigsten THG sind Kohlendioxid, Methan und Lachgas (Tab. 5.3). Kohlendioxid ist zwar bei Weitem nicht das stärkste THG, aber durch die riesigen Mengen, die in die Atmosphäre gelangen, das schädlichste. Es entsteht v. a. durch die Verbrennung von fossilen und biogenen Rohstoffen, also etwa Kohle, Erdöl und Holz. Methan entsteht natürlicherweise durch die bakterielle Zersetzung organischer Substanzen bei geringer Sauerstoffzufuhr. Dazu gehören Biogasanlagen zur Vergärung organischer Substanzen, Faultürme von Klärschlamm, Müllverbrennungs-

Tab. 5.3 Gase, die zur Erhöhung des Treibhauseffektes beitragen, ihr Anteil an der Erhöhung der Treibhausgase (THG) sowie ihr CO_2-Äquivalent [28]

Gas	Konzentration [ppm] – 2021	Anteil an Erhöhung der THG	CO_2-Äquivalent
Kohlendioxid (CO_2)	416,5	66	1
Methan (CH_4)	1,97	16	23–28
Lachgas (N_2O)	0,34	6	150–300
Halogenierte THG		11[a]	5.200

[a] im Jahr 2020

anlagen, aber auch die Tierhaltung und der Nassreisanbau in der tropischen Landwirtschaft. Tauen Permafrostböden in hohen Breiten auf oder werden Moore trockengelegt, wird ebenfalls Methan frei. Methan ist der wichtigste Bestandteil von Erdgas und wird auch bei Kohle- und Erdölförderung frei. Es ist rund 28-mal klimaschädlicher als CO_2. Auch die halogenierten Treibhausgase tragen trotz ihrer geringen Konzentration immer noch mit 11 % zur Erhöhung bei, weil sie extrem potent in ihrer Wirkung sind.

Lachgas (N_2O, Distickstoffmonoxid) ist wiederum um ein Vielfaches schädlicher als Methan. Es entsteht natürlicherweise durch biologische Umwandlung im Rahmen des Stickstoffkreislaufes in Ozeanen, Regenwäldern, Grasland und landwirtschaftlichen Böden. Menschengemachte Quellen sind Verbrennungsprozesse in Kraftwerken und Fahrzeugen und die Düngung mit Mineral- oder Wirtschaftsdünger, die durch die Umsetzung des zugeführten Stickstoffs im Boden zu Lachgas führt. Bodennahes Ozon, das schädlichste THG überhaupt, entsteht v. a. durch Bestandteile der Autoabgase bei intensiver Sonnenstrahlung.

Die Konzentrationen der drei wichtigsten Treibhausgase Kohlendioxid, Methan und Lachgas nehmen seit Beginn der Industrialisierung unaufhörlich zu (Abb. 5.6).

Der größte Verursacher von THG ist nach Angaben des UBA mit rund 84 % (2021) die Verbrennung fossiler Brennstoffe [30]. Dabei trägt die Energieerzeugung derzeit mit rund 30 % zu den Gesamtemissionen bei (Abb. 5.7), weil sie immer noch zu einem großen Teil auf der Verbrennung von Braun- und Steinkohle beruht. Für jede erzeugte Kilowattstunde Strom werden mehr als 600 g CO_2 freigesetzt [31]. Hier kann nur der beschlossene Kohleausstieg helfen.

Nach der Industrie steht an dritter Stelle der Verkehr. Dabei werden 23 % des globalen CO_2-Ausstoßes auf den Verkehr zurückgeführt, der Weltklimarat erwartet hier sogar noch eine Verdopplung der Emissionen bis 2050 [10].

Um die Rolle des Verkehrs bei der Emission von CO_2 zu verringern, helfen nur die Förderung des öffentlichen Nahverkehrs in den Städten und des Radfahrens für kurze Distanzen sowie der groß angelegte Wechsel zu Elektroautos bzw. Autos mit Brennstoffzellen. Auch sollte die Intensität des Flugverkehrs zwingend hinterfragt werden. Dazu bedarf es aber politischer Vorgaben („Verkehrswende“) und eine der Klimaschädigung gerecht werdende Besteuerung von Mobilitätsarten. Es muss in die richtige Infrastruktur investiert werden, der Bau neuer Bahngleise und Fahrradwege muss bevorzugt gefördert werden, der Straßenausbau reduziert und fossile Brennstoffe müssen teurer werden, wie das mit der CO_2-Steuer begonnen hat. Die

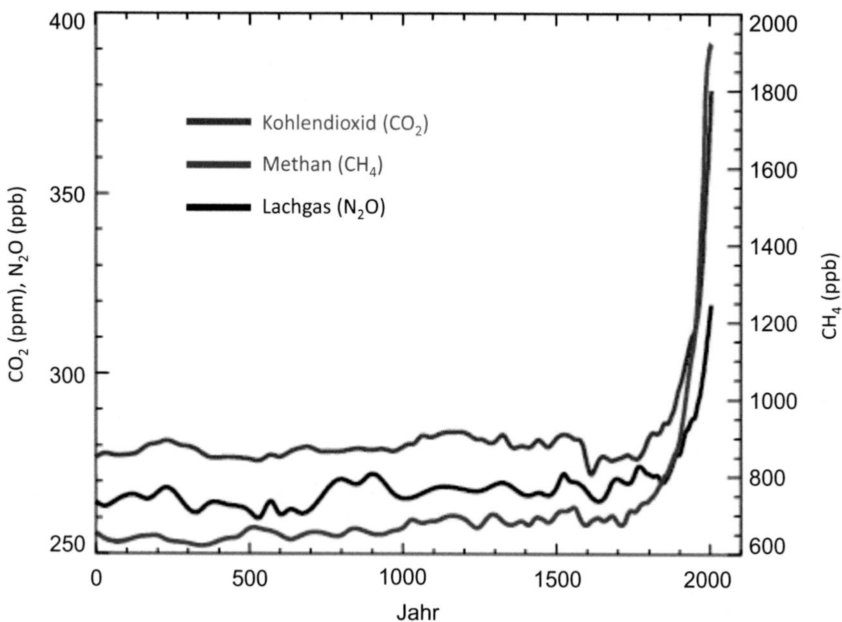

Abb. 5.6 Konzentrationen der drei Treibhausgase Kohlendioxid (CO_2), Methan (CH_4) und Lachgas (N_2O) in den vergangenen 2000 Jahren [29]. Einheiten: ppm = parts per million, ein Teil von 1.000.000; ppb = parts per billion, ein Teil von 1.000.000.000

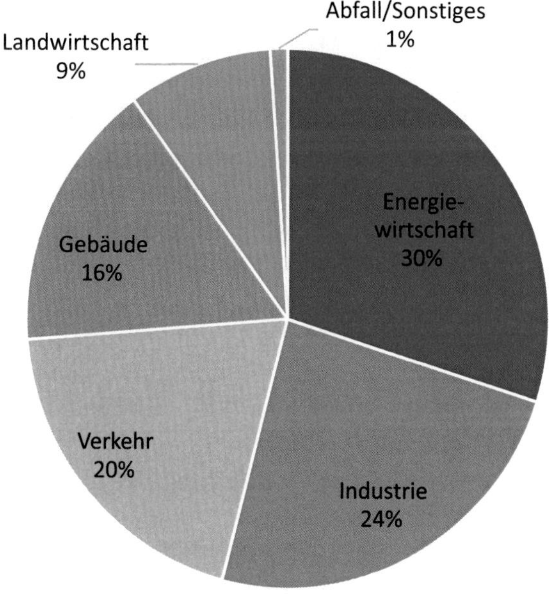

Abb. 5.7 Verursacher von Treibhausgasemissionen in Deutschland 2020 [32]

weitere Verteuerung der Energie durch den Krieg in der Ukraine war natürlich nicht geplant, sollte aber zu sinnvollen Einsparmaßnahmen und zum verstärkten Ausbau der erneuerbaren Energien genutzt werden. Im Bereich der Reduktion des Energieverbrauchs helfen besonders die Wärmedämmung von (Alt-)Gebäuden und die Umstellung auf moderne, effiziente und emissionsarme Heizanlagen (Geothermie, Solarthermie, Wärmepumpen).

Was internationale Verträge bewirken können: das Ozonloch

Britische Forschende entdeckten 1985 ein riesiges Loch in der Ozonschicht über der Antarktis. Da nur die Ozonschicht vor schädlicher UV-Strahlung der Sonne schützt, war dies alarmierend. In Zukunft könnten fatale Zellschäden, Hautkrebs und Augenleiden bei Mensch und Tier stärker zunehmen, als alle Prognosen dies bisher vorhersagten. Im Montreal-Protokoll verabschiedete die internationale Staatengemeinschaft nur 2 Jahre später ein Verbot ozonschädlicher Substanzen, v. a. der Fluorchlorkohlenwasserstoffe (FCKW), die weltweit als Treibgase, Kältemittel und Lösungsmittel verwendet wurden. Die FCKW-Konzentrationen stiegen noch bis 2000 an, heute sind wir etwa auf dem Stand von 1991. Aufgrund ihrer Langlebigkeit von 50 bis 100 Jahren geht der Abbau und damit die Reduktion nicht schneller [33]. Das Beispiel zeigt, wie internationale Verträge effektiv die Umwelt schützen können. Nur beim noch bedrohlicheren Klimawandel scheint das nicht zu funktionieren.

Immerhin sind 2020 in Deutschland die THG-Emissionen seit 1990 um 42 % gesunken [32], was aber auch durch die geringere Wirtschaftsleistung während der Coronapandemie und die weitgehende Abwicklung der DDR-Industrie bzw. die Verlagerung von Produktionsstätten ins Ausland (z. B. China) begründet ist. Die Ergebnisse des globalen Klimawandels sind inzwischen jedoch auch in Deutschland deutlich sichtbar (Abb. 5.8): Es wird wärmer und es kann nicht mehr als Zufall angesehen werden, dass außer 2010 alle Jahre im 21. Jahrhundert über dem Temperaturdurchschnitt von 1961–1990 lagen. Gleichzeitig wird es trockener und windiger – wenn es dann regnet, sind die Niederschlagsmengen extremer.

Eine weitere große Folge der steigenden CO_2-Konzentration der Luft ist die sogenannte „Versauerung der Meere“, denn etwa ein Viertel des weltweiten Ausstoßes wird vom Meerwasser aufgenommen [35]. Dabei wird CO_2 aus der Luft im Meerwasser gelöst und es entsteht über eine chemische Reaktion Kohlensäure (H_2CO_3). Dies führt dazu, dass das leicht basische Meerwasser mit einem pH-Wert um 8 weniger basisch wird. Deswegen wird es noch nicht „sauer“, denn dies sagt man erst bei einem pH-Wert von unter 7. Trotzdem hat diese Absenkung des pH-Wertes erhebliche Aus-

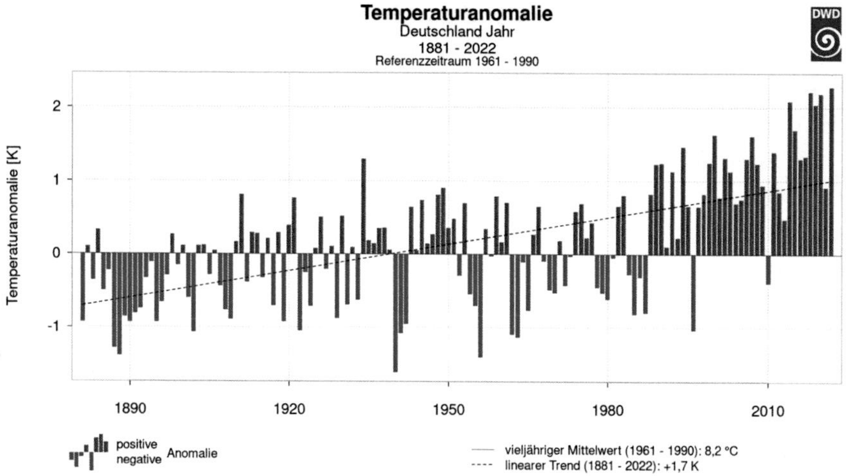

Abb. 5.8 Abweichung der jährlichen mittleren Jahrestemperatur vom vieljährigen Mittelwert 1961–1990 (1 K entspricht 1 °C [34])

wirkungen auf Meereslebewesen, die Kalkskelette bilden, etwa Korallen, Seeigel, Muscheln und Kalkalgen, die ein Bestandteil des Planktons sind. Da dieses Plankton die Ernährungsbasis vieler Lebewesen darstellt, hat die Absenkung des pH-Wertes im Meer weitreichende Auswirkungen auf die Nahrungsnetze. Hinzu kommen durch die Erwärmung der Ozeane gestörte Strömungen. Gerade die für Europa so wichtigen Meeresströmungen mit ihren unterschiedlichen Temperaturen bilden die Grundlage unseres Wetters. Durch die wärmere Luft ändert sich nicht nur der CO_2-, sondern auch der Salzgehalt des Meereswassers. Beim Golfstrom soll es dadurch bereits zu einer Verlangsamung der Strömung gekommen sein.

Die Rolle der Landwirtschaft

Durch die Fortschritte in der Vermeidung der Luftverschmutzung durch die Industrie rückt heute die Rolle der Landwirtschaft stärker in den Mittelpunkt. Etwa 95 % der Ammoniakemissionen, mehr als 70 % des Lachgasausstoßes und die Hälfte der Methanemissionen stammen aus der Agrarwirtschaft. Auch zur Feinstaubbelastung trägt die Landwirtschaft bei – durch die maschinelle Bodenbearbeitung, die Ernte und das Umfüllen von Getreide und anderen Gütern [36]. Aber auch die Freisetzung von Vorläuferstoffen von Feinstaub wie beispielsweise Ammoniak und Schwefeldioxid, die aus der Tierhaltung und dem Einsatz von Gülle stammen, tragen dazu bei. In der Atmosphäre reagiert Ammoniak mit anderen Stoffen (Stickoxide, Schwefelsäure, Salpetersäure) und führt zur Bildung von Ammoniumsalzen. Diese stellen nichts anderes als (sekundären) Feinstaub dar, der über weite Entfernungen transportiert wird.

Ammoniak (NH_3) ist gasförmig und entsteht in der Tierhaltung beim Ausbringen von Gülle und Mist, im Stall und beim Lagern von Dünger. Entsprechend den unterschiedlichen Anteilen der Tiergruppen an der Gülleproduktion verursacht die Rinderhaltung das meiste Ammoniak (43 %), gefolgt von der Schweine- (19 %) und Geflügelhaltung (8 %). Etwa 10–20 % der Feinstaubbelastung in den Städten stammt aus dieser Quelle, in Regionen mit intensiver Tierhaltung sind es noch mehr [36]. Zu etwa 25 % wird Ammoniak auch bei der Mineraldüngung, v. a. bei der Verwendung von Harnstoff, und bei der Ausbringung von Gärresten aus Biogasanlagen freigesetzt. In der Schweinehaltung entsteht der stechend riechende Ammoniak direkt im Stall, er kann durch Einsatz von Abluftreinigungsanlagen weitestgehend aufgefangen werden. Bei den anderen Tieren entsteht er dagegen erst durch die Lagerung und Ausbringung ihrer Ausscheidungen (Gülle, Mist). Effektive und kostengünstige Minderungsmaßnahmen für Ammoniak aus der Landwirtschaft existieren und müssen umgesetzt werden, wie eine Verbesserung der Güllelagerung, eine Optimierung beim Ausbringen von Gülle und ein eiweißreduziertes Tierfutter [36]. Diesem wird in der neuen „Technischen Anleitung zur Reinhaltung der Luft“ (TA Luft) von 2021 Rechnung getragen: Große Anlagen zur Schweinehaltung müssen künftig eine Luftreinigung einbauen und es gibt Vorgaben zur maximalen Ausscheidung von Stickstoff und Phosphor. Auch müssen alle Güllelager eine feste Abdeckung besitzen, was aber allein wegen der Geruchsbelästigung auch heute schon Standard ist.

Lachgas (N_2O) entsteht in der Landwirtschaft aus dem Überschuss von stickstoffhaltigem organischem Dünger oder Mineraldünger, aber auch aus der Verrottung von Pflanzenresten und bei der biologischen Stickstofffixierung von Eiweißpflanzen im Boden. Das Gas entsteht, wenn Mikroorganismen im Oberboden Stickstoffverbindungen abbauen. Lachgas heizt den Klimawandel bis zu 300-mal stärker an als CO_2 und verbleibt bis zu 100 Jahre lang in der Atmosphäre. Natürlicherweise emittieren auch nicht bearbeitete Böden und die Ozeane Lachgas, jedoch liegt der vom Menschen verursachte Anteil am weltweiten Ausstoß bei über 40 % und wächst um 2 % pro Jahrzehnt [37].

Auch Methan (CH_4) wird in großen Mengen durch die Rinder-, Ziegen- und Schafhaltung freigesetzt. Als Wiederkäuer produzieren sie bei der Verdauung Methan und sind bei uns für ca. drei Viertel des Gesamtmethanausstoßes verantwortlich. Auch bei der Lagerung von organischem Dünger entsteht Methan. Der weltweit zweitgrößte Ausstoß von Methan entsteht durch den Anbau von Reis auf überfluteten Feldern (Nassreisanbau). Allein China und Indien produzieren fast 10 % des weltweit im Reisanbau ausgestoßenen Methans.

Alle drei klimarelevanten Gase, die die Landwirtschaft produziert, hängen mit der Intensivierung der Produktion und der immer noch ansteigenden Tierhaltung zusammen. Vor allem die Stallhaltung von Rindern muss dabei thematisiert werden. Eine Weidehaltung führt zu deutlich geringeren Emissionen, weil das Futter weniger proteinreich ist und damit weniger Stickstoff enthält. Und die weltweite Nachfrage nach tierischen Produkten wächst weiterhin; bis 2050 wird sie sich verdoppeln, wenn man die jetzigen Steigerungsraten hochrechnet. Berücksichtigt man jetzt noch, dass zusätzlich für die Futterproduktion der riesigen deutschen Tierbestände weltweit Wälder abgeholzt werden, dann ist der Beitrag unserer Landwirtschaft für die Freisetzung klimarelevanter Gase noch sehr viel höher.

Und in Innenräumen?

Der durchschnittliche Deutsche verbringt bis zu 90 % seiner Zeit in Innenräumen, die meiste Zeit davon in seiner Wohnung und Büros. Deshalb ist es keineswegs egal, wie die Luft in Innenräumen aussieht. Ausdünstungen von Chemikalien können auch hier die Gesundheit belasten. Dies ist besonders kritisch, wenn neu gekaufte Möbel und Textilien oder frisch verwendete Baustoffe ausgasen. Durch das Heizen und die Wärme vom Kochen und Backen wird dies noch gefördert. Auch reichert sich in geschlossenen Räumen das von Menschen ausgeatmete CO_2 an, was zu Ermüdungserscheinungen führt.

Von den bedenklichen Stoffen finden sich in der Raumluft besonders häufig flüchtige organische Verbindungen, die VOCs („volatile organic compounds“). Das ist eine Vielzahl chemisch unterschiedlicher Stoffe, die alle bereits bei Zimmertemperatur ausgasen (s. Box und Abb. 5.9).

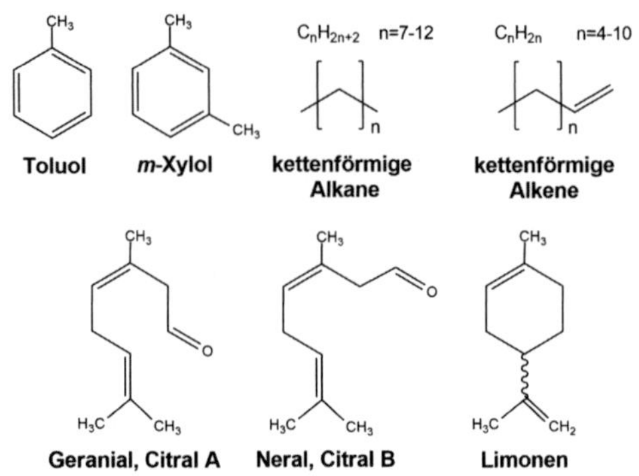

Abb. 5.9 Wichtigste Substanzklassen und Vertreter flüchtiger organischer Verbindungen (VOC) in der Innenraumluft

Flüchtige organische Verbindungen

- kettenförmige Kohlenwasserstoffe, wie Alkane oder Alkene, die als „Fettlöser" in einigen Reinigungsmitteln enthalten sind.
- aromatische (ringförmige) Kohlenwasserstoffe wie Toluol oder Xylol, die in einigen Klebstoffen, Lacken und frischen Druckerzeugnissen als Lösemittel vorkommen.
- Terpene sind natürliche Bestandteile mancher Holzarten und werden vielen Produkten als Duftstoffe zugesetzt, z. B. Limonen oder Citral (Zitronenduft).

Noch bedenklicher sind die SVOCs („semivolatile organic compounds"), die schwerer flüchtig sind und deshalb auch über einen längeren Zeitraum, Monate oder sogar Jahre, ausgasen bzw. sich an Staub und Möbeloberflächen ablagern. Sie können sich auch auf der Haut niederlassen und so in den Körper eindringen [38]. Noch perfider ist, dass sie auch dann noch gesundheitlich wirken, wenn die Quelle entfernt ist, weil bis dahin bereits alle Oberflächen in der Wohnung damit kontaminiert sind. SVOCs befinden sich als aktive Komponenten in Reinigungsmitteln, Pflanzenschutzmitteln und Pflegeprodukten sowie als Additive in Bodenbelägen, Möbeln und elektronischen Komponenten. Im Blut und Urin der amerikanischen Bevölkerung sind mehr als 100 organische Substanzen nachweisbar, die in Innenräumen vorkommen. Darunter sind SVOCs wie Di-(2-ethylhexyl)phthalat (DEHP), Benzylbutylphthalat (BBP) und DBP Dibutylphthalat (DBP), die allesamt als Weichmacher in Weich-PVC eingesetzt werden [39]. Da das Weich-PVC in ganz vielen Haushaltsprodukten eingesetzt wird, etwa in Bodenbelägen, Kabeln, Tapeten oder Lebensmittelverpackungen, sind wir einer ständigen Belastung durch Phthalate ausgesetzt

[40]. Einige SVOCs werden auch als hormonell wirkende Substanzen (endokrine Disruptoren, s. Kap. 6) eingestuft. Dazu gehören polybromierte Flammschutzmittel, Weichmacher, Phthalate, einige Pestizide und polyzyklische aromatische Kohlenwasserstoffe (PAK, s. Kap. 14).

Gesundheitsgefährdung durch schädliche Gase im Innenraum [41]

- „Kopfschmerzen, Müdigkeit, Antriebslosigkeit,
- Reizungen von Augen, Nase, Rachen,
- trockene Haut,
- häufige Infektionen und Husten,
- Schwindelgefühle und Übelkeit,
- Juckreiz und Überempfindlichkeiten."

Die gesundheitliche Bedeutung dieser Substanzen (Tab. 5.4) ist weitgehend unklar, da sie in komplexen Gemischen vorkommen. Bei einigen davon reichen selbst niedrige Konzentrationen, andere führen erst bei höheren Konzentrationen zu Gesundheitsbeschwerden (s. Box).

Was hilft wirklich?

Während die Luft selbst in unseren Städten bezogen auf schädliche Gase immer sauberer wird, nimmt die Sorge um den steigenden Gehalt an Treibhausgasen in der Luft und die damit einhergehende globale Klimaerwärmung immer mehr zu. Dazu kommen steigende Konzentrationen an NO_x und Feinstaub, die direkt unsere Gesundheit belasten. Für diese „modernen" Luftschadstoffprobleme gibt es keine einfachen Lösungen außer ihrer Vermeidung, wo immer dies geht. Im Grunde müssen wir dazu in den nächsten Jahrzehnten unsere komplette Wirtschaft umbauen und unseren Alltag gleich mit.

Was kann jede/r Einzelne tun?

- Umstieg auf gemeinschaftliche Verkehrsmittel wie Bahn, ÖPNV, Mitfahrgelegenheit, kurze Strecken mit Fahrrad oder zu Fuß erledigen.
- Reduktion des Individualverkehrs, wo immer das möglich ist bzw. wenn nicht vermeidbar, dann Nutzung von Elektro- oder Hybridautos mit einem möglichst hohen elektrischen Anteil an der Fahrleistung.
- Strom von einem Anbieter beziehen, der ausschließlich erneuerbare Energien verwendet.
- Energie sparen: Reduktion von Internetkonsum (Server!), bei nötigem Bedarf energieeffiziente Geräte kaufen, Elektrogeräte ausschalten (kein

Tab. 5.4 Auswahl an Schadstoffen in Innenräumen [39, 41]

Schadstoffe	Emissionsquellen/Beispiele
Bakterien, Pilze, Pilzsporen	Klimaanlagen, Luftbefeuchter, Pflanzen, Feuchtstellen
Dioxine, Furane	Brände mit z. B. PVC-Bodenbelägen
Formaldehyd	Möbel, Lacke, pflegeleichte Textilien, Tabakrauch, Fertigparkett
Hausstaub	Hautpartikel, Papier, Textilien
Kohlenmonoxid (CO), Stickoxide (NO_x), Schwefeldioxid (SO_2), Kohlendioxid (CO_2)	Herde, Kamine, Öfen, Tabakrauch, Außenluft
Mineralfasern, Asbest	Beschädigte Dämmplatten, Verkleidungen und Isolierungen (vor 1992)
organische Gase und Dämpfe, Phthalate (VOCs, SVOCs)	Verdünner, Klebstoffe, Lacke, Farben, Anstriche, Abbeizmittel, Möbel, Bodenbeläge, Abgase von Verbrennungsmotoren, Reinigungs-, Flecken-, Entfettungs- und Imprägniermittel, Schuhspray, Faserstifte, Toner im Laserdrucker
Ozon (O_3)	Kopierer, Laserdrucker
PAK, Nitrosamine	Tabakrauch, Gummiprodukte
Biozide: Pyrethroide, Lindan, Pentachlorphenol (PCP)	Schädlingsbekämpfungsmittel, Holzschutzmittel, Farben, Lacke, Baumaterialien, Teppiche
polychlorierte Stoffe (z. B. PCB)	Fugenmassen, Klimaanlagen, Leuchtstoffröhren, Kondensatoren in Elektrogeräten
Radon	Boden unterhalb der Fundamente, mineralische Baumaterialien
Schwermetalle	Pigmente in Farben und Lacken, Stabilisatoren in Kunststoffen, Batterien, Autoreifen, PVC-Bodenbeläge
Tierepithelien	Haare, Hautschuppen von Haustieren und Ungeziefer (Milben u. a.)

Stand-by), LED-Leuchten verwenden, sich auf nötige und sinnvolle Elektrogeräte beschränken.

- Mit Bedacht Wäsche waschen: Kochwäsche nur noch in Ausnahmefällen, statt Wäschetrockner „Freilufttrocknung" nutzen, kleine Flecken lokal auswaschen, Wäsche nach Kurzzeittragen auslüften statt waschen.
- Keine kleinen Holzheizungen einbauen (z. B. Kamine, Öfen), da diese überdurchschnittlich viel Feinstaub, Schwermetalle und Dioxine emittieren.
- Statt Kurzstrecke fliegen die Bahn nutzen, generell Flugreisen reduzieren – gerade die meisten Fernreiseziele sind vom Klimawandel besonders bedroht.

- Eigene (Alt-)Gebäude besser dämmen, Fenster mit Doppelverglasung einbauen, in Wärmepumpen, Photovoltaik und Solarthermie investieren; Heizung modernisieren, bauliche Außenverschattung fördern statt Klimageräte einbauen.
- Regionale Lebensmittel einkaufen, weniger Fleisch essen und Lebensmittel aus der ökologischen Landwirtschaft bevorzugen.
- In Innenräumen nicht rauchen und die Wohnung häufig und konsequent lüften („Stoßlüften"), häufiger feucht wischen als fegen oder staubsaugen [42].
- Warentransfer durch weniger Onlinekäufe reduzieren, tauschen/reparieren/Secondhand statt Neukauf.
- Mehr Bäume und Sträucher in der Stadt pflanzen (z. B. über „Stadtbäume für Berlin" [43]) Wildblumenwiesen anlegen und einheimische, blühende Sträucher statt monotoner Rasenflächen bevorzugen, keine Schottergärten!

Literatur

1. Möller D (2009) Luftverschmutzung durch Industrie, Landwirtschaft und Haushalte. Bundeszentrale für Politische Bildung. https://www.researchgate.net/publication/348634423_Luftverschmutzung_durch_Industrie_Landwirtschaft_und_Haushalte_Dossier_Bundeszentrale_fur_Politische_Bildung. Zugegriffen: 1. Nov 2022
2. UBA (2022) Umweltbundesamt. Luftschadstoffemissionen in Deutschland. https://www.umweltbundesamt.de/daten/luft/luftschadstoff-emissionen-in-deutschland#entwicklung-der-luftschadstoffbelastung. Zugegriffen: 1. Nov 2022
3. Vohra K, Vodonos A, Schwartz J et al (2021) Global mortality from outdoor fine particle pollution generated by fossil fuel combustion: results from GEOS-Chem. Environ Res 195:110754
4. Wille J (2021) Smog-Studie mit neuem Modell – Winzige Killer schlagen noch härter zu. https://www.klimareporter.de/gesellschaft/winzige-killer-schlagen-noch-haerter-zu. Zugegriffen: 1. Nov 2022
5. KBA (2022) Kraftfahrzeugbundesamt. Bestand (01. Januar 2022). https://www.kba.de/DE/Statistik/Fahrzeuge/Bestand/bestand_node.html. Zugegriffen: 1. Nov 2022
6. Anonym (2015) Was kommt eigentlich am Ende raus? – Schadstoffe im Autoabgas. DIE WELT. https://www.welt.de/motor/news/article147006432/Schadstoffe-im-Autoabgas.html. Zugegriffen: 1. Nov 2022
7. WIKIPEDIA: abgas
8. ICCT (2020) The international council on clean transportation. European vehicle market statistics – pocketbook 2020/21. https://eupocketbook.org/. Zugegriffen: 1. Nov 2022

9. WIKIPEDIA: wirtschaftszahlen zum Automobil/Deutschland
10. Blume J (2015) Verkehr verursacht fast ein Viertel der weltweiten CO_2-Emissionen. https://www.heise.de/tp/features/Verkehr-verursacht-fast-ein-Viertel-der-weltweiten-CO2-Emissionen-3376825.html. Zugegriffen: 1. Nov 2022
11. UBA (2021) Emissionsquellen. https://www.umweltbundesamt.de/themen/klima-energie/klimaschutz-energiepolitik-in-deutschland/treibhausgas-emissionen/emissionsquellen#textpart-2. Zugegriffen: 1. Nov 2022
12. Daunderer M (2011) Gifte im Alltag: wo sie vorkommen, wie sie wirken, wie man sich dagegen schützt. Beck, München
13. Anonym (2018) Stickstoffdioxid in Dieselabgasen – Diese Städte haben ein Problem mit dreckiger Luft. Handelsblatt. https://www.handelsblatt.com/politik/deutschland/stickstoffdioxid-in-dieselabgasen-diese-staedte-haben-ein-problem-mit-dreckiger-luft/20915438.html. Zugegriffen: 1. Nov 2022
14. UBA (2017) Luftqualität 2016: Stickstoffdioxid weiter Schadstoff Nummer 1. Pressemitteilung am 31.01.2017. https://www.umweltbundesamt.de/presse/pressemitteilungen/luftqualitaet-2016-stickstoffdioxid-weiter. Zugegriffen: 1. Nov 2022
15. Asendorpf D (2021) Und jetzt mal alle tief durchatmen. DIE ZEIT No. 39, 23.09.2021, S 37
16. UBA (2017) Stickoxid-Belastung durch Diesel-Pkw noch höher als gedacht. Auch Euro-6-Diesel stoßen sechs Mal mehr Stickstoffoxide aus als erlaubt. Pressemitteilung am 25.04.2017. https://www.umweltbundesamt.de/presse/pressemitteilungen/stickoxid-belastung-durch-diesel-pkw-noch-hoeher. Zugegriffen: 1. Nov 2022
17. Anonym (2018) Diesel-Skandal:Was Stickoxide gefährlich macht. Westdeutsche Zeitung. https://www.wz.de/wirtschaft/diesel-skandal-was-stickoxide-gefaehrlich-macht_aid-25522559. Zugegriffen: 1. Nov 2022
18. UBA (2022) Stickstoffoxid-Emissionen. https://www.umweltbundesamt.de/daten/luft/luftschadstoff-emissionen-in-deutschland/stickstoffoxid-emissionen#entwicklung-seit-1990. Zugegriffen: 1. Nov 2022
19. Herden B, Hollersen W (2019) Was wirklich hinter der Grenzwertdebatte steckt. WELT online. https://www.welt.de/wissenschaft/article188098739/Grenzwerte-So-gefaehrlich-sind-Feinstaub-und-Stickoxide.html. Zugegriffen: 1. Nov 2022
20. Anonym (2022) Luftverschmutzung – EU plant strengere Grenzwerte. Energiezukunft. https://www.energiezukunft.eu/umweltschutz/eu-plant-strengere-grenzwerte/
21. Sentker A (2019) Die Wertedebatte. Zeit Online. https://www.zeit.de/2019/06/stickoxid-limit-grenzwerte-abgase-schadstoffbelastungen. Zugegriffen: 1. Nov 2022
22. Schweitzer J (2019) Stickoxid-Debatte: „Durch ein Fahrverbot können sich die Gesundheitsrisiken sogar erhöhen". Interview von Jan Schweitzer mit

H.E. Wichmann. DIE ZEIT. https://www.zeit.de/2019/08/stickoxid-debatte-fahrverbot-gesundheit-heinz-erich-wichmann. Zugegriffen: 1. Nov 2022

23. WIKIPEDIA: feinstaub
24. Beelen R, Raaschou-Nielsen O, Stafoggia M et al (2014) Effects of long-term exposure to air pollution on natural-cause mortality: an analysis of 22 European cohorts within the multicentre ESCAPE project. The Lancet 383(9919):785–795
25. EEA-European Environment Agency (2022) AQ eReporting – Annual statistics. https://www.eea.europa.eu/data-and-maps/dashboards/air-quality-statistics. Zugegriffen: 1. Nov 2022
26. Müller H (2021) Biowissenschaft for future. LABORJOURNAL 11(2021):21–25
27. dpa (2021) 2,7 Grad Erwärmung – Menschheit bei Klimawandel „auf katastrophalem Weg“. https://www.welt.de/wissenschaft/article233874724/Guterres-2-7-Grad-Erwaermung-Menschheit-auf-katastrophalem-Weg.html. Zugegriffen: 1. Nov 2022
28. UBA (2021) Atmosphärische Treibhausgaskonzentrationen. https://www.umweltbundesamt.de/daten/klima/atmosphaerische-treibhausgas-konzentrationen#kohlendioxid. Zugegriffen: 1. Nov 2022
29. IPCC (2012) Intergovernmental panel on climate change. climate change 2007 – the physical science basis. The Working Group I contribution to the IPCC Fourth Assessment Report Summary for Policymakers, Technical Summary and Frequently Asked Questions. ERRATA. S 135. https://www.ipcc.ch/site/assets/uploads/2018/02/ar4_wg1_errata_en.pdf. Zugegriffen: 1. Nov 2022
30. UBA (2022) Treibhausgas-Emissionen in Deutschland. https://www.umweltbundesamt.de/daten/klima/treibhausgas-emissionen-in-deutschland#treibhausgas-emissionen-nach-kategorien. Zugegriffen: 1. Nov 2022
31. Hakenes J (o.J.) Klimabilanz von Deutschland: CO_2-Emissionen im Vergleich. https://www.co2online.de/klima-schuetzen/klimabilanz/industrie-verkehr-und-haushalte/. Zugegriffen: 1. Nov 2022
32. BMU (2021) Bundesministerium für Umwelt. Treibhausgasemissionen sinken 2020 um 8,7 Prozent. https://www.bmu.de/pressemitteilung/treibhausgas-emissionen-sinken-2020-um-87-prozent/. Zugegriffen: 1. Nov 2022
33. Voss J (2021) Klimaschutz: Wie steht es um das Ozonloch. National Geographic 16. Sept. 2021. https://www.nationalgeographic.de/umwelt/2021/09/klimaschutz-wie-steht-es-um-das-ozonloch. Zugegriffen: 1. Nov 2022
34. DWD (2022) Deutscher Wetterdienst. Klimatologischer Rückblick auf 2022. https://www.dwd.de/DE/klimaumwelt/aktuelle_meldungen/230123/artikel_jahresrueckblick-2022.html Zugegriffen: 16. Juni 2023
35. Wikipedia: versauerung der Meere. https://de.wikipedia.org/wiki/Versauerung_der_Meere. Zugegriffen: 26.Juni 2023
36. von Schneidemesser E, Kutzner R, Münster A et al (2016) Landwirtschaft, Ammoniak und Luftverschmutzung. Institute for Advanced Sustainability

Studies (IASS) Potsdam, IASS Fact Sheet 1/2016. https://www.iass-potsdam.de/sites/default/files/files/online_factsheet_ammoniak.pdf. Zugegriffen: 1. Nov 2022

37. Tian H, Xu R, Canadell JG (2020) A comprehensive quantification of global nitrous oxide sources and sinks. Nature 586(7828):248–256
38. Energy Technologies Area (2022) SVOCs and health. https://iaqscience.lbl.gov/svocs-and-health. Zugegriffen: 1. Nov 2022
39. Salthammer T, Zhang Y, Mo J et al (2018) Assessing human exposure to organic pollutants in the indoor environment. Angew Chem Int Ed 57(38):12228–12263
40. UBA (2007) Phthalate. Die nützlichen Weichmacher mit den unerwünschten Eigenschaften. https://www.umweltbundesamt.de/sites/default/files/medien/publikation/long/3540.pdf. Zugegriffen: 1. Nov 2022
41. InfoNetz (2022) Schadstoffe in Innenräumen. https://infonetz-owl.de/katalog/gesund-leben/schadstoffe-in-innenraeumen/. Zugegriffen: 1. Nov 2022
42. UBA u. a. (2005) Gesünder Wohnen-aber wie? Praktische Tipps für den Alltag. https://www.umweltbundesamt.de/sites/default/files/medien/publikation/long/2885.pdf
43. SenUVK (o. J.) Stadtbäume für Berlin. https://www.berlin.de/sen/uvk/natur-und-gruen/stadtgruen/stadtbaeume/stadtbaumkampagne/. Zugegriffen: 1. Nov 2022

6

Hormone, Medikamente und was sich sonst noch in unseren Abwässern finden lässt

Die Abwässer, insbesondere die städtischen Abwässer, sind Sinkgrube und Spiegel unseres menschlichen Lebens. Alles, was wir aufnehmen, landet irgendwann im Abwasser. Bei dem üblichen Essen bleiben nur ein paar überschüssige Salze, Abbauprodukte wie Harnstoff, Kreatinin und Harnsäure, Phosphate und organische Säuren sowie 95 % Wasser übrig. Aber wir essen eben nicht nur Lebensmittel zur Ernährung, sondern schlucken Medikamente und Hormonpräparate. Vieles davon wird unverändert wieder ausgeschieden. Manches wird aber auch in Abbauprodukte umgewandelt, die dennoch eine Wirkung auf die Umwelt haben können. Jeder Mensch scheidet 1–2 L Urin täglich aus, bei einer Großstadt kommt da allerhand Flüssigkeit zusammen. Und in Klärwerken kann nicht alles herausgereinigt werden. Was übrig bleibt, landet in sogenannten Vorflutern, Flüssen oder Bächen, die in größere Flüsse münden und diese schließlich irgendwann im Meer. Und die Pflanzen und Tiere, die in den Gewässern leben, kommen damit unweigerlich in Berührung. Über die Nahrungskette und den Trinkwasserkreislauf landet es am Ende auch wieder bei uns.

Der Preis des freien Sex

Die häufigsten Hormone im Abwasser stammen von der „Pille“, dem hormonellen Empfängnisverhütungsmittel, das täglich Millionen von Frauen einnehmen. Die Abbauprodukte werden über den Urin ausgeschieden und sind immer noch hormonell aktiv. In Kläranlagen werden

T. Miedaner und A. Krähmer, *Gifte in unserer Umwelt*,
https://doi.org/10.1007/978-3-662-66578-7_6

sie nur unzureichend oder gar nicht abgefangen und landen in Bächen und Flüssen und schließlich auch im Meer.

Die auffälligsten Umweltwirkungen dieser weiblichen Hormone zeigen sich bei den Männchen vieler Fischarten, die verkümmerte Geschlechtsorgane haben oder gleich ganz verweiblichen. In den USA wurden Alligatoren mit verkümmertem Penis entdeckt sowie Bachforellen und Störe, die die Fortpflanzung ganz einstellten [1]. Auch bei uns sind viele Tierpopulationen betroffen. Das beginnt mit Fischen, Fröschen und Kröten aus unseren Seen und Teichen und endet mit Walen und Meeressäugern in der Arktis. Sie kommen alle im Übermaß mit weiblichen Hormonen in Berührung.

Eigentlich sind Hormone lebensnotwendig. Sie werden von Pflanzen, Tieren und Menschen gebildet und sind bereits in winzigen Dosierungen aktiv, um einzelnen Organen Informationen zu vermitteln. Dabei geht es bei Menschen und Tieren beispielsweise um so wichtige Regulationen wie Schilddrüsenfunktion (Thyroxin), Tag- und-Nacht-Rhythmus (Melatonin), Zuckerhaushalt (Insulin) und Stress (Adrenalin), Belohnung (Dopamin) und natürlich das Sexualleben (Östrogen, Testosteron). Hormone steuern dabei beim Menschen die Lust auf Sex und die Fruchtbarkeit, den weiblichen Zyklus und die Wechseljahre. Es gibt sogar ein sogenanntes „Kuschelhormon“ (Oxytocin), das durch angenehme Hautkontakte zwischen Mutter und Kind, aber auch zwischen (Sexual-)Partnern ausgeschüttet wird. Da die Hormone so wichtig für das Wohlbefinden und die Fortpflanzung sind, ist ihr fein abgestimmtes Regelwerk – ein ausgeglichener Hormonhaushalt – lebenswichtig. Wenn menschliche Hormone in das Oberflächenwasser kommen, führen sie auch bei Tieren wie Fischen und Amphibien zu einer hormonellen Wirkung.

Durch die Antibabypille kommen erhebliche Mengen an Östrogenen in die Gewässer. Immerhin wurden 2021 in Deutschland fast 900 Mio. Tagesdosen an Sexualhormonen verkauft [2]. Sie werden nicht nur zur Empfängnisverhütung, sondern auch als Hormonersatztherapie bei Wechseljahresbeschwerden und zur Brustkrebstherapie verschrieben. Dabei kommen gewaltige Mengen an Hormonen zusammen. Im kleinen Österreich wurden 2014 insgesamt 744 kg reine Sexualhormone und Analoga verbraucht [3]. Wenn man berücksichtigt, dass bereits minimale Mengen im Mikrogrammbereich genügen, um eine Empfängnis zu verhüten, wird einem die Durchschlagskraft der Hormone bewusst. Hinzu kommen noch natürlich gebildete Östrogene, die von Menschen und Tieren ausgeschieden werden.

Östrogene, die einmal in der Umwelt sind, erwiesen sich in wissenschaftlichen Studien als äußerst stabil. Untersuchungen von Britta Stumpe vom Geographischen Institut der Ruhr-Universität Bochum zeigen, dass Östrogene auch im Boden stabile Verbindungen eingehen [4]. Dies gilt v. a. für das synthetische 17α-Ethinylöstradiol (EE2), den Hauptbestandteil der Antibabypille. Und das ist auch kein Wunder, denn dieses synthetische Östrogen wurde eigens im Labor in seiner Struktur für eine dosierte Anwendung stabilisiert (Abb. 6.1).

Der wichtigste Umweltaspekt der Östrogene liegt allerdings auf ihrer Wirkung im Wasser. Und da entdeckten Wissenschaftler des Leibniz-Instituts für Gewässerökologie und Binnenfischerei (IGB) in Berlin zusammen mit Kollegen der Universität Wroclaw in Polen Erstaunliches, als sie 3 Arten von Amphibien dem Hormon aussetzten [5]. Es fand jeweils eine Geschlechtsumkehr von genetisch männlichen zu weiblichen Tieren statt. Bei jeder Art waren 15–100 % der Männchen von dieser „Verweiblichung" betroffen. Obwohl sie also von ihren Genen her Männchen waren, bewirkte das Hormon im Wasser ein weibliches Aussehen und Verhalten. Hinzu kommen Missbildungen an Fortpflanzungsorganen, die zu sinkender Fruchtbarkeit führen.

Auch für Menschen können Östrogene im Wasser eine Beeinträchtigung bedeuten [6]. Denn hormonell wirkende Stoffe können, wenn sie in ausreichender Konzentration in den Körper gelangen, auch beim Menschen das Hormonsystem verändern, die embryonale Entwicklung stören oder die Fortpflanzung beeinträchtigen. In der Wissenschaft werden solche Stoffe als endokrine Disruptoren (ED) bezeichnet. Für ihre Wirkung ist es dabei zunächst unerheblich, ob es Abbausubstanzen natürlicher Hormone oder synthetische Stoffe mit hormoneller Wirkung sind. Entscheidend ist auch hier die Dosis.

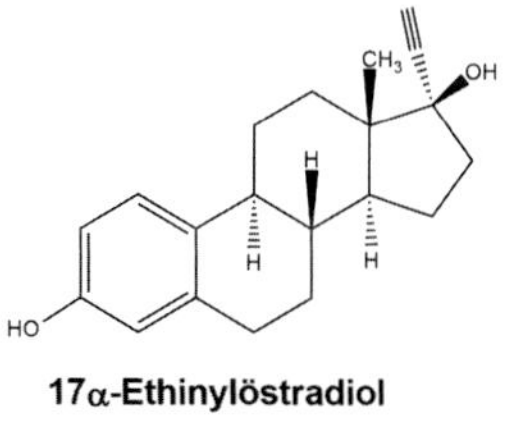

Abb. 6.1 Struktur von 17α-Ethinylöstradiol (EE2), einem gängigen Östrogen von Antibabypillen. Etwa 20–35 μg der Substanz befinden sich in der Tagesdosis der Verhütungspillen

Schwangerschaftstest mit Frosch

Dass Amphibien sehr empfindlich gegenüber menschlichen Hormonen sein können, wusste man schon längst. Denn über Jahrzehnte wurde ein lebender Frosch als Schwangerschaftstest eingesetzt. Ein weiblicher geschlechtsreifer Zwergkrallenfrosch bekam den Morgenurin einer Frau, die glaubte schwanger zu sein, unter die Haut gespritzt. Wenn das Schwangerschaftshormon Choriongonadotropin im menschlichen Urin enthalten war, dann laichte der Frosch innerhalb von 12–24 h [7]. Später injizierte man männlichen Fröschen den Urin in den dorsalen Lymphsack. War die Frau schwanger, kam es innerhalb von 3 h zur Spermienproduktion, die der Apotheker unter dem Mikroskop begutachtete.

Verwendet wurden seit den 1940er-Jahren immer die afrikanischen Krallenfrösche *(Xenopus laevis),* die zu Abertausenden in die Apotheken der Industriestaaten transportiert wurden. Ihnen machte der Test nichts aus, sie konnten nach zwei Wochen für denselben Zweck „wiederverwendet" werden. Trotzdem war es eine mühsame Geschichte. Der „Apothekerfrosch" musste im temperierten Becken gehalten und gefüttert werden. Außerdem konnte der Test erst einige Wochen nach dem Ausbleiben der Regel angewendet werden, sodass es nicht nur für den Frosch eine Erleichterung war, als ab den 1960er-Jahren eine chemische Methode mit Teststäbchen entwickelt wurde.

Die Geschichte zeigt aber, dass auch Wasserbewohner durchaus sensibel auf menschliche Hormone reagieren und genau das ist das Problem mit den millionenfach täglich ausgeschiedenen Östrogenen aus der Pille.

Bald gibt es keine Männchen mehr

Neben Pille und den natürlich gebildeten Hormonen gibt es auch Umwelthormone. Das sind Substanzen, die industriell produziert werden und, ohne dass dies gewollt wird, hormonähnliche Wirkungen entfalten. Vor allem imitieren viele von ihnen Östrogene. Es sind heute rund 1000 Chemikalien bekannt, die das menschliche Hormonsystem beeinflussen, sogenannte endokrine Disruptoren (ED) oder hormonelle Schadstoffe (s. Box).

„Endokrine Disruptoren (ED) sind Chemikalien oder Mischungen von Chemikalien, die die natürliche biochemische Wirkweise von Hormonen stören und dadurch schädliche Effekte (z. B. Störung von Wachstum und Entwicklung, negative Beeinflussung der Fortpflanzung oder erhöhte Anfälligkeit für spezielle Erkrankungen) hervorrufen."
Quelle: 8

Dazu gehören die Abbauprodukte von Tensiden, die sich in Waschmitteln und Pflanzenschutzmitteln, aber auch in vielen Kosmetika finden. Auch halogenierte Kohlenwasserstoffe, die in dem Holzschutzmittel Pentachlorphenol (PCP) oder in Hydraulikölen enthalten sind, haben bei Mensch und Tier eine östrogene Wirkung. Endokrine Disruptoren sind oft Zusatzstoffe von Kunststoffen und finden sich daher häufig auch dort, wo Plastik eingesetzt wird (s. Kap. 7 und 14). Besonders gefürchtet sind Phthalate, die als Weichmacher für Kunststoffe wie PVC eingesetzt werden, sowie Bisphenol A, das als Antioxidationsmittel die Weichmacher länger haltbar machen soll (Abb. 6.2).

Auch Parabene, die sich als Konservierungsstoffe u. a. in vielen Kosmetika (s. Kap. 11), aber auch in gepökelten Lebensmitteln und Tabakwaren finden, zeigen die hormonelle Wirkung von ED. Weitere ED kommen in Lebensmittelverpackungen, Trinkflaschen und der Innenbeschichtung von Konservendosen vor. Aber man findet sie auch in Kunststoffarmaturen der Autos, der Lackierung von Getränkedosen, Klebstoffen, Kleidung und Sportartikeln aus Kunststofffasern.

Hinzu kommen natürlich gebildete ED, die beispielsweise in der Sojabohne enthalten sind und ebenfalls eine schwache hormonähnliche Wirkung entfalten (Phytoöstrogene). Es gibt auch Mykotoxine, die in ihrer Struktur eine Ähnlichkeit mit Östrogenen haben (Zearalenon, s. Kap. 3). Auch Schwermetallverbindungen wie Methylquecksilber können als ED

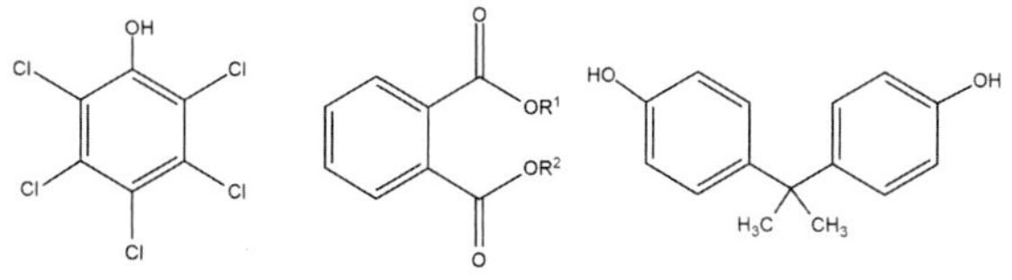

Pentachlorphenol (PCP) **Grundgerüst der Phthalate** **Bisphenol A (BPA)**

Abb. 6.2 Strukturformeln relevanter und häufig vorkommender endokriner Disruptoren industrieller Herkunft

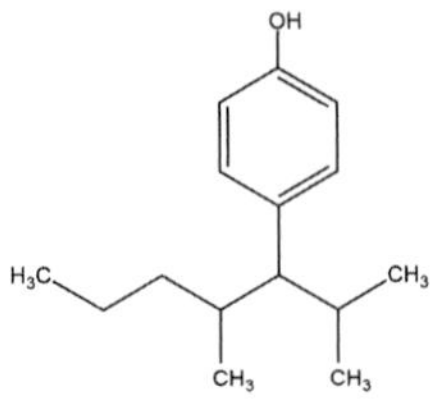

Abb. 6.3 Beispiel für ein verzweigtes *para*-Nonylphenol. Nonylphenole kommen nicht natürlich vor und gehören zur Gruppe der langkettigen Alkylphenole („long chain alkyl phenols", LCAP)

wirken. Im Jahr 2018 wurde eine Reihe von Pflanzenschutzmitteln der Klasse der Azole nicht mehr zugelassen, weil auch sie eine hormonähnliche Wirkung in der Umwelt entfalteten. All diese Chemikalien werden weltweit millionenfach z. T. täglich verwendet und manche ED sind noch nicht einmal in ihrer Wirkung als solche identifiziert.

Aufgrund ihrer Langlebigkeit finden sich auch längst verbotene Stoffe, wie das als ED wirkende Insektizid DDT (s. Kap. 4) und das früher als Kabelisolierung weitverbreitete PCB (s. Kap. 14), immer noch im Organismus von Wildtieren wieder. Zugenommen haben heute neue Schadstoffe wie Phthalate, bromierte Flammschutzmittel (s. Kap. 14) oder Nonylphenol aus industriellen Waschlösungen [1] (Abb. 6.3).

Genau wie natürliche Hormone binden alle diese Stoffe an die spezifischen Andockstellen (Rezeptoren) für Östrogen im Körper und aktivieren sie in der Regel. So beeinflussen sie die normalerweise von Östrogen ausgelösten Fortpflanzungsprozesse, etwa die Geschlechtsentwicklung beim Embryo, die Verweiblichung von erwachsenen Tieren, eine reduzierte Spermienbildung bei den Männchen bis hin zu männlicher Unfruchtbarkeit. Und das betrifft nicht nur die Fische und Amphibien, sondern auch Krebstiere und alle anderen Tiere, die von ihnen leben, etwa Fisch- und Seeadler. Und am Ende auch uns Menschen [6].

„Hormonelle Schadstoffe sind synthetisch hergestellte Chemikalien, die

- in das Hormonsystem eingreifen, das den gesamten Stoffwechsel des menschlichen Körpers steuert,
- natürliche (Sexual-)Hormone imitieren oder blockieren und somit z. B. „verweiblichen" oder „vermännlichen" können,
- in sensiblen Wachstumsphasen wie während der vorgeburtlichen Entwicklung oder der Pubertät zu gravierenden Schäden führen können,

- für Kinder besonders gefährlich sind, da das Hormonsystem die körperliche und geistige Entwicklung steuert,
- bei Jungen und Männern u. a. mit Missbildungen der Geschlechtsorgane, Hodenkrebs und geringerer Anzahl und Qualität der Spermien in Verbindung gebracht werden,
- bei Mädchen und Frauen zu verfrühter Pubertät führen und das Brustkrebsrisiko erhöhen können,
- als mögliche Ursache für eine Tendenz zu Allergien, Diabetes, Fettleibigkeit, Störungen der Gehirnentwicklung, Verhaltensauffälligkeiten und Herz-Kreislauf-Erkrankungen identifiziert wurden,
- in geringen Mengen schädlicher sind als in hohen Konzentrationen,
- Cocktaileffekte aufweisen, also in Kombination mit anderen Stoffen eine stärkere Wirkung entfalten."

  Zitat: [9]

Die BUND-Broschüre „Männchen in Gefahr" vermerkt v. a. Zwitterbildungen, verkleinerte Penisse und Hoden, Hodenhochstand oder andere Missbildungen der Geschlechtsorgane, die zu einer Verringerung der männlichen Fortpflanzungsfähigkeit führen (Tab. 6.1, [1]). Dies betrifft Hunderte von Tierarten und kann selbst noch in der Arktis nachgewiesen werden, weil die Meeresströmungen die stabilen hormonartigen Stoffe in die letzten

Tab. 6.1 Beispiele für Störungen, die auf hormonartige Substanzen zurückgeführt werden [1]

Tier(gruppen)	Schäden
Kröten, Frösche	zwittrige Tiere, geringere Nachwuchszahl
Kabeljau, Klieschen	Zwitterbildung wegen Nonylphenol (Nordsee)
Flunder	Eizellenbildung in männlichem Hodengewebe
Hering (Ostsee)	geringerer Fortpflanzungserfolg, weniger Larvenschlupf
Stare	verändertes Gesangsverhalten, vorzugsweise Paarung mit immungeschwächten Männchen
Eismöwen	gestörte Produktion von Geschlechts- und Schilddrüsenhormonen, schwächeres Brutverhalten
Sitka-Schwarzwedelhirsche (Alaska)	Hodenhochstand bei 66 % der männlichen Tiere, Missbildung der Geweihe bei 70 %
Weißwedelhirsche (Montana, USA)	Hodenschäden bei 65 % der Männchen
Schweinswale, Delfine	beeinträchtigte Fortpflanzungsfähigkeit bei 40–74 % der Tiere
Eurasischer Fischotter	kürzere Penisknochen, kleinere Hoden, verminderte Fortpflanzungsrate

Winkel der Erde transportieren. Die größte Empfindlichkeit besteht dabei schon im Mutterleib, sei es im Ei oder im Uterus. Auch die Spermien erweisen sich als sehr empfindlich auf hormonelle Einflüsse.

Aber müsste nicht die Abwasserreinigung diese hormonellen Substanzen herausfiltern? Das ist derzeit leider nicht der Fall, denn die Mengen, die da zusammengekommen, sind sehr gering. Etwa 100 ng/L gereinigten Trinkwassers sind das, die aber aufgrund ihrer Hormonwirkung trotzdem umweltwirksam sind. Forschende des Instituts für funktionelle Grenzflächen (IFG) am Karlsruher Institut für Technologie (KIT) haben ein Verfahren entwickelt, das diese Hormonmengen um bis zu 90 % verringert [10]. Bei dem Filtrierverfahren wird das gereinigte Abwasser durch semipermeable Polymermembranen gepresst, hinter denen Schichten aus speziell vorbehandelter Aktivkohle liegen. Damit werden Kohlenstoff- und Hormonmoleküle aus dem Wasser herausgefiltert. Das Verfahren erlaubt einen großen Durchsatz und kann sehr flexibel sowohl in Kläranlagen, Industriebetrieben oder am eigenen Wasserhahn eingesetzt werden. Natürlich verteuert es den Preis der Wasserreinigung, das sollte uns aber der Schutz der Umwelt und damit auch unser Gesundheitsschutz wert sein.

Weniger Spermien durch Kunststoffe?

Natürlich ist der Schluss nahe liegend, dass die vielfach beobachtete Störung der Geschlechterverhältnisse und der Fortpflanzungsfähigkeit bei Tieren auch vor dem Menschen nicht Halt macht. Dazu passt, dass seit Jahren Spermienzahl und Spermienqualität von Männern in Industrieländern zurückgehen. Eine Metastudie aus Israel und den USA zeigte, dass sich v. a. in der westlichen Welt die Anzahl der Spermien bei den Männern in Europa, Nordamerika, Australien und Neuseeland seit den 1970er-Jahren im Schnitt um 50–60 % verringert hat [11]. Für Männer aus Südamerika, Asien und Afrika ist dieser Trend nicht zu beobachten! Für ihre Untersuchung werteten die Wissenschaftler 185 Studien aus, bei denen an knapp 43.000 Männern die Spermien gezählt wurden [12].

Der Erstautor Hagai Levine nennt diesen Befund „einen dringenden Weckruf für Forscher auf der ganzen Welt [11]!" Einen aktuellen Grund zur Sorge, dass die Männer insgesamt am Rande der Unfruchtbarkeit stehen, gibt es allerdings nicht. Pro Ejakulat „schaffen" Männer in den westlichen Nationen noch rund 47 Mio. Spermien je Milliliter – die Weltgesundheitsorganisation zieht ihre Grenze für männliche Unfruchtbarkeit bei 15 Mio. je Milliliter [13]! Allerdings ist der Trend klar und es zeichnet sich auch keine

Umkehr ab. Wobei die Forscher nur die Spermienmenge berücksichtigt haben, nicht aber die Spermienbeweglichkeit oder Missbildungen.

Natürlich sind die exakten Ursachen unklar, aber falsche Ernährung, Übergewicht, Bewegungsarmut und Umwelteinflüsse stehen ganz oben auf der Verdachtsliste und bei Letzterem v. a. die hormonellen Schadstoffe. Am *Center of Advanced European Studies and Research* (Forschungszentrum caesar) in Bonn und dem Rigshospitalet in Kopenhagen untersuchten Forschende an 100 Stoffen detailliert, wie menschliche Spermien durch hormonell wirkende Chemikalien beeinträchtigt werden [14]. Dreißig Stoffe störten den Calciumhaushalt der Spermien und führten zu einem veränderten Schwimmverhalten [15]. Manche Alltagschemikalien imitieren die Wirkung von Progesteron und dem Prostaglandin PGF2α, die beide im weiblichen Organismus vorkommen. Diese sollen eigentlich dazu führen, dass die Spermien die Hülle der Eizelle leichter durchdringen können. Durch die Dauerbelastung werden die Spermien weniger empfindlich, ihre Navigation ist gestört und das Eindringen erschwert. Zu den schlimmsten Störfaktoren zählten Bestandteile von Sonnenschutzmitteln wie 4-Methylbenzylidencampher (4-MBC, Abb. 6.4), der Kunststoffweichmacher Dibutylphthalat (DBP) sowie das antibakteriell wirkende Triclosan (s. Kap. 9 und 11). Letzteres ist in Zahnpasta und Kosmetika enthalten. Die Wissenschaftler*innen untersuchten auch die immer wieder betonte Cocktailwirkung, also eine gemeinsame Wirkung verschiedener Substanzen. Sie fanden, dass solche Cocktails tatsächlich erhebliche Auswirkungen auf den Calciumhaushalt der Spermien haben. „Zum ersten Mal konnten wir nachweisen, dass eine Vielzahl weitverbreiteter Substanzen eine direkte Wirkung auf menschliche Spermien hat", sagt Prof. Niels E. Skakkebaek, Leiter des dänischen Forscherteams [15].

Und wo kommen diese Effekte nun her? Neben den erwähnten medizinischen Indikationen stehen Kunststoffe ganz oben auf der

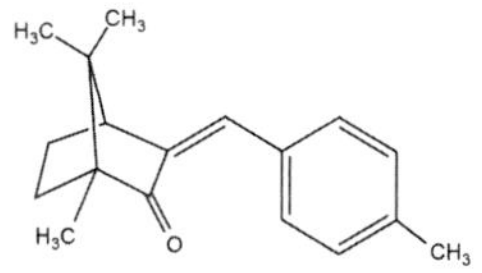

H_3C CH_3 H_3C O CH_3

4-Methylbenzylidencampher (4-MBC)

Abb. 6.4 Strukturformel von 4-Methylbenzylidencampher (oder Enzacamen), das häufig in Sonnencremes zum Schutz vor UV-B-Strahlung eingesetzt wird. Allerdings ist der Stoff gesundheitlich nicht unbedenklich und soll u. a. am Absterben von Korallen durch Bleichen verantwortlich sein [16]

Verdachtsliste. Sie sind selbst zwar harmlos, aber die in ihnen enthaltenen Weichmacher sind es nicht. Diese können mit der Zeit austreten und beispielsweise bei Lebensmittelverpackungen über die Nahrung in den Körper gelangen. Wer ständig aus Plastikflaschen trinkt, sammelt so mit der Zeit eine Gesamtbelastung im Körper an. Dies ist v. a. bei Schwangeren riskant, weil viele Umwelthormone die Plazenta durchdringen können. Sie sind sogar im Nabelschnurblut nachweisbar. So konnte man bei Ratten zeigen, dass Bisphenol A das Hormongleichgewicht während der Embryonalentwicklung stört. Da es wie Östrogen wirkt, führt es bei männlichen Jungtieren zu einer „Verweiblichung". Phthalate können bei Neugeborenen Neurodermitis fördern, bei Jugendlichen besteht eine erhöhte Gefahr für Diabetes und Übergewicht.

Die EU-Kommission überprüft derzeit die Grenzwerte für ED. Die Frage, ob man die Verwendung dieser Substanzen stärker einschränken soll, gilt als sehr kontrovers. Immerhin dürfen Babyfläschchen aus Plastik schon seit 2011 kein Bisphenol A mehr enthalten und mehrere Phthalate wurden 2005 bereits aus Kinderspielzeug und Kosmetika entfernt ([17], s. Kap. 14).

Geringere Intelligenz durch Umwelthormone?

Jahrzehntelang freute sich die westliche Welt darüber, dass der Intelligenzquotient (IQ) von Generation zu Generation zunahm. Dieser sogenannte Flynn-Effekt, der nach seinem Entdecker James Flynn aus Neuseeland benannt wurde, scheint sich heute umzukehren [18]. Der IQ nimmt gerade in den Industrieländern anscheinend wieder ab. Die Ursachen, die dafür diskutiert werden, sind natürlich komplex, so komplex wie unsere Lebensumwelt in den Industriestaaten insgesamt geworden ist. Zunächst wurden Konzentrationsstörungen bei Jugendlichen bis hin zu Autismus und der Aufmerksamkeitsdefizit-Hyperaktivitätsstörung (ADHS) verantwortlich gemacht. Einige Forscher vermuteten chronischen Jodmangel, der die geistige Leistungsfähigkeit beeinträchtigte.

Barbara Demeneix vom *Muséum National d'Histoire* aus Paris berichtet, dass zumindest beim Afrikanischen Krallenfrosch manche Chemikalien die Gehirnreifung beeinträchtigen. Als Täter verdächtigt sie ED. Wenn diese den Aquarien zugesetzt werden, schwimmen die Kaulquappen langsamer als normal und werden nie zum Frosch. Sie schrieb darüber zwei aufsehenerregende Bücher (*Losing our minds,* 2016; *Toxic cocktail,* 2017) und ihre Arbeitsgruppe zog auch Parallelen zum Menschen [19]. Nach ihren Forschungen behindern viele Chemikalien die Rezeptoren im menschlichen

Körper, an denen die Schilddrüsenhormone andocken. Dadurch erscheint der Körper mit Jod unterversorgt, auch wenn er genügend von der Substanz erhält, die Rezeptoren sind ja bereits von anderen Chemikalien blockiert. Dies ist besonders bedeutend bei schwangeren Frauen. Eine amerikanische Arbeitsgruppe konnte klar Unterschiede zwischen Kindern von Müttern zeigen, deren Blut während der Schwangerschaft höhere Konzentrationen von bromhaltigen Flammschutzmitteln (polybromierte Diphenylether, PBDE, s. Kap. 14) enthielt, und Kindern, deren Mütter nur sehr viel geringere Mengen davon im Blut hatten [20]. Die Kinder höher belasteter Mütter zeigten zu verschiedenen Zeiten nach der Geburt geringere Geistesgaben, darunter geringere IQ-Werte und waren auch körperlich zurückblieben. Inzwischen wurden diese Befunde vielfach bestätigt. In einer neuen Metaanalyse wurde nach der Untersuchung von über 800 Müttern nachgewiesen, dass die „pränatale PBDE-Exposition signifikant mit einer verminderten kognitiven Funktion korreliert [21]." Die Weltgesundheitsorganisation (WHO) bezeichnet diese ED sogar als „globale Bedrohung".

PBDE sind inzwischen in vielen Ländern verboten, aber der Verdacht besteht, dass auch andere ED ähnliche Wirkungen haben. Denn diese sind in unserer künstlichen Umgebung allgegenwärtig. Die Beschichtung von Bratpfannen enthält sie ebenso wie die Plastikverpackungen von Lebensmitteln, die Beschichtung von Konservendosen und Pizzakartons, fettabweisende Wandfarbe oder Outdoorjacken und Gummistiefel (s. Kap. 14).

Aber natürlich kommen auch noch andere Erklärungen für den sinkenden IQ infrage: schlechtere Bildung, fehlende (handwerkliche) beidhändige Tätigkeiten und Digitalisierung. Wer sieht, wie fasziniert schon Kleinkinder von laufenden Bildern sind und wie endlos Jugendliche sich mit ihrem Smartphone und vor ihren Computern beschäftigen können, glaubt sofort, dass auch dies den IQ senkt. Wenn sich aber der IQ einer Gesellschaft im Durchschnitt verringert, bedeutet dies, dass es weniger Hochbegabte und mehr Kinder mit geringerer Intelligenz gibt. Eines Tages haben diese dann schlechtere Chancen in Beruf und Gesellschaft. Sie müssen zumeist besonders betreut werden und sind auf einfache, meist schlecht bezahlte Jobs angewiesen. Wie bei allen Umwelteinflüssen ist auch der sinkende IQ ein vielschichtiges Phänomen und die Wirkung von Umweltgiften lässt sich selten als einzige Ursache eindeutig beziffern. Schon gar nicht in einem so komplexen System wie dem Menschen und seiner künstlich geschaffenen Umwelt. Schon fast tragisch ist es, dass viele Stoffe, die als ED wirken, nur entwickelt wurden, um unser Leben schöner, bunter, sicherer und bequemer zu machen. Und das erklärt auch ihre Allgegenwärtigkeit.

Wo die Probleme liegen – das Beispiel Bisphenol A (BPA)

Die Probleme, die ED heute machen, liegen auf mehreren Ebenen: 1) Manche dieser Stoffe sind billige Massenchemikalien, die sich einfach überall finden, 2) sie verursachen gesundheitliche Probleme, aber es ist schwer nachzuweisen, ab welcher Menge und ab welchem Zeitraum sie wirklich gefährlich sind (siehe chronische Toxizität, Kap. 1) und 3) es ist schwer/teuer Ersatzstoffe zu finden. Bisphenol A (4,4′-Isopropylidendiphenol, BPA) ist für alle diese Punkte ein Paradebeispiel (s. Abb. 6.2). Es wurde ursprünglich 1936 von zwei britischen Chemikern sogar als Substanz mit östrogener Wirkung entdeckt, die sich dann aber als zu schwach erwies, um pharmakologisch genutzt zu werden. Stattdessen entdeckte die Industrie die Substanz als billige Massenchemikalie für die Kunststoffproduktion [22]. Bisphenol A wurde zur Grundlage der Herstellung von Polycarbonaten und Epoxidharzen, die dadurch eine hohe Festigkeit und Härte erhalten. Mobiltelefone und Motorradhelme bestehen aus Polycarbonaten, aber auch Dachabdeckungen, Gehäuse für Computer und Haushaltsgeräte, Teile von Steckern und Schaltern, mikrowellenfestes Geschirr bis hin zu Autoteilen und Behältern für Lebensmittel und Getränke. Sie finden sich also quasi überall. Epoxidharze haben ein genauso großes Anwendungsfeld. Sie werden in Bodenbelägen und Lacken, in Getränke- und Konservendosen oder in Trink- und Abwasserbehältern eingesetzt. Sie werden aber auch als Innenbeschichtung, Verbundwerkstoffe und Klebstoffe verwendet. Daneben werden sie als Zusatzstoffe für Thermopapier, etwa für Kassenbons, und bei der Herstellung und Verarbeitung von PVC eingesetzt. Von vielen Produkten weiß man gar nicht, dass sie BPA enthalten. So wurde die Substanz auch in Bierdosen, Schwimmhilfen und Nagellacken nachgewiesen. Die weltweit eingesetzten Mengen sind gigantisch. Im Jahr 2006 produzierte die Industrie weltweit 3,8 Mio. t. **Rund ein Drittel der Weltproduktion entfiel auf die damalige EU mit 15 Mitgliedsstaaten, Deutschland verbrauchte davon allein 70 %** (was über 20 % der weltweiten Produktion entspricht [23]).

Bisphenol A gelangt v. a. über Lebensmittel in Konservendosen in unseren Körper, je nach Herstellungsverfahren der Innenbeschichtung. Auch Waschmittel und heißes Wasser können die Substanz aus Polycarbonatgefäßen lösen. Aus beschichteten Warmwasserleitungen wird der Stoff frei. In Gewässer und Flüsse kommt BPA v. a. durch die Abwässer von Industrieanlagen, die die Substanzen herstellen und verarbeiten. Sie lassen sich dann auch in Flusssedimenten nachweisen [23].

Die hormonelle Wirkung von BPA steht außer Zweifel. Es verstärkt die Wirkung weiblicher Sexualhormone und hemmt die männlichen Sexualhormone sowie die Schilddrüsenhormone. Fast alle Studien finden die Substanz im menschlichen Blut, wir sind chronisch mit BPA belastet. Seine hormonelle Wirkung führt auch bei vielen Tiergruppen zu Schädigungen (Tab. 6.2).

Die Europäische Behörde für Lebensmittelsicherheit (EFSA) hat im Dezember 2021 die gesundheitlichen Risiken für BPA neu bewertet. Bisher ging sie davon aus, dass die aus Tierversuchen abgeleiteten schädigenden Konzentrationen in unserer Umwelt zu gering waren, als dass sie eine Rolle spielen. Aufgrund neuer Bewertungen hat die EFSA die (vorläufige) tolerierbare tägliche Aufnahmemenge nun um den Faktor 100.000 (!) herabgesetzt [24]. Dadurch überschreitet jetzt die Aufnahme von BPA diesen neuen Wert in der gesamten Bevölkerung.

Studien, die eine Beeinträchtigung der geistigen Entwicklung von Kindern, eine Steigerung der Aggressivität und eine Änderung des Lernverhaltens durch BPA nachwiesen, bleiben jedoch umstritten. Es stellt sich dabei immer die Frage, was Ursache und Wirkung ist. Immerhin ist in der EU seit dem 1. Juni 2011 der Verkauf von Babyflaschen aus Polycarbonat, die BPA enthalten, verboten [25]. Im Jahr 2020 folgte das Thermopapier, das in Form von Kassenzetteln, Tankquittungen u. Ä. kein BPA mehr enthalten darf. Im Jahr 2016 wurde BPA von der Europäischen Chemikalienagentur (ECHA) als „reproduktionstoxisch" eingestuft. Dass bedeutet, es kann die Fortpflanzungsfähigkeit des Menschen und das Kind im

Tab. 6.2 Zusammenfassende Studien zur Wirkung von Bisphenol A auf Tiere ([23], leicht verändert)

Tiergruppe	Wirkmechanismus	Beobachtete Effekte
Insekten	nicht eindeutig bekannt	verzögerter Schlupf
Schnecken	nicht eindeutig bekannt	erhöhte Eiproduktion, Fehlbildung der Fortpflanzungsorgane
Krebstiere	nicht eindeutig bekannt	erhöhte Eiproduktion
Frösche	Aktivierung Östrogenrezeptor, Schilddrüsenhormone gestört	Verweiblichung, Fehlbildungen
Vögel	Bindung an Östrogenrezeptor	Fehlbildung der Fortpflanzungsorgane
Fische	Aktivierung Östrogenrezeptor	Fehlbildung der Fortpflanzungsorgane, Verschiebung des Geschlechterverhältnisses, Probleme bei Spermien

Mutterleib schädigen. Nur ein Jahr später wurde BPA als „besonders besorgniserregende Substanz" klassifiziert [24]. Damit rückt ein vollständiges Verbot in greifbare Nähe.

Es gibt nicht für alle Bereiche Alternativen zu BPA. Bei Kunststoffen könnte man auf Polypropylen oder Polyethersulfon ausweichen, wie dies heute bei Babyfläschchen gemacht wird. Bei Trinkflaschen könnte der Verbraucher sich wieder auf Glas- oder Metallflaschen besinnen. Keinen Ersatz gibt es bisher für die Innenbeschichtung von Getränke- und Lebensmitteldosen. Diese ist nötig, damit das Blech nicht rostet und sich nicht Metalle lösen und in die Lebensmittel übergehen. Bisher mögliche Lösungen führen zu einer Verkürzung der Haltbarkeitsdauer oder geringerer Korrosionsbeständigkeit. Außerdem muss auch die gesundheitliche Unbedenklichkeit alternativer Beschichtungen noch geprüft werden [26]. Gerade aber auf Getränkedosen lässt sich gut verzichten, auch weil es sich um eine sehr energieintensiv herzustellende Einwegverpackung ohne Wiederverschließbarkeit handelt.

Arzneimittel im Klo

Künstliche Hormone sind nur einige Vertreter von Arzneimitteln, die in die Umwelt gelangen. In ihrer Hausapotheke gibt es noch wesentlich mehr Stoffe. Diese landen entweder direkt über die Ausscheidungen der Patienten in der Kläranlage oder werden schon im Körper zu Metaboliten umgeformt. Diese können dabei nicht weniger umweltbelastend sein. Dabei sind nicht die Krankenhäuser oder die Pharmaindustrie das Problem, für diese Bereiche sind längst getrennte Abwassersysteme vorgeschrieben. Doch das meiste, was Verbraucher*innen einnehmen, landet natürlicherweise am Ende direkt in der Toilette (Abb. 6.5). Die höchsten Konzentrationen finden sich bei Abführmitteln, gefolgt von Betablockern und Antidepressiva. Das Besondere an Arzneimitteln ist ihre Stabilität. Sie werden eigens so optimiert, dass sie möglichst unverändert am Wirkorgan ankommen und dort möglichst lange wirken. Dies führt aber dazu, dass sie auch in der Umwelt nur schwer bis gar nicht abgebaut werden und in Kläranlagen kaum zersetzt werden. Die dem Patienten verordneten Mengen werden so praktisch vollständig an die Umwelt abgegeben, teils unverändert, teils als aktive Metabolite.

Von den Kläranlagen gelangen die Arzneimittel in Flüsse, Seen und Teiche. Und zwar weltweit. So werden im afrikanischen Viktoriasee genauso wie in der russischen Wolga, im Mississippi oder im Rhein die Schmerzmittel Diclofenac und Ibuprofen, das Antiepileptikum Carbamazepin, die

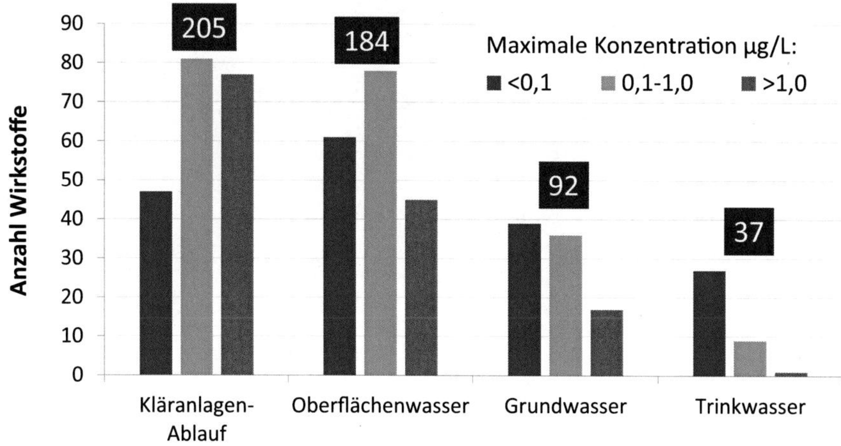

Abb. 6.5 Anzahl und Menge der Arzneimittelwirkstoffe (einschließlich ihrer Transformationsprodukte und Metaboliten) in verschiedenen Gewässerarten; die große Zahl gibt die Gesamtzahl an [27]

Antibiotika Roxithromycin und Sulfamethoxazol sowie das Diabetesmittel Metformin, das Kontrastmittel Iopromid und der Blutdrucksenker Hydrochlorothiazid ([28], Abb. 6.6) nachgewiesen. Selbst wenn solche Substanzen nur in Konzentrationen im Nano- bis Mikrogrammbereich vorkommen, so sind Umweltwirkungen nicht auszuschließen. Denn auch die individuelle medizinische Dosis der Stoffe ist meist gering [3]. Von den Flüssen und Seen gelangen die Stoffe irgendwann auch ins Grund- und letztendlich ins Trinkwasser (Abb. 6.5).

Aber auch über Düngung mit Gülle, die Tierarzneimittel enthält, gelangen sie vom Boden ins Grundwasser. Die Mengen nehmen zwar deutlich ab, weshalb sie direkt für Menschen auch unbedenklich sind. Aber ob das auch für ihre Umweltwirkung gilt, weiß kaum jemand. Denn es ist zwar genau untersucht, was die Medikamente im menschlichen Körper bewirken, aber ihre Auswirkungen auf die Umwelt wurden bisher aber nur wenig beachtet. Das Schmerzmittel Diclofenac belastet die Nieren von Fischen und das Grippemittel Oseltamivir beeinflusst die Fortpflanzung der Muscheln. Diclofenac hat in Pakistan und Indien zum fast vollständigen Aussterben von 3 Geierarten geführt. Diese ernährten sich von verendeten Rindern, die mit dem Arzneimittel routinemäßig behandelt wurden [28]. Auch Antibiotika finden sich im Abwasser. Penicilline werden dabei in Kläranlagen rasch gespalten, moderne Mittel dagegen sind deutlich stabiler. Sie können die Bildung mehrfachresistenter Bakterien fördern und stören die natürlichen Bakterien in ihrer normalen Umwelt.

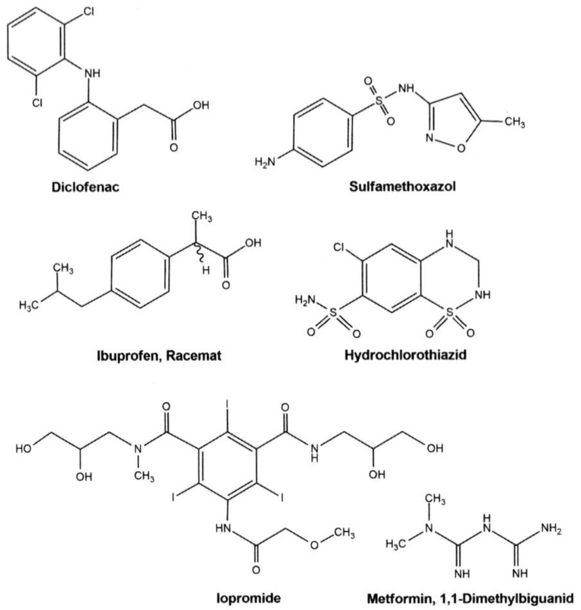

Abb. 6.6 Strukturformeln der am häufigsten in der Umwelt nachgewiesenen Arzneimitteln und Diagnostika

Immerhin hat die Politik schon vor einigen Jahren reagiert. Die EU-Richtlinie 2004/27/EG [29] schreibt sowohl für Tier- als auch für Humanarzneimittel vor, dass bei Neuzulassungen das Umweltrisiko bewertet werden muss. Ergeben sich rechnerisch höhere Konzentrationen im Abwasser oder gibt es andere Hinweise auf ihre Umweltrelevanz, muss vom Hersteller die Bioabbaubarkeit und die Ökotoxizität an Algen, Wasserflöhen und Fischen untersucht werden. Wenn diese Ergebnisse bedenklich sind, können Umweltauflagen erlassen werden. So muss ein als Verhütungsmittel zugelassenes Pflaster mit einem speziell der Packung beigelegten Entsorgungsbeutel verschlossen und im Restmüll entsorgt oder in der Apotheke abgegeben werden. Der Hintergrund ist, dass solche Verhütungsmittel, die über die Haut aufgenommen werden, besonders hohe Wirkstoffkonzentrationen enthalten müssen [30]. Womit wir wieder bei den Verhütungsmitteln wären, deren Umweltrückstände offensichtlich der Preis für freien Sex ist.

Abwässer als Seuchenindikator

Und auch das haben wir aus der Covid-19-Pandemie gelernt: Abwässer können als Indikator für Seuchen dienen (Monitoring). Bereits kurz nach der Infektion ist das Virus in menschlichen Ausscheidungen nachweisbar. So fanden sich schon vor Weihnachten 2019, als das Coronavirus SARS-CoV-2 in Europa noch völlig unbekannt war, Virusbruchstücke im Abwasser von Mailand und Turin, wie nachträgliche Analysen ergaben [31]. Solche Virusfragmente werden auch bei asymptomatischen Fällen ausgeschieden. Nach Untersuchungen der RWTH Aachen fanden sich in allen Kläranlagen pro Milliliter Abwasser 3–20 Genkopien, die von SARS-CoV-2 stammten [32]. Dies reicht aus, um mithilfe einer spezialisierten PCR („polymerase-chain reaction“) das Virus zweifelsfrei über spezifische Virusgene nachzuweisen. Die Sensitivität ist hoch genug, um als Frühwarnsystem zu dienen. Dabei erscheinen die ersten Nachweise bereits rund 7 Tage vor dem symptomatischen Ausbruch in einer Stadt. Und Forschende können die Viruslast im Abwasser mit den später gemeldeten Fallzahlen in einer Stadt korrelieren und somit in Zukunft sogar eine Vorhersage der zukünftigen Inzidenz treffen.

Da die RNS-Fragmente im Abwasser nicht infektiös sind, können die Analysen in normalen Labors ohne spezielle Sicherheitseinrichtungen durchgeführt werden. Dabei ist es natürlich auch möglich, die Virusbestandteile zu sequenzieren, um frühzeitig neue Mutanten zu entdecken. Während Omikron im Dezember 2021 vom Robert-Koch-Institut nur mit 1,4 % der Fälle beziffert wurde, fanden Forschende des Max-Delbrück-Centrums in Berlin bereits eine Häufigkeit von 5 % im Abwasser [31]. Da alle Einwohner eines Gebiets durch das zentrale Abwasser automatisch erfasst werden, sind die Analysen immer repräsentativ. Das gilt auch unabhängig davon, ob sich die Menschen testen lassen oder nicht. Deshalb empfiehlt die EU auch den Einsatz der RNS-Analyse für ein Seuchenmonitoring im Abwasser. In den Niederlanden kann man die jeweilige Virusfracht einer Stadt sogar im Internet nachlesen, in Deutschland wird das Abwassermonitoring erst in manchen Städten durchgeführt.

Was Sie tun können…

- Benutzen Sie die Toilette nicht als Abfalleimer! Die Stoffe, die in Urin und Kot gelöst in das Abwasser gelangen, machen schon Probleme genug.
- Werfen Sie keine abgelaufenen Medikamente ins Klo, entsorgen Sie die im Hausmüll oder geben Sie sie in der Apotheke ab.

- Vermeiden Sie Lebensmittelbehälter aus Polycarbonat und Epoxidharzen sowie Getränke- und andere Lebensmitteldosen, da sie alle das hormonell wirksame Bisphenol A enthalten. Bei wiederverwendbaren Trinkflaschen sind Behälter aus Glas, Edelstahl oder Polypropylen (PP, Babyfläschchen) vorzuziehen.
- Nehmen Sie Medikamente mit Bedacht und nach ärztlichem Rat, Selbstmedikationen sind auch aus gesundheitlicher Sicht bedenklich.

Literatur

1. Cameron P (2009) Männchen in Gefahr. Wie hormonelle Schadstoffe zum Aussterben der Arten führen können. Bund für Umwelt und Naturschutz Deutschland e. V. (BUND), Berlin. https://www.bund.net/fileadmin/user_upload_bund/publikationen/chemie/maennchen_in_gefahr_faltblatt.pdf. Zugegriffen: 26. Sept. 2022
2. IGES (2022) Arzneimittel-Atlas 2021. Verbrauch an Sexualhormonen und verwandten Stoffen. https://www.arzneimittel-atlas.de/arzneimittel/g03-sexualhormone-und-modulatoren-des-genitalsystems/verbrauch/. Zugegriffen: 26. Sept. 2022
3. Hartmann C (2016) Arzneimittelrückstände in der Umwelt. Umweltbundesamt GmbH, Wien. https://www.umweltbundesamt.de/daten/chemikalien/arzneimittelrueckstaende-in-der-umwelt#arzneimittelwirkstoffe-in-der-umwelt. Zugegriffen: 26. Sept. 2022
4. Franke S (2017) Gewusst? Die Antibabypille schadet auch der Umwelt. https://www.codecheck.info/news/Gewusst-Die-Antibabypille-schadet-auch-der-Umwelt-148188. Zugegriffen: 26. Sept. 2022
5. Tamschick S, Rozenblut-Kościsty B, Ogielska M et al (2016) Sex reversal assessments reveal different vulnerability to endocrine disruption between deeply diverged anuran lineages. Sci Rep 6(1):1–8
6. Adeel M, Song X, Wang Y et al (2017) Environmental impact of estrogens on human, animal and plant life: A critical review. Environ Int 99:107–119
7. Hemmer R, Meßner D (2020) Kleine Geschichte des Schwangerschaftstests – oder: Vom Urin im Frosch. https://www.spektrum.de/kolumne/kleine-geschichte-des-schwangerschaftstests/1754518. Zugegriffen: 26. Sept. 2022
8. UBA (2016) – Umweltbundesamt. Endokrine Disruptoren. https://www.umweltbundesamt.de/endokrine-disruptoren#1-bis-2. Zugegriffen: 26. Sept. 2022
9. BUND (o. J) – Bund für Umwelt und Naturschutz Deutschland e. V., Berlin. Was sind hormonelle Schadstoffe? https://www.bund.net/chemie/hormonelle-schadstoffe/. Zugegriffen: 26. Sept. 2022

10. Tagliavini M, Schäfer AI (2018) Removal of steroid micropollutants by polymer-based spherical activated carbon (PBSAC) assisted membrane filtration. J Hazard Mater 353:514–521
11. Levine H, Jørgensen N, Martino-Andrade A et al (2017) Temporal trends in sperm count: A systematic review and meta-regression analysis. Hum Reprod Update 23(6):646–659
12. Anonym (2017) Spermien-Mangel in Europa. Westdeutsche Zeitung online. https://www.wz.de/panorama/wissenschaft/spermien-mangel-in-europa_aid-26745111. Zugegriffen: 26. Sept. 2022
13. Mayerhofer A, Schlatt S, Kliesch S (2017) Spermien-Zahl sinkt weiterhin bei Männern in westlichen Ländern. https://www.sciencemediacenter.de/alle-angebote/research-in-context/details/news/spermien-zahl-sinkt-weiterhin-bei-maennern-in-westlichen-laendern/. Zugegriffen: 26. Sept. 2022
14. Schiffer C, Müller A, Egeberg DL et al (2014) Direct action of endocrine disrupting chemicals on human sperm. EMBO Rep 15(7):758–765
15. MPG (2014) – Max-Planck-Gesellschaft. Fruchtbarkeitsstörungen durch Alltagschemikalien? – Konservierungsstoffe, UV-Blocker, Weichmacher und Co. beeinträchtigen die Spermienfunktion. https://www.mpg.de/8197340/hormonell_wirksame_chemikalien. Zugegriffen: 26. Sept. 2022
16. Wood E (2018) Impacts of sunscreens on coral reefs. https://icriforum.org/wp-content/uploads/2019/12/ICRI_Sunscreen_0.pdf. Zugegriffen: 26. Sept. 2022
17. Kretschmer A (2015) Aus dem hormonellen Gleichgewicht geraten – Entwicklungsstörungen durch Umweltgifte. https://www.scinexx.de/dossierartikel/aus-dem-hormonellen-gleichgewicht-geraten/. Zugegriffen: 26. Sept. 2022
18. Bleuel N, Heinen N, Stelzer T (2019) Wir waren mal schlauer. ZEIT (14):13–15
19. Fini JB, Mével SL, Palmier K (2012) Thyroid hormone signaling in the *Xenopus laevis* embryo is functional and susceptible to endocrine disruption. Endocrinology 153(10):5068–5081
20. Herbstman JB, Sjödin A, Kurzon M et al (2010) Prenatal exposure to PBDEs and neurodevelopment. Environ Health Perspect 118(5):712–719
21. Hudson-Hanley B, Irvin V, Flay B (2018) Prenatal PBDE exposure and neurodevelopment in children 7 years old or younger: A systematic review and meta-analysis. Curr Epidemiol Rep 5(1):46–59
22. UBA (2021) Bisphenol A. https://www.umweltbundesamt.de/themen/chemikalien/chemikalien-reach/stoffgruppen/bisphenol-a#was-ist-bisphenol-a. Zugegriffen: 26. Sept. 2022
23. UBA (2010) Bisphenol A – Massenchemikalie mit unerwünschter Nebenwirkung. S 18. https://www.umweltbundesamt.de/sites/default/files/medien/publikation/long/3782.pdf. Zugegriffen: 26. Sept. 2022
24. BfR (2021) – Bundesinstitut für Risikobewertung. Bisphenol A in Alltagsprodukten: Antworten auf häufig gestellte Fragen, FAQ des BfR vom

16. Dezember 2021. https://www.bfr.bund.de/de/bisphenol_a_in_alltagsprodukten__antworten_auf_haeufig_gestellte_fragen-7195.html. Zugegriffen: 26. Sept. 2022
25. WIKIPEDIA Bisphenol A. https://de.wikipedia.org/wiki/Bisphenole. Zugegriffen: 2. Juni 2023
26. LFU (2012) – Bayerisches Landesamt für Umwelt. Stoffinformationen – Phthalate. https://www.lfu.bayern.de/analytik_stoffe/doc/abschlussbericht_svhc.pdf S 26. Zugegriffen: 26. Sept. 2022
27. UBA (2022) Arzneimittelrückstände in der Umwelt. https://www.umweltbundesamt.de/daten/chemikalien/arzneimittel-in-der-umwelt. Zugegriffen: 26. Sept. 2022
28. Oaks JL, Gilbert M, Virani MZ et al (2004) Diclofenac residues as the cause of vulture population decline in Pakistan. Nature 427:630–633
29. Richtlinie 2004/27/EG des Europäischen Parlaments und des Rates vom 31. März 2004 zur Änderung der Richtlinie 2001/83/EG zur Schaffung eines Gemeinschaftskodexes für Humanarzneimittel (Text von Bedeutung für den EWR). OJ L 136, 30.4.2004, S 34–57. https://eur-lex.europa.eu/legal-content/DE/TXT/PDF/?uri=CELEX:32004L0027&from=DE. Zugegriffen: 26. Sept. 2022
30. Gießen H (2011) Arzneimittelrückstände – Wie belastet ist unser Wasser? Pharmazeutische Zeitung online. Ausgabe 49/2011. https://www.pharmazeutische-zeitung.de/index.php?id=40244. Zugegriffen: 26. Sept. 2022
31. Nordwig H (2022) Coronaviren im Abwasser-schnelles Erfassen von Fallzahlen. SWR Wissen. https://www.swr.de/wissen/coronaviren-im-abwasser-als-fruehwarnsystem-100.html. Zugegriffen: 26. Sept. 2022
32. Westhaus S, Weber FA, Schiwy S et al (2021) Detection of SARS-CoV-2 in raw and treated wastewater in Germany–suitability for COVID-19 surveillance and potential transmission risks. Sci Total Environ 751:141750

7

Kunststoffe – überall in unserer Umwelt

„Plastikmüll im Meer" wurde erst durch die Verabschiedung der neuen EU-Verordnung im Mai 2018 zur Schlagzeile. Wer wollte, hätte sich auch schon früher informieren können, aber jetzt kam das Thema ins Bewusstsein der breiten Bevölkerung. Und die allgemein verbreitete deutsche Abwehrhaltung gegenüber diesem Thema („Wir trennen doch unseren Müll und recyceln alles") erhielt einen erheblichen Dämpfer. Denn leider wird selbst im Land der vorbildlichen Mülltrennung kaum etwas wirklich recycelt und so gelangt unser Plastikmüll auf vielen Wegen in die Umwelt (Abb. 7.1). Von der weltweiten Plastikproduktion werden 76 % nach kürzester Nutzung zum Plastikabfall. Der Rest ist langfristig in Gebäuden und anderen langlebigen Gütern festgelegt. Vom Abfall werden global nur 14 % recycelt, weitere 14 % verbrannt, 40 % landen auf Mülldeponien und der Rest gleich in der Umwelt [1].

Von ungesicherten Deponien gelangen Kunststoffe durch Verwehung, Erosion und Aktivität der Bodenorganismen in den Boden und durch Ausschwemmung ins Grundwasser. Abfall vom Land gelangt ebenfalls in die Böden oder die Ozeane, v. a., wenn Plastikmüll an Flussufern oder Stränden achtlos weggeworfen oder gleich direkt ins Meer entsorgt wird. Etwa 10 % des Plastikmülls in den Ozeanen sind verloren gegangene Fischernetze, Schwimmer u. Ä., die noch jahrzehntelang im Meer treiben („Geisternetze"). Trotz Verbots wird schließlich noch häufig Plastikmüll direkt von Schiffen ins Meer geworfen, da das die billigste Abfallentsorgung ist! Gelegentlich geht auch unabsichtlich Fracht über Bord. Aus Plastikmüll wird durch UV-Licht und die ständigen Wellenbewegungen im Ozean

T. Miedaner und A. Krähmer, *Gifte in unserer Umwelt*,
https://doi.org/10.1007/978-3-662-66578-7_7

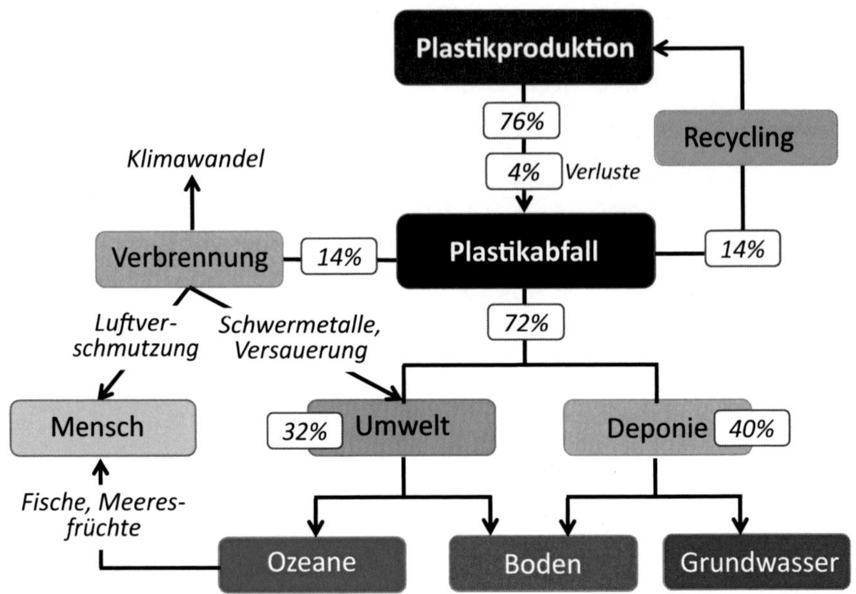

Abb. 7.1 Quellen des Plastikmülls in der Umwelt und seine Folgeschäden (verändert nach [2])

Mikroplastik. Durch den Konsum von Fisch und anderen Meeresprodukten gelangt es wieder in unseren Körper. Die Verbrennung des Kunststoffmülls führt in vielen Teilen der Welt ohne Abgasreinigung zu den genannten Folgeschäden bis hin zur Verseuchung der Atemluft des Menschen.

Plastik, Plastik – überall

Kunststoffe gehören zu unserer modernen Welt. Wir finden sie eigentlich überall. Besonders häufig natürlich in Verpackungsmaterial, aber auch in Kleidungsstücken, Bodenbelägen, Rohren, Isolierungen, Leiterplatten, Reifen, Polsterungen, Autozubehör, zur Wärmedämmung, als Bestandteil von Kosmetika und Klebstoffen, in Lacken und Kunstharzen und nicht zuletzt in Windeln und Hygieneprodukten. Schauen Sie sich einmal in der Küche und im Bad um und Sie werden überrascht sein, wie viel Kunststoff sich hier findet: von den Salat- und Nudelsieben bis hin zu den Abflussrohren, von Trinkbechern über Pfannenwender bis hin zur Rieselhilfe im Speisesalz, Ohrenstäbchen, Zahnpasta und Kontaktlinsen. Auch unsere Unterhaltungselektronik kommt ohne Kunststoff in Gehäusen,

Bedienungszubehör und Kabeln gar nicht aus. Am schwierigsten für die Umwelt ist das Plastik zum Einmalgebrauch. Das sind rund 40 % der gesamten Kunststoffproduktion. Eine dünne Plastiktüte, wie sie in den Supermärkten für Gemüse und Obst bereitgestellt wird, wird im Durchschnitt nur 15 min gebraucht, bevor sie im Müll landet. Coca-Cola produzierte nach eigenen Angaben 2017 allein 128 Mrd. Plastikflaschen [3], davon wurden die allermeisten nur einmal eingesetzt. Selbst in vielen hochentwickelten Industrieländern, wie einigen US-Bundesstaaten, gibt es kein Rücknahmesystem für die Mehrfachverwendung der Flaschen. Deutschland ist zwar im Mülltrennen vorbildlich (Abb. 7.2), leider aber auch in Europa mit rund 40 kg pro Kopf einer der größten Produzenten von Plastikverpackungsmüll. Damit liegen wir rund 6 kg über dem EU-Durchschnitt [4].

Es begann bereits im 19. Jahrhundert mit den ersten Kunststoffprodukten [5, 6]. Die bestanden noch aus biologisch hergestellten Stoffen. Schon in den 1830er-Jahren wurden mit Vinylchlorid und Styren (Styrol) die ersten Monomere hergestellt, später folgte Formaldehyd (Abb. 7.3). Mit Cellulosenitrat (auch Nitrocellulose genannt) wurde das erste synthetische Polymer auf Naturstoffbasis entwickelt. Zwanzig Jahre später folgten Polymere auf der Basis von Albumin, das aus Blut und Eiweiß gewonnen wurde, und „Parkesin", ein auf Nitrocellulose basierender Kunststoff. Noch im 19. Jahrhundert wurde Celluloid entdeckt, ein anderer Kunststoff auf der Basis von Cellulosenitrat, der bald zum Renner wurde. Es wurde für Messergriffe, für Haarbürsten, für künstliche Seide („Rayon"), für fotografische Filme, aber auch als Ersatz für Elfenbein, das für Billardkugeln, Kämme und Klaviertasten gebraucht wurde, verwendet [4].

Abb. 7.2 Und hier landet der ganze Plastikmüll: im gelben Sack

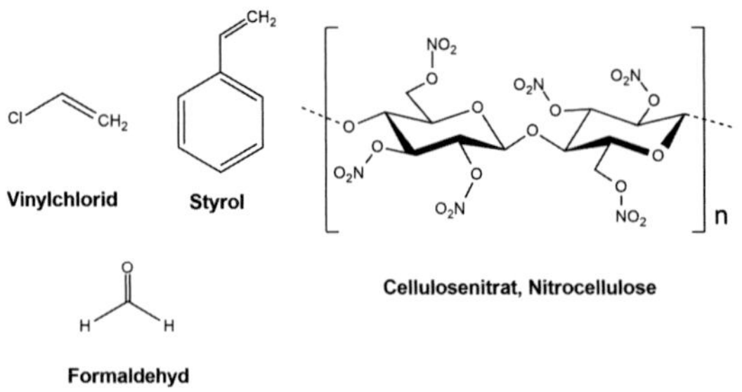

Abb. 7.3 Wichtige Monomere und Ausgangsstoffe für zahlreiche Kunststoffe (Vinylchlorid, Styrol, Formaldehyd) bzw. Cellulosenitrat (Nitrocellulose), einer der ersten halbsynthetischen Kunststoffe. Der hier dargestellte Aufbau von Nitrocellulose zeigt vollständig nitrierte Cellobiosebausteine, deren Verknüpfung miteinander die polymeren Celluloseketten bilden. Nitrocellulose selbst kann durch weitere Reaktionen zu Celluloid und Parkesin, einem thermoplastischen Kunststoff umgesetzt werden

Es entstanden immer neue Kunststoffe, die teilweise noch heute gebraucht werden, wie etwa Viskose, Cellophan, Gießharz. 1907 gelang dann der entscheidende Durchbruch als Leo Baekeland sein „Bakelit" patentiert, den ersten synthetischen, in Massen produzierte Kunststoff. Nur 5 Jahre später schaffte es Iwan Ostromislensky Vinylchlorid zu polymerisieren, es entstand Polyvinylchlorid (PVC). Allerdings war es mit dem damaligen Herstellungsverfahren noch nicht stabil. Mit der Entstehung der Erdölchemie entstanden zu Beginn des 20. Jahrhunderts immer neue Kunststoffe (Abb. 7.4). Und es ging Schlag auf Schlag, nachdem der Deutsche Hermann Staudinger um 1922 die chemische Natur der Kunststoffe aufgeklärt hatte. Dafür erhielt er später den Nobelpreis. So wurde 1930 von der IG Farben in Ludwigshafen/Rhein (heute BASF AG) Polystyrol entdeckt. Im selben Jahr folgte in den USA Polyester, 3 Jahre später Plexiglas (Acrylglas, Polymethylmethacrylat) und 1935 in den USA die Polyamide, die zu „Nylon" und „Perlon" führten. 1938 gelang dann auch die industrielle Herstellung von PVC. Polycarbonate und Polyethylene entstanden schließlich in den 1950er-Jahren in Deutschland und Italien [6]. So richtig in Gang kam die Kunststoffproduktion nach dem 2. Weltkrieg. Man entdeckte, dass das bei der Raffination von Erdöl frei werdende Ethylen großtechnisch für die Erzeugung neuer Polymere verwendet werden konnte. Ein Beispiel ist etwa das Polyethylenterephthalat, heute unter dem Kürzel PET bekannt.

Kunststoffe sind billig herzustellen und können in ihren technischen Eigenschaften fast allen Ansprüchen genügen. Es gibt Kunststoffe mit besonderer Elastizität, unterschiedlicher Härte, solche die besonders wärmebeständig sind oder sogar leitfähig. Andere können aggressiven Chemikalien

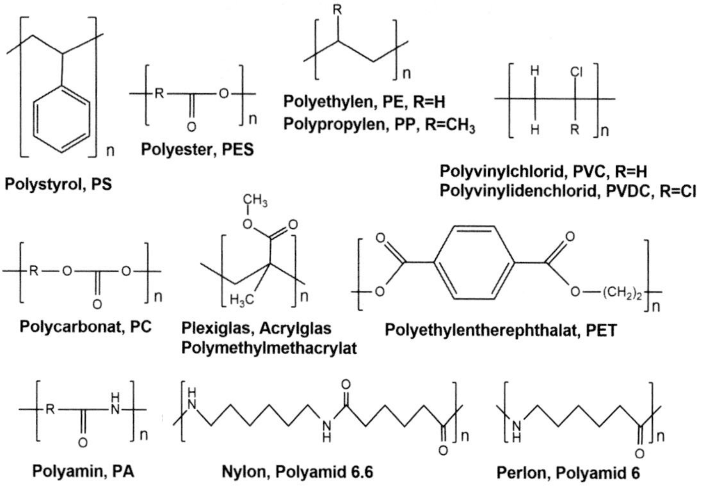

Polystyrol, PS

Polyester, PES

Polyethylen, PE, R=H
Polypropylen, PP, R=CH_3

Polyvinylchlorid, PVC, R=H
Polyvinylidenchlorid, PVDC, R=Cl

Polycarbonat, PC

Plexiglas, Acrylglas
Polymethylmethacrylat

Polyethylentherephthalat, PET

Polyamin, PA

Nylon, Polyamid 6.6

Perlon, Polyamid 6

Abb. 7.4 Die heute wichtigsten synthetischen Kunststoffe, R steht für die jeweiligen Reste der eingesetzten Ausgangsstoffe (Alkohole und Carbonsäuren)

standhalten. Zudem sind sie leicht, reißfest und häufig durchsichtig, was sie für Lebensmittelverpackungen geradezu prädestiniert (Tab. 7.1).

Moderne Kunststoffe werden aus Erdöl hergestellt. Gleich welcher Couleur bestehen sie alle aus Monomeren, die miteinander in langen Molekülketten zum Polymer verbunden sind. Dafür steht das „n" in den Formeln der Abb. 7.4. Kunststoffe sind chemisch sehr stabil (reaktionsarm, inert) und aktuell gibt es keinen Organismus oder Enzym für eine Umsetzung. Damit sind Kunststoffe biologisch nicht abbaubar und können viele Hundert Jahre in der Umwelt erhalten bleiben. Sie verschwinden nicht, sondern werden höchstens mechanisch zerlegt, zerrieben, zermahlen. Dabei entsteht Mikro- und Nanoplastik. An der Oberfläche der Kunststoffpartikel können sich Giftstoffe anlagern, wodurch diese ggf. langlebiger und gefährlicher werden und in die Nahrungskette kommen können. Die weltweit produzierten Kunststoffmengen sind gigantisch (Abb. 7.5). In Europa stagnieren sie seit etwa 20 Jahren.

Amerikanische Wissenschaftler schätzen, dass seit 1950 insgesamt 8,3 Mrd. t Kunststoffe produziert wurden, die Hälfte davon stammt aus den letzten 15 Jahren [8]. Wenn wir so weitermachen wie bisher, werden bis 2050 schätzungsweise 12 Mrd. t Plastikmüll angefallen sein, denn in der kurzen Zeit verschwindet nichts davon. Eine PET-Flasche benötigt rund 450 Jahre, bis sie als Mikroplastik im Meer „verschwindet" [4], Polyethylen noch sehr viel länger. Wie lange der Abbau von Mikro- und

Tab. 7.1 Die wichtigsten Kunststoffe für die Massenproduktion und ihr prozentualer Anteil an der Gesamtmenge [3]

Kunststoff	Verwendung (Beispiele)	Anteil [%]	Recycling
Weich-Polyethylen (LDPE)	Verpackungsfolien, Plastiktüten, Luftpolsterfolien, Draht- und Kabelisolierung	20	möglich
Polypropylen (PP)	Trinkhalme, Kühlboxen, Textilien, Windeln, Flaschenverschlüsse	19	möglich
Hart-Polyethylen (HDPE)	Waschmittelflaschen, Spielzeug, Eimer, Kisten, Pflanztöpfe, Gartenmöbel	14	einfach
Polyethylenterephthalat (PET)	Getränkeflaschen, Lebensmittelbehälter, Textilfasern	11	einfach
Polystyrol (PS)	Schaumstoffbecher, Fleischschalen, Joghurtbecher, Spielzeug, Füllchips	6	schwierig
Polyvinylchlorid (PVC)	Kreditkarten, Fenster- und Türrahmen, Dachrinnen, Rohre, Kunstleder	5	sehr schwierig
Andere	Nylon, Babyflaschen, Autoteile, Medizintechnik, CDs	24	sehr schwierig

besonders Nanoplastik dauert, kann man heute noch gar nicht einschätzen, da besonders für Nanoplastik noch keine geeigneten Analysemethoden existieren.

Dabei haben Kunststoffe sehr wertvolle Eigenschaften und ohne sie wäre vieles in unserem heutigen Leben nicht möglich. In der Medizintechnik retten sie jeden Tag Leben: Ihr Einsatz von der Einmalspritze über Brutkästen bis zum Herzschrittmacher ist nicht mehr wegzudenken. Dasselbe gilt für Airbags, Fahrrad- und Motorradhelme. In Autos und Flugzeugen reduzieren Kunststoffteile das Gewicht und sparen somit Treibstoff, was die Umweltverschmutzung verringert. Mit Frischhaltefolien verlängert sich die Haltbarkeit von Lebensmitteln. Kunststoffe sind somit ein wichtiger Grundbaustein der heutigen täglichen Lebensmittelhygiene. Auch die Kunststoffflaschen, in denen Trinkwasser verteilt wird, sind lebensrettend, besonders für Babys und Kleinkinder. In vielen Ländern ist es für die Menschen der einzige Zugang zu sauberem Wasser.

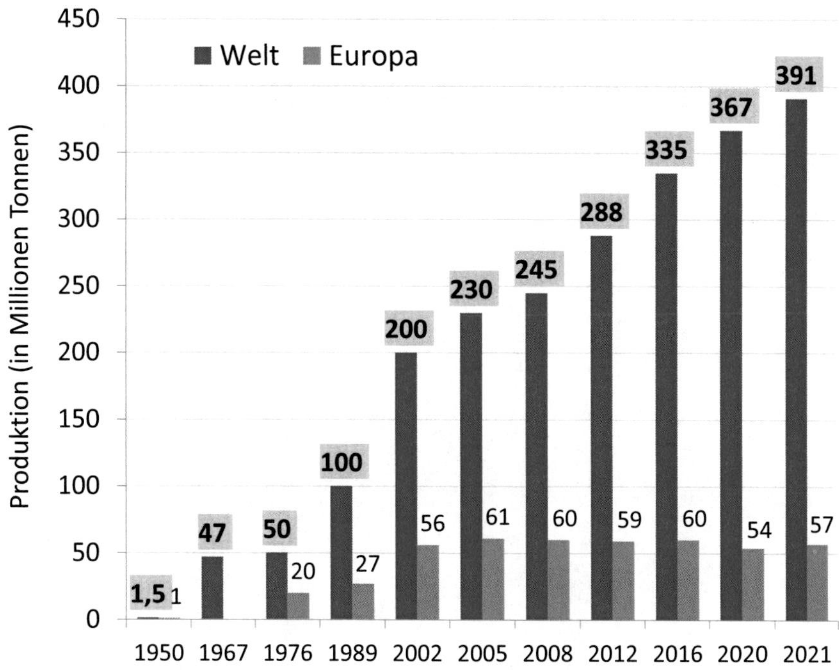

Abb. 7.5 Produktion von Kunststoffen (ohne Kunststofffasern) in der Welt und in Europa [7]

Nur 15 % der weltweiten Kunststoffproduktion erfolgt in Europa, mehr als die Hälfte stammt aus Asien [9]. Und dort findet sich auch der meiste Plastikmüll, weil es in vielen Regionen keine reguläre Müllentsorgung gibt, von Recycling ganz zu schweigen. Es wird einfach alles in die Landschaft, bevorzugt in Flüsse geworfen, die den Müll dann ins Meer transportieren („Ozeanplastik").

Aber auch in Europa sieht es kaum besser aus. So gehört das Mittelmeer zu den am meisten plastikverseuchten Meeren. Dort finden sich an mehreren Stellen Höchstkonzentrationen von über 876 g Plastik pro Quadratkilometer [3].

Nach einer WWF-Studie steht an der Spitze der Mittelmeerverschmutzer die Türkei gefolgt von Spanien, Italien und Ägypten [10]. Hauptursache für den Müll im Meer ist die ungeregelte Abfallbeseitigung, wie offene Mülldeponien in Meeresnähe oder eine illegale Abfallentsorgung in Flüssen oder gleich ins Meer. Obwohl das Mittelmeer nur 1 % des weltweiten Wassers enthält, schwimmen darin 7 % des weltweiten Mikroplastiks [10]. Dazu tragen auch die 320 Mio. Touristen bei, die hier jedes Jahr Urlaub machen.

Abb. 7.6 So sah es am Strand von Safaga/Ägypten am Roten Meer am 3. Dezember 2010 aus – überall Plastikmüll [11]

Denn im Sommer findet sich deutlich mehr Müll im Mittelmeer als sonst, v. a. Plastikflaschen, Strohhalme oder Tüten (Abb. 7.6). Aber auch die Filter von Zigarettenstummeln enthalten Plastik. Auch Flaschenverschlüsse, Polystyrolbehälter und Lebensmittelverpackungen werden immer wieder an den Stränden gefunden. Und nicht zuletzt werden über Sonnencremes, Shampoos und Duschgels Unmengen an Mikroplastik über das Abwasser in die Gewässer eingetragen.

Und wie schon eingangs erwähnt, hat auch Deutschland kein reines Gewissen. Hier wird der meiste Plastikmüll in Europa produziert: 6,28 Mio. t waren es allein 2019 [12]. Warum es so viel Müll ist, kann leicht erklärt werden. Im Supermarkt ist jede Gurke verpackt, wir essen immer mehr "to go" und für die steigende Zahl von Singlehaushalten werden immer kleinere Portionen abgepackt. Hinzu kommen die Transportverpackungen des immer weiter steigenden Versandhandels. Von unserem Müll wurden aber nur 18 % wirklich recycelt, 17 % in andere Länder exportiert und der größte Teil wird „energetisch verwertet", also verbrannt [13]. Das ist nicht unbedingt das Schlechteste, immerhin trägt der Müll dann zur Energieerzeugung bei und moderne Filteranlagen verhindern weitere Umweltverschmutzung. Aber Recycling ist das natürlich nicht. Zudem erfordert die Produktion von Kunststoff die Raffination von Erdöl, um an Ethylen als Ausgangsstoff zu gelangen. Die Erdölgewinnung und -raffination ihrerseits benötigt enorme Energiemengen, was die Energiebilanz trotz energetischer Nutzung des Kunststoffmülls insgesamt negativ gestaltet. Und die aus der Verbrennung verbleibenden hochgiftigen Rückstände mit einem Mix aus Dioxinen, Furanen und Blei werden in ehemaligen Bergwerken eingelagert – für immer. Hinzu kommt noch der Plastikmüll, der unfreiwillig in der Umwelt landet („Kunststoffemissionen"), das ist ein Anteil von 3,1 % [14].

Auch der Export löst nicht das Problem, sondern schafft neue Probleme. Offiziell als „Rohstoff für die Kunststoffindustrie" deklariert, wird deutscher Plastikmüll in den Süden transportiert. Bis vor Kurzem ging die Hälfte des Exports nach China. Schon dort wurde nur ein kleinerer Teil zu Fleecepullovern, Parkbänken und anderen Neuwaren verarbeitet. Aber China will unseren Plastikmüll nicht mehr. Wenn jetzt der Export in ärmere Länder umgeleitet wird, nach Vietnam, Thailand, Malaysia oder Länder in Afrika, dann ist zu befürchten, dass ein noch größerer Teil davon in der Umwelt landet. Das kann so weit gehen, dass in solchen Anlagen vorne ein Vorzeigerecyclinghof steht und hinten das Ganze ins Meer gekippt wird. Und selbst wenn der deutsche Plastikmüll eingeschmolzen und zu Granulat verarbeitet wird, werden Vorschriften zum Schutz der Umwelt, der Arbeiter*innen und der Anwohner in vielen dieser Länder kaum je eingehalten.

Und dann gibt es noch ein weiteres Problem mit dem Plastik. Die meisten Kunststoffe benötigen Zusatzstoffe (Additive), weil sie sonst nicht verarbeitet werden können. Die meisten Additive werden im Baubereich eingesetzt, da hier die Materialien häufig vor Verwitterung geschützt werden müssen [14]. Bei den anderen Materialien wird der mengenmäßig größte Anteil für PVC verwendet, dem Weichmacher und Hitzestabilisatoren zugesetzt werden. Polypropylen und in geringerem Maße Polyethylen sind oxidationsempfindlich und benötigen Antioxidanzien und UV-Stabilisatoren. Polystyrol wird oft mit Flammschutzmitteln ausgerüstet [14]. Daneben finden sich noch in geringeren Mengen Biozide, Treibmittel, Vernetzer, Härter, Lösemittel, die häufig selbst Gefahrstoffe darstellen.

Von Müllkippen und Plastikstrudeln

Schätzungsweise 8 Mio. t Plastik landen jedes Jahr im Meer [15], das meiste davon aus vielen asiatischen Ländern, wo einfach jeder Müll in den nächstgelegenen Fluss gekippt wird. Von den 10 am meisten verschmutzten Flüssen liegen 8 in Asien. Dazu gehören der Jangtsekiang, der Hai He und der Gelbe Fluss (Huang Ho) in China, der Amur in China und Russland, der Indus und der Ganges in Indien, der Perlfluss in Thailand und der Mekong in Vietnam. Außerhalb Asiens führen der Nil und der Niger die größten Plastiklasten mit sich. Der Jangtsekiang spülte 2017 allein 16,9 Mio. t Plastikabfall ins Meer, bei den anderen genannten Flüssen waren es je 2–5 Mio. t [16]. In Europa ist es v. a. der Rhein mit seinen Nebenflüssen, der nennenswerte Mengen Plastik in die Nordsee spült.

Größere Konzentrationen finden sich v. a. an Orten, an denen eine Meeresströmung vorbeifließt. Die Plastikflaschen, Plastiktüten und alle anderen Plastikmaterialien treiben über Jahrzehnte im Meer, wo sie sich in riesigen Strudeln ansammeln. Und davon gibt es inzwischen mehrere: im Nord- und Südpazifik, im Indischen Ozean und im Nord- und Südatlantik. Am größten und bekanntesten sind die Plastikstrudel im Nordpazifik (Abb. 7.7). Ihre Größe wird oft mit der Größe der USA oder Westeuropas verglichen, sie lässt sich jedoch nicht genau feststellen. Auf jeden Fall

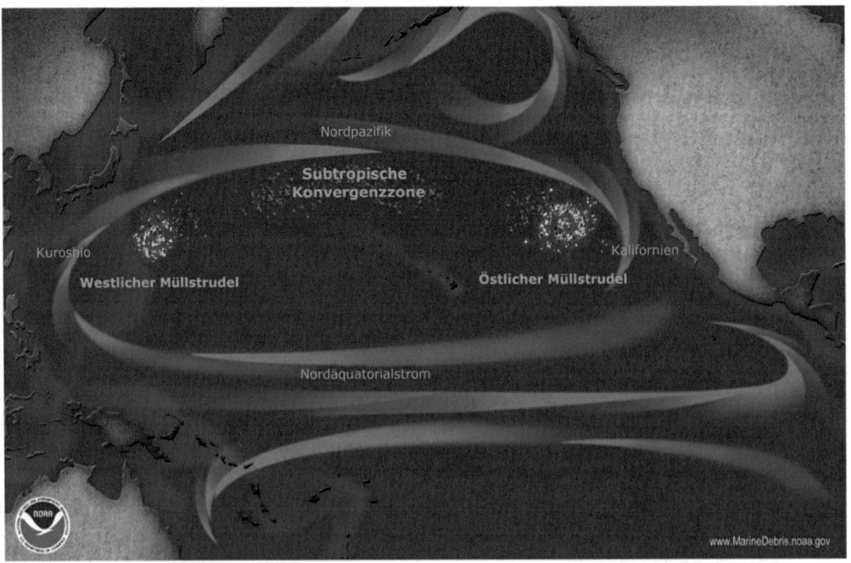

Abb. 7.7 Plastikstrudel im Nordpazifik [19]

bestehen 90 % des in diesen Strudeln zirkulierenden Mülls aus Plastik. Es wurde bereits 2008 geschätzt, dass hier 100 Mio. t Plastik schwimmen [17]. Die Strudel enthalten dabei alles an Plastik, was man sich nur vorstellen kann: von Fußbällen und Kajaks bis hin zu Lego-Steinen und Tragetüten. Damals wurde geschätzt, dass etwa 20 % direkt von Schiffen oder Ölplattformen ins Meer geworfen wurden, während der Rest vom Land kommt. Nur 5 asiatische Länder waren 2015 für rund 60 % des weltweit nicht recycelten Plastikmülls verantwortlich: China, Indonesien, Philippinen, Thailand und Vietnam [18]. Wenn man diese Länder bereist, sieht man überall Müllberge und vermüllte Landschaften. Jeder noch so kleine Einkauf wird mit Plastiktüten belohnt, die meisten Getränke gibt es nur in Plastikflaschen. Und alles gelangt früher oder später ins Meer. Die Verantwortlichkeit liegt aber nicht nur in diesen 5 Ländern. Besonders China beliefert den Weltmarkt mit Kunststoffprodukten und damit auch den Westen und Deutschland. Und bislang ist dann auch ein Großteil des westlichen Zivilisationskunststoffmülls wieder dorthin zurückgegangen. Wir haben die Produkte also auch gern genutzt, die Probleme des Mülls aber einfach exportiert.

Wenn Teile dieser Plastikstrudel mit einer Insel kollidieren, wie es etwa auf Hawaii oder auf Inseln des Südpazifiks regelmäßig geschieht, dann laden sie ihren Müll an die Strände ab. Auf Henderson-Island, einer unbewohnten Insel im Südpazifik, die zu den am weitesten von der Zivilisation entfernten Punkten der Erde gehört, fand sich Plastikmüll in unglaublichen Mengen [20]. Die Forscher sammelten den Müll von einer definierten Strandfläche und fanden dort 136 Teile/m^2 am Nordstrand und 1527 Teile/m^2 am Oststrand. Sie errechneten aus diesen Werten, dass insgesamt bisher 38 Mio. Teile auf die Insel geschwemmt wurden, was rund 18 t Material entspricht. Und täglich kommen 27 Teile/m^2 dazu [20]. Die gefundenen Teile waren praktisch alles Plastikfragmente (99,1 %), davon waren die meisten nicht identifizierbar (79 %). Mit weitem Abstand folgten Kunstharzpellets (11,2 %) und Fischfangzubehör (6,2 %). Ein kleiner Teil des Plastiks (88 Teile) war noch gar nicht zerlegt, sondern ließ noch gut seine Herkunftsländer erkennen: China (18,2 %), Japan (18,1 %) und Chile (12,5 %). Aber es stammten auch 4 Teile aus Spanien, 2 Teile aus Schottland und 1 Teil aus Deutschland. Und das auf einer abgelegenen Insel im Südpazifik!

Plastik und damit auch Mikro- und Nanoplastik gibt es nicht nur in Gewässern, Flüssen und Meeren, sondern auch direkt vor unserer Haustüre im heimischen Boden [21]. In der Nähe von Straßen kommt Mikroplastik durch Reifenabrieb in den Boden, aber auch durch die Zerlegung von größeren Plastikteilen. Über Kompost, Gülle und Klärschlamm, die von Landwirten ausgebracht werden, sowie über die Gewässer finden sich ebenfalls Plastikteilchen unterschiedlicher Größe im Boden wieder. Der Zerfall von Kunststoffprodukten in Landwirtschaft und Gartenbau, wie bei Mulch- und Gewächshausfolien oder Bewässerungsschläuchen, erhöht den Kunststoffgehalt im Boden weiter. Studien aus Frankreich zeigten zudem, dass kleine Plastikpartikel auch über die Luft transportiert werden und irgendwann wieder zu Boden fallen, das geschah in Paris genauso wie in den Pyrenäen [22, 23].

Wir müssen also von einem weltumspannenden Transport des weggeworfenen Plastiks ausgehen. Es genügt längst nicht mehr, etwa in Europa strengere Gesetze zu erlassen (Abb. 7.8) oder die Recyclingquote bei uns zu erhöhen. Ähnlich wie beim Klimawandel muss auch hier global gehandelt werden. Denn das Plastik wird in überschaubaren Zeiträumen nicht abgebaut. Jedes Teil, das im Meer landet, wird über Jahrhunderte dort ver-

Abb. 7.8 Das ist ein Beispiel für Kunststoffeinwegartikel, deren Verkauf seit Mitte 2021 von der EU verboten ist, noch dazu in einer Kunststoffhülle verpackt; 2022 folgte dann das Verbot der leichten Plastiktüten

bleiben. Daher gilt: Der beste Kunststoffmüll ist der, der gar nicht erst entsteht. Wenn also Plastik so langlebig und schwer abbaubar ist, warum wird es dann in überwiegender Mehrheit für Einwegartikel mit üblicher Nutzungsdauer im Minutenbereich verwendet?!

Und dann auch noch Mikroplastik

Auch wenn die herkömmlichen Kunststoffe in der Umwelt kaum abgebaut werden, verändern sie sich. Aus den großen Plastikteilen (Makroplastik) entsteht über die Zeit Mikroplastik. Denn Plastik wird durch den im Sonnenlicht enthaltenen UV-Anteil spröde und durch die ständigen Wellenbewegungen im Meer oder Reibung mit festeren Bodenpartikeln zerkleinert. Im Laufe der Zeit entstehen immer kleinere Plastikteilchen: (sekundäres) Mikroplastik mit einem Durchmesser von unter 5 mm, später auch Nanoplastik (<1 µm bzw. <100 nm, Abb. 7.9). Hinzu kommt direkt als Mikroplastik in die Umwelt gelangendes Plastik (primäres Mikroplastik). In den Industrieländern wird es als Zusatz in Kosmetika und Duschbädern (2 %), durch Reifenabrieb (28 %), Feinstaub aus Städten (24 %) und durch das Waschen von Kleidungsstücken mit synthetischen Fasern (35 %) freigesetzt [24]. Fleecepullis und andere Kleidungsstücke aus Kunstfaser verlieren beim Waschen jeweils Tausende winziger Fasern. Eine deutsche Studie kam zu dem Ergebnis, dass beim primären Mikroplastik v. a. das unfreiwillig freigesetzte Mikroplastik die Hauptrolle spielt [14]. Dabei sind die 3

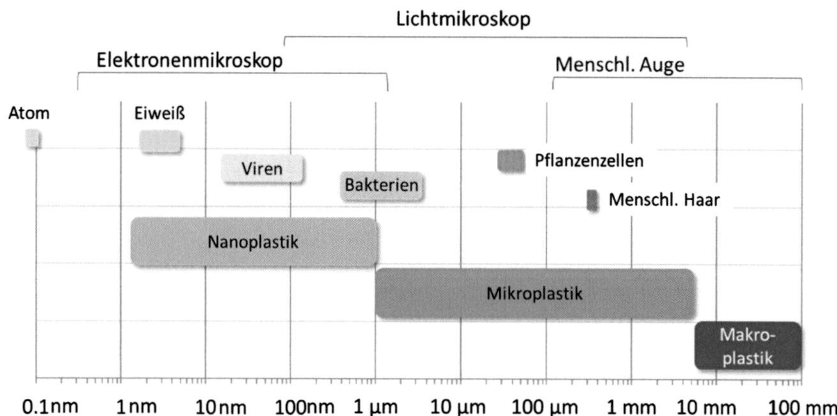

Abb. 7.9 Größenordnungen von Makro-, Mikro- und Nanoplastik im Vergleich mit natürlichen Dimensionen

wichtigsten Quellen ebenfalls der Reifenabrieb im Autoverkehr, gefolgt von Emissionen bei der Abfallentsorgung und dem Abrieb von Polymeren und Bitumen in Asphalt. Der Faserabrieb bei der Textilwäsche kam bei ihnen erst auf Platz 10.

Insgesamt wurde geschätzt, dass jeder Deutsche im statistischen Mittel 4 kg Mikroplastik pro Jahr verursacht. Hinzu kommen 1,4 kg Makroplastik, das bei Freisetzung in die Umwelt irgendwann auch zu (sekundärem) Mikroplastik wird. Tendenziell schaffen es deutsche Klärwerke, im Schnitt fast 100 % des Makroplastiks und 95 % des Mikroplastiks aus dem Abwasser herauszufiltern. Aber auch hier sind es die kleinsten Partikel und Faserstrukturen, die am schlechtesten abzutrennen sind. Gerade die sind es aber, die beim Waschen und durch kosmetische Produkte (siehe Kap. 9 und 11) von uns Verbrauchern freigesetzt werden [14]. Der größte Teil des Mikroplastiks landet im Klärschlamm. Wenn der als landwirtschaftlicher Dünger verwendet wird, kommt es in den Boden.

Nizetto und Kollegen [25] haben auf Basis der in der EU ausgebrachten Mengen an Klärschlamm berechnet, dass auf diesem Weg jährlich 63.000–430.000 t Mikroplastik auf die Agrarfläche gelangt. Dies wäre ein alarmierend hoher Eintrag! Nach Schätzungen liegt die gesamte kumulierte Belastung der Oberflächenwasser der Weltmeere bei 93.000–236.000 t Mikroplastik. Damit wäre der *jährliche* Bodeneintrag an Mikroplastik über Klärschlamm bis zu 4-mal so hoch wie die aktuelle Gesamtbelastung der oberen Gewässerhorizonte unserer Ozeane!

Durch die unterschiedliche Nutzungsintensität von Klärschlamm in der Landwirtschaft wird auch die Belastung landwirtschaftlicher Böden mit Mikroplastik als sehr heterogen in Deutschland geschätzt [26]. Eine aktuelle Studie von 2021 zeigt hier den Boden im Westen Deutschlands als Mikroplastikhotspot aufgrund intensiver Ausbringung von Klärschlamm (Abb. 7.10).

Außer über Klärschlamm, Reifen- und Bitumenabrieb entlang von Straßen gibt es noch andere direkte Eintragungspfade von Plastik in den Boden, besonders im Bereich der Landwirtschaft. So sind Mulchfolien, Vogel- und Insektenschutznetze, aber auch Kunststoffpartikel in Düngern und Pflanzenschutzmitteln zum Großteil verantwortlich für die Plastikbelastung in deutschen Böden [25].

Offensichtlich findet sich Mikroplastik inzwischen überall im Meer und an Land. Wissenschaftler des GEOMAR-Helmholtz-Zentrums für Ozeanforschung in Kiel konnten Segler eines weltumspannenden Rennens motivieren, Wasserproben zu nehmen. Und sie entdeckten Mikroplastik in Proben von Orten, die sehr weit von der nächsten menschlichen Ansiedlung

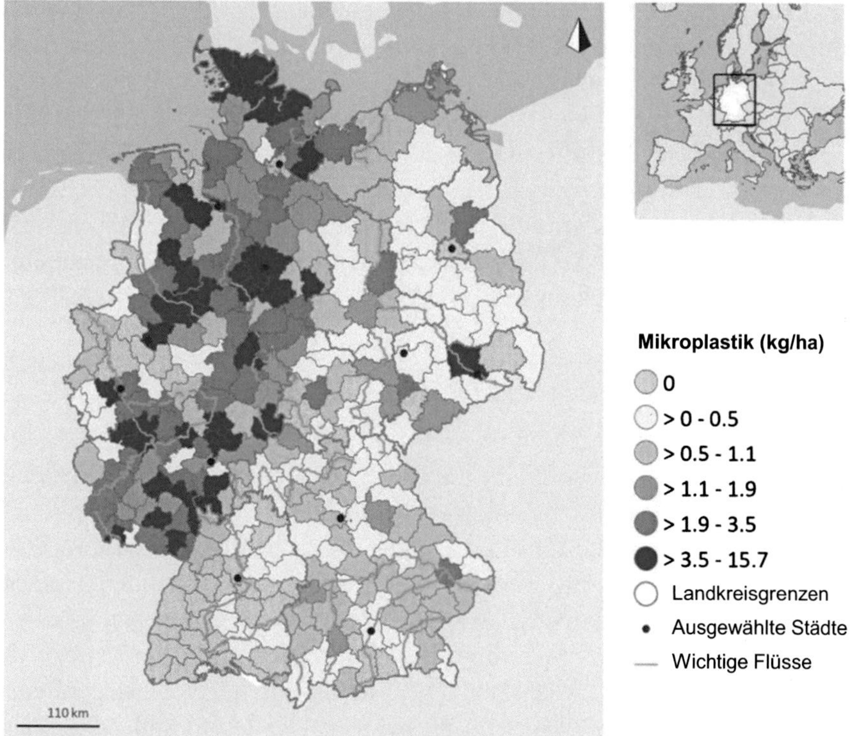

Abb. 7.10 Die räumliche Verteilung von Mikroplastikemissionen basierend auf Nutzungsstatistiken zu in der Landwirtschaft genutzten Schlämmen [26]

entfernt waren [27]. So fanden sie beispielsweise vor der afrikanischen Küste Plastik, das aus Indonesien stammte. Und auch in der Antarktis lassen sich Mikroplastikpartikel finden, die über Luftverfrachtung oder auf dem Seeweg dorthin gelangt sind [28].

Großes Aufsehen erregte eine Studie von Polarforschern des Alfred-Wegener-Institutes. Zwischen Frühling 2014 und Sommer 2015 hatten sie in der Arktis mit einer neuen Methode 2- bis 3-mal so hohe Plastikkonzentrationen im Meereis gemessen, als bisher überhaupt irgendwo gefunden wurden [29]. Bis zu 12.000 Plastikteilchen fanden sich je Liter Meerwasser, der größte Teil Mikroplastik. Bereits zwei Drittel der Teilchen maßen nur noch 50 µm oder weniger, das kommt in den Größenbereich einer Pflanzenzelle (Abb. 7.9). Sogar Teilchen von 11 µm fanden sich. In der Studie wurde auch die chemische Zusammensetzung der Teilchen erfasst. Die Wissenschaftler entdeckten im arktischen Eis 17 verschiedene Kunststofftypen, von Polypropylen und Polyethylen bis hin zu Nylon und

Lack. Natürlich werden die im Eis gebundenen Plastikteilchen irgendwann freigesetzt, wenn das Eis von der Arktis nach Süden driftet, und dann gelangen sie in die Nahrungskette.

Wie schwierig die Umweltsituation mit Kunststoffen wirklich ist, verdeutlicht ein kleines Beispiel. Wegen des Verbots des hormonell wirksamen Stoffs Bisphenol A in Babyfläschchen (s. Kap. 6) verwendet man heute Polypropylen, das keine Weichmacher enthält. Allerdings fand ein irisches Team kürzlich heraus, dass solche Babyfläschchen 14.500 bis 4,5 Mio. Fragmente an Mikroplastik pro Stück und Tag entlassen [30].

Verendete Tiere

Der Plastikmüll im Meer bleibt natürlich nicht ohne Folgen für seine tierischen Bewohner und am Ende auch uns Menschen. Auch an der Nordsee verenden scharenweise Vögel und anderswo spülen die Wellen tote Wale und Meeresschildkröten an, die sich in frei umherschwimmenden Fischernetzen verfangen haben. Nach Angaben des UN-Umweltprogramms verursacht Plastikmüll den Tod von über 1 Mio. Seevögeln und mehr als 100.000 Meeressäugern – jährlich! [17]. In Hunderten von Meerestieren wurde bisher zweifelsfrei Plastik nachgewiesen. Der Plastikmüll verursacht v. a. 3 Probleme [31]:

- Größere Tiere verfangen sich in weggeworfenen oder vom Sturm losgerissenen Fischernetzen, können sich nicht mehr selbst befreien und verenden. Basstölpel auf Helgoland und viele andere Vögel sammeln solche Plastikreste für ihren Nestbau und strangulieren damit sich oder ihre Jungen. Plastikplanen bedecken Korallenstöcke, Schwämme oder Muschelbänke [5] und verhindern so deren Besiedlung und den regulären Sauerstoffaustausch – sie ersticken.
- Viele Tiere fressen den Plastikmüll. So hatte bei einer Untersuchung mehr als ein Drittel der Lederschildkröten Plastik im Magen. Die Tiere verwechseln im Meer treibende Plastiktüten mit Quallen, die ihre Hauptnahrung darstellen. Untersuchungen gestrandeter Eissturmvögel ergaben, dass 95 % Plastikteile im Magen haben. Dabei finden sich Plastikfeuerzeuge, Spritzen und Teile von Zahnbürsten. Die Tiere glauben, satt zu sein, weil der Magen gut gefüllt ist, und stellen das Fressen ein, letztlich verhungern sie (Abb. 7.11). Anfang 2016 wurden im Magen eines Pottwals, der im deutschen Wattenmeer strandete, große Teile eines mehrere Quadratmeter großen Fischernetzes gefunden.

Abb. 7.11 Verendeter Albatros mit einem Magen voller Plastik, gefunden auf Honolulu/Hawaii [34]

- Am unübersichtlichsten sind die Folgen von Mikroplastik. Es ist so klein, dass es überall eindringt. Es schwebt nicht nur in Seen, Flüssen und dem Meer, sondern wird selbst von winzigem Plankton, Wimperntierchen und Ruderfußkrebsen als Nahrung aufgenommen. Dadurch gelangt es in Makrelen, Flundern, Heringe und Dorsche, Muscheln und Shrimps und schließlich wieder auf unseren Esstisch. Man hat es auch schon im „Fleur de Sel", dem französischen Meersalz für Genießer, gefunden. Natürlich sind die großen Säuger am Ende der Nahrungskette, Robben und Wale besonders betroffen. Und auch der Mensch steht am Ende der Nahrungskette und ist damit bislang noch nicht einschätzbaren gesundheitlichen Risiken ausgesetzt.

Besonders perfide ist, dass sich an den im Meer schwebenden Mikroplastikteilchen leicht Algen ansiedeln, was sie noch mehr wie Futter erscheinen und riechen lässt. Inzwischen kennt man mehr als 700 Tierarten, die ganz gezielt Plastikteilchen im Meer fressen, darunter auch Sardellen [32]. Sie sind ein wichtiger Teil der Nahrungskette. Sie dienen als Nahrung für Buckelwale, Seelöwen, Robben, Meeresvögel und landen gelegentlich auch auf der Pizza. Was das Mikroplastik im tierischen Organismus anstellt, ist noch weitgehend unerforscht. Größere Partikel werden wieder ausgeschieden, sehr kleine Partikel können jedoch in alle Organe gelangen und dort vielfältige Schäden verursachen (s. Box).

Schäden von Mikroplastik bei Meerestieren [33]

- Anreicherung in Leber und Darm,
- Entzündungen,
- Beeinflussung des Immunsystems,
- verringertes Wachstum,
- Störung des Fortpflanzungssystems.

Erste Studien am GEOMAR-Helmholtz-Zentrum für Ozeanforschung in Kiel zeigen, dass Mikroplastikkonzentrationen, wie sie in der Umwelt vorkommen, bei der Pazifischen Auster *(Crassostrea gigas)* zu weniger Nachwuchs führen. Bei der Asiatischen Grünmuschel *(Perna viridis)* kommt es dagegen zu einem Anstieg der Sterblichkeit [35]. An 12 weiteren Tierarten ergaben sich uneinheitliche Befunde. Bei manchen zeigten sich in den Kurzzeitstudien von 3 Monaten negative Effekte, bei anderen nicht. Es scheint auch von der Wassertemperatur abzuhängen, wie schnell Schädigungen eintreten. „Somit hat auch unser Projekt bestätigt, dass von Mikroplastik eine potentielle Umweltgefahr ausgeht, die wir ernst nehmen müssen", betont der Autor der Studie, Dr. Mark Lenz vom GEOMAR Helmholtz-Zentrum für Ozeanforschung Kiel [35]. Zwei weitere Studien des Alfred-Wegener-Institutes zeigen, dass es stark von der Ernährungsgewohnheit der Tiere abhängt, ob sie geschädigt werden. So haben die Meeresasseln das Mikroplastik praktisch komplett wieder ausgeschieden [36], während Filtrierer wie Miesmuscheln bei hohen Konzentrationen an Mikroplastik Entzündungsreaktionen entwickeln [37].

Studien berichten, dass die Wirkungen von Mikroplastik auf Landtiere noch dramatischer ist als die auf Meerestiere [33]. So akkumuliert sich Mikroplastik, wenn es durch Verschlucken, Verfrachten und Verschleppen ins Netzwerk der Bodenlebewesen gelangt. Die allgegenwärtigen Regenwürmer und Springschwänze (Collembola) beispielsweise transportieren Mikroplastik innerhalb weniger Tage über mehrere Zentimeter tief in den Boden. Bei Springschwänzen wird durch Mikroplastik das Wachstum und die Vermehrung gehemmt sowie die Darmmikroflora verändert. Zu den Auswirkungen von Mikroplastik auf Regenwürmer gibt es verschiedene Ergebnisse. Ob und welche Effekte auftreten, hängt sehr von der Form der Partikel ab. Ähneln sie dem üblichen Futter, so nimmt der Regenwurm sie auf. Verschiedene Studien haben hier keine Auswirkungen auf Fitness und Fortpflanzungsverhalten beobachtet. Andere Experimente wiederum fanden Beeinträchtigungen des Immunsystems oder der Reproduktion [38]. Mit den Larven von *Zophobas atratus* soll in China nun ein „Superwurm" gefunden sein, der Polystyrol verdaut und damit abbaut [39]. Allerdings wurde den Larven des Großen Schwarzkäfers, wie er auf Deutsch heißt, im Experiment neben dem Kunststoff keine Futteralternative zur Verfügung gestellt. Damit bleibt fraglich, ob die Larven den Kunststoff überhaupt fressen würden, wenn ihnen auch „normales" Futter zur Verfügung steht. Insgesamt scheinen Regenwürmer die beobachteten negativen Effekte von Mikroplastik im Boden auf Pflanzen abpuffern zu können. Welche Auswirkungen langfristig die mit dem Kunststoff verbundenen Weichmacher, Schwermetalle wie Zink oder Additive haben, ist bislang noch nicht abschätzbar.

Lässt man die bisherigen Erkenntnisse Revue passieren, dann zeigt sich, dass bei den empfindlichen Tierarten das Mikroplastik eine Flut von Folgen haben kann: von Störungen des Fressverhaltens bis zu Schwierigkeiten bei der Vermehrung, innere Verletzungen, Störungen des Energiehaushaltes und Veränderungen der Leber. Hinzukommen können synergistische oder antagonistische Wirkungen anderer organischer, wasserabweisender Verunreinigungen. Die schädlichen Wirkungen des Mikroplastiks ziehen sich von niedrigen zu höheren Lebensformen durch, vom Krill bis zum Bartenwal [40]. Besonders perfide ist, dass Mikroplastik wie ein chemischer Schwamm wirkt, der andere Verunreinigungen anzieht, von Kohlenwasserstoffverbindungen bis zum DDT. Dadurch kommen diese Schadstoffe noch effektiver in die Nahrungskette und entfalten ihre Wirkungen. „Was einmal in das Meer geht, geht ebenso in alle Tiere und landet dann in ihrem Abendessen", schlussfolgert Marcus Eriksen, der Forschungsdirektor der *Algalita Marine Research Foundation* aus den USA [17]. Inzwischen gibt es Studien, die erste mögliche Gesundheitsrisiken für den Menschen aufzeigen, dazu gehören Krebserkrankungen, veränderte Immunreaktionen und oxidativer Stress [41].

Es geht noch kleiner – Nanoplastik

Es wurde schon lange vermutet, aber 2017 gelang erstmals der Nachweis, dass sich auch Nanoplastik in der Umwelt befindet. Die französische Wissenschaftlerin Alexandra Ter Halle von der Paul-Sabatier-Universität in Toulouse analysierte Wasserproben aus der Sargassosee im Atlantischen Ozean östlich von Florida und wurde fündig [42]. Sie und ihre Arbeitsgruppe jagten das Meerwasser durch einen ultrafeinen Filter und konzentrierten es mehr als 1.000fach auf. In dieser Brühe fanden sie dann Nanoplastik, das mit einer massenspektrometrischen Analyse identifiziert wurde. Es war wie auch beim Mikroplastik ein Gemisch aus PVC, PET, Polystyrol und PE.

Nanoplastik ist winzig klein, je nach Definition unter 1 µm oder auch unter 100 nm. Das ist so klein wie ein Virus (s. Abb. 7.9)! Dabei ist noch nicht klar, in welchen Mengen solches Nanoplastik von unserem Körper aufgenommen wird und welche Auswirkungen es hat [43]. Immerhin gibt es auch eine erste Studie, die zeigt, dass es einen biologischen Transfer von Nanoplastik von einem Organismus in den nächsten gibt [44]. Dabei wurden Algen in Wasser mit Nanoplastik kultiviert. Wasserflöhe fraßen dann die Algen und 2 Fischarten die Wasserflöhe (Abb. 7.12). Wie nicht anders zu erwarten, fand sich am Ende Nanoplastik im Fischmagen. Aber es gab noch weitere beunruhigende Ergebnisse. Die belasteten Fische wurden träger in ihrer Bewegung und es fanden sich histopathologische Veränderungen in ihrer Leber. Zusätzlich wanderte das Nanoplastik durch die Zellwände der Fischembryos und war nachher im Dottersack der geschlüpften Jungfische zu finden. Eine frühere Studie zeigte bereits, dass Nanoplastik bei der Karausche, einer Karpfenart, die Blut-Hirn-Schranke überwinden kann und zu Verhaltensänderungen führt [45].

Nanoplastik kann demnach durch seine geringe Größe Poren, Kanäle und Transportschranken in Zellen und Organismen überwinden. Die minimale Größe von Nanoplastik stellt zudem ein bisher noch nicht behobenes Problem in der Analytik dar. Aufgrund der chemischen Inertheit (Stabilität) und der geringen Abmaße sind normalerweise bei der Spurenanalytik

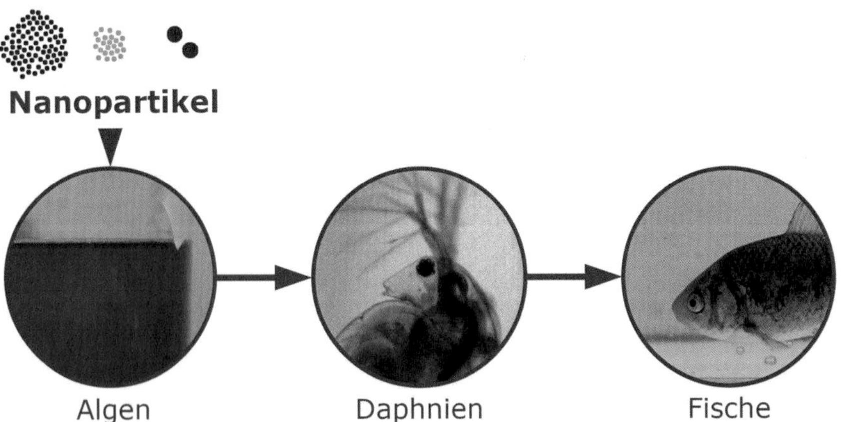

Abb. 7.12 Die untersuchte Nahrungskette für die Wirkung von Nanoplastik: Algen wurden in Wasser mit Nanopartikeln von 53 nm Durchmesser (dunkelblau), 53 nm Oberfläche (hellblau) und 180 nm Durchmesser (rot) kultiviert. (Nach 24 h wurden Wasserflöhe (Daphnia) zugesetzt und nach 2 h wieder herausgefischt und als Fischfutter verwendet [45])

eingesetzte Techniken zur Abtrennung aus Wasser, Gewebe und besonders Boden kaum anwendbar. Das erschwert gezielte Untersuchungen über mögliche gesundheitliche und ökologische Auswirkungen von Nanokunststoffpartikeln. Dabei haben Stoffe, die in Nanoformulierung vorliegen, beispielsweise Nanosilber, völlig andere Eigenschaften als dieselben Stoffe in ihrer normalen Form. Wenn man das bedenkt, so haben wir zum jetzigen Zeitpunkt kaum Wissen darüber, wie Nanoplastik unsere Umwelt und uns selbst verändern kann [46].

Während Mikroplastik zu groß ist, um von Pflanzenwurzeln aufgenommen zu werden, ist das bei Nanoplastik anders. Hydroponik-Versuche aus der Arbeitsgruppe von Prof. Matthias Rillig von der Freien Universität Berlin zeigen, dass Nanoplastik sehr stark an die Wurzeln von Salat gebunden wird, sodass es selbst mit Ultraschall nicht mehr zu entfernen ist [47]. Nach wenigen Tagen ließen die Pflanzen die Blätter hängen. Bei Karotten ließen sich diese Effekte nicht zeigen. Zumindest theoretisch könnte Nanoplastik biologische Membranen passieren und in die oberirdischen Pflanzenteile aufgenommen werden, die wir dann schließlich essen. Ob dies in natürlichem Boden auch passiert, ist noch ungeklärt. Einer der Co-Autoren, de Souza Machado, schlussfolgert:

> „Es ist zurzeit noch ziemlich schwierig vorherzusehen, was das insgesamt fürs Ökosystem bedeutet – wir haben einfach noch viel zu wenige Beispiele angeschaut. Aber es birgt auf jeden Fall hohes Potenzial, dass sich grundlegende Eigenschaften des Bodens verändern, die für die Lebewesen dort wichtig sind." [zitiert nach 21].

Unsere Umwelt ist inzwischen so durchsetzt von winzigen und sehr winzigen Plastikteilchen, dass sie in Lebensmitteln wieder zu uns zurückkommen. Nicht nur in Lebensmitteln aus dem Meer, sondern auch in Salz, Honig, Gemüse und Obst. Über das Essen gelangt es in den menschlichen Körper und wurde inzwischen sogar im Blut und in der Plazenta schwangerer Frauen nachgewiesen [48]. Bei Mäusen ist zudem gezeigt worden, dass Nanoplastik über das Blut in das Gehirn gelangt. Und es ist nicht nur das Plastik, sondern auch die Tausende von Stoffen, die als Weichmacher und Flammschutzmittel im Plastik enthalten sind. Die zusammengefasste Wirkung ist bis heute völlig unverstanden.

Bioplastik ist auch keine Lösung

Gerade im Hinblick auf die schädlichen Wirkungen des Plastiks auf die Umwelt machen viele Hersteller Werbung mit „Bioplastik". Darunter verstehen sie entweder die Fähigkeit eines Kunststoffs, biologisch abbaubar zu sein, oder die Herstellung von Polymeren aus nachwachsenden Rohstoffen wie Kartoffeln, Mais oder Zuckerrohr (wobei streng genommen der Begriff KUNST-Stoff dann nicht mehr stimmt). Biologische Abbaubarkeit oder natürliche Herkunft müssen nicht identisch sein. Deshalb unterscheidet man heute biobasierte Kunststoffe, wenn sie aus biologischen Materialien hergestellt wurden, und biologisch abbaubare Kunststoffe, gleich welcher Materialien (Abb. 7.13)

Nicht jeder Kunststoff aus biologischen Materialien ist auch abbaubar, häufig wird er mit Produkten auf Erdölbasis kombiniert. So wird das wasserempfindliche Cellophan (Zellglas), das aus natürlicher, abbaufähiger Cellulose hergestellt wird, mit Polyvinylidenchlorid (PVDC) beschichtet. Dadurch wird es zwar wasserfest, ist aber auch nicht mehr biologisch abbaubar. Um das begehrte Label „Bio" zu bekommen, werden gerne Biokunststoffe hergestellt, deren chemische Struktur mit derjenigen von herkömmlichen Kunststoffen identisch ist. Deren C-Atome stammen aber aus nachwachsenden Rohstoffen (Bio-PE, Bio-PET, Bio-PP). Diese

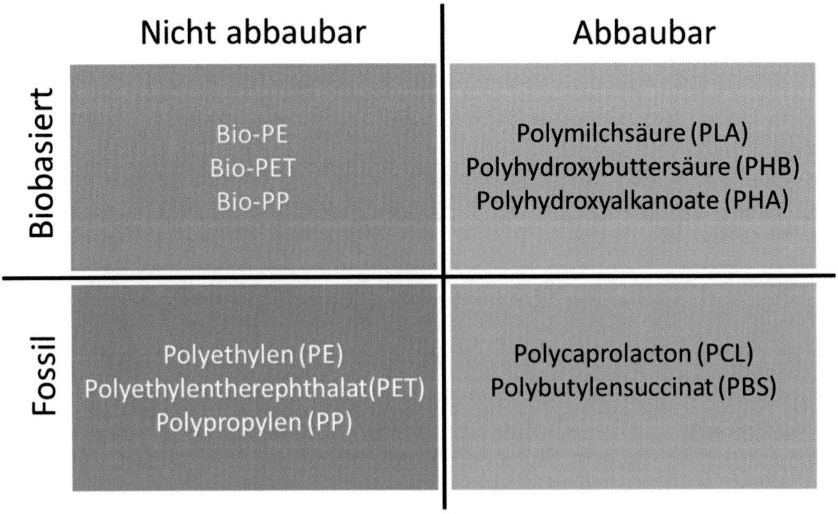

	Nicht abbaubar	Abbaubar
Biobasiert	Bio-PE Bio-PET Bio-PP	Polymilchsäure (PLA) Polyhydroxybuttersäure (PHB) Polyhydroxyalkanoate (PHA)
Fossil	Polyethylen (PE) Polyethylentherephthalat(PET) Polypropylen (PP)	Polycaprolacton (PCL) Polybutylensuccinat (PBS)

Abb. 7.13 Einteilung der Kunststoffe nach ihrem Ursprung (biobasiert/fossil = Erdöl, Erdgas) und ihrer Abbaubarkeit (verändert nach [49])

sogenannten „Drop-in-Biokunststoffe" sind trotzdem nicht abbaubar. Umgekehrt gibt es einige wenige Kunststoffe aus fossilen Rohstoffen, die biologisch abbaubar sind (Abb. 7.13). Der Verbraucher kann das im Einzelfall nicht wissen und muss sich auf den Aufdruck auf seiner gekauften Tüte verlassen, wo es dann etwa heißt „biologisch abbaubar".

Prinzipiell ist der Gedanke, biobasierte Kunststoffe herzustellen, nicht neu. Zu Anfang des „Plastikzeitalters" wurden sogar alle Kunststoffe aus Biorohstoffen hergestellt, wie Cellophan, Casein u. Ä. Heute setzt der Verbraucher auf die biologische Abbaubarkeit. Dazu werden Stärke, Cellulose oder spezielle Herstellungsverfahren eingesetzt. So entstehen neuartige abbaubare, biobasierte Kunststoffe wie durch Polymerisation von Milchsäure die Polymilchsäure (Polylactide, PLA, Abb. 7.14). Diese wiederum wird in großen Fermentern durch Milchsäurebakterien hergestellt. Dadurch entsteht eine dünne, durchsichtige Folie, die v. a. für kurzfristige Verpackungen geeignet ist, etwa für Gemüse, Obst oder Fleischschalen. Je nach Zumischung kann dieser Biokunststoff wahlweise relativ schnell biologisch abgebaut oder jahrelang funktionsfähig gehalten werden. Interessant ist auch die Polyhydroxybuttersäure (PHB), die ebenfalls von Bakterien erzeugt wird, aber auch per Gentechnik in Pflanzen hergestellt werden könnte. Das

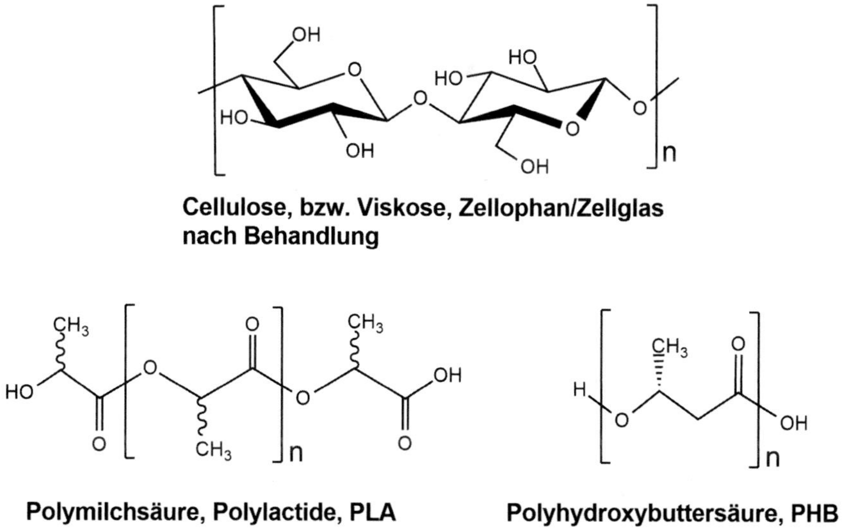

Cellulose, bzw. Viskose, Zellophan/Zellglas nach Behandlung

Polymilchsäure, Polylactide, PLA

Polyhydroxybuttersäure, PHB

Abb. 7.14 Biobasierte, also aus natürlichen Monomeren wie Glucose, Milchsäure oder 3-Hydroxybuttersäure aufgebaute Kunststoffe. Cellulose, Cellophan/Zellglas und Viskose haben alle die gleiche chemische Struktur, unterscheiden sich aber in ihrer Herstellung

Produkt ist ein klarer Film mit ähnlichen Eigenschaften wie erdölbasierter Kunststoff (Abb. 7.14). Polyhydroxyalkanoate (PHA) wie beispielsweise PHB schließlich sind wasserunlösliche Polymere, die von vielen Bakterien aus Stärke gebildet werden. Allerdings sind alle diese Biokunststoffe noch wesentlich teurer als diejenigen aus Erdöl. Hier könnten höhere Preise für fossile Rohstoffe helfen.

Aber auch die biologische Abbaubarkeit als großer Vorteil des Bioplastiks ist nicht so einfach gewährleistet wie vielfach gedacht. Denn natürlich sollen sich die Plastiktüten nicht schon auflösen, wenn die Kunden einmal in den Regen kommen oder wenn sie einmal etwas Flüssigkeit verschütten. Also werden die Biokunststoffe stabilisiert. Und das führt dazu, dass sie auf dem heimischen Komposthaufen häufig eben nicht so einfach abbaubar sind. Zumal der Abbau nicht zu Humus oder anderen wertvollen Bodenbestandteilen führt, sondern lediglich zu CO_2 und Wasser. Die kommunalen Abnehmer von Biomüll nehmen keine Biokunststoffe an, da sie mit der heutigen Schnellkompostierungsmethode, die höchstens 8 Wochen dauert, nur einen teilweisen Abbau des Bioplastiks erreichen. Nach der europäischen Norm 13.432 dürfen „nach 12 Wochen Kompostierung nicht mehr als 10 % Rückstände bezogen auf die Originalmasse in einem 2-mm-Sieb zurückbleiben [50]." Das zeigt schon, dass das Ganze eine zähe Sache sein kann und fordert nur die Zersetzung in kleine Partikel, nicht aber den Abbau zu natürlichen Stoffen. Noch komplizierter ist die Kennzeichnung. Es gibt zwar diverse Zertifizierungsverfahren (DIN CERTCO), dort reichen jedoch schon 20 % biobasierte Bestandteile, um ein Siegel zu bekommen [51]. Leider gibt es auch keine einheitliche europäische Norm über den Mindestgehalt von nachwachsenden Rohstoffen in kompostierbaren Tüten. So fordert z. B. Frankreich derzeit ein Minimum von 30 % an biobasierten Rohstoffen für im Privathaushalt kompostierbare Tüten. Ab 2025 sollen es dann schon 60 % sein. Deutschland lässt hier mit der Forderung „überwiegend aus nachwachsenden Rohstoffen" aber sehr viel Interpretationsspielraum [52].

Immerhin sind die Biokunststoffe aus Pflanzen prinzipiell CO_2-neutral, da nur so viel des klimaschädlichen Gases beim Abbau abgegeben werden kann, wie während des Wachstums aufgenommen wurde. Allerdings führt auch die Herstellung der landwirtschaftlichen Rohstoffe zur CO_2-Freisetzung durch Bodenbearbeitung, Düngung und Pflanzenschutz. Hinzu kommt die Verarbeitung der pflanzlichen Rohstoffe zum Werkstoff. Deshalb ist die Umweltbilanz des Bioplastiks am Ende auch kaum besser als die von herkömmlichen Tragetaschen, wenn man die gesamte Produktionskette betrachtet. Es stellte sich sogar in einer Studie des Umweltbundesamtes heraus, dass die Verbrennung des Biokunststoffs die bessere Nutzung ist als die Kompostierung, weil die dabei frei werdende Energie immerhin noch in Form von Wärme oder Strom genutzt werden kann [53].

Auch Einwegtüten aus Papier schneiden in der Ökobilanz kaum besser ab als herkömmliche Plastiktüten. Deshalb schlussfolgert das Umweltbundesamt: „Mit Mehrwegtaschen sind sie auf der sicheren Seite. Das kann ein Stoffbeutel sein, ein Netz auf Kunststoff, der gute alte Korb oder ein Rucksack“ [53].

Es gibt aber noch andere Einsatzgebiete für Biokunststoffe, die derzeit nur 1–2 % des Weltmarktes für Kunststoff ausmachen. So werden zur Verpackung in Paketen heute schon häufig Chips aus Stärke eingesetzt, auch für die Verpackung von Lebensmitteln in Supermärkten werden sie gerne genommen, weil man dann verdorbene Ware und Verpackung nicht mehr trennen muss. Auch die inzwischen in der EU verbotenen Trinkhalme, Einmalteller und Einmalbesteck aus Plastik lassen sich problemlos durch Biokunststoffe ersetzen. Im Garten- und Landschaftsbau sowie in der Landwirtschaft können Mulchfolien sowie Anzuchttöpfchen aus Bioplastik gefertigt werden. Sie können dann einfach auf dem Feld eingearbeitet werden und verrotten. Auch Friedhofsprodukte werden heute aus Biokunststoffen hergestellt.

Im Jahr 2020 wurden in Deutschland rund 4,3 Mio. t Verpackungen aus Kunststoff hergestellt [54]. Davon entfällt rund ein Drittel auf kurzlebige Artikel, die in der Regel nur einmal gebraucht werden, wie etwa Verpackungsfolien. Die meisten davon könnten problemlos durch Biokunststoffe ersetzt werden. Dadurch würde immerhin weniger Erdöl verbraucht. Und es würde der Anachronismus entfallen, dass beispielsweise Biogurken in erdölbasiertem Plastik verpackt werden.

Was hilft wirklich?

Die Lösung des Plastikmülls kann nur lauten: weniger Plastik und wenn Plastik, dann nur dort, wo Langlebigkeit und Dauernutzung gefordert sind. Alles andere ist Augenwischerei. Auch die höhere Recyclingquote, die die EU anstrebt, ist keine nachhaltige Lösung. Denn die aus Plastikabfall hergestellten Kunststoffgranulate sind für die Wiederverwertung immer nur 2. Wahl. Das Plastik wird durch das Einschmelzen nicht besser, es verliert wichtige Eigenschaften und wird deshalb von der Industrie nicht gerne verwendet. Außerdem ist Öl, der Rohstoff des Plastiks, immer noch so billig, dass oft gar keine Anreize bestehen, recyceltes Plastik einzusetzen. Und die Vorgaben für Lebensmittelverpackungen sind so streng, dass dafür sowieso nur neues Plastik infrage kommt. Außerdem lässt sich nicht jedes Plastik recyceln und je bunter die Verpackungen sind, umso schwieriger ist das. Wenn zudem die Verminderung des CO_2-Ausstoßes durch verstärkte Nutzung regenerativer Energie kommt, wird damit auch die Menge an erdöl-basiertem Ethylen geringer werden, das ein Grundstoff für die Plastikproduktion ist.

Natürlich können auch Einzelne einiges tun (s. Box). Am wichtigsten wäre vielleicht, mit der sehr deutschen Illusion Schluss zu machen, es würde schon alles irgendwie wiederverwertet. Und die lukrative Abfallindustrie, die in Deutschland geschaffen wurde und mit dem Gelben Sack beginnt, führt nicht dazu, dass irgendjemand in Wirtschaft oder Politik ernsthaft an weniger Plastikmüll interessiert ist.

Und dann gibt es noch die unbequemen, aber sehr effektiven Lösungen: Besteuerung oder gar Verbot von Plastiktüten aller Art, Verbot mancher Anwendungen, etwa Mikroplastik in Kosmetika und Zahnpasta und weniger Verpackungen im Supermarkt. Inzwischen gibt es mehr als 40 Länder, die Plastiktüten verbieten oder besteuern. Ab Januar 2022 sind aufgrund einer EU-Vorgabe die klassischen Plastiktüten mit einer Wandstärke von 15–50 µm verboten, nur die ganz dünnen „Hemdchenbeutel" für Obst und Gemüse sind noch erlaubt. Vom Verbot betroffen sind auch Bioplastiktüten, die aus pflanzenbasierten Kunststoffen hergestellt werden [55]. Wiederverwendbare Plastiktüten mit einer Wandstärke über 50 µm sind vom Verbot ausgenommen. Auch Einwegflaschen aus Plastik werden jetzt mit Pfand belegt, um die Recyclingquote anzuheben und weniger Müll in der Umwelt wiederzufinden. Irland hat die Müllentsorgung so teuer gemacht, dass sich die Firmen von alleine um Konzepte der Müllvermeidung kümmern, und in den Niederlanden gibt es bereits plastikfreie Supermärkte, die viele Produkte offen anbieten und die Käufer bringen ihre eigenen Verpackungen mit. Auch in Deutschland wächst die Zahl der Unverpackt-Läden und v. a. Biomärkte stellen bei bisherigen Kunststoffverpackungen zunehmend auf Pfandgefäße um. Die Konzepte existieren, es braucht jetzt noch viele engagierte Verbraucher sowie mutige Politiker und Unternehmer, um sie umzusetzen. Das Verbot von Plastikbesteck und Trinkhalmen alleine und eine höhere Recyclingquote werden nicht ausreichen, um die Meere sauberer zu bekommen. Schließlich kann doch niemand wollen, dass bald mehr Plastikteile als Fisch oder Salat auf dem Teller liegen!

Was kann jede/r Einzelne tun? [31]

- Verzicht auf Einwegartikel aus Kunststoff (Tüten beim Einkauf, Einwegkaffeebecher, Plastikflaschen, Kunststoffverpackungen etc.).
- Abgepackte Lebensmittel meiden und direkt beim Produzenten (Bäcker, Metzger) bzw. auf dem Markt mit eigenen Gefäßen, Beuteln einkaufen; in verpackungsfreien Läden einkaufen.
- Auch im Auslandsurlaub Einwegtaschen und Einweggeschirr vermeiden.
- Müll richtig trennen.
- An Aufräumaktionen der Gemeinden beteiligen, auch mal fremden Müll mitnehmen.
- (Kunststoff-)Abfälle beim Aufenthalt in der Natur wieder mitnehmen oder zumindest in Abfalleimer werfen.
- Auf (Kosmetik-)Produkte mit Mikroplastik verzichten.

Literatur

1. BMUV (2021) – Bundesministerium für Umwelt, Naturschutz, nurkleare Sicherheit und Verbraucherschutz. Abfall: Weniger ist mehr! https://www.bmuv.de/jugend/wissen/details/abfall-weniger-ist-mehr. Zugegriffen: 31. Okt. 2022
2. Ali SS, Elsamahy T, Koutra E et al (2021) Degradation of conventional plastic wastes in the environment: A review on current status of knowledge and future perspectives of disposal. Sci Total Environ 771:144719
3. Parker L (2018) We made plastic. We depend on it. Now we're drowning in it. Natl Geogr (6):40–69. https://www.nationalgeograhic.com/magazine/2018/06/plastic-planet-waste-pollution-trash-crisis. Zugegriffen: 05. Juni 2023
4. Breitkopf A (2021) Plastikmüll. https://de.statista.com/themen/4645/plastikmuell/#dossierKeyfigures. Zugegriffen: 31. Okt. 2022
5. WIKIPEDIA: Kunststoff. https://de.wikipedia.org/wiki/Kunststoff. Zugegriffen: 05.06.2023
6. Seilnacht T (o. J) Technische Entwicklung der Kunststoffe. https://www.seilnacht.com/Lexikon/k_gesch.html. Zugegriffen: 31. Okt. 2022
7. Statista (2022) Kunststoffproduktion weltweit und in Europa. https://de.statista.com/statistik/daten/studie/167099/umfrage/weltproduktion-von-kunststoff-seit-1950/. Zugegriffen: 31. Okt. 2022
8. Geyer R et al (2017) Production, use, and fate of all plastics ever made. Sci Adv 3:e1700782. https://doi.org/10.1126/sciadv.1700782. Zugegriffen: 31. Okt. 2022

9. Statista (2021) Verteilung der weltweiten Kunststoffproduktion nach Regionen 2020. Angaben nach: PlasticsEurope, Plastics – The facts 2021, S 13. https://de.statista.com/statistik/daten/studie/244172/umfrage/verteilung-der-weltweiten-kunststoffproduktion-nach-regionen/. Zugegriffen: 31. Okt. 2022
10. Travelbook (2018) WWF-STUDIE UNTERSUCHT PLASTIKMÜLL – Diese Länder vermüllen das Mittelmeer am meisten. https://www.travelbook.de/natur/umwelt/plastikmuell-mittelmeer. Zugegriffen: 31. Okt. 2022
11. WIKIMEDIA COMMONS: Vberger, gemeinfrei. https://commons.wikimedia.org/wiki/File:Beach_in_Sharm_el-Naga03.jpg. Zugegriffen: 05. Juni 2023
12. UBA (2021) – Umweltbundesamt. Kunststoffabfälle. https://www.umweltbundesamt.de/daten/ressourcen-abfall/verwertung-entsorgung-ausgewaehlter-abfallarten/kunststoffabfaelle#kunststoffe-produktion-verwendung-und-verwertung. Zugegriffen: 31. Okt. 2022
13. Asendorpf D, Habekuß F, Middelhoff P et al. (2018) Plastikmüll – Für immer Dein. DIE ZEIT 18.04.2018. https://www.zeit.de/2018/17/plastikmuell-umweltverschmutzung-muellhandel-kunststoff-recycling/komplettansicht?print. Zugegriffen: 31. Okt. 2022
14. Bertling J, Bertling R, Hamann L (2018) Kunststoffe in der Umwelt: Mikro- und Makroplastik. Ursachen, Mengen, Umweltschicksale, Wirkungen, Lösungsansätze, Empfehlungen. Kurzfassung der Konsortialstudie, Fraunhofer-Institut für Umwelt-, Sicherheits- und Energietechnik UMSICHT,Oberhausen
15. Fath A (2019) Mikroplastik. In: Mikroplastik. Springer Spektrum, Berlin. https://doi.org/10.1007/978-3-662-57852-0_2. Zugegriffen: 31. Okt. 2022
16. Statista (2018) Ranking der Flüsse weltweit, die die größte Menge an Kunststoffmüll ins Meer spülen im Jahr 2017. Quelle: Helmholtz-Zentrum für Umweltforschung, Mai 2018. https://de.statista.com/statistik/daten/studie/911846/umfrage/fluesse-mit-dem-meisten-kunststoffmuell-weltweit/. Zugegriffen: 31. Okt. 2022
17. Marks K, Howden D (2008) The world's rubbish dump: a tip that stretches from Hawaii to Japan. In: The Independent. 5. Februar 2008. https://www.independent.co.uk/climate-change/news/the-world-s-rubbish-dump-a-tip-that-stretches-from-hawaii-to-japan-778016.html Zugegriffen: 15. Aug. 2023
18. Anonym (2015) Auf fünf asiatische Länder entfallen 60 Prozent der Plastikverschmutzung der Ozeane. https://www.tauchjournal.de/auf-fuenf-asiatische-laender-entfallen-60-prozent-der-plastikverschmutzung-der-ozeane-9562. Zugegriffen: 31. Okt. 2022
19. WIKIMEDIA COMMONS: NOAA. U.S. National Oceanic and Atmospheric Administration, gemeinfrei. https://de.wikipedia.org/wiki/Datei:Pacific-garbage-patch-map_2010_noaamdp.jpg. Zugegriffen: 05. Juni 2023
20. Lavers JL, Bond AL (2017) Exceptional and rapid accumulation of anthropogenic debris on one of the world's most remote and pristine islands. In: Proceedings of the National Academy of Sciences of the United States of

America. 114(23), 6052-6055.https://doi.org/10.1073/pnas.1619818114. Zugegriffen: 31. Okt. 2022

21. Krieger A (2019) Plastik als Risiko. Kunststoff verschmutzt die Böden – mit Folgen. Deutschlandfunk Kultur vom 29.08.2019. https://www.deutschlandfunkkultur.de/plastik-als-risiko-kunststoff-verschmutzt-die-boeden-mit.976.de.html?dram:article_id=457516. Zugegriffen: 31. Okt. 2022
22. Allen S, Allen D, Phoenix VR et al (2019) Atmospheric transport and deposition of microplastics in a remote mountain catchment. Nat Geosci 12(5):339–344
23. Dris R, Gasperi J, Rocher V et al (2015) Microplastic contamination in an urban area: a case study in greater Paris. Environ Chem 12(5):592–599
24. Boucher J, Friot D (2017) Primary microplastics in the oceans: A global evaluation of sources. IUCN.https://doi.org/10.2305/IUCN.CH.2017.01.en. Zugegriffen: 31. Okt. 2022
25. Nizetto L, Futter M, Langaas S (2016) Are agricultural soils dumps for microplastics of urban origin? Environ Sci Technol 50(20):10777–10779. https://doi.org/10.1021/acs.est.6b04140. Zugegriffen: 31. Okt. 2022
26. Brandes E, Henseler M, Kreins P (2021) Identifying hot-spots for microplastic contamination in agricultural soils – a spatial modelling approach for Germany. Environ Res Lett 16:104041. Open access. https://doi.org/10.1088/1748-9326/ac21e6. Zugegriffen: 31. Okt. 2022
27. Schumann L (2018) Ozeanforschung – „Wir haben das Team infiziert!" DIE ZEIT 24: Seite 34 v 07.06.2018. https://www.zeit.de/2018/24/ozeanforschung-volvo-ocean-race?utm_referrer=https%3A%2F%2Fwww.google.com%2F. Zugegriffen: 31. Okt. 2022
28. Fragão J, Bessa F, Otero V et al (2021) Microplastics and other anthropogenic particles in Antarctica: Using penguins as biological samplers. Sci Total Environ 788:147698
29. Peeken I et al (2018) Arctic sea ice is an important temporal sink and means of transport for microplastic. Nat Commun 9(1). https://doi.org/10.1038/s41467-018-03825-5. Zugegriffen: 31. Okt. 2022
30. Li D, Shi Y, Yang L et al (2020) Microplastic release from the degradation of polypropylene feeding bottles during infant formula preparation. Nature Food 1(11):746–754
31. WWF (2020) – World Wide Fund for Nature. Plastikmüll im Meer – Die wichtigsten Antworten. https://www.wwf.de/themen-projekte/plastik/unsere-ozeane-versinken-im-plastikmuell/plastikmuell-im-meer-die-wichtigsten-antworten. Zugegriffen: 31. Okt. 2022
32. Savoca MS, Tyson CW, McGill M, Slager CJ (2017) Odours from marine plastic debris induce food search behaviours in a forage fish. Proceedings of the Royal Society B: Biological Sciences 284(1860):20171000. https://doi.org/10.1098/rspb.2017.1000. Zugegriffen: 31. Okt. 2022

33. Du J, Zhou Q, Li H et al (2021) Environmental distribution, transport and ecotoxicity of microplastics: A review. J Appl Toxicol 41(1):52–64
34. WIKIMEDIA COMMONS: Chris Jordan (U.S. Fish and Wildlife Service), Foerster, CC-BY 2.0. https://commons.wikimedia.org/wiki/File:Albatross_at_Midway_Atoll_Refuge_(8080507529).jpg. Zugegriffen: 05. Juni 2023
35. Lenz M (2017) Wie gefährlich ist Mikroplastik für Meerestiere? https://www.wissenschaftsjahr.de/2016-17/aktuelles/das-sagen-die-experten/mikroplastik-und-meerestiere.html. Zugegriffen: 31. Okt. 2022
36. Hämer J, Gutow L, Köhler A, Saborowski R (2014) Fate of microplastics in the marine isopod *Idotea emarginata*. Environ Sci Technol 48(22):13451–13458. https://doi.org/10.1021/es501385y. Zugegriffen: 31. Okt. 2022
37. Moos v N, Burkhardt-Holm P, Köhler A (2012) Uptake and effects of microplastics on cells and tissue of the blue Mussel *Mytilus edulis* L. after an experimental exposure. Environ Sci Technol 46(20):11327–11335. https://doi.org/10.1021/es5302332w. Zugegriffen: 31. Okt. 2022
38. He D, Yongming L, Shibo L et al (2018) Microplastics in soils: Analytical methods, pollution characteristics and ecological risks. Trends Anal Chem 109:163–172. https://doi.org/10.1016/j.trac.2018.10.006. Zugegriffen: 31. Okt. 2022
39. Yang Y, Wang J, Xia M (2020) Biodegradation and mineralization of polystyrene by plastic-eating superworms *Zophobas atratus*. Sci Total Environ 708:135233. https://doi.org/10.1016/j.scitotenv.2019.135233. Zugegriffen: 31. Okt. 2022
40. Anbumani S, Kakkar P (2018) Ecotoxicological effects of microplastics on biota: a review. Environ Sci Pollut Res 25:14373–14396. https://doi.org/10.1007/s11356-018-1999-x. Zugegriffen: 31. Okt. 2022
41. Gola D, Tyagi PK, Arya A et al (2021) The impact of microplastics on marine environment: a review. Environ Nanotechnol Monit Manage 16:100552
42. Ter Halle A, Jeanneau L, Martignac M et al (2017) Nanoplastic in the North Atlantic subtropical gyre. Environ Sci Technol 51(23):13689–13697
43. BfR (2022) – Bundesinstitut für Risikobewertung. Wie reagieren Zellen auf Mikro- und Nanoplastik? https://www.bfr.bund.de/de/presseinformation/2022/27/wie_reagieren_zellen_auf_mikro__und_nanoplastik_-302267.html. Zugegriffen: 31. Okt. 2022
44. Chae Y, Kim D, Kim SW, An YJ (2018) Trophic transfer and individual impact of nano-sized polystyrene in a four-species freshwater food chain. Sci Rep 8(1):284
45. Mattsson K, Johnson EV, Malmendal A et al (2017) Brain damage and behavioural disorders in fish induced by plastic nanoparticles delivered through the food chain. Sci Rep 7:11452. Open access. https://doi.org/10.1038/s41598-017-10813-0(CC-BY4.0). Zugegriffen: 31. Okt. 2022
46. de Souza Machado AA, Lau CW, Till J et al (2018) Impacts of microplastics on the soil biophysical environment. Environ Sci Technol 52(17):9656–9665

47. Rillig MC, Lehmann A, de Souza Machado AA, Yang G (2019) Microplastic effects on plants. New Phytol 223(3):1066–1070
48. Crysmann T (2022) Die unsichtbare Ölpest in der Schweiz. https://www.t-online.de/nachhaltigkeit/klima-und-umwelt/id_100106934/plastikpanorama-schweiz-darum-hat-der-alpenstaat-ein-muellproblem.html. Zugegriffen: 31. Okt. 2022
49. European Bioplastics e. V. (o. J.) What are bioplastics? https://www.european-bioplastics.org/bioplastics/. Zugegriffen: 31. Okt. 2022
50. WIKIPEDIA: Biologisch abbaubarer Kunststoff. https://de.wikipedia.org/wiki/Biologisch_abbaubarer_Kunststoff. Zugegriffen am 06. Juni 2023
51. TÜV Rheinland (o. J.) Biobasierte Produkte. https://www.dincertco.de/din-certco/de/main-navigation/products-and-services/certification-of-products/verpackungswesen/biobased-products/. Zugegriffen: 31. Okt. 2022
52. TÜV Rheinland (o. J.) Bioplastics worldwide. Your markets – Your solutions – Our certifications. https://www.dincertco.de/media/dincertco/dokumente_1/leaflets/whitepaper-bioplastics-worldwide.pdf. Zugegriffen: 31. Okt. 2022
53. UBA (2017) – Umweltbundesamt. „Tüten aus Bioplastik sind keine Alternative".https://www.umweltbundesamt.de/themen/tueten-aus-bioplastik-sind-keine-alternative. Zugegriffen: 31. Okt. 2022
54. Brandt M (2021) 4,3 Millionen Tonnen Plastikverpackung [Digitales Bild]. 05. November 2021. https://de.statista.com/infografik/24778/produktion-von-kunststoffpackmitteln-und-verpackungsfolien-in-deutschland/. Zugegriffen: 31. Okt. 2022
55. Grüneberg A (2021) Plastiktüten sind ab 1. Januar verboten – die wichtigsten Fragen und Antworten. https://www.rnd.de/wirtschaft/faq-plastiktueten-verbot-ab-1-januar-2022-welche-ausnahmen-und-alternativen-gibt-es-4KX7DAQT3BEGPLNM65FMF2KVPU.html. Zugegriffen: 31. Okt. 2022

8

Belastung mit Radioaktivität – Bikini-Atoll, Kellerluft und Fukushima

Der Bikini wurde am 05. Juli 1946 in einem Pariser Schwimmbad das erste Mal der Weltöffentlichkeit vorgeführt. Erfunden hatte ihn kein Modedesigner, sondern der französische Ingenieur Louis Réard. Die wenigen Stofffetzen erregten damals so viel Aufsehen, dass kein seriöses Mannequin, wie damals die Models hießen, bereit war, das skandalöse Stück vorzuführen. Es musste eine Nackttänzerin eines Pariser Casinos dafür engagiert werden. Dass sein Erfinder Ingenieur war, erklärt auch den Namen des heute weltweit beliebten Badetextils. Nur 5 Tage zuvor hatten die Amerikaner einen Kernwaffentest auf dem abgelegenen Bikini-Atoll im Südpazifik durchgeführt. So groß war die Technikbegeisterung damals, dass ein Kleidungsstück nach einem Atombombentest benannt wurde. Die Amerikaner führten das konsequent weiter und bezeichnen heute noch eine aufregende Frau als "bombshell", Bombenhülle, und auch bei uns hieß das früher mal „Sexbombe".

Die natürliche Strahlenbelastung

Es wird viele überraschen, aber der größte Teil an radioaktiver Strahlung, dem wir täglich ausgesetzt sind, stammt aus natürlichen Quellen. Sie entsteht beim natürlichen Zerfall von Atomkernen (s. Box). Dabei wird Zerfallsenergie in Form von Strahlung freigesetzt. Als Radioaktivität bezeichnet man also den Zerfall instabiler, meist großer bzw. neutronenreicher Atomkerne in kleinere [1]. Das geschieht unter Freisetzung von Teilchen (α-/

T. Miedaner und A. Krähmer, *Gifte in unserer Umwelt*,
https://doi.org/10.1007/978-3-662-66578-7_8

Alpha- oder β-/Betastrahlung) und Energie (γ-/Gammastrahlung), zusammen als ionisierende (radioaktive) Strahlung bezeichnet. Während bei der α- und β-Strahlung geladene Teilchen vom zerfallenden Kern ausgesandt werden, ist dies bei der γ-Strahlung sehr kurzwellige und damit energiereiche elektromagnetische Strahlung. Aufgrund der unterschiedlichen Arten der Strahlung ergeben sich auch unterschiedliche Eigenschaften bei der Wechselwirkung mit Materie. So besteht die α-Strahlung aus sehr energiereichen geladenen Heliumionen, hat aber auch die geringste Durchdringungstiefe und wird bereits durch wenige Zentimeter Luft abgeschirmt. Beispiele für α-Strahler sind Uran-238 (U-238), Uran-234 (U-234) und Radon-222 (Rn-222). Bei der β-Strahlung werden auch geladene Teilchen abgegeben, aber mit Elektronen oder Positronen deutlich kleinere. Demnach ist die Durchdringungsgröße hier schon weitaus größer, wenn auch nicht so groß wie bei der γ-Strahlung. Kalium-40 (K-40) ist ein natürlicher β-Strahler, aber auch Tritium (H-3). γ-Strahlung ist keine Teilchenstrahlung, tritt aber oft infolge von α- oder β-Zerfall auf und ist sehr energiereich. Beim Zerfall von Caesium-137 (Cs-137) entsteht Barium-137 (Ba-137), das bei Erreichen seines elektronischen Grundzustandes γ-Strahlen aussendet.

Wenn radioaktive Strahlung auf lebende Zellen trifft, gibt sie einen Teil der Energie ab und diese macht der Zelle zu schaffen. Sie kann das Wasser in der Zelle ionisieren und dabei entstehen freie Radikale, das sind sehr reaktive Verbindungen, die das Gewebe schädigen. Oder es werden direkt Zellbestandteile verändert. Am empfindlichsten ist dabei das Erbgut, die DNS. Radioaktive Strahlung kann die DNS-Ketten aufbrechen und Punktmutationen auslösen, nach neuesten Erkenntnissen sogar Doppelstrangbrüche. Dies geschieht zwar täglich sowieso, etwa durch UV-Licht oder Alterungsprozesse. Dafür gibt es sehr effektive Reparaturmechanismen in der Zelle. Aber ab einer gewissen Strahlungsmenge reicht das nicht mehr aus und es kommt zu dauerhaften Schäden. Außerdem kann eine DNS-Reparatur immer auch zum Einbau falscher Basen führen, was dann eine Veränderung der Genaktivität bewirken kann. Dabei geht von den 3 Strahlungsarten unterschiedliche Gefahr aus – je nach Eindringtiefe in den Körper und ihrer Schadwirkung.

Natürliche Radioaktivität [2]

Kalium-40 (K-40) ist ein natürliches (Radio-)Isotop und stellt 0,012 % des gesamten weltweiten Kaliums dar, Hauptisotope sind das nicht radioaktive K-39 und K-41. Damit kommt K-40 auch in allen Lebensmitteln vor und macht den höchsten Teil der natürlichen Radioaktivität aus.

Die natürliche Radioaktivität der Lebensmittel („innere Strahlung") wird auch durch die sehr langlebigen Radionuklide der Uran-, Radium- und der Thorium-Zerfallsreihe verursacht **(Uran-234, Uran-238, Radon-222, Radium-226, Thorium-232).** Uran-238 entstand bereits vor der Entstehung unseres Sonnensystems, ist aber wegen der extrem langen Halbwertszeit von ca. 4,5 Mrd. Jahren noch vorhanden. Es zerfällt in andere Radionuklide und sendet dabei α-Strahlen aus.

Radon-222 (Rn-222) ist gasförmig und gelangt aus Böden und Gesteinen in die Luft. Es zerfällt in radioaktive, feste Folgeprodukte, die sich deshalb im Feinstaub verbreiten. So können sie sich auch auf Oberflächen von Pflanzen ablagern und werden von ihnen aufgenommen., Besonders die Radionuklide **Blei-210** (Pb-210) und **Polonium-210** (Po-210) können in Blattgemüse in höheren Konzentrationen vorkommen.

Die natürliche Strahlenbelastung macht etwa 60 % der gesamten Strahlenbelastung aus, der Rest ist menschengemacht und dabei stellen die medizinischen Anwendungen den weitaus größten Teil dar (Abb. 8.1). Die Grafik zeigt auch, dass in Deutschland die Anteile der so gefürchteten Fallouts (radioaktiver Niederschlag von Staub und Regen), die von Atomkraftwerken, deren Unglücken und Atombombenversuchen verursacht werden, heute für die durchschnittliche Strahlenbelastung kaum noch eine Rolle spielen.

Die Strahlendosis wird heute in Sievert (Sv) oder in Bruchteilen davon wie Milli- (ein Tausendstel, abgekürzt mSv) oder Mikro- (ein Millionstel,

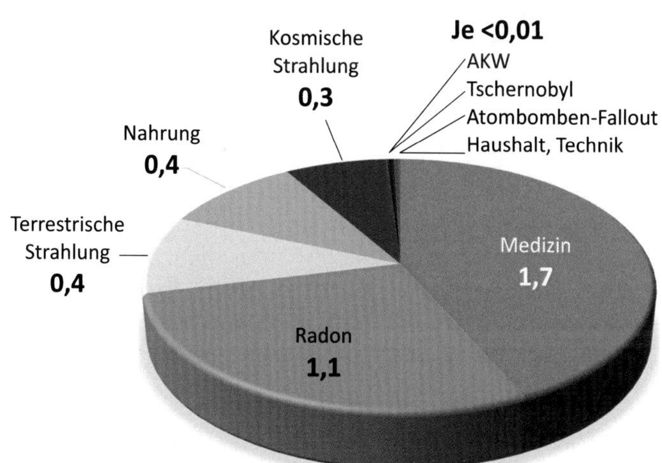

Abb. 8.1 Effektive natürliche (Grüntöne) und künstliche Strahlenbelastung (Rottöne) in Deutschland 2015 in Millisievert [3]

abgekürzt μSv) Sievert angegeben. Dies ist ein Maß für die biologische Wirkung einer radioaktiven Strahlung. Die Einheit Becquerel (Bq) bemisst dagegen nur die Aktivität eines Stoffes, d. h. die Zahl der Atomkerne, die in 1 s zerfallen.

Im Durchschnitt beträgt die natürliche radioaktive Strahlung (also ohne medizinische Behandlungen) in Deutschland 2,24 mSv/Jahr, die Hälfte davon wird durch Radon verursacht (Abb. 8.1). Die natürliche radioaktive Strahlung schwankt sehr stark, denn sie hängt von geologischen Gegebenheiten ab. Regional kann es bei uns bis zu einer Belastung von 5 mSv/Jahr kommen, in Europa liegen die maximalen Dosen bei etwa 10 mSv/Jahr [4]. Hinzu kommt die Strahlenbelastung durch medizinische Behandlung (v. a. Röntgen). Ein Computertomogramm des Bauchraumes kann zu einer effektiven Dosis von bis zu 25 mSv führen [3].

Gefährliche Strahlung im Keller

Von der natürlichen Belastung mit Radioaktivität hat in Deutschland die Ausdünstung von Radon-222 (Rn-222) aus dem Boden den höchsten Anteil. Das ist ein natürlich vorkommendes Gas und ein α-Strahler. Radon zerfällt deshalb in der Luft rasch und hat dann keine negativen Auswirkungen mehr. Während die Radonbelastung in der freien Luft durchschnittlich nur 15 Bq/m^3 beträgt, kann dieser Wert im Trinkwasser auf 6.000 Bq/m^3 ansteigen und in der Bodenluft (1 m Tiefe) je nach geologischem Untergrund 5.000–500.000 Bq/m^3 betragen [5].

Aufmerksam wurde man auf die gesundheitlichen Aspekte durch den Uranbergbau in Deutschland. Lungenkrebs ist bei den dortigen Arbeitern inzwischen eine anerkannte Berufskrankheit, die im 16. Jahrhundert fast alle Bergleute in der Umgebung von Schneeberg im Erzgebirge früher oder später getötet hat (Schneeberger Krankheit [5, 6]). Dabei ist das Einatmen von Radon ungefährlich, erst sein Zerfall in der Raumluft führt zu radioaktiven Isotopen von Polonium, Bismut und Blei. Sie sind selbst radioaktiv und zudem Schwermetalle (s.a. Kap. 13), lagern sich an Feinstaub an und gelangen so in die Lunge. Dort zerfallen sie weiter und es entsteht α-Strahlung, die zu Gesundheitsschäden führt. Sie kann die DNS in Lungenzellen schädigen und Krebs verursachen. Rund 5 % aller Todesfälle durch Lungenkrebs werden in Deutschland dem Radon zugesprochen [6]. Außerdem kommt es zu einer Belastung des Hals-Nasen-Rachenraums und der Haut. Eine Schweizer Studie zeigte, dass Radonbelastung auch das Risiko erhöht, an bösartigem Hautkrebs zu erkranken [5, 7].

Die natürliche Radonbelastung unterscheidet sich in Deutschland sehr stark in Abhängigkeit vom Untergrund (Abb. 8.2). Sie ist besonders hoch im Erzgebirge, im Harz, im Bayerischen Wald und Teilen der Bayerischen Alpen, also überall dort, wo früher auch Bergbau betrieben wurde und viel kristallines Grundgestein zutage tritt. Die niedrigsten Werte finden sich in einem breiten Streifen von der holländischen Grenze bis nach Frankfurt/Oder, der von der Eiszeit geprägt und damit geologisch sehr jung ist.

Von den natürlichen geologischen Gegebenheiten ist die Radonbelastung in Häusern abhängig. Auch innerhalb eines Hauses schwankt sie sehr stark (Abb. 8.3). Da sie aus dem Boden kommt, sind Kellerräume besonders betroffen.

Obwohl Radon natürlicherweise auftritt, ist man ihm nicht hilflos ausgeliefert. Seine Konzentration hängt neben dem Untergrund auch von baulichen Gegebenheiten ab. So haben Naturstein- und Fachwerkhäuser von Hause aus höhere Radongehalte. Wenn das Haus keinen Keller besitzt oder keine moderne Feuchteisolation, können hohe Radongehalte im untersten Geschoss auftreten. Ebenso bringen offensichtliche Eintrittswege für Bodenluft hohe Konzentrationen mit sich. Dabei kann es sich um Spalten und Risse im Boden handeln, was besonders bei Kellerböden aus gestampftem Lehm ein Problem ist, aber auch bei Natursteingewölben, nicht abgedichteten Leitungsdurchführungen oder Verbindungen zu unterirdischen Hohlräumen. Die Radongehalte lassen sich kostengünstig und problemlos messen. Neben intensiver Lüftung kann es sich lohnen, bei älteren Gebäuden (vor 1960) undichte Stellen zu identifizieren und abzudichten. Im schlimmsten Falle muss die radonhaltige Bodenluft permanent abgesaugt und nach Außen abgeleitet werden. Immer wieder gibt es auch Meldungen von erhöhter Strahlenbelastung, wenn mit Naturstein und besonders Granit im Hausbau gearbeitet wird. Die Ursache ist hier der höhere Gehalt an radioaktiven Nukliden der Uran- und Thorium-Zerfallsreihe und deren beim Zerfall gebildetes radioaktives Rn-222 bzw. das im Gestein vorkommende K-40. Laut Bundesamt für Strahlenschutz ist die von Granitstein im Wohnbereich ausgehende Strahlenbelastung aber meist unwesentlich gegenüber der Radonbelastung aus dem (Keller-)Boden [10]. Das neue Strahlenschutzgesetz fordert jedoch, dass bestimmte Granite vom Hersteller oder Importeur auf die Konzentration der natürlichen Radionuklide gemessen werden müssen.

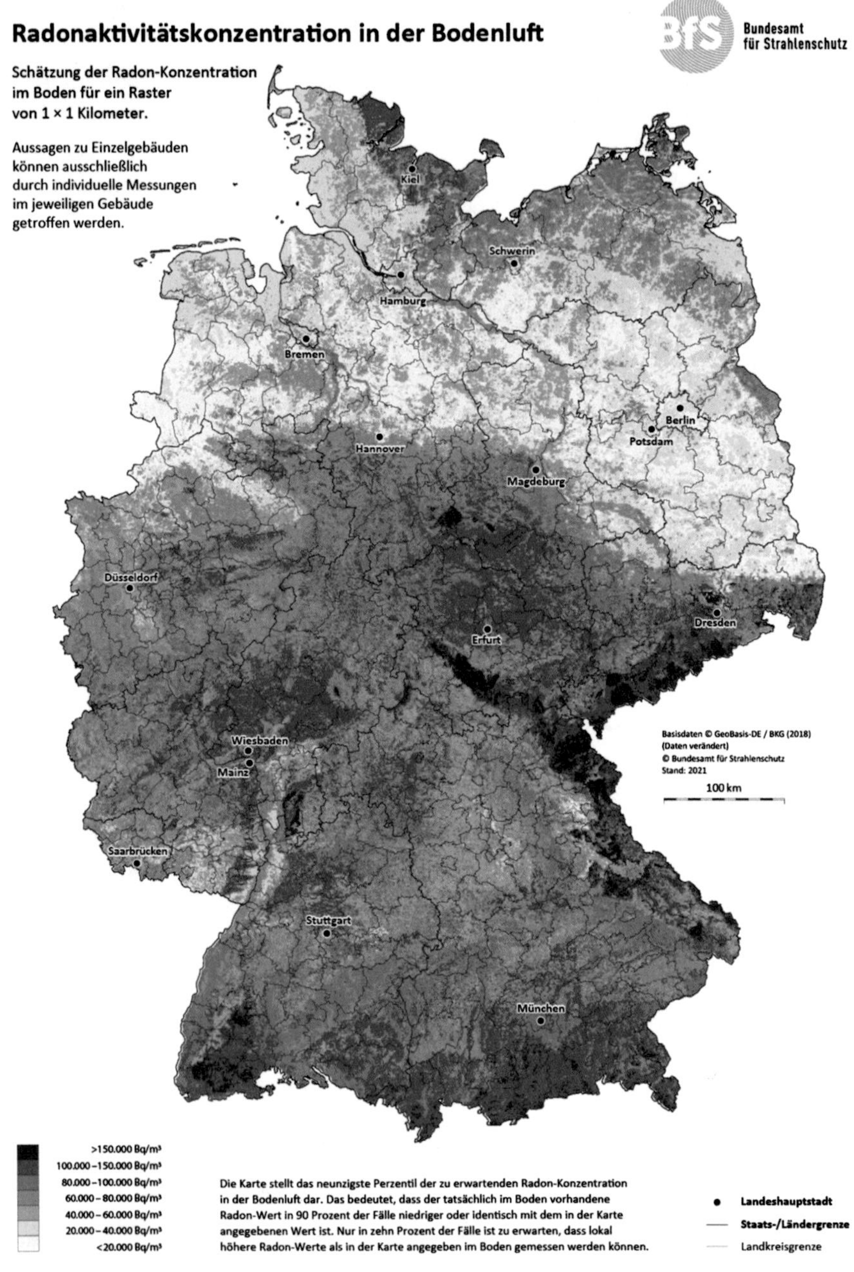

Abb. 8.2 Abschätzung der bundesweiten Radonbelastung im Boden [8]

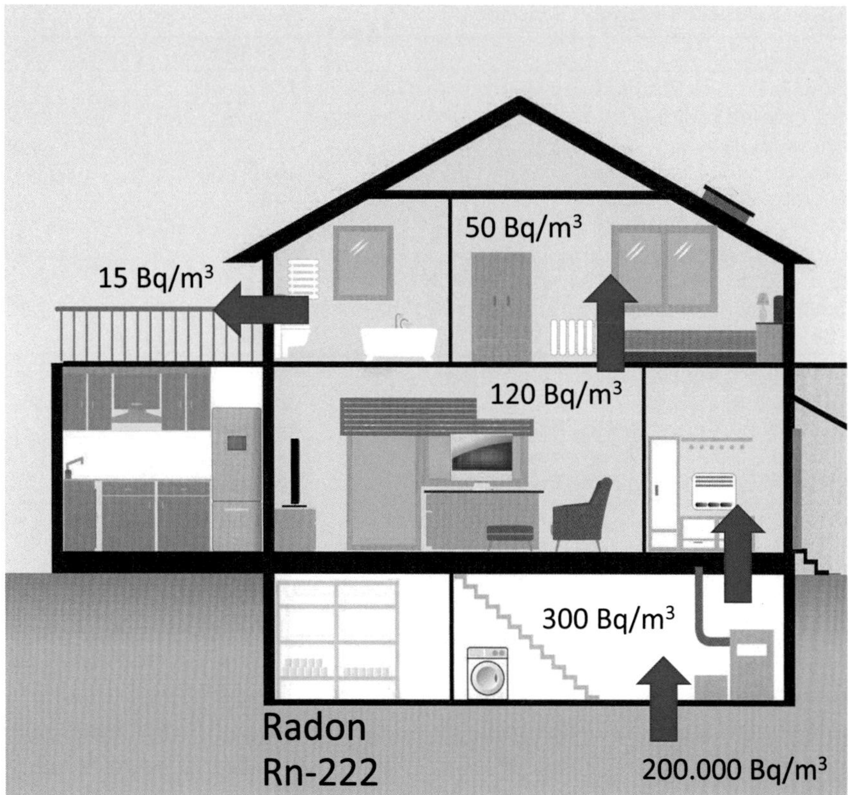

Abb. 8.3 Beispiel für die Radonbelastung innerhalb eines Hauses; Bq = Becquerel (Zahlen nach [9]; Bild: pixabay, gemeinfrei)

Menschengemachte Strahlenbelastung

Auch wenn in manchen Gegenden Europas eine Strahlenbelastung von 10 mSv/Jahr auftritt, wird diese Dosis schon durch eine einzige Computertomografie verdoppelt bis verdreifacht. Daher kommt auch der hohe Anteil an der jährlichen Strahlenbelastung durch medizinische Behandlungen (siehe Abb. 8.1).

Vergleicht man die im normalen Leben auftretenden Strahlenbelastungen (Tab. 8.1), dann sieht man, dass sie im Wesentlichen sehr gering sind. Selbst ein 12-stündiger Langstreckenflug führt nur zu einer Mehrbelastung von 0,1 mSv. Bei Flug- und medizinischem Personal summiert sich die Belastung auf, sodass hier eine Höchstdosis von 20 mSv/Jahr gilt.

Tab. 8.1 Beispiele für Strahlenbelastung [9, 11]

Strahlenquelle	Dosis in Milli-Sievert [mSv]
maximale Dosis lt. Strahlenschutzverordnung für Personal wie Radiologen, Flugpersonal, Mitarbeiter von AKWs, je Jahr	20
Ganzkörper-CT, Erwachsener	10–20
natürliche Strahlung im Jahr	1–10
20 Zigaretten/Tag, je Jahr	9
Röntgen Lendenwirbelsäule (2 Ebenen)	0,8–1,8
Flug in 10.000 m Höhe, 3–12 h	0,01–0,1
Atomkraftwerk im Jahr	<0,01
Portion Wildschweinfleisch	<0,004
Zum Vergleich bei einmaliger Ganzkörperbestrahlung	
Schwellendosis (erste klinisch fassbare Effekte)	200–300
vorübergehende Strahlenkrankheit	750–1.500
tödliche Dosis (einmalig ohne Behandlung)	3.000–10.000

Die höchste Strahlendosis, der ein gesunder Normalbürger ausgesetzt ist, geht vom Rauchen aus, was viele überraschen dürfte. Das Rauchen von 20 Zigaretten am Tag führt durchschnittlich zu einer zusätzlichen Strahlenbelastung von 9 mSv/Jahr. Das ist immerhin fast die 4fache Menge der durchschnittlichen natürlichen Belastung. Ursache sind das im Tabak enthaltene radioaktive Polonium-210 und Blei-210. Davon wird rund die Hälfte im Filter zurückgehalten, trotzdem kommt es zu einer sehr viel höheren Belastung, als wenn man direkt neben einem Atomkraftwerk lebt, was im Normalbetrieb mit weniger als 0,01 mSv/Jahr zu Buche schlägt.

Im Grunde spielt die Strahlenbelastung eines gesunden Normalbürgers also kaum eine Rolle, wenn man weiß, dass erste klinisch fassbare Effekte bei einmaliger Ganzkörperbestrahlung erst ab 200–300 mSv auftreten (Schwellendosis [6]). Bei Ungeborenen gelten allerdings nach Angaben des Bundesamtes für Strahlenschutz nur Werte von unter 100 mSv als unbedenklich. Bei 500 mSv kommt es bei Erwachsenen zu Hautrötungen, ab 1.000 mSv treten akute Strahlenschäden wie Abgeschlagenheit, Übelkeit, Erbrechen und Durchfall nach einigen Stunden oder Tagen auf. Ab 3.000 mSv stirbt ohne medizinische Hilfe etwa die Hälfte der Menschen nach 3–6 Wochen [6, 11].

Das Problem bei der radioaktiven Strahlung ist, dass niemand angeben kann, ab welcher Dosis es zu einer erhöhten Bildung von Tumoren oder Leukämie kommt. Das Risiko, an Krebs zu erkranken, erhöht sich mit zunehmender Strahlenbelastung, aber niemand kann verlässliche Werte angeben. Im Gegensatz zu anderen Schadstoffen bedeutet hier ein Grenzwert nicht, dass unterhalb des Wertes keine Effekte beobachtet werden, sondern nur „dass die Wahrscheinlichkeit für das Auftreten gesundheitlicher Folgen (insbesondere von Krebserkrankungen) über einem als annehmbar festgelegten Wert liegt [6]." Ein weiteres Problem ist, dass Krebserkrankungen erst Jahre oder Jahrzehnte nach einer Strahlenbelastung auftreten und sich nicht von natürlicherweise auftretenden Krebskrankheiten unterscheiden. Deshalb können sie nur statistisch erfasst werden, wenn eine größere Bevölkerungsgruppe eine Häufung von Erkrankungen bei Strahlenbelastung zeigt. Aufgrund von Studien an den Überlebenden der Atombombenabwürfe von Hiroshima und Nagasaki schätzte der wissenschaftliche Ausschuss der Vereinten Nationen zur Untersuchung der Auswirkungen atomarer Strahlung (*United Nations Scientific Committee on the Effects of Atomic Radiation,* UNSCEAR) 2010 die möglichen Gesundheitsschäden. Dabei wurde das durchschnittliche lebenslange zusätzliche Sterberisiko bei einer akuten Dosis von 100 mSv zugrunde gelegt [12]. Es beträgt demnach 0,4–0,7 % für Krebs und 0,03–0,05 % für Leukämie. Das entspricht 4–7 zusätzlichen Krebstoten je 1.000 Menschen bzw. 3–5 zusätzlichen leukämiebedingten Todesfällen je 10.000 Menschen. Die Zahl an Erkrankten ist statistisch gesehen rund doppelt so hoch wie die Zahl der Toten, da durchschnittlich jeder Zweite an Krebs stirbt [6].

Trotz dieser Zahlen und der Tatsache, dass in der Nähe von Atomkraftwerken eine durchschnittliche Strahlendosis von rund 0,01 mSv/Jahr auftritt (erlaubt sind maximal 0,03 mSv/Jahr), gibt es Diskussionen darüber, dass im Umkreis von 5 km um Atomkraftwerke bei Kleinkindern unter 5 Jahren häufiger Leukämieerkrankungen auftreten. Vor allem um das Atomkraftwerk Krümmel waren von 1990 bis 2007 16 Kinder an Leukämie erkrankt, obwohl bezogen auf den deutschen Durchschnitt nur 5 Kinder hätten erkranken „dürfen". Dazu gab es eine Studie, die die Bundesregierung in Auftrag gegeben hatte. Die Studie bestätigte einen statistischen Zusammenhang zwischen der Nähe zu Atomkraftwerken und Leukämie bei Kleinkindern, konnte aber die Ursache nicht dingfest machen. „Nach dem heutigen Wissensstand kommt Strahlung, die von Atomkraftwerken im Normalbetrieb ausgeht, als Ursache für die beobachtete Risikoerhöhung nicht in Betracht", schrieben die Wissenschaftler [13], weil sie dafür viel zu gering sei.

Etwa 1,5 % der radioaktiven Belastung in Deutschland geht auf Atombombenversuche, Unfälle bei Atomkraftwerken und sonstige künstliche Strahlung zurück (s. Abb. 8.1). Das klingt zunächst nicht viel. Allerdings tritt bei den genannten Katastrophen immer eine deutliche Erhöhung der Strahlenbelastung und dies räumlich sehr unterschiedlich stark auf. Dadurch sind die unmittelbar Betroffenen natürlich sehr viel höheren Strahlenmengen ausgesetzt, als diese Unglücke Jahre später im Durchschnitt Deutschlands ergeben.

Das Bikini-Atoll und darüber hinaus

Der erste, damals geheim gehaltene Atomwaffentest weltweit fand am 16. Juli 1945 im Rahmen des Manhattan-Projektes in den USA statt. Dabei wurde auf einem Turm im Militärgelände White Sands in New Mexico eine Plutoniumbombe getestet. Die Explosion hatte eine Sprengkraft von 21 kt TNT-Äquivalent und hinterließ einen 3 m tiefen und 330 m breiten Krater [14]. Die Druckwelle war 160 km weit zu spüren und die typische Pilzwolke reichte bis in 12 km Höhe. Der Sand in der Umgebung schmolz wegen der großen Hitze zu grünlichem Glas, das Trinit genannt wurde, weil der Test unter dem Decknamen „Trinity" (engl. Dreifaltigkeit) ablief [14]. Nach dem erfolgreichen Test wurden 3 Wochen später dann die ersten Atombomben auf die japanischen Städte Nagasaki und Hiroshima abgeworfen. Sie hatten eine Sprengkraft von 13 kt und töteten rund 100.000 Menschen sofort, bis Ende 1945 starben dann noch einmal 130.000 Menschen an Strahlenschäden. Über die Langzeitschäden gibt es zahlreiche Studien. Sie fanden beispielsweise bei den Überlebenden eine klare Erhöhung des Krebsrisikos [15]. Kinder, die der Strahlung ausgesetzt waren, hatten ein noch höheres Risiko an strahlenbedingtem Krebs zu erkranken als ältere Leute. Auch das Risiko für Herz-Kreislauf-Erkrankungen stieg durch die Strahlung an.

Bekannt wurden dann die eingangs erwähnten Kernwaffentests auf dem Bikini-Atoll, einer abgelegenen Inselgruppe im Südpazifik, die zu den USA gehört. Insgesamt fanden hier 62 Tests statt, über 42.000 Techniker, Wissenschaftler und Militärs waren über diese Zeit hinweg auf Bikini stationiert [16]. Außerdem wurden 242 Schiffe, 156 Flugzeuge und 5.400 Versuchstiere (Ratten, Ziegen und Schweine) eingesetzt, um die Folgen von Atombombenabwürfen gezielt zu untersuchen.

Der erste Test in der Südsee war eine am 1. Juli 1946 von einem Flugzeug abgeworfene Bombe, die in 158 m Höhe über der Lagune gezündet wurde (Abb. 8.4), 3 Wochen später folgte eine Unterwasserzündung einer baugleichen Bombe in 27 m Wassertiefe [18]. Vor allem bei letzterem Test wurden 90 % der eingesetzten Zielschiffe schwer radioaktiv verstrahlt. Es kam auch zu einem erheblichen nuklearen Fallout, d. h. einem Niederschlag aus Staub oder Regen. Solche Tests wurden bis 1958 weitergeführt.

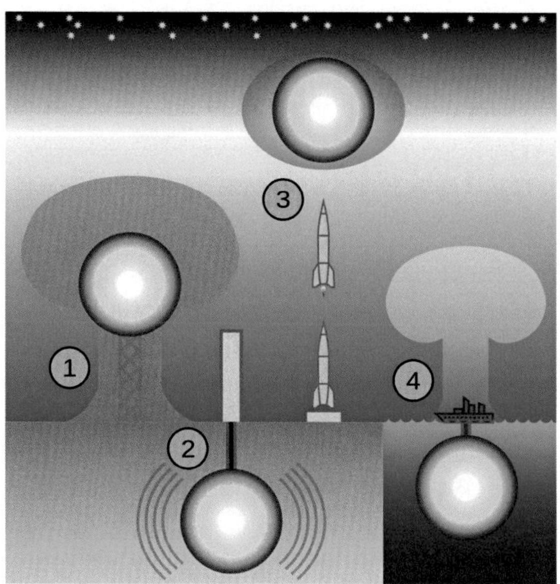

Abb. 8.4 Verschiedene Formen von Kernwaffentests: 1. atmosphärischer Test, 2. unterirdischer Test, 3. Höhentest in der oberen Atmosphäre, 4. Unterwassertest [17]

Die nördlichen Marshall-Inseln, zu denen auch das Bikini-Atoll gehört, leiden noch heute unter der radioaktiven Verseuchung. Die Menschen auf den Bikini- und Enewetak-Atollen wurden vor den Tests evakuiert. Bei der größten getesteten Waffe, *Castle Bravo,* kam es in Verbindung mit einem unerwarteten Ostwind zu einem erheblichen radioaktiven Fallout auf den Atollen Rongelap und Utirik, wo keine Evakuierung durchgeführt worden war [19]. Die Bewohner dieser Inseln litten unter schweren Strahlenschäden bis hin zum Tod. Viele Bewohner sind heute noch gehandicapt. Neuere Messungen ergaben, dass das Bikini-Atoll auch nach über 60 Jahren noch zu verstrahlt ist, um erneut von Menschen besiedelt zu werden. Es wurden im Inselinnern bis zu 6,48 mSv/Jahr gemessen. Noch immer sind auch die Pflanzen, die auf dem Atoll wachsen, ungenießbar, weil sie mit ihren Wurzeln Radionuklide wie Cäsium-137 aus dem verseuchten Boden aufnehmen und in den Früchten anreichern. „Wenn ich den Geigerzähler jedoch in die Nähe einer Kokosnuss hielt, wurde er wild", fasst Maria Beger von der *Commonwealth Research Facility for Applied Environmental Decision Analysis* an der Universität von Queensland ihre Ergebnisse zusammen [20].

In Deutschland fällt heute die von den damaligen Kernwaffentests herrührende Belastung mit ca. 5 µSv nicht mehr stark ins Gewicht [4]. In den

1960er-Jahren war die Strahlenexposition für Mitteleuropäer dagegen höher als nach dem Unfall in Tschernobyl.

Pannen, Pech und Pleiten

Überall, wo Menschen im Spiel sind, kommt es zu unbeabsichtigten Pannen. Das gilt selbst für so gefährliche Unterfangen wie die Nutzung der Radioaktivität. So schätzt das US-Militär, dass zwischen 1950 und 1968 mindestens 700 „bedeutende" Unfälle und Zwischenfälle mit militärischen Kernwaffen passierten, wovon 1250 Waffen betroffen waren (alle folgenden Angaben [21]). Offiziell vermissen die USA 12 Atombomben, die wahrscheinlich bei Notlandungen von Flugzeugen abgeworfen wurden. Wenn sie ins offene Meer fielen und dabei nicht gezündet wurden, liegen sie dort wohl heute noch. So verlor am 14. Februar 1950 ein Flugzeug der US-Air Force nahe Vancouver Island in Kanada eine Atombombe; sie fiel ohne Detonation ins Meer. Und es gab noch viel mehr spektakuläre Zwischenfälle. Am 27. Juli 1956 prallte in England auf dem Militärstützpunkt RAF Lakenheath ein US-Bomber beim Landeanflug gegen einen betonierten Atomwaffenbunker, in dem 3 US-Atombomben lagerten [21]. Dabei starben 3 Besatzungsmitglieder und es entstanden Beschädigungen an allen 3 Atombomben. Bis 1979 wurde der Vorfall geheim gehalten. Zwei Jahre später stürzte am 31. Januar 1958 ein US-Bomber mit einer Atombombe an Bord kurz nach dem Start auf einem Militärstützpunkt in Marokko ab und brannte 7 h lang. Es kam zu keiner Nuklearexplosion, das Gebiet um den Stützpunkt Sidi Slimane, rund 90 km von Rabat entfernt, wurde jedoch weiträumig verstrahlt, die Bevölkerung musste evakuiert werden. Nur 6 Tage später kollidierte ein US-Bomber mit einem Jagdflugzeug an der Küste des US-Staates Georgia. Die Wasserstoffbombe die an Bord war, wurde aus 2200 m Höhe in den Atlantischen Ozean geworfen und bis heute nicht gefunden [21].

Am 24. Januar 1961 entging die USA nur knapp einer Nuklearkatastrophe [22]. Dabei stürzte ein B-52-Bomber der US Air Force nahe der Stadt Goldsboro in North Carolina ab. Er trug 2 Wasserstoffbomben, die eine 260-mal höhere Sprengkraft als die Hiroshima-Bombe hatten. Die Besatzungsmitglieder verließen in der Luft das herabtrudelnde Flugzeug, um sich zu retten. Beim Auseinanderbrechen des Flugzeugs in der Luft wurden beide Bomben unabsichtlich abgeworfen. Bei einer Bombe öffnete sich, wie für einen regulären Abwurf beabsichtigt, ein Fallschirm und sie schwebte relativ unbeschädigt zu Boden. Die andere schlug dagegen ungebremst in ein Sumpfgebiet, zerbarst und setzte Radioaktivität frei. Nach Recherchen des US-Autors Schlosser verhinderte nur ein letzter Schalter die Detonation und damit eine nukleare Kettenreaktion [22]: 3 von 4 Sicherheitseinrichtungen hatten versagt. Wenn der letzte Schalter auch noch ausgelöst worden wäre, hätte sich ein radioaktiver Niederschlag über der Hauptstadt Washington, D. C. sowie Baltimore, Philadelphia und sogar New York City ausbreiten können und Millionen Menschen wären in Gefahr gewesen. Dieser später sogenannte Goldsboro-Zwischenfall wurde so lange vertuscht und heruntergespielt, bis 2013 die Akten endlich freigegeben wurden [22]. Und genau diese Art offizieller Stellen mit solchen Zwischenfällen umzugehen, macht die Bevölkerung misstrauisch.

Die wirklichen Katastrophen

Die wirklichen bekannten Katastrophen passierten in der Vergangenheit bei zivilen Atomkraftwerken (AKW) oder in Aufbereitungsanlagen (Tab. 8.2). In der INES- („**I**nternational **N**uclear and Radiological **E**vent **S**cale") Bewertungsskala gilt die höchste Stufe 7 als „katastrophales Ereignis", Stufe 6 als „schwerer Unfall" und Stufe 5 immerhin noch als „ernster Unfall mit mehreren Todesfällen". Bei jedem dieser Unfälle kam es definitionsgemäß zu einer Verstrahlung der näheren oder weiteren Umgebung.

Bisher gab es in Mitteleuropa nur einen Unfall der INES-Stufe 5, in der Wiederaufbereitungsanlage von Sellafield (heute Windscale) in Großbritannien. Die beim Brand freigesetzte Wolke zog über die Insel und bis über das europäische Festland. Über die damalige Strahlenbelastung der deutschen Bevölkerung ist nichts bekannt. In der Umgebung der Anlage starben später mehrere Hundert Menschen an Lungenkrebs.

Die Urkatastrophe für Mittel- und Osteuropa war der Reaktorunfall in Tschernobyl in der heutigen Ukraine am 26. April 1986, der als Super-GAU (**G**rößter **a**nzunehmender **U**nfall, INES-Stufe 7) eingestuft wurde. Die meiste radioaktive Freisetzung ereignete sich bis zu 10 Tage nach dem Unfall wegen des Grafitbrandes. Radioaktivitätsmessungen und Fallout in Schweden zeigten deutlich das katastrophale Ausmaß des Unfalls. Durch die große Hitze entwichen gasförmige oder leicht flüchtige Stoffe, wie radioaktives Jod oder Cäsium, in Höhen von 1.500 bis 10.000 m, was die weite Verbreitung erklärt [23]. Das damals freigesetzte Jod-131 gelangte über pflanzliche Nahrungsmittel und die Milch von Kühen in die Nahrungskette und führte in der Umgebung von Tschernobyl zu einem Anstieg von Schilddrüsenkrebs.

Tab. 8.2 Die schwersten Unfälle in zivilen Kernkrafteinrichtungen (ab INES = 5, INES = Internationale Bewertungsskala für nukleare Ereignisse, AKW = Atomkraftwerk; Skala siehe Text) [24]

Datum	Ort, Land	Vorfall	INES-Stufe
12. Dez. 1952	Chalk River, Kanada	Durch vielfaches menschliches Versagen kam es zur partiellen Kernschmelze. Knallgasexplosion mit Freisetzung von Spaltprodukten, kontaminiertes Wasser	5
29. Sept. 1957	Kyschtym, Sowjetunion	Undichte Kühlleitungen eines Lagertanks und Funkenflug verursachen Explosion in der Wiederaufbereitungsanlage. Die bodennahe radioaktive Wolke führte zu einer Belastung mit nahezu der doppelten Menge des Tschernobyl-Unfalls; keine Belastung Mitteleuropas	6
7.–12. Okt. 1957	Windscale (Sellafield), Großbritannien	Brand eines luftgekühlten und grafitmoderierten Reaktors durch menschliche Fehler. Radioaktivität gelangte ungehindert in die Atmosphäre. Das Feuer brannte 4 Tage, v. a. radioaktives Iod, Krypton und Xenon entwichen. Nach offiziellen Schätzungen gab es 33 Tote und >200 Fälle von Schilddrüsenkrebs	5
26. Juli 1959	Simi Valley, Kalifornien, USA	30 %ige Kernschmelze in einem Schnellen Brüter im *Santa Susana Field Laboratory* wegen eines verstopften Kühlkanals. Der Großteil der Spaltprodukte wurde abgefiltert, radioaktive Gase entwichen, was eine der größten Iod-131-Freisetzungen bewirkte	5–6
1977	Belojarsk, Sowjetunion	Im AKW schmolzen 50 % der Brennstoffkanäle, das Personal erlitt hohe Strahlenbelastungen	5

(Fortsetzung)

Tab. 8.2 (Fortsetzung)

Datum	Ort, Land	Vorfall	INES-Stufe
28. März 1979	Harrisburg, Pennsylvania, USA	Im AKW *Three Mile Island* führten Versagen von Maschinenteilen, Messsignalen sowie Bedienungsfehler zu einer 30–50 %igen Kernschmelze und einer Freisetzung von großen Mengen an radioaktiven Gasen	5
Sept. 1982	Tschernobyl, Sowjetunion/ heute Ukraine	Durch menschliches Versagen wurde ein Brennstoffkanal in der Reaktormitte in Block 1 des AKW zerstört. Über den industriellen Bereich der Kernkraftanlage und die Stadt Prypjat wurden große Mengen radioaktiv strahlender Substanzen verteilt. Liquidationspersonal erhielt hohe Strahlendosen	5
26. Apr. 1986	Tschernobyl, Sowjetunion/ heute Ukraine	Bei einem Super-GAU im Block 4 des AKW kam es zur Kernschmelze und zu Explosionen. Große Mengen Radioaktivität wurden freigesetzt, die Umgebung stark kontaminiert; viele direkte Strahlenopfer waren unter den Hilfskräften	7
11. März 2011	Fukushima, Japan	Erdbeben und nachfolgender Tsunami führten zu Schäden bei der Stromversorgung und an den Kühlsystemen von 4 Reaktoren mit Überhitzung der Brennelemente; mehrere Explosionen und Brände beschädigten äußere Gebäudehüllen stark und setzten große Mengen radioaktiver Stoffe frei. Es kam zu Kernschmelzen in 3 Reaktoren	7

Der radioaktive Fallout verteilte sich über weite Teile Europas und anschließend über die gesamte nördliche Halbkugel [23]. Je nach Windstärke und Windrichtung trieben die Wolken nach Skandinavien, später über Polen, Tschechien, Österreich, Süddeutschland bis nach Norditalien. Eine weitere Wolke erreichte auch den Balkan, Griechenland und die

Türkei. Dies führte in Süddeutschland zu einer zusätzlichen Belastung von 0,11 mSv im Jahr 1986. Bis 2009 ging sie auf 0,012 mSv zurück [23].

Aufgrund seiner kurzen Halbwertszeit war Jod-131 schnell wieder aus der Umwelt verschwunden. Heute ist Cäsium-137 noch immer in Deutschland nachweisbar. Seine Konzentration in Lebensmitteln ist jedoch radiologisch unbedenklich. Lediglich im Fleisch von Wildschweinen und in Waldpilzen, vornehmlich aus Bayern, treten heute noch erhöhte Werte auf. Dennoch muss jährlich immer noch Wildschweinfleisch vernichtet werden. Die Halbwertszeit beträgt 30 Jahre, sodass heute noch fast die Hälfte des damals ausgestoßenen Cäsium-137 in der Biosphäre vorhanden ist.

Genauso katastrophal war der Unfall im japanischen Fukushima am 11. März 2011, der durch eines der stärksten jemals gemessenen Erdbeben mit nachfolgendem Tsunami ausgelöst wurde. Das am Meeresufer liegende AKW wurde von den bis zu 40 m hohen Brechern getroffen und die Kühlsysteme brachen zusammen, was trotz aller Bemühungen zu teilweisen Kernschmelzen an 3 Reaktoren führte. Nach dem Unfall wurden 470.000 Menschen aus bis zu 30 km Entfernung um das Atomkraftwerk evakuiert, rund 160.000 Menschen davon längerfristig [25]. Das Ausmaß der atomaren Verstrahlung und die gesundheitlichen Folgen für die Betroffenen sind bis heute schwer abzuschätzen, auch weil es zu wenige Studien gibt. Immerhin werden seit 2011 bei Kindern und Jugendlichen von 0–18 Jahren Ultraschallscreenings der Schilddrüse durchgeführt. Dabei sind in den letzten 6 Jahren 20-mal mehr Krebsfälle gefunden worden, als ohne Unfall zu erwarten gewesen wäre [26].

Im Juni 2012 wurden vom Betreiber Tepco auf 525 km^2 Belastungen von über 20 mSv gemessen, was als stark kontaminiert gilt, auf weiteren 1800 m^2 immerhin mehr als 5 mSv [25]. Noch heute (2021) sind 300 km^2 – ein Gebiet von der Fläche Münchens – Sperrzone (>20 mSv) [26]. Die Aufräum- und Sicherungsarbeiten sind bis 2050 veranschlagt [25]. Noch immer dringt Grundwasser in die Reaktorruine ein und fließt verstrahlt ins Meer zurück. Für die 1,1 Mio. m^3 gesammelten radioaktiven Wassers gibt es keine Entsorgungsstrategie, ebenso wenig wie für den abgetragenen Oberboden von stark kontaminierten Feldern.

Der radioaktive Fallout kam nur stark abgeschwächt nach Europa, allerdings hatte der Unfall erhebliche politische Konsequenzen für Deutschland. In Baden-Württemberg wurde bei der Landtagswahl am 27. März 2011, also rund 2 Wochen nach dem Reaktorunfall, zum ersten Mal in der Geschichte ein grüner Politiker zum Ministerpräsidenten gewählt

(Winfried Kretschmann). Und der Bundestag beschloss auf Antrag der Bundesregierung am 30. Juni 2011 den vollständigen Rückzug aus der Atomindustrie, die noch laufenden AKW müssen bis Ende 2022 stillgelegt werden („Atomausstieg"). Damit kassierte Kanzlerin Angela Merkel, promovierte Physikerin und jahrzehntelang Verfechterin der Atomenergie, die kurz zuvor beschlossene Laufzeitverlängerung der deutschen AKW und der Atomausstieg wurde eingeleitet. Aufgrund des Energiemangels durch den russischen Angriff auf die Ukraine wurde dann die Laufzeit von 3 noch laufenden AKW bis April 2023 verlängert. Danach war in Deutschland endgültig Schluss mit der Kernkraftnutzung.

Was bleibt zu tun?

Viel kann der Einzelne nicht tun, da er dem radioaktiven Fallout immer passiv ausgesetzt ist. In Gegenden, wo heute noch die Strahlenbelastung durch den Reaktorunfall von Tschernobyl messbar ist, sollte man nicht zu oft Pilze oder Wildfleisch verzehren. In Deutschland sind mittlerweile zwar alle AKW abgeschaltet, trotzdem strahlen die Anlagen und deren Abfälle noch über einen sehr langen Zeitraum. Auch ein Endlager wurde bisher noch nicht benannt. Außerdem gibt es immer noch zahlreiche Aufreinigungs- und Aufbereitungsanlagen für radioaktive Grundstoffe und alte Brennstäbe. Damit unterstützt die deutsche Wirtschaft die Atomenerige im Ausland. In Hinblick auf die hohen Risiken von AKWs und den ungeklärten Problemen der Zwischen- und Endlagerung braucht es daher auch nach dem deutschen Ausstieg aus der Atomenergie noch immer ein starkes zivilgesellschaftliches Engagement gegen die weltweite Weiternutzung. Ebenso lagern in Deutschland Atomwaffen. Die Folgen eines Atomkriegs würden alle Länder dieser Welt betreffen und die Gefahr besteht, solange es Unmengen an Atomwaffen gibt. Auch hier braucht es weiterhin starkes zivilgesellschaftliches Engagement zur Abrüstung und das Einfordern politischer Lösungen von Konflikten.

Literatur

1. Stolz W (2003) Radioaktive Kernumwandlungen. Radioaktivität. Vieweg+Teubner, Wiesbaden. https://doi.org/10.1007/978-3-663-01497-3_2. Zugegriffen: 26. Aug. 2022
2. Foodwatch (2011) Der Weg radioaktiver Stoffe aus der Umwelt auf den Teller. https://www.foodwatch.org/de/informieren/archiv/strahlenbelastung/mehr-zum-thema/der-weg-ins-essen/. Zugegriffen: 26. Aug. 2022
3. MUKE BW (o. J.) – Ministerium für Umwelt, Klima und Energiewirtschaft Baden-Württemberg. Strahlenexposition in Deutschland. https://um.baden-wuerttemberg.de/de/umwelt-natur/kernenergie-und-strahlenschutz/strahlen-

schutz/informationen-zum-strahlenschutz/strahlenexposition-in-deutschland/. Zugegriffen: 26. Aug. 2022

4. WIKIPEDIA: Strahlenexposition. https://de.wikipedia.org/wiki/Strahlenexposition. Zugegriffen: 06 Juni 2023
5. WIKIPEDIA: Radonbelastung. https://de.wikipedia.org/wiki/Radonbelastung. Zugegriffen: 06 Juni 2023
6. BfS (o. J.) – Bundesamt für Strahlenschutz. Ionisierende Strahlung – Einführung. https://www.bfs.de/DE/themen/ion/einfuehrung/einfuehrung_node.html. Zugegriffen: 26. Aug. 2022
7. Vienneau D, De Hoogh K, Hauri D et al (2017) Effects of radon and UV exposure on skin cancer mortality in Switzerland. Environ Health Perspect 125(6):067009
8. BfS (2018) Radon in der Boden-Luft in Deutschland. https://www.bfs.de/DE/themen/ion/umwelt/radon/karten/boden.html. Zugegriffen: 26. Aug. 2022
9. Bleckmann F (2016) Radioaktivität und Strahlung – Vorkommen und Überwachung. Bayerisches Landesamt für Umwelt, Augsburg. https://www.lfu.bayern.de/buerger/doc/uw_56_radioaktivitaet_strahlung_grundbegriffe.pdf. Zugegriffen: 26. Aug. 2022
10. BfS (2022) Granitplatten im Haushalt. https://www.bfs.de/DE/themen/ion/umwelt/baustoffe/granit/granit_node.html. Zugegriffen: 26. Aug. 2022
11. Malberger L (2016) Radioaktivität – Strahlung was ist das? ZEIT ONLINE. https://www.zeit.de/wissen/umwelt/2016-03/radioaktivitaet-wirkung-grundlagen. Zugegriffen: 26. Aug. 2022
12. UNSCEAR (2010) – United Nations Scientific Committee on the Effects of Atomic Radiation, zitiert nach BfS (o. J.). Ionisierende Strahlung – Strahlenwirkungen – Krebserkrankungen – Einführung. https://www.bfs.de/DE/themen/ion/wirkung/krebs/einfuehrung/einfuehrung.html. Zugegriffen: 26. Aug. 2022
13. Fischer S, Lubbadeh J (2007) Kinderkrebsstudie: Politiker streiten, Wissenschaftler bleiben cool. SPIEGEL ONLINE am 11.12.2007. https://www.spiegel.de/wissenschaft/mensch/kinderkrebsstudie-politiker-streiten-wissenschaftler-bleiben-cool-a-522804-2.html. Zugegriffen: 26. Aug. 2022
14. WIKIPEDIA: Trinity-Test. https://de.wikipedia.org/wiki/Trinity-Test. Zugegriffen: 06 Juni 2023
15. Kamiya K, Ozasa K, Akiba S et al (2015) Long-term effects of radiation exposure on health. The Lancet 386(9992):469–478
16. WIKIPEDIA: Bikini-Atoll. https://de.wikipedia.org/wiki/Bikini-Atoll. Zugegriffen: 06 Juni 2023
17. WIKIMEDIA COMMONS: Fastfission, gemeinfrei. https://commons.wikimedia.org/wiki/File:Types_of_nuclear_testing.svg. Zugegriffen: 06 Juni 2023
18. WIKIMEDIA: Operation Crossroads. https://de.wikipedia.org/wiki/Operation_Crossroads. Zugegriffen: 06 Juni 2023

19. Bordner AS, Crosswell DA, Katz AO et al (2016) Measurement of background gamma radiation in the northern Marshall Islands. Proc Natl Acad Sci 113(25):6833–6838
20. Lohmann D (2009) Bikini-Atoll. Ein verlorenes Paradies und sein atomares Erbe. https://www.scinexx.de/dossier/bikini-atoll/. Zugegriffen: 26. Aug. 2022
21. WIKIPEDIA: Kernwaffe. https://de.wikipedia.org/wiki/Kernwaffe. Zugegriffen: 06 Juni 2023
22. Anonym (2013) USA entgingen nur knapp Atombomben-Katastrophe. SPIEGEL ONLINE 21.09.2013. https://www.spiegel.de/politik/ausland/flugzeugunfall-usa-stand-1961-kurz-vor-atomkatastrophe-a-923652.html. Zugegriffen: 26. Aug. 2022
23. WIKIPEDIA: Nuklearkatastrophe von Tschernobyl. https://de.wikipedia.org/wiki/Nuklearkatastrophe_von_Tschernobyl. Zugegriffen: 06 Juni 2023
24. WIKIPEDIA: Liste von Unfällen in kerntechnischen Anlagen. https://de.wikipedia.org/wiki/Liste_von_Unf%C3%A4llen_in_kerntechnischen_Anlagen. Zugegriffen: 06 Juni 2023
25. LpB BW (2021) – Landeszentrale für politische Bildung Baden-Württemberg. Fukushima – Die Atomkatastrophe 2011 und ihre Folgen. https://www.lpb-bw.de/fukushima#c48045. Zugegriffen: 26. Aug. 2022
26. Anonym (2021) Zehn Jahre nach Fukushima: Gesundheitliche Folgen nicht gänzlich abschätzbar. Ärzteblatt-Vermischtes am 02.03.2021. https://www.aerzteblatt.de/nachrichten/121561/Zehn-Jahre-nach-Fukushima-Gesundheitliche-Folgen-nicht-gaenzlich-abschaetzbar. Zugegriffen: 26. Aug. 2022

9

Gifte im Haushalt – Weichspüler, Lacke und Desinfektionsmittel

Jeder deutsche Haushalt besitzt Hunderte von Chemikalien. Sie werden als notwendig erachtet, um Sauberkeit zu erzeugen, unser Heim schöner und das Leben bequemer zu machen. Chemie im Haushalt beginnt mit Dutzenden von Reinigungsmitteln, geht über Kosmetika und Körperpflegeprodukte (s. Kap. 11) bis hin zu Farben, Lacken und Autoreinigungsmittel. Die Gefahren, die von Heimtextilien und Teppichböden, Tapeten und Dispersionsfarben ausgehen können, sind dabei ein eigenes Kapitel. Ganz zu schweigen von den Risiken, die Fleckentferner, Kalklöser, WC-Reiniger und Schimmelstopper ausmachen. Ein wieder ganz anderer Bereich sind Klebstoffe, Holzschutzmittel, Schädlingsbekämpfungsmittel (Biozide), Schwimmbadchemikalien und Auftaumittel. Über all diese Dinge muss man informiert sein, wenn Schäden für sich selbst und die Umwelt vermieden werden sollen. Denn die Umwelt ist über das Abwasser von Haushalten und Boden (Stellplatz oder Garten) immer betroffen. Am direktesten sah man das früher an den Schaumbergen in Bächen und Flüssen, die von Phosphaten in den Waschmitteln kamen. Diese Zeiten sind vorbei, aber es ist noch genügend Giftiges und Bedenkliches übrig geblieben. Und die Mengen, die jedes Jahr an Wasch- und Reinigungsmitteln an Privathaushalte abgegeben werden, sind enorm (s. Box). Dazu kommen dann noch die Mittel professioneller Reinigungsfirmen.

T. Miedaner und A. Krähmer, *Gifte in unserer Umwelt*,
https://doi.org/10.1007/978-3-662-66578-7_9

Verkauf von Wasch- und Reinigungsmitteln an private Haushalte je Jahr [1]

rund 630.000 t Waschmittel,
ca. 220.000 t Weichspüler,
ca. 480.000 t Reinigungs- und Pflegemittel, davon ca. 260.000 t Geschirrspülmittel.

Was in diesem Kapitel nicht behandelt wird, sind Fälle von direkten Vergiftungen und Verätzungen, die besonders häufig bei Kindern vorkommen. In ihrer Neugier schlucken sie leicht Chemikalien, die in ihrer Reichweite, aber natürlich nicht zum Verzehr gedacht sind. Besonders häufig kommt das neuerdings mit den knallbunten Geschirrspültabs vor, die auf Kinder wie Bonbons wirken. Aber auch Lampenöle mit ihren bunten Farben und oft aromatischen Düften führen häufig zu gefährlichen Vergiftungen, wenn sie fälschlich für Limonaden gehalten und von Kindern getrunken werden.

Welche Gesundheitsgefahren lauern im Haushalt?

Rund 60.000 Reinigungsmittel sind nach Angaben der EU-Kommission in der gesamten EU auf dem Markt. In Deutschland findet man durchschnittlich 15 Reiniger in einem Haushalt [2]. Nicht alle davon sind ungefährlich (s. Box). Nach einer Studie von Wissenschaftlern der norwegischen Universität Bergen führt langjähriges Putzen zu Gesundheitsschäden, v. a. wird messbar die Lungenfunktion beeinträchtigt [3]. Die Wissenschaftler untersuchten 6.230 Personen über einen Zeitraum von 20 Jahren. Zu Beginn der Studie waren die Teilnehmer durchschnittlich 34 Jahre alt. Den stärksten Abfall der Lungenfunktion fanden sie bei Personen, die beruflich als Reinigungskraft arbeiteten. Denn aggressive Putzmittel enthalten Chemikalien, die durch das Einatmen in die Lunge dringen und dort Gewebe zerstören. Dies ist besonders gefährlich bei Substanzen, die gesprüht werden, man denke nur an Backofenspray, Fensterreiniger oder Kalklöser. Das Aerosol wird dabei eingeatmet und schädigt die Atemwege direkt. Putzmittel erhöhen das Risiko, an Asthma zu erkranken, während Leute, die schon Asthmatiker sind, oft mit akuter Luftnot reagieren. Die Autoren betonen, dass langjähriges Putzen, auch wenn es nur im Haushalt ohne berufliche Tätigkeit stattfindet, die Lungenfunktion ähnlich schädigt wie das Rauchen von knapp 20 Packungen Zigaretten im Jahr [4]. Und dabei hatten rund 40 % der Studienteilnehmer noch nie geraucht. Viele Inhaltsstoffe schädigen auch die Haut, indem sie die Säureschutzschicht stören.

Gesundheitsgefahren durch Haushaltschemikalien [5, ergänzt]

- **Schäden der Atmungsorgane:** Sanitär-, Abflussreiniger oder Antischimmelmittel können Natriumhypochlorit (NaClO) enthalten (= Aktivchlor, Chlorbleichlauge); es kann sich bei unsachgemäßer Anwendung Chlorgas (Cl_2) bilden, das beim Einatmen Schäden an der Lunge oder an den Atemwegen verursacht.
- **Hautreizungen:** Zement und Kalk in Bauchemikalien (z. B. Spachtelmasse, Wandfarben, Mörtel, Putze) wirken reizend bzw. ätzend. Daher sollten Haut (z. B. durch Handschuhe, Arbeitskleidung) und Augen (Brillen) geschützt werden.
- **Allergien, Asthma:** Bestimmte Duftstoffe, z. B. in Kosmetika, Wasch- und Reinigungsmitteln, sind allergen und können bei Betroffenen zu Hautausschlägen, Juckreiz und Luftnot führen. Chemikalien können in geschlossenen Räumen an Staubpartikeln haftend die Atemluft belasten.
- **Umweltschäden:** Chemikalien gelangen durch Abwässer oder die Toilettenspülung in die Umwelt und können dort zu Schäden führen. Dies ist besonders spektakulär bei Vollwaschmitteln mit synthetischen Tensiden, die früher zu Schaumkronen in Gewässern führten.

Aggressive Putzmittel

Auch wenn Chemikalien im täglichen Alltag eher einen negativen Beigeschmack haben, werden bei Putz-, Wasch- und Reinigungsmitteln oft die giftigsten Substanzen gekauft und eingesetzt. Besonders bedenklich sind Spezialreiniger (s. Box). Sie enthalten Säuren, Laugen, Alkohole, Bleichmittel, Konservierungsstoffe oder Lösungsmittel. In sogenannten Hygienereinigern finden sich Chlor, Natronlauge, Ameisen- oder sogar Salz- und Phosphorsäure.

Häufige Schadstoffe und mögliche Gesundheitsschäden [6, ergänzt]

Abflussreiniger
Inhaltsstoff: Natronlauge (Natriumhydroxid, NaOH).
Gesundheitsrisiko: Verätzungen von Haut und Augen.
Backofenspray
Inhaltsstoffe: Ammoniak (NH_3), Natronlauge, Tenside, Lösungsmittel.
Gesundheitsrisiko: Reizungen von Haut, Augen und Schleimhäuten.

Entkalker
Inhaltsstoffe: u. a. Ameisensäure (HCOOH), Amidosulfonsäure (H_3NSO_3), Salzsäure (HCl).
Gesundheitsrisiko: Erbrechen, Husten, Verätzungen, Kreislaufzusammenbruch beim versehentlichen Verschlucken.
Fleckenentferner
Inhaltsstoffe: chlorierte Lösungsmittel/Kohlenwasserstoffe (CKW), z. B. Chloroform (Trichlormethan, $CHCl_3$).
Gesundheitsrisiko: Bei längerer Exposition über die Lunge sind Leberschäden möglich, eventuell krebsauslösend.
Fußbodenreiniger
Inhaltsstoffe: Lösungsmittel, u. a. chlorierte Kohlenwasserstoffe, Aceton, Alkohol, Benzin.
Gesundheitsrisiko: Bei längerer Exposition über die Lunge sind Leber-, Nieren- und Nervenschäden möglich.
Waschmittel
Inhaltsstoffe: Tenside, Bleichmittel (Natriumpercarbonat/$Na_2CO_3 \bullet 1{,}5H_2O_2$, Natriumperborat/$NaBO_3 \bullet 4H_2O$, Chlor), Enthärter (NTA, EDTA und Polycarboxylate), Phosphate oder Zeolithe (Natriumaluminiumsilikate), Füllstoffe.
Gesundheitsrisiko: Hautreizungen, beim versehentlichen Verschlucken kann es zu lebensgefährlichen Vergiftungen kommen.
WC-Reiniger
Inhaltsstoffe: chlorfreisetzende Substanzen (Natriumhypochlorit, NaClO), Phosphor- (H_3PO_4), Salzsäure (HCl).
Gesundheitsrisiko: Lungenschäden.

Hinzu kommt, dass durch die Kombination bestimmter Chemikalien unmittelbar Gefahren entstehen können. Das **Chlor** im WC-Reiniger kann zusammen mit säurehaltigen Mitteln, etwa einem ökologisch beworbenen Essigreiniger, tatsächlich ätzendes Chlorgas bilden. Das ist immerhin ein Kampfgas, und wenn man sich dann während des Reinigens noch über die Badewanne oder die Toilette beugt, kann man leicht gefährliche Erstickungsanfälle bekommen, von Reizungen der Augen ganz abgesehen. Und dabei muss man die Stoffe nicht einmal mischen, es genügt, sie in einem Raum kurz nacheinander auf derselben Oberfläche anzuwenden. Denn die Ausdünstungen der beiden Substanzen mischen sich schon in der Raumluft und reagieren dann miteinander. Übrigens wirkt auch Chlor alleine schon im Kontakt mit Wasser reizend, selbst mit dem Wasser in den Schleimhäuten. Dabei bilden sich hypochlorige Säure und Salzsäure. Chlor ist immer noch in vielen Reinigungs- und Bleichmitteln, Schimmelentfernern oder Rohrreinigern enthalten, da es stark desinfizierend wirkt. Man denke nur an das Schwimmbad oder – wer einen hat – an den eigenen Pool. Es wird meist als Natriumhypochlorit eingesetzt, das bei Kontakt mit Wasser die genannten Stoffe bildet. Die Lösung ist dann stark basisch, löst

Verunreinigungen wie Fette und Eiweiße und wirkt bleichend. Auch Duftstoffe in Raumsprays können negativ mit Putzmitteln reagieren [7].

Manche Putzmittel werden so aggressiv beworben, wie ihre Inhaltsstoffe sind. Da heißt es dann Power-Reiniger, Powerz [7] oder Megapower. Dabei gibt es von diesen Kraftreinigern zwei Kategorien: Kalklöser, die auch Seifenreste und Rost entfernen sollen, sowie Fettlöser, die Fett und Ruß beseitigen sollen. Die Kalkreiniger sind sehr stark sauer. Mit pH-Werten von bis zu 0,6 lassen sie vom Kalk kaum noch etwas übrig. (Zum Vergleich: Die menschliche Haut hat einen pH-Wert von 6,5.) Aber sie greifen auch Naturstein, Emaille, Kupfer, Aluminium, Fliesen und v. a. Marmor an. Denn der schicke Marmorspülstein ist nichts anderes als Kalk in edler Form. Er wird durch die hochaggressiven Reiniger nicht nur rau und unansehnlich, sondern auch leichter. Die Kalkreiniger ätzen schon bei kurzer Anwendungszeit messbar Kalkstein weg [8].

Fettreiniger wirken dagegen alkalisch und enthalten **Tenside.** In billigen Putz- und Waschmitteln sind dies meist erdölbasierte, synthetische Tenside. Sie müssen zwar laut EU-Verordnung in der Umwelt abbaubar sein, aber dies bezieht sich nur auf eine erste Abbaureaktion (Oberflächenabbaubarkeit) und bedeutet nicht, dass sie vollständig abgebaut werden (Endabbaubarkeit). Dadurch können sie für Wasserorganismen toxisch sein. Außerdem trocknen Tenside Haut und Schleimhäute aus und machen sie anfälliger für Ausschläge und Allergien. In etwa der Hälfte der Reinigungsmittel werden heute Seifen und Zuckertenside eingesetzt, die dieselbe Wirkung haben, aber aus nachwachsenden Rohstoffen bestehen und immerhin gut abbaubar sind. Fettreiniger greifen Holz, lackierte Oberflächen, Aluminium und auch Marmor an. Auch auf Messing, Gummi und Linoleum können sie Spuren hinterlassen. Selbst Kunststoffe werden von einigen Reinigern angegriffen. So können sie das Gehäuse von Küchenmaschinen oder das Innenleben von Armaturen zerstören.

Durchaus gefährlich können auch **Backofenreiniger** sein (Abb. 9.1). Das zeigen schon die ausführlichen Gefahrenhinweise auf vielen Flaschen, aber wer liest und beherzigt sie schon? „Wenn so eine Substanz ins Auge kommt, kann das eben sehr schnell Verätzungen machen…“ sagt der Toxikologe Dr. Uwe Stedtler von der Vergiftungs-Informations-Zentrale der Universität Freiburg [9]. Dann hilft nur noch rasches Ausspülen mit Wasser. Ein Grund dafür ist Ammoniakwasser, das in vielen Backofenreinigern enthalten ist. Wenn es verdunstet, tritt giftiges Ammoniak aus. Auch Natriumhydroxid wird als Backofenreiniger verkauft und beide Chemikalien verursachen beim Einatmen Schäden. Auch muss nach dem Reinigen der Backofen 15–30 min auf maximale Temperatur aufgeheizt werden, um die

> „Gefahrenhinweise: Verursacht schwere Verätzungen der Haut und schwere Augenschäden. [...] Staub/Rauch/ Gas/Nebel/Dampf/Aerosol nicht einatmen. Schutzhandschuhe/Schutzkleidung/Augenschutz/Gesichtsschutz tragen. BEI BERÜHRUNG MIT DER HAUT (oder dem Haar): Alle kontaminierten Kleidungsstücke sofort ausziehen. Haut mit Wasser abwaschen/duschen. BEI KONTAKT MIT DEN AUGEN: Einige Minuten behutsam mit Wasser spülen. Vorhandene Kontaktlinsen nach Möglichkeit entfernen. Weiter spülen. Sofort GIFT-INFORMATIONS-ZENTRUM/Arzt anrufen. BEI EINATMEN: Die Person an die frische Luft bringen und für ungehinderte Atmung sorgen. Kontaminierte Kleidung vor erneutem Tragen waschen."

Abb. 9.1 Gefahrensymbol (Ätzend, CC0 1.0) [10] und Sicherheitshinweise auf einem Backofensprühgel. Wer das einmal aufmerksam gelesen hat, wird nicht mehr an die Ungefährlichkeit von Putzmitteln glauben; die Hauptkomponente, die diesen Schutz erforderlich macht, ist Natriumhydroxid

schädlichen Chemikalien wieder zu entfernen, die sonst das Essen verderben können.

Auch viele **Fensterputzmittel** enthalten verdünnte Ammoniaklösung, die oft als „Salmiakgeist" bezeichnet wird. Allerdings ist Ammoniak auch für Schleimhäute ätzend und kann zu Lungenproblemen führen. Da es leicht flüchtig ist, wird es beim Putzen unweigerlich eingeatmet [11]. Dabei kann durchaus der zulässige Grenzwert am Arbeitsplatz überschritten werden. Doch während in der Industrie speziell ausgebildete Sicherheitsingenieure für die Einhaltung der Grenzwerte sorgen, kümmert sich im Haushalt niemand darum.

Abflussreiniger enthalten ebenfalls oft Natriumhydroxid (auch als kaustisches Soda bezeichnet), das beim Lösen in Wasser Natronlauge bildet. Solche starken Laugen lösen zwar zuverlässig Krusten, Speisereste und Haare auf [12], ätzen angebrannte Reste weg und werden auch zum Ablösen von Lackfarben auf Holzmöbeln (Ablaugen) genutzt. Wenn sie aber auf die Haut kommen, machen sie genau dasselbe und es kann zu Rötungen bis hin zu Blasenbildung oder gar starken Verätzungen kommen. Im Labor müssen beim Arbeiten mit Laugen Schutzhandschuhe und Schutzbrillen getragen werden. Deshalb tragen auch die stärkeren Laugen im Haushalt häufig Gefahrensymbole (Abb. 9.2).

Wenn man schon putzen muss, dann soll es danach auch wenigstens gut riechen. Daher enthalten fast alle herkömmlichen Reinigungsmittel Duftstoffe. Sie haben keinerlei Auswirkung auf die Reinigungswirkung, sondern sind nur psychologisch wichtig, weil etwa Zitronen- oder Orangenduft Reinheit suggeriert. Und gerade Orangenreiniger können trotz ihres „natürlichen" Aussehens sehr aggressiv sein (s. Abb. 9.3). Dabei sind viele dieser

Symbol	Bezeichnung	Chemikalien und Vorkommen
	GESUNDHEITS-GEFÄHRDEND	Natriumchlorat Xylol Terpentinöl Aceton , Benzin, Ethylenglykol Trichlorisocyanursäure Natriumcarbonat. **In:** Imprägniersprays, Geschirrspültabs, Backofenreiniger, lösemittelhaltige Klebstoffe, Farbverdünner, Kühlerfrostschutzmittel, Desinfektionsmitteln mit chlorhaltigen Verbindungen – wie z. B. Trichlorisocyanursäure, Lacksprays
	ENTZÜNDLICH	Propan, Benzin, Ace ton, Ethanol, Ethylacetat, Methanol. **In:** Haarspray, Deosprays, Imprägniersprays, Kartuschen für Campingkocher, Reinigungs-, Pflegemittel für Fußböden, Teppiche Enteiser, Brennspiritus, Nagellackentferner, Nitroverdünner, Kraftstoffe, Holzschutzlasuren
	BRAND-FÖRDERND	Ammoniumnitrat, Kaliumnitrat, Natriumnitrat, Kaliumpermanganat, Kaliumchlorat, Natriumchlorat, Kaliumperchlorat, Natrium-perchlorat, Natriumchlorit, Trichlorisocyanursäure, Wasserstoffperoxid. **In:** Mehrnährstoffdünger, Desinfektionsmittel mit chlorhaltigen Verbindungen – wie z. B. Trichlorisocyanursäure, Bleichmittel
	EXPLOSIV	organische Peroxide, so z. B. Ammoniumperchlorat. **In:** Feuerwerkskörpern
	GAS UNTER DRUCK	Acetylen, Sauerstoff, Propan, Kohlendioxid – unter Druck. **In:** Gasflaschen für Gasherd, Gasgrill, Gaskartuschen für Campingkocher, Kohlendioxid-Patronen für Sprudelwasser
	UMWELT-GEFÄHRDEND	Alle Erdölfraktionen, wie Benzin, Diesel, Naphtha, Petroleum, Terpentinöl, chlorhaltige Verbindungen, z. B. Natrium(hypo)chlorit. **In:** Kraftstoffe, Heizöle, Motorenöle, Holzschutzmittel, Lösungsmittel, Desinfektionsmittel, chlorhaltige Desinfektionsmittel, Reinigungsmittel
	ÄTZEND	Salzsäure, Natronlauge (Natriumhydroxid), Schwefelsäure (Batteriesäure), Wasserstoffperoxid, Natriumhypochlorit, Propanol. **In:** Stark basische Abflussreiniger (mit Natriumhydroxid), Kalklöser, WC-Reiniger, Backofensprays, Bleichmittel, Entroster, Chlorreiniger
	SYSTEMISCHE GESUNDHEITS-GEFÄHRDUNGEN	Asbest, Benzin, Diesel, Paraffine, Terpentinöl, Methanol. **In:** Lampenöle, lösemittelhaltige, Klebstoffe, Fleckenentferner, Kraftstoffe, Treibstoffe im Modellautobau (Methanol)
	GIFTIG/ SEHR GIFTIG	Blausäure (Cyanwasserstoffsäure) und ihre Salze z. B. Zyankali (Kaliumcyanid), Arsen, Methanol, Quecksilber, Zinkphosphid. **In:** Mittel zur Schädlingsbekämpfung, z. B. Wühlmauspatronen, alte Fieberthermometer und Barometer (quecksilberhaltig)

Abb. 9.2 Gefahrensymbole, Bezeichnung, Chemikalien und deren Vorkommen im Haushalt; Symbole: [13], Info: [14]

Abb. 9.3 Gefahrensymbole, wie sie sich in jedem Haushalt finden lassen. Oben links: Auf einem herkömmlichen Orangenreinigerkonzentrat finden sich 5 Symbole mit der Bedeutung gesundheitsgefährdend, umweltgefährdend, entzündlich, ätzend und systemisch gesundheitsgefährdend (von links nach rechts, s. a. Abb. 9.2). Unten links: „Reizender" Entkalker mit dem veralteten Gefahrstoffsymbol „X" (heute durch das Ausrufezeichen symbolisiert). Mitte: entzündliches, gesundheits- und umweltgefährdendes Schuhimprägniermittel. Ganz rechts: gesundheitsgefährdender Universalfleckentferner. (© Thomas Miedaner)

Duftstoffe allergieauslösend, 26 davon müssen laut EU-Verordnung einzeln auf der Packung aufgeführt werden, wenn ihre Konzentration 0,01 % überschreitet. Deshalb sind auch synthetische Raumsprays und Raumbedufter nicht unbedenklich. Gutes und regelmäßiges Lüften ist da allemal besser.

Was gefährlich ist, hat ein Kennzeichen

In jedem Industriebetrieb gibt es eigens ausgebildete Sicherheitsfachleute. Jährliche Schulungen der Mitarbeiter, die mit Gefahrstoffen umgehen, sind gesetzlich vorgeschrieben und müssen dokumentiert werden. Im Haushalt hingegen kümmert sich niemand um die Gefahren. Hausfrauen und -männer, aber auch Putz- und Nachbarschaftshilfen gehen meist sorglos mit den Haushaltschemikalien um, im Vertrauen darauf, dass alles getestet und geprüft ist. Das stimmt zwar, aber das heißt noch längst nicht, dass alles ungefährlich ist. Der Gesetzgeber schreibt bei gefährlichen Stoffen nämlich Kennzeichen vor, die jeder kennen sollte (Abb. 9.2). Aber wenn man im Freundeskreis herumfragt, dann stellt sich heraus, dass kaum jemand den Sinn dieser Piktogramme kennt. Und das, obwohl sie bewusst einfach gehalten sind, auch ohne deutsches Sprachverständnis erfasst werden können und weltweit mit den GHS-Symbolen („Globally Harmonised System of Classification and Labelling of Chemicals", GHS) vereinheitlicht sind [13].

Und wenn man mal genauer nachsieht, dann finden sich für die Gefahrensymbole zahlreiche Beispiele im Haushalt (Abb. 9.3). Beim Umgang mit den entsprechenden Mitteln ist deshalb Vorsicht geboten. Als Minimummaßnahmen sollte man während des Gebrauchs gut lüften oder die Schuhimprägniermittel oder den Fleckentferner gleich im Freien anwenden. Dabei kann man Handschuhe und eventuell sogar Mundschutz tragen, wenn die Atemwege gefährdet sind. Das gilt insbesondere für bereits vorgeschädigte Personen, wie Allergiker oder Asthmatiker.

Sehen Sie als Übung zu Hause nach, wie viele ihrer Reinigungsmittel Gefahrensymbole tragen. Selbst das harmlos wirkende und gut duftende Orangenreinigerkonzentrat kann mit bis zu 5 Gefahrensymbolen und zusätzlich dem in Großbuchstaben aufgedruckten Wort GEFAHR versehen sein (Abb. 9.3). Informationen über die genaue Mischung und die beteiligten Produkte sind im Sicherheitsdatenblatt enthalten. Verantwortlich für die Gefahrensymbole sind 3 Inhaltsstoffe: nicht ionische Tenside, das sind Schaumbildner, die eine akute Toxizität haben und das Auge schädigen (Vorsicht gefährlich, ätzend); Ethanol, das als Lösungsmittel dient (hochentzündlich); D-Limonen aus den Orangen, das gleich 4 Gefahreneinstufungen hat (alle gezeigten außer ätzend). Der Entkalker (Abb. 9.3) enthält Säure und gilt deshalb als „reizend". Das Schuhpflegemittel enthält laut Aufschrift „mit Wasserstoff behandelten schweren Naphtha (Erdöl)". Das ist ein komplexes Gemisch von Kohlenwasserstoffen, das bei der Erdölraffination anfällt. Auch wenn die genaue Wirkung und Toxikologie noch umstritten ist, förderlich für die Gesundheit ist es in keinem Fall. Es kann Hautreizungen verursachen und zu Schläfrigkeit und Benommenheit führen. Wegen der eingesetzten Treibgase ist die Dose auch explosiv. Und mit langfristiger Wirkung ist das Mittel auch giftig für Wasserorganismen. Der Universalfleckentferner enthält Bleichmittel auf Sauerstoffbasis. Diese sind schonender und umweltfreundlicher als reine Chlorbleiche und sind eine pulverförmige Mischung von Natriumcarbonat (Soda, Na_2CO_3) und Wasserstoffperoxid (H_2O_2). Bei Kontakt mit Wasser setzt die oxidierende chemische Reaktion ein, die den Bleichvorgang ausmacht. Nach dem Bleichen bleibt nur unbedenkliches Wasser, Sauerstoff und Natriumcarbonat zurück. Allerdings kann Wasserstoffperoxid bei höheren Konzentrationen zu Verätzungen der Atemwege, Schleimhautentzündungen oder Lungenödemen führen. Bei niedrigen Konzentrationen bleicht es immer noch die Haut und schädigt die Augen.

Laut einer EU-Verordnung muss auf Etiketten von Produkten, die ein gefährliches Gemisch enthalten, spätestens ab 2025 ein UFI („Unique Formula Identifier") aufgedruckt sein. Das ist ein 16-stelliger alphanumerischer Code, der die Gefährlichkeit des Produkts einheitlich kennzeichnet und beispielsweise beim Verschlucken dem Arzt Hinweise gibt.

Was enthalten Waschmittel?

Die Chemie der Waschmittel ist heute eine eigene Wissenschaft und es gibt zahlreiche Fachbücher, von denen eines schon in der 5. Auflage erscheint. Und was wir heute von Waschmitteln fordern, ist ja auch enorm. Denn es gibt nicht nur ein paar Naturfasern wie früher (Wolle, Baumwolle, Hanf, Leinen, Seide), sondern allerhand synthetische Stoffe und komplexe Kombinationen von Natur- und synthetischen Materialien. Die sollen alle irgendwie sauber werden, aber natürlich nicht ihre Farben oder Formen verlieren. Und entsprechend komplex sind die heutigen Waschmittel (Tab. 9.1).

Tab. 9.1 Stoffe, die in Waschmitteln enthalten sind, und was sie bewirken [15]

Inhaltsstoff	Funktion
Tenside	lösen den Schmutz
Enthärter	verhindern, dass die Wäsche vergraut und hart wird
Bleichmittel	zerstören hartnäckige Verschmutzungen
Enzyme	sind nötig zur Reinigung von eiweiß- und stärkehaltigem Schmutz wie etwa Eigelb, Soßen, Blut
Optische Aufheller	lassen Wäsche weißer erscheinen
Vergrauungsinhibitoren	verhindern das Wiederansetzen des Schmutzes
Verfärbungsinhibitoren	verhindern das Wiederaufziehen eines abgelösten Farbstoffes in der Wäsche (v. a. in Buntwaschmitteln)
Stabilisatoren	verhindern die Zersetzung von Bleichmitteln durch Schwermetallionen
Schauminhibitoren	zu viel Schaum behindert den Waschvorgang
Farbübertragungsinhibitoren	verhindern bei Buntwäsche die Farbstoffübertragung
Korrosionsinhibitoren	verhindern Schäden an der Waschmaschine
Duftstoffe	unterdrücken den unangenehmen Duft der Waschlauge
Farbstoffe	sollen das Produkt attraktiv machen
Füllstoffe	erhöhen die Rieselfähigkeit und erleichtern die Dosierung
Konservierungsstoffe	erhöhen die Lagerfähigkeit des Waschmittels

Grob gesagt lassen sich die Waschmittel einteilen in: Vollwaschmittel, die für viele Textilien im Temperaturbereich von 30 bis 95 °C geeignet sind; Buntwaschmittel, die für die Wäsche von farbigen Textilien bis zu einer Temperatur von 60 °C eingesetzt werden; Feinwaschmittel, die besonders schonend wirken und sich bis zu Temperaturen von 30 °C eignen. Sie enthalten dafür keine optischen Aufheller und Bleichmittel, dafür andere und mehr Enzyme und einen höheren Gehalt an Seife. Schließlich gibt es noch Spezialwaschmittel für schwarze Textilien, für Wolle, Seide oder spezielle Stoffe.

Tenside („waschaktive Substanzen") sind die Grundlage jeglicher Waschwirkung [16]. Früher verwendete man dafür einfach Seife. Diese wurde in einem komplizierten Verfahren von einem speziellen Berufszweig (den Seifensiedern) aus meist tierischen Fetten oder pflanzlichen Ölen und (Pott-)Asche durch Kochen („verseifen") hergestellt. Durch diesen Prozess wurden langkettige Fettsäuren aus dem Fett oder Öl gespalten und freigesetzt. Durch Reaktion mit in der Asche enthaltenen Laugen entstanden dann Salze der Fettsäuren. Natriumsalze der Fettsäuren sind auch als Kernseifen und Kaliumsalze als Schmierseifen bekannt. Gemische aus Kernseife und den in Rindergalle enthaltenen Gallensäuren ergeben Gallseife.

Heute reicht Seife für die weitreichenden Ansprüche an moderne Tenside nicht mehr aus. Tenside verringern die Oberflächenspannung (lat. „tensio", Spannung), ermöglichen die Mischung von eigentlich nicht mischbaren Substanzen wie Öl und Wasser und bilden Schaum. Damit sie diese Funktion erfüllen können, haben sie einen wasserliebenden (hydrophilen) und einen wasserabweisenden (hydrophoben) Teil. Moderne Vollwaschmittel enthalten meist eine Kombination von Tensiden, etwa LAS (lineare Alkylbenzolsulfonate) und FAEO (Fettalkoholethoxylate) sowie etwas Seife (Abb. 9.4). Zu der ersteren Gruppe gehört auch das Tetrapropylenbenzolsulfonat (TPS), das bis in die 1960er-Jahre das meist verwendete Tensid überhaupt war. Es wurde preisgünstig aus Erdöl hergestellt. Allerdings war es schlecht biologisch abbaubar und führte in Flüssen und Seen zu wahren Schaumbergen. Die LAS dagegen sind wesentlich besser abbaubar. Tenside können auch aus pflanzlichen Rohstoffen wie Raps- und Kokosöl, aus dem Seifenkraut oder den sogenannten Waschnüssen gewonnen werden.

Enthärter entfernen die härtebildenden Calcium- und Magnesiumionen aus dem Wasser durch Bindung. Denn bei hartem Wasser würden sie sonst mit Seifen schwerlösliche Salze bilden, die dann als weißer Niederschlag aus dem Wasser ausfallen. Dieser legt sich auf die Textilien, macht sie hart und brüchig, die Wäsche vergraut. Früher setzt man Phosphate

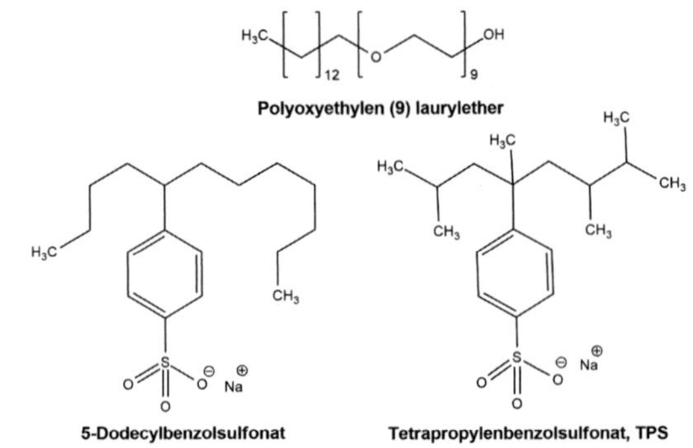

Polyoxyethylen (9) laurylether

5-Dodecylbenzolsulfonat

Tetrapropylenbenzolsulfonat, TPS

Abb. 9.4 Beispiele häufiger Tenside: Polyoxyethylen(9)laurylether als Vertreter der nicht ionischen Fettalkoholethoxylate (FAEO), 5-Dodecylbenzolsulfonat als lineares (LAS) und Tetrapropylenbenzolsulfonat als verzweigtes (BAS) Alkylbenzolsulfonat, die beide zu den anionischen Tensiden gehören. Anionische Tenside haben eine negative Ladung in ihrem Molekül und bilden mit Erdalkalimetallen wie z. B. Calcium in kalkhaltigem Wasser schwerlösliche Ablagerungen

(Salze der Phosphorsäure) als Enthärter ein. Die führten dann aber in den Gewässern zu einer Überdüngung, da sie das Algenwachstum anregten und das Gleichgewicht im Wasser zum Umkippen brachten. Daher wird seit den 1980er-Jahren Zeolith A (synthetisches Natriumaluminiumsilikat, $Na_{12}(AlO_2)_{12}(SiO_2)_{12} \bullet nH_2O$) verwendet, das Calcium und Magnesiumionen in sein Kristallgitter einbindet und dafür die Natriumionen abgibt, die nicht zur Wasserhärte beitragen. Andere Enthärter, die teilweise dem Zeolith A beigegeben werden, sind Phosphonate, Natriumcitrat, Nitrilotriessigsäure (NTA), Ethylendiamintetraacetat (EDTA) und Polycarboxylat, die in der Umwelt nur schlecht abbaubar sind (Abb. 9.5). EDTA und NTA lösen als Komplexbildner zudem giftige Schwermetalle aus den Sedimenten der Gewässer. Sie müssen ab einem Gehalt von 0,2 % deklariert werden.

Bleichmittel sollen unerwünschte Farbflecke und Vergilbungen entfernen. Früher wurden die Wäschestücke einfach in die Sonne gelegt, die Strahlen erledigten die Arbeit und machten die Wäsche weiß. Das klappt besonders gut bei Verfärbungen von Obst und Gemüse. Alternativ wurde die feuchte Wäsche auch auf den grünen Rasen in die Sonne gelegt. Hier half neben der UV-Strahlung der Sonne noch der Sauerstoff des Grases. Zusammen bildeten sich kleine Mengen an Wasserstoffperoxid, das für die Bleichwirkung verantwortlich ist. Danach kamen chemische Mittel auf Sauerstoffbasis. Dabei wurde zunächst aus Wasserstoffperoxid der aggressive atomare Sauerstoff freigesetzt, der mit unerwünschten Farb-

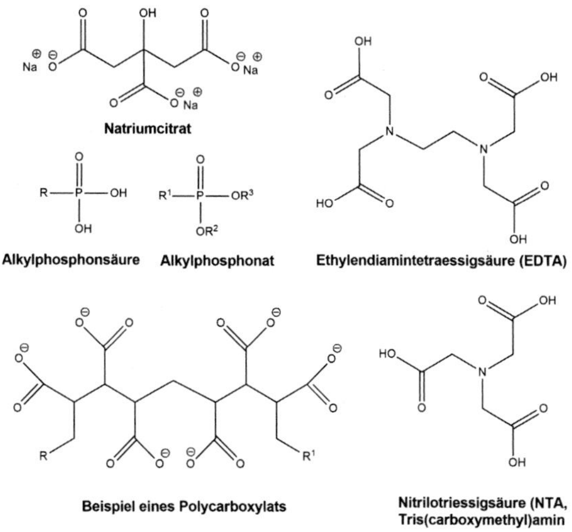

Natriumcitrat

Alkylphosphonsäure

Alkylphosphonat

Ethylendiamintetraessigsäure (EDTA)

Beispiel eines Polycarboxylats

Nitrilotriessigsäure (NTA, Tris(carboxymethyl)amin

Abb. 9.5 Häufig in modernen Waschmitteln eingesetzte Enthärter

stoffen Verbindungen eingeht und sie durch Oxidation entfernt. Dann verwendete man Natriumhypochlorit mit derselben Wirkung, das aber durch die Chloratome schwer abbaubar und umweltschädlich ist (s. Kap. 14) und zusammen mit Säure zu hochgiftigem Chlorgas führen kann [16]. Dann kam man auf Natriumperborat, das ebenfalls Sauerstoff abgibt (Abb. 9.6). Allerdings kann es die menschliche Fortpflanzung beeinträchtigen und im Wasser können giftige Borsalze entstehen, weshalb heute Natriumpercarbonat (Mischung aus Wasserstoffperoxid und Natriumcarbonat, $2\ Na_2CO_3 \cdot 3\ H_2O_2$) verwendet wird. Das kommt auch in Ökobleichmitteln zum Einsatz. Beide Stoffe brauchen eine Temperatur ab 60 °C für ihre Wirkung. Zur Aktivierung der Bleichmittel bei höheren Temperaturen werden noch Bleichaktivatoren zugesetzt. Bei niedrigeren Temperaturen wird Tetraacetylethylendiamin (TAED) verwendet, das als unbedenklich gilt (Abb. 9.6).

Enzyme sind natürliche Substanzen, die im Waschmittel verwendet werden, um Eiweiß (Proteasen), Stärke (Amylasen), Fette (Lipasen) oder Cellulose (Cellulasen) zu spalten und die entsprechenden Ursachen für Flecken zu entfernen. Diese Enzyme werden heute zunehmend gentechnisch in Bakterien hergestellt.

Optische Aufheller machen die Wäsche nicht etwa weißer, sondern lassen sie nur weiß erscheinen. Denn weiße Leinen- oder Baumwollwäsche ist im Auge des Betrachters mit einem leichten Gelbstich versehen. Da man

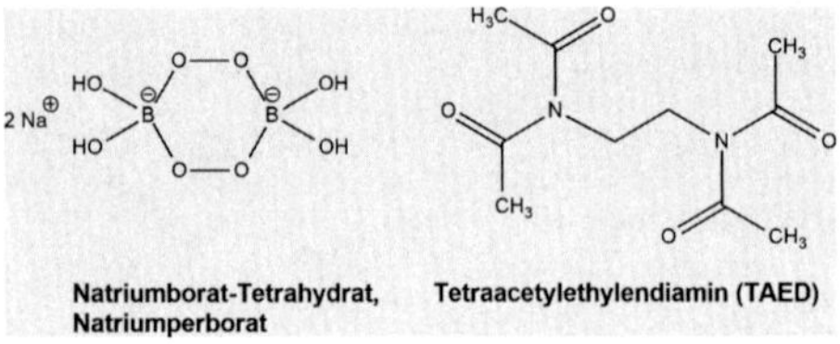

Natriumborat-Tetrahydrat, Natriumperborat

Tetraacetylethylendiamin (TAED)

Abb. 9.6 Natriumperborat, das als gesundheitlich bedenklich gilt und heute nicht mehr eingesetzt wird, und Tetraacetylethylendiamin als unbedenklicher Aktivator von Natriumpercarbonat-Bleiche

aber nicht zuletzt durch die Werbung „absolutes Weiß" verspricht, werden heute komplexe organische Verbindungen als Aufheller verwendet, die UV-Licht absorbieren und blaues Licht aussenden [16]. Dies erkennen wir dann als besonders reines Weiß. Sie verbleiben zum größten Teil in der Wäsche und können Hautreizungen und Allergien auslösen. Sie sind außerdem nur schwer biologisch abbaubar.

Um die Waschmittel noch besser zu machen, werden zahlreiche **Inhibitoren** zugesetzt (Abb. 9.7), die Vergrauung (Carboxymethylcellulose), Verfärbungen (Polyvinylpyrrolidon, PVP) und Schaumbildung (Silikon-, Paraffinöle) verhindern und Schwermetallionen adsorbieren (Aminotrimethylenphosphonsäure, AMTP). Korrosionsinhibitoren (Natriumsilikat) schützen die Metallflächen der Waschmaschine vor der

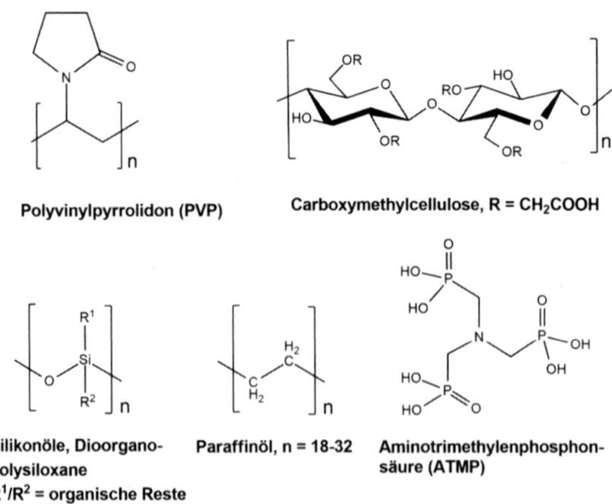

Abb. 9.7 Beispiele für Inhibitoren – Zusätze zur Verbesserung des Waschmittels, z. B. gegen Verfärben (Polyvinylpyrrolidon), Vergrauen (Carboxymethylcellulose) und Schaumbildung (Silikon- und Paraffinöle), und der Waschleistung durch Adsorption von Schwermetallen (ATMP)

Lauge und unterstützen Enthärter und Tenside in ihrer Wirkung. Farbübertragungsinhibitoren (Polyvinylpyrrolidon) finden sich in Buntwaschmitteln. Duft-, Farb- und Füllstoffe (Natriumsulfat) haben keine Waschfunktion, sondern sollen das Produkt angenehmer im Umgang machen.

Ein besonderes Problem sind **Konservierungsstoffe,** die Hautreizungen und Allergien auslösen können. Auch wenn heute kein Formaldehyd mehr verwendet wird, sind die entsprechenden Stoffe für die Umwelt problematisch, weil sie schlecht biologisch abbaubar und giftig für Wasserorganismen sind und sich in der Umwelt anreichern.

Desinfektionsmittel im Haushalt – überflüssig und gefährlich

Während der Coronapandemie benutzten wir täglich Desinfektionsmittel, die früher den Krankenhäusern und Arztpraxen vorbehalten waren. Was zur Verhinderung einer Infektion im medizinischen Bereich günstig sein kann, führt zu der irrigen Annahme, dass wir Desinfektionsmittel oder antibakterielle Hygienereiniger auch im täglichen Haushalt benötigen. Dies kann jedoch aus mehreren Gründen gefährlich sein [16]. In einem normalen Haushalt sind die vorhandenen Keime in der Regel harmlos. Normales Putzen reicht völlig aus, um ausreichend Sauberkeit zu erzeugen. Nach aufsehenerregenden Studien ist übrigens nicht die heimische Toilette die größte Keimschleuder, wie viele annehmen, sondern Küchenlappen und Schwämme, die zu selten gewechselt und gereinigt werden. Wenn man versucht, die Wohnung geradezu keimfrei zu machen, dann können erst recht gefährliche Keime die Oberhand bekommen. Denn man vernichtet die „normalen" Bakterien und gibt dadurch den widerstandsfähigeren und potenziell gefährlicheren Bakterien Raum. Hinzu kommt, dass bei medizinisch nicht geschultem Personal die Einwirkzeiten der Desinfektionsmittel immer viel zu kurz und die Konzentrationen, die der Hersteller vorgibt, viel zu gering sind. Sie reichen deshalb für eine effektive Desinfektion gar nicht aus, beseitigen nicht mehr Keime als herkömmliche Reiniger und können zusätzlich die Entwicklung resistenter Bakterien befördern. Deshalb ist es in einem privaten Haushalt im Normalfall völlig überflüssig, Desinfektionsmittel und medizinische Seifen einzusetzen, wie sonst nur in einer Klinik.

Dies gilt übrigens auch für die menschliche Haut. Durch zu intensives Waschen und Schrubben schädigt man nicht nur den Fett- und Säuremantel

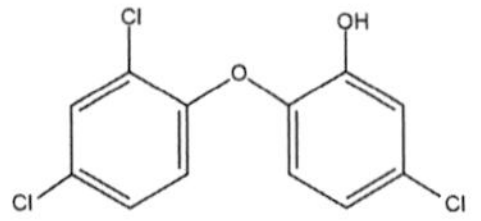

Triclosan, 5-Chlor-2-(2,4-dichlorphenoxy)-phenol

Abb. 9.8 Triclosan als Beispiel einer häufig zur Desinfektion eingesetzten, nicht unbedenklichen Organochlorverbindung

der Haut, sondern vernichtet auch nützliche Bakterien. Dadurch können Krankheitserreger leichter Eingang in unseren Körper finden.

Außerdem können zu aggressive Reiniger zu einer Zunahme von Allergien führen, einmal gegen die Inhaltsstoffe selbst, aber auch indirekt durch die Beseitigung der normalen Bakterienflora. Es gibt heute eine bisher nicht widerlegte Hypothese, dass die Zunahme der Allergien bei Kindern durch übergroße Hygiene gefördert wird. Oder anders ausgedrückt: Wenn Kindern nicht mehr im Dreck spielen dürfen, wird ihr Immunsystem nicht mehr ausreichend gefordert und neigt eher zu Überreaktionen, die dann zu lebenslangen Allergien führen können.

Hygienereiniger und Desinfektionsmittel sind auch gefährlich für Anwender und Umwelt. Sie enthalten oft Chlorverbindungen, die bei der Anwendung die Atemwege reizen. Solche Inhaltsstoffe wie Triclosan (Abb. 9.8) stehen im Verdacht, in den Hormonhaushalt einzugreifen (s. Kap. 6 und 11).

In der herkömmlichen Kläranlage kann nur ein Teil der Substanzen im Abwasser herausgefiltert werden. Der verbleibende Teil gelangt unverändert in die Vorfluter, die oft nur kleine Bäche sind. Dort reichern sie sich an, was die Bildung von Resistenzen der Viren und Bakterien gegen diese Mittel extrem begünstigt.

Und die Umwelt?

Wie in Abb. 9.9 gezeigt, wurden in 2019 alleine in privaten Haushalten insgesamt rund 1,5 Mio. t Wasch- und Reinigungsmittel verwendet [17]. Alle diese Chemikalien gelangen früher oder später in das Abwasser. Dies sind nach Angaben des Industrieverbandes jährlich 525.000 t Chemikalien. Da sind die Kosmetika und Medikamentenrückstände (s. Kap. 6 und 11) sowie die Mengen der industriell genutzten Reinigungsmittel noch gar nicht dabei.

Der Anteil an Mikro- und Nanoplastik, wie er besonders in flüssigen und gelartigen Reinigungsmitteln und Kosmetikprodukten enthalten ist, wurde

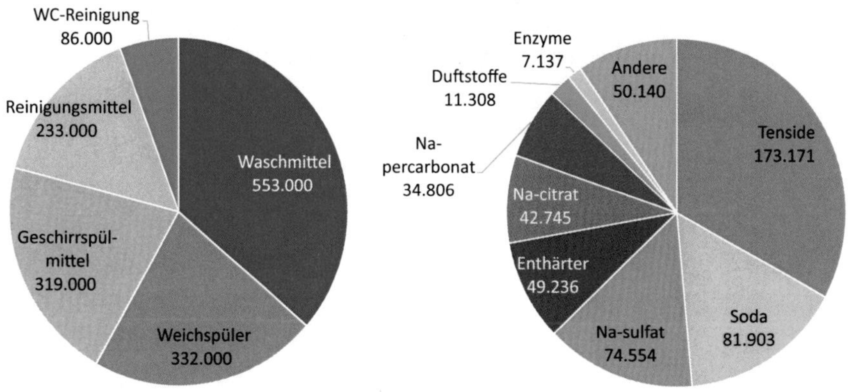

Abb. 9.9 Verbrauch an Wasch- und Reinigungsmitteln in privaten Haushalten 2019 in Tonnen (links) und die wichtigsten dabei verwendeten Chemikalien(gruppen) (rechts, Na = Natrium, in Tonnen). (Datenquelle: [17])

hier noch nicht bedacht. Aufgrund deren schwer abschätzbaren bzw. schon bekannten negativen Auswirkungen auf Mensch und Umwelt sollten mikroplastikhaltige Produkte vermieden werden (s. Kap. 7 und 11). Aufgrund der Vielfalt an Bezeichnungen von Kunststoffpartikeln ist deren Zusatz oft nicht einmal für den Experten ersichtlich. Wer sicher sein will, weicht auf ökologische Produkte oder gleich Hausmittel aus.

Insgesamt ist festzuhalten, dass sich die Industrie bemüht, für die Umwelt bedenkliche Stoffe nicht mehr zu verwenden. So werden kaum noch Phosphate verwendet, Natriumperborat und NTA werden ebenfalls nicht mehr eingesetzt. Viele Chemikalien werden in geringerer Konzentration als früher verwendet oder durch effizientere Stoffe ersetzt. Während beispielsweise 1994 noch 103.000 t des umweltgefährdenden Natriumperborats eingesetzt wurden, kam 2019 von seinem unbedenklichen Ersatzstoff Natriumpercarbonat nur noch ein Drittel zum Einsatz [17]. Dafür hat sich die Menge an Enzymen seit 1994 verdoppelt, was zur Folge hat, dass andere Inhaltsstoffe verringert werden konnten.

Eine herkömmliche Kläranlage, die meist in den 1990er-Jahren gebaut wurde, hat 3 Reinigungsstufen: eine Grobreinigung, eine biologische und eine chemische Stufe. Dies genügt für viele Chemikalien aber nicht. So gelangen sie in Bäche, Flüsse und Meere und auch ins Grundwasser, aus dem wir dann wieder unser Trinkwasser gewinnen. Sie werden weit über ihren Entstehungsort hinaus in der Umwelt verteilt. Eine Lösung könnte eine 4. Reinigungsstufe, beispielsweise mit Aktivkohle oder Ozon sein. Das zieht aber erhebliche Investitionen nach sich. Außerdem kann auch Aktivkohle trotz ihrer großen Oberfläche nicht alles herausfiltern. Letztlich wird es darauf ankommen, weniger und wirklich umweltneutrale Mittel zu verwenden. Also solche, die die Umwelt gar nicht belasten oder wenigstens in überschaubaren Zeiten abgebaut werden können.

Wie es auch geht…

Im Jahr 2019 erhielt der Geschäftsführer der Marke Frosch aus der Hand des Bundespräsidenten Frank-Walter Steinmeier den hochdotierten Deutschen Umweltpreis. Dabei ging es v. a. um das Engagement der Fa. Werner und Mertz aus Mainz für das Plastikrecycling der Flaschen (s. Kap. 7). Daneben verwendet die Firma natürliche, nicht aggressive Naturstoffe für Haushaltsreiniger. Außerdem wird kein tropisches Palmöl in den Produkten eingesetzt, weil es aus Plantagen in Südostasien stammt, für deren Anlage riesige Regenwälder abgeholzt wurden. Mittlerweile gibt es eine Fülle an Firmen auf dem Markt, die nicht nur den Anspruch haben, nur für die Umwelt unbedenkliche Inhaltsstoffe zu verwenden (z. B. Almawin, Sodasan, Sonett u. v. a.). Sie fördern auch bei der Herstellung, Verpackung und Logistik umweltschonende Verfahren und arbeiten mit sozialverträglichen, nachhaltigen Geschäftsmodellen.

Allerdings sind Begriffe wie „Bio" oder „Öko" bei Reinigungsmitteln nicht geschützt. Es gibt zwar das europäische Umweltzeichen, die Euroblume, aber die kennt fast niemand Sie wird nur für Produkte vergeben, die das Gewässer nur gering belasten, gesundheitsverträglich sind und keine allergieauslösenden Duftstoffe enthalten. Das gilt leider nicht für alle natürlichen Stoffe. So ist beispielsweise Orangenöl, das in vielen Ökoreinigern verwendet wird und noch dazu gut riecht, schlecht biologisch abbaubar, giftig für Wasserorganismen und kann Allergien auslösen (s. Abb. 9.3).

Da chemisch aggressive Reinigungsmittel meist nur benötigt werden, wenn zu selten geputzt wird, hilft es auf jeden Fall, öfter zu reinigen und es so gar nicht zu schwer löslichen Schmutzrändern kommen zu lassen. Dann ist es auch nicht mehr nötig, sogenannte „Kraftreiniger" einzusetzen. Im Internet kursieren zahlreiche Ratgebern und Bücher mit Rezepten für umweltfreundliche Reinigungsmittel. Hier sind einige typische Beispiele zusammengestellt (s. Box).

Umweltfreundliche Reinigungsmittel [18, 19, ergänzt]

Mit **Backpulver** (Soda) und etwas Wasser den Backofen reinigen: Masse über Nacht einwirken lassen, dann mit einem feuchten Lappen abwischen.

Backpulver als WC-Reiniger: Eine Packung in die Toilettenschüssel geben, 1 h einwirken lassen, mit der Klobürste reinigen. Alternativ geht auch Essig oder Zitronensäure.

Ein Schuss **Essig** im Wasser wirkt auch als Glasreiniger.

Gemörserte **Eierschalen** ersetzen jedes Scheuerpulver.

Essig und Salz in Wasser lösen und kochen, um Geschirr (z. B. Töpfe) zu reinigen; milder geht es mit Zitronensäure.

Natronpulver zum Teppichreinigen: Trockenen Teppich mit Natronpulver bestreuen, 1 h einwirken lassen und mit dem Staubsauger entfernen.

Geschirrspülmittel und Essig reinigen Böden und sämtliche Oberflächen gründlich und ohne Nebenwirkungen.

Geschirrspülmittel und Zitronensaft gemischt lösen Kalkablagerungen.

Kaffeesatz bindet Fett und verhilft erst zu einem glänzenden Waschbecken und anschließend zum freien Abfluss. Zudem ist es ein belebendes, mildes und kostenloses Hautpeeling.

Kern- und Gallseifen sind wahre Wundermittel gegen Flecken, wenn man ihnen genug Einwirkzeit gibt und die Sonne bleicht ganz umweltfreundlich und kostenlos klassische Gemüseflecken (Tomate[-sauce], Möhren, …).

Olivenöl (3 Esslöffel) und Essig (1 Esslöffel) für eine Holzpolitur.

Aufgeschnittene **Zitronen** desinfizieren Holzoberflächen wie Schneidbretter und Brettchen mild und unbedenklich.

Was bleibt zu tun?

Eigentlich genügt es, auf einige Regeln zu achten und mit den Mitteln nicht zu sorglos umzugehen [19]:

- Regelmäßig und gründlich reinigen, frischer Schmutz lässt sich leichter entfernen; den Ofen gleich nach der Benutzung zu reinigen – anstatt Tage später – spart Zeit, Kraft und Geld.
- Mittel mit möglichst wenigen Gefahrensymbolen verwenden, auf ökologisch verträgliche Reiniger umsteigen.
- Verzichten Sie komplett auf chlorhaltige Sanitärreiniger, WC-Reiniger mit Salzsäure oder Salpetersäure und chemische Abflussreiniger.
- Mit einem Allzweckreiniger, einem Handspülmittel oder gleich Kernseife, einer Scheuermilch und einem Reiniger auf Basis von Zitronensäure lässt sich fast der gesamte Haushalt reinigen.
- Bei der Verwendung aggressiver Mittel, Handschuhe und ggf. einfache OP-Maske einsetzen, dabei immer gut lüften.
- Feuchte Textilien wie Spül- und Geschirrtücher sowie Schwämme nach Benutzung trocknen lassen; am besten in der Sonne, dann unterstützt die UV-Strahlung die Desinfektion, außerdem häufig wechseln und waschen.
- Im normalen Haushalt keine klinischen Desinfektionsmittel zum Putzen einsetzen.
- Allergene Duftstoffe meiden, z. B. Limonen (Orangenreiniger) und Geraniol.
- Stöbern Sie in der Bücherwelt von „Do-it-yourself"-Reinigungsmitteln – viele der Grundstoffe haben Sie ohnehin im Haushalt (Salz, Backpulver, Essig, Stärke, Natron, Seife..., s. Box).
- Bei Naturfasern wie Wolle, Hanf, Leinen oder Baumwolle reicht oft ein Auslüften, wenn keine sichtbaren Verschmutzungen vorliegen. Das spart Geld für Energie, Wasser und Waschmittel und schont zudem die Fasern und die Umwelt.

Literatur

1. UBA (2021) – Umweltbundesamt. Wasch- und Reinigungsmittel. https://www.umweltbundesamt.de/themen/chemikalien/wasch-reinigungsmittel. Zugegriffen: 21. Dez. 2022
2. NDR (2018) – Norddeutscher Rundfunk. Putzmittel: Gefahr für Lunge und Haut. https://www.ndr.de/ratgeber/gesundheit/Putzmittel-Gefahr-fuer-Lunge-und-Haut,putzmittel134.html. Zugegriffen: 21. Dez. 2022
3. Svanes Ø, Bertelsen RJ, Lygre SH et al. (2018) Cleaning at home and at work in relation to lung function decline and airway obstruction. Am J Respir Crit Care Med 197(9):1157–1163. https://www.thoracic.org/about/newsroom/press-releases/resources/women-cleaners-lung-function.pdf. Zugegriffen: 21. Dez. 2022

4. EurekAlert! (2018) Women who clean at home or work face increased lung function decline. https://www.eurekalert.org/pub_releases/2018-02/ats-wwc021318.php. Zugegriffen: 21. Dez. 2022
5. Gesundheit.gv.at (2019) Chemikalien im Haushalt. https://www.gesundheit.gv.at/leben/umwelt/chemikalien/haushalt. Zugegriffen: 21. Dez. 2022
6. Anonym (2019) Schadstoffe – Wie du Gifte im Haushalt vermeiden kannst https://www.kidsgo.de/baby-kinder-sicherheit-06/wohnen-schadstoffe/. Zugegriffen: 21. Dez. 2022
7. Brauer M (2018) Chemische Reiniger im Haushalt – Putzen kann so ungesund sein wie Rauchen. https://www.stuttgarter-nachrichten.de/inhalt.chemische-reiniger-im-haushalt-putzen-kann-so-ungesund-sein-wie-rauchen.485e6b70-8a21-491e-aca6-91d6ae08366a.html. Zugegriffen: 21. Dez. 2022
8. Anonym (2006) Kraftreiniger – Für Kunststoff oft zu scharf. https://www.test.de/Kraftreiniger-Fuer-Kunststoff-oft-zu-scharf-1435862-0/. Zugegriffen: 21. Dez. 2022
9. Bastin B (2021) Mit Chemie Krusten killen? Backofenreiniger im Check. https://www.swrfernsehen.de/marktcheck/backofen-reinigen-test-100.html. Zugegriffen: 21. Dez. 2022
10. Quelle für Gefahrensymbole. https://publicdomainvectors.org/de/kostenlose-vektorgrafiken/Ätzende-Stoffe-Warnung/81712.html. Zugegriffen: 21. Dez. 2022
11. Keinstein K (2018) Wie funktionieren Glasreiniger – Streifenfrei mit Alkohol und Ammoniak?. https://www.keinsteins-kiste.ch/wie-funktionieren-glasreiniger-streifenfrei-mit-alkohol-und-ammoniak/. Zugegriffen: 21. Dez. 2022
12. Seilnacht T (O. J.) Laugen – Basen. https://www.seilnacht.com/Lexikon/Laugen.htm. Zugegriffen: 21. Dez. 2022
13. WIKIPEDIA: Global harmonisiertes System zur Einstufung und Kennzeichnung von Chemikalien
14. SMUL (2013) – Sächsisches Staatsministerium für Energie, Klimaschutz, Umwelt und Landwirtschaft. Chemikalien für Haushalt und Freizeit. Die neue Kennzeichnung. 36 Seiten. https://publikationen.sachsen.de/bdb/artikel/10764. Zugegriffen: 21. Dez. 2022
15. Seilnacht T (O. J.) Umweltschutz im Haushalt. http://www.seilnacht.tuttlingen.com/Lexikon/Haushalt.htm. Zugegriffen: 21. Dez. 2022
16. Flatley A (2020) Die schlimmsten Inhaltsstoffe in Reinigungsmitteln. https://utopia.de/ratgeber/die-schlimmsten-inhaltsstoffe-in-reinigungsmitteln/. Zugegriffen: 21. Dez. 2022
17. IKW (2021) – Industrieverband Körperpflege- und Waschmittel e. V. Nachhaltigkeit in der Wasch-, Pflege- und Reinigungsmittelbranche in Deutschland. https://www.ikw.org/fileadmin/ikw/downloads/Haushaltspflege/2021_IKW_Nachhaltigkeitsbericht.pdf. Zugegriffen: 21. Dez. 2022

18. Mildner F (2017) Giftige Dämpfe? So schädlich sind Putzmittel für die Gesundheit.https://www.merkur.de/leben/wohnen/giftige-putzmittel-schaedlich-gesundheit-zr-8655685.html. Zugegriffen: 21. Dez. 2022
19. Anonym (O. J.) 7 natürliche und effektive Reinigungsmittel, 7 Tipps für ein natürlich sauberes Zuhause. https://www.gruenkauf.de/tag/fruehjahrsputz/. Zugegriffen: 21. Dez. 2022

10

Genussvolle Gifte – Zucker, Alkohol, Nikotin und andere Drogen

Neben natürlichen Giften und Giften, die aus der industriellen Produktion und Verwertung stammen und in unsere Umwelt entlassen werden, gibt es auch Gifte, die wir freiwillig einnehmen. Dazu zählen illegale Drogen, aber auch die in der Überschrift genannten legalen Genussmittel. Wobei es natürlich – wie immer – auf die Dosis ankommt. Ein Stück Schokolade, ein Glas Bier oder eine gelegentliche Zigarette sind nicht gleich tödlich. Aber wenn es zu viel oder zu oft wird, leidet die Gesundheit. Fraglich ist dabei immer nur, wann das „Zuviel" erreicht ist. Während die psychischen und körperlichen Schäden bei den meisten illegalen Drogen auch in der Öffentlichkeit sehr gut bekannt sind, werden sie bei den alltäglichen Genussmitteln gerne kleingeredet. Und dabei wird oft vergessen, dass in Deutschland nur wenige Tausend Personen von harten Drogen abhängig sind, aber viele Millionen Menschen rauchen, trinken, kiffen bzw. zu viel Zucker essen. Deshalb soll es in diesem Kapitel v. a. um die legalen Drogen gehen.

„Keine Macht den Drogen"

So lautete der Slogan einer Aufklärungskampagne der Bundesregierung in den 1990er-Jahren. Aber Drogen sind so alt wie die Zivilisation. So genossen die indigenen Völker Südamerikas Kokain, diejenigen Nordamerikas Tabak, die Schamanen Sibiriens berauschten sich an Fliegenpilzen, die Chinesen kannten Hasch und die Heilerinnen des Mittelalters

T. Miedaner und A. Krähmer, *Gifte in unserer Umwelt*,
https://doi.org/10.1007/978-3-662-66578-7_10

konsumierten Nachtschattengewächse wie Bilsenkraut. Doch diese Anwendungen bestanden immer nur aus pflanzlichen Extrakten mit mehreren Substanzen, die natürlich wesentlich weniger konzentriert waren als die gereinigten Drogen der heutigen Zeit. So enthalten Kokablätter maximal 2 % Kokain, das ist nicht zu vergleichen mit dem Gehalt an Kokain wie es heute eingenommen wird. Außerdem war der Drogengenuss früherer Zeiten immer mit religiösen Handlungen verbunden. Er war nur besonderen Menschen nach jahrelanger Ausbildung erlaubt und nur diese durften zu bestimmten Anlässen Drogen an die Stammesmitglieder austeilen. Dadurch war ein „kontrollierter Konsum" sichergestellt. Beides spielt heute keine Rolle mehr und das ist es, was uns beunruhigen muss, v. a., wenn man die Zahlen der Betroffenen kennt (s. Box).

Dabei verhält sich die Gesellschaft durchaus zwiespältig. Alkohol und Rauchen sind trotz erwiesener negativer Auswirkungen auf die Gesundheit erlaubt, der Staat verdient an den entsprechenden Steuern sogar Geld. Hingegen sind Cannabis (noch) und LSD genauso streng verboten wie härtere Drogen, obwohl sie ein deutlich geringeres Gefährdungspotenzial haben.

Drogenkonsum in Deutschland [1]

15,7 Mio. Menschen (18–64 Jahre alt) haben mindestens einmal im Leben eine illegale Droge konsumiert.
12 Mio. Menschen rauchen regelmäßig.
2,3 Mio. Menschen sind medikamentenabhängig.
1,6 Mio. Menschen sind alkoholabhängig.
0,6 Mio. Menschen konsumieren Cannabis und andere illegale Drogen.
0,56 Mio. Menschen sind onlineabhängig („extensiver Internetkonsum").
0,5 Mio. Menschen zeigen ein problematisches oder gar pathologisches Glücksspielverhalten.

Von ihrer Wirkung her kann man die Drogen in 5 Kategorien einteilen, wobei die meisten Drogen entweder aufputschen oder beruhigen (Abb. 10.1). Eine typisch aufputschende Droge ist Kokain (s. Abb. 10.2). Man fühlt sich geistig klar, zeigt eine gesteigerte Leistung, hat überraschende Eingebungen. Das ist auch die Erklärung, warum Kokain so gut zu unserer Leistungs- und Konkurrenzgesellschaft passt. Der Gegenentwurf ist Opium und seine Abkömmlinge, wie Morphium, Heroin oder Methadon (s. Abb. 10.2). Sie wirken beruhigend, entspannend, die Konsumierenden ziehen sich in sich selbst zurück und wollen von der Welt draußen nichts mehr wissen.

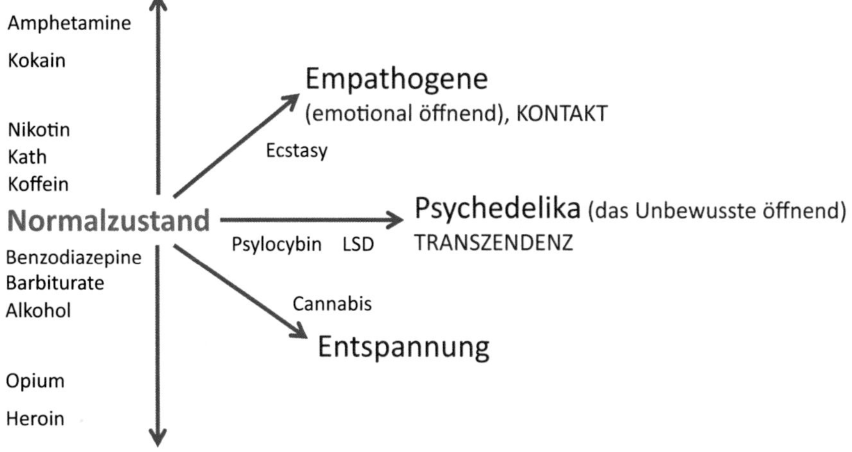

Abb. 10.1 Einteilung der wichtigsten Drogen nach ihrer Wirkung ([2], ergänzt)

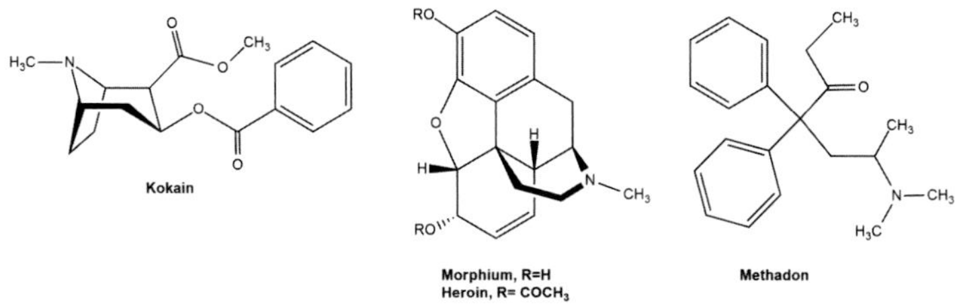

Kokain

Morphium, R=H
Heroin, R= $COCH_3$

Methadon

Abb. 10.2 Strukturen der 4 „harten Drogen" Kokain aus den Blättern des Kokastrauchs, des aus Mohn gewonnenen Morphins und des daraus durch Veresterung zum Diacetat synthetisierten Heroins. Methadon ist ebenfalls ein Opioid wie Morphin und Heroin, wird vollständig synthetisch hergestellt und dient als Ersatz für Heroin in der Entzugstherapie

Das synthetische LSD und auch Psylocybin (s. Kap. 2), der Inhaltsstoff verschiedener Rauschpilze, sind dagegen bewusstseinserweiternd (psychedelisch). Es kommt zu optischen, akustischen und/oder sensorischen Trugwahrnehmungen. In bestimmten Bewusstseinszuständen wirken sie auch angsterregend („Horrortrip"). Cannabis und seine Produkte Marihuana und Haschisch haben sowohl psychedelische als auch entspannende Eigenschaften. Nicht alle Drogen passen in das Schema in Abb. 10.1, wie etwa die Narkotika Lachgas (N_2O), Ketamin oder der Neurotransmitter GHB (chemisch 4-Hydroxybutansäure, *Liquid Ecstasy,*

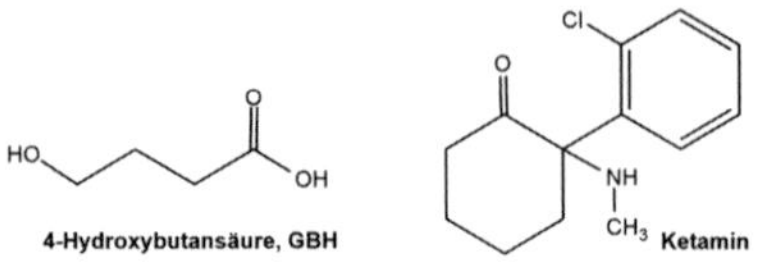

Abb. 10.3 Formeln der zwei auch als Anästhetikum verwendeten Drogen Ketamin und 4-Hydroxybutansäure (γ-Buttersäure, GHB)

Tab. 10.1 Drogen und ihre natürlichen Rezeptoren. (Nach [3])

Droge	Ähnlicher Neurotransmitter	Rezeptor
Opiate	Endorphine	Opioidrezeptoren
Psychostimulanzien	Dopamin	Dopamintransporter
Nikotin	Acetylcholin	neuronale nikotinische Acetylcholin-Rezeptoren (nAChR)
Alkohol	GABA, Glutamat	GABAA, NMDA-Rezeptor
Cannabis	Anandamid	Cannabinoidrezeptoren

Abb. 10.3), aber es ist doch recht hilfreich. Der Frage, warum Menschen überhaupt Drogen nehmen, um ihren gesunden Normalzustand zu verändern, wird hier nicht nachgegangen. In unserem Rahmen geht es um die Schäden, die dadurch hervorgerufen werden.

Es ist schon kurios. Viele Drogen wirken nur deshalb so intensiv auf unseren Körper, weil er dafür spezielle Rezeptoren besitzt (Tab. 10.1). Und diese reagieren eigentlich auf körpereigene Substanzen. Am klarsten ist das bei den Opiaten, die vom Schlafmohn abstammen. Diese haben ähnliche chemische Struktureinheiten wie die Endorphine. Das sind Hormone, die der Körper bei sehr starkem Schmerz selbst produziert. Deshalb passen sie in dieselben Andockstellen des Körpers: die Rezeptoren. Endorphine hemmen den Schmerz und führen zu einer euphorisierenden Stimmung, was bei schweren Verletzungen die Überlebenswahrscheinlichkeit erhöhen kann. Deshalb empfinden schwer verletzte Unfallopfer oft zunächst gar keinen Schmerz. Hinzu kommen noch zwei weitere Eigenschaften, die Drogen so attraktiv für unseren Körper machen und sie gleichzeitig eine so starke Wirkung entfalten lassen. Sie passieren ungehindert die Blut-Hirn-Schranke, die sonst das Gehirn vor Unmengen von schädlichen Substanzen schützt und sie aktivieren das Belohnungssystem des Körpers.

Das Belohnungssystem dient eigentlich dazu, Verhaltensweisen, die für unser Leben sinnvoll sind, zu fördern. Dazu zählen Kämpfe und Siege genauso wie Essen und Trinken, Liebe und Sex. All das und noch vieles mehr regt das Belohnungssystem an. Es sitzt in einem kleinen Areal des

Vorderhirns, dem *Nucleus accumbens*, auch Lustzentrum genannt [4]. Es wird von Zellen des ventralen Tegmentums, einer Struktur im Mittelhirn, mit dem Botenstoff Dopamin stimuliert. Dopamin dockt an den Rezeptor des Lustzentrums an, das dann andere Gehirnstrukturen aktiviert, die Freude, Lust und Zufriedenheit auslösen. Deshalb wird es salopp auch Lusthormon genannt. So wird der Mensch angespornt, lebenserhaltende Vorgänge immer zu wiederholen.

Drogen sind nun eine fatale Abkürzung, um zur Lust zu kommen, weil sie ebenfalls über das Lustzentrum funktionieren [4]. Kokain hemmt beispielsweise ein Transportersystem des Dopamins, sodass es im synaptischen Spalt, welcher Nervenimpulse vermittelt, zu einem gesteigerten Pegel kommt. Heroin und Nikotin greifen direkt in das ventrale Tegmentum ein und erhöhen so unmittelbar den Dopaminspiegel. Am Ende ist es immer dasselbe: Die Dopaminrezeptoren im Lustzentrum werden stärker und länger angeregt und das Gehirn signalisiert einen Belohnungsreiz. Dabei aktivieren Drogen diesen Reiz bis zu 10-mal intensiver als Essen und Trinken. So bewirken sie einen mächtigen Motivationsschub und das erklärt auch ihr Suchtpotenzial. Das positive Gefühl der Belohnung möchte man eben immer wieder erleben. Aber je öfter man es herstellt, umso mehr stumpfen die entsprechenden Regionen im Gehirn ab: Es braucht immer höhere Dosen, um noch Dopamin auszuschütten oder wahrzunehmen, der Belohnungsreiz bleibt immer häufiger aus. Dies führt dazu, dass der Süchtige nur noch an seine Droge denkt, gleich welche Konsequenzen das für ihn hat. Er vernachlässigt Arbeit, Freunde, Familie und gerät in eine zerstörerische Spirale, wenn er keine ausreichende Selbstdisziplin besitzt und das soziale Netzwerk versagt.

Durch bildgebende Verfahren des Gehirns kann man zeigen, dass der *Nucleus accumbens* schon dann aktiviert wird, wenn der Raucher nur einen Aschenbecher sieht oder der Kokainabhängige das Video eines Sniffenden. Dieses Hirnareal ist übrigens auch an der Schmerzverarbeitung beteiligt und führt deshalb neben der Belohnung zur Dämpfung von Schmerzen.

Heute weiß man, dass nicht nur das Lustzentrum an dieser Belohnungsreaktion beteiligt ist. So sorgt die Amygdala für die emotionale Färbung der Erinnerung und der Hippocampus bewirkt, dass überhaupt eine Erinnerung abgelegt wird. Der *Nucleus caudatus* hingegen automatisiert kognitive Aufgaben, also Erkennungsreaktionen. Deshalb können Abhängige nach einem Entzug auch dann wieder rückfällig werden, wenn sie sich nur an die Drogenwirkung erinnern [4].

Süße Versuchung

Zunächst einmal: Zucker ist ein zentraler Bestandteil des Lebens! Er ist dabei nicht nur Energielieferant, sondern gehört neben Fett und Eiweiß zu den unersetzlichen Bausteinen unseres Körpers. Es gibt Zucker in verschiedenen Formen und Zusammensetzungen (Tab. 10.2, Abb. 10.4). Im allgemeinen Sprachgebrauch steht Zucker im Haushalt für Saccharose, ein Zweifachzucker (Dimer) aus den beiden Einfachzuckern Fructose und Glucose. Zucker als chemische Stoffklasse beschreibt hingegen Verbindungen, die aus Kohlenstoff, Wasserstoff und Sauerstoff im Verhältnis $C_m(H_2O)_n$ aufgebaut sind: die Kohlenhydrate. Hinter diesem Begriff, der auf den Inhaltstoffangaben unserer Lebensmittel zu finden ist, versteckt sich aber eine Vielzahl von Stoffen ganz unterschiedlicher Zusammensetzung und Herkunft. Süß sind dabei v. a. die Einfach- und Zweifachzucker, in geringem Maße auch die Mehrfachzucker. Die Polysaccharide dagegen schmecken kaum noch süß.

Alle Kohlenhydrate werden im Körper zu Traubenzucker (Glucose) umgebaut, der dem Gehirn und den anderen Organen als Energielieferant dient. Auch die Kohlenhydrate in Kartoffeln, Nudeln, Früchten und Salat werden letzten Endes zu Glucose abgebaut und wie sie verstoffwechselt. Aber da liegt ein großes Missverständnis. Nur weil alles in Glucose endet, müssen wir keinerlei reinen Zucker zu uns nehmen. Während eine vernünftige Ernährung der Gesundheit dient, ist der Konsum von zu viel reinem Zucker sogar schädlich. Denn in der Natur gibt es ihn so gar nicht. Selbst die süßesten Früchte, Trauben, enthalten nur 16 % Zucker, Zuckerrübe und Zuckerrohr etwa 20 %. Süßer sind nur noch getrocknete Feigen (50 %) und Honig (82 %), aber das war für die meisten Menschen nie

Tab. 10.2 In der Natur vorkommende Kohlenhydrate. (Nach [5])

Art	Beispiele	Vorkommen
Einfachzucker (Monosaccharide)	Traubenzucker (Glucose), Fruchtzucker (Fructose)	Früchte, Honig
Zweifachzucker (Disaccharide)	Kristallzucker (Saccharose)	Zuckerrüben, Zuckerrohr
	Milchzucker (Lactose)	Milch
	Malzzucker (Maltose)	Honig, Malz
Mehrfachzucker (Oligosaccharide)	Stachyose, Raffinose, Fructooligosaccharide	Getreide, Knollen, Zwiebeln, Malz
Vielfachzucker (Polysaccharide)	Stärke (= Amylose + Amylopektin), Dextrine	Getreide, Wurzeln, Knollen, Gemüse
	Cellulose, Hemicellulose	alle Pflanzen
	Chitin	Pilze, Insekten

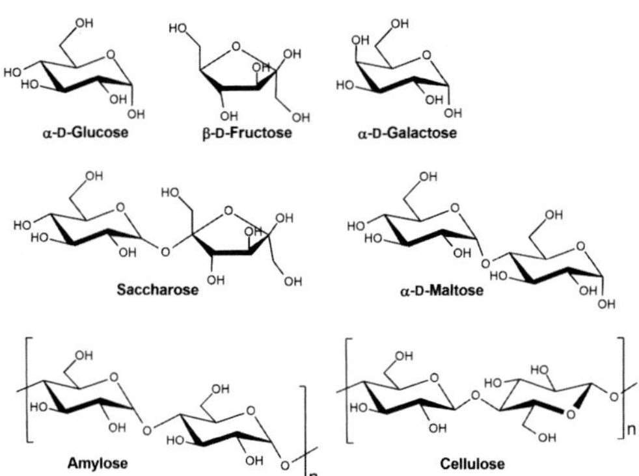

Abb. 10.4 Strukturformeln der häufigsten Mono-, Di- und Polysaccharide aus Tab. 10.2. Lactose (nicht gezeigt) ist wie Maltose ein Dimer, das aber aus Galactose und Glucose besteht

oder nur in geringsten Mengen verfügbar. Noch im Mittelalter war Zucker so teuer, dass er nur für die Umhüllung bitterer Medizin verwendet wurde. Im 18. Jahrhundert war er für die Reichen unerlässlich, um die bitteren Genüsse aus den Kolonien (Kaffee, Kakao, Tee) zu genießen. Und bis ins 19. Jahrhundert hinein kannten einfache Leute Zucker nur als Zutat für Kuchen, Weihnachtsgebäck und gelegentlich eine Zuckerstange. Heute (2020) dagegen essen wir in Deutschland im Durchschnitt pro Person 33,8 kg reinen Zucker/Jahr [6], Kinder in der Regel mehr.

Mögliche Gesundheitsschäden sind klar: Zu wenig Bewegung und ein hoher Konsum industriell gefertigter Lebensmittel, besonders zuckerhaltiger Getränke, führt unweigerlich zu Übergewicht. In Deutschland sind 67 % der Männer und 53 % der Frauen übergewichtig (BMI $\geq$ 25), davon sind 23 % der Männer und 24 % der Frauen stark übergewichtig (adipös, BMI $\geq$ 30) [7]. Und es fängt immer früher an mit dem Übergewicht. Laut einer Studie des Robert-Koch-Institutes waren 2017 bereits 15,4 % der Mädchen und Jungen im Alter von 3 bis 17 Jahren übergewichtig oder adipös. Zur letzteren Gruppe der krankhaft Übergewichtigen zählten 5,9 % der untersuchten rund 3.500 Kinder und Jugendlichen [8]. Und dieser Anteil dürfte heute noch zugenommen haben.

Dass zu viel Zucker zu Übergewicht führt und an unseren Zähnen Karies verursacht, ist vielfach bewiesen und allgemein bekannt. Weniger bekannt sind die sonstigen Risiken, die mit übermäßigem Zuckerkonsum einhergehen: erhöhter Bluthochdruck, steigendes Risiko für bestimmte Krebsformen, Alzheimer, Osteoporose, Arthrose und Arteriosklerose. Woran liegt das?

Dass Zucker dick macht, hat eine ganz einfache Ursache. Kristallzucker (= Haushaltszucker, Saccharose) besteht aus Glucose und Fructose. Glucose wird rasch umgesetzt und geht ins Blut. Überschüssige Kalorien bewahrt der Körper für schlechte Zeiten in Form von Fett auf. Und Zucker wird 2- bis 5-mal schneller zu Fett umgebaut als etwa Stärke aus Getreide und Kartoffeln. Fruchtzucker wird über die Leber verstoffwechselt, übermäßiger Konsum kann zu einer Fettleber führen.

Die Zuckerkrankheit (Diabetes) hat ihren Namen vom Zucker. Denn Glucose führt zu einem raschen Anstieg des Blutzuckerspiegels. Dies löst den Ausstoß von Insulin aus, einem Hormon, das zur Regulierung des Blutzuckerspiegels dient. Die dazu notwendige Bauchspeicheldrüse wird immer stärker gefordert. Wenn das über Jahre so geht, reagieren ihre Zellen nicht mehr auf Insulin und man wird insulinresistent, was dann zu Diabetes Typ 2 (früher: Altersdiabetes) führt. Außerdem resultiert der ständig erhöhte Insulinspiegel in Übergewicht, weil der Körper mehr Fett einlagert, Leber- und Muskelzellen speichern die übermäßigen Zuckermengen als Glykogen.

Durch ungesunde, v. a. zuckerreiche Ernährung kommt es inzwischen schon bei Kindern und Jugendlichen zu diesem „Altersdiabetes". Laut „stern" leiden heute 1,5 % aller Kinder und Jugendlichen unter 18 Jahren an Diabetes Typ 2 [9], eine Entwicklung, die es noch vor einigen Jahrzehnten überhaupt nicht gab. Diese Krankheit macht in jungen Jahren oft noch keine Probleme, aber die schweren Diabetesfälle treten in immer jüngeren Jahren auf. „Altersdiabetes" mit 30 Jahren ist mittlerweile keine Seltenheit mehr. Bei Kindern kommt erschwerend hinzu, dass während der Pubertät natürlicherweise Wachstumshormone ausgeschüttet werden, die die Zellen weniger empfindlich gegenüber Insulin machen. Damit wird der Diabetes Typ 2 anschließend manifestiert und die Beschwerden können nicht mehr ignoriert werden.

Aber ein hoher Zuckerkonsum bewirkt auch subtilere Änderungen in unserem Organismus. Denn wenn immer leicht verfügbare Kalorien aufgenommen werden, gewöhnt sich der Körper daran. Er fährt die Produktion der Enzyme, die für die Verdauung von Stärke und Rohfaser benötigt werden, zurück. Dadurch wird es schwieriger, etwa strukturreiches Gemüse oder Vollkornbrot zu verdauen. Da solche Lebensmittel dann zu Verdauungsproblemen führen, werden sie tendenziell gemieden und es werden noch mehr zuckerreiche, industriell gefertigte Lebensmittel gegessen. Aus diesem Teufelskreis ist nur schwer wieder herauszukommen. Hinzu kommt, dass zuckerhaltige Lebensmittel nur wenig oder gleich gar keine essenziellen Nährstoffe enthalten. Deshalb führt eine stark zuckerhaltige Ernährung zusätzlich zu einer Mangelernährung [10].

Warum essen wir überhaupt so gerne Zucker? Das hat auch evolutionär bedingte Gründe. Während in der Natur die Geschmacksrichtung „bitter“ häufig giftige oder ungenießbare Speisen kennzeichnet, bedeutet „süß“ in der Regel ungefährlich und nahrhaft. Dabei darf man nicht vergessen, dass es natürlicherweise nur wenige wirklich süße Stoffe gibt. Honig gehört dazu, manche Beeren, aber schon wilde Äpfel, Pflaumen und Kirschen würde niemand als süß bezeichnen, sie schmecken in der Regel einfach nur sauer. Da die Muttermilch durch die enthaltene Lactose süß ist, assoziieren schon Babys mit dieser Geschmacksrichtung allerhand Gutes. Auch später bei Erwachsenen verkauft sich süßer Geschmack gut – das gilt nicht nur für Schokolade. Deshalb enthalten sehr viele Fertiggerichte Zucker als Geschmacksverstärker.

Die Weltgesundheitsorganisation (WHO) empfiehlt die Verminderung des zusätzlichen Zuckers (zitiert nach [11])

Er sollte bei Kindern und Erwachsenen weniger als 10 % der täglichen Energiemenge ausmachen, das wäre eine Obergrenze von 50 g.
Optional: eine weitere Verringerung des Zuckerverzehrs auf unter 5 % der täglich aufgenommenen Energiemenge. Bei knapp 2000 kcal wären das 25 g oder 6 Teelöffel.

Wichtig: Lebensmittel mit natürlichem Zuckergehalt wie Obst und Milch werden nicht mitgezählt.

Eine Verringerung des täglich aufgenommenen Zuckers auf unter 5 % der Kalorien entspricht eigentlich schon einer strengen Diät und kann nicht so nebenbei erledigt werden. Denn von unserer täglichen Zuckermenge wird der geringste Teil direkt als Haushaltszucker konsumiert. Der Rest befindet sich v. a. in stark gesüßten Erfrischungsgetränken, Keksen, Süßigkeiten, aber auch in Fertigprodukten wie Ketchup (23 % Zucker), Fertigsoßen, sogar in sauer eingelegtem Gemüse. So können Krautsalat und Gewürzgurken 12 % Zucker enthalten. Besonders problematisch bei den Limonaden und Fruchtsäften ist, dass sie zwar erheblich Kalorien beinhalten, aber nicht den Hunger stillen („leere“ Kalorien) [10]. Cola enthält zwar „nur“ 10 % Zucker, das ist in etwa auch der natürliche Zuckergehalt von Apfelsaft, aber von Cola trinkt man in der Regel viel mehr. So enthält 1 L Cola 100 g reinen Zucker, das sind 33 Zuckerwürfel. Und die Lebensmittelindustrie ist sehr erfinderisch, was das Verbergen von Zucker betrifft (s. Box). Die größte Irreführung ist der Begriff „Fruchtsüße“. Diese beinhaltet eine Mischung aus Glucose und Fructose, hat aber mit dem Zusatz von Früchten gar nichts zu tun. Außerdem sind in vielen Lebensmitteln verschiedene Zuckerarten enthalten, sodass Verbraucher allein mit der Zutatenliste keine Chance haben, sie müssen auf die Nährstoffangaben achten, da dort die Gesamtzuckermenge abgebildet ist.

Was alles Zucker ist...

In den Zutatenlisten industriell hergestellter Lebensmittel verbirgt sich Zucker unter vielen Namen. Als Hinweis kann man sich merken, dass Stoffe mit der Endung „-ose" immer Zucker sind und der Wortbestandteil „-sirup" Süßes bedeutet. Aber das reicht nicht immer. Hier ist eine Auswahl an Namen für verschiedene Zucker:
Saccharose, Dextrose, Lactose, Raffinose, Fructose(-sirup), Fruchtzucker, Glucose(-sirup), Stärkesirup, Glucose-Fructose-Sirup, Karamellsirup, Traubenzucker, Invertzucker(-sirup), Dextrose oder (Malto)-Dextrine, Maltose, Malzextrakt, Gerstenmalzextrakt, Weizendextrin.

Außerdem können erhebliche Zuckermengen mit folgenden Zutaten in das Lebensmittel gelangen: Honig, Traubenfruchtsüße, Dicksäfte (z. B. Agavendicksaft), Fruchtkonzentrate, Fruchtpürees, getrocknete Früchte (z. B. Rosinen).

Und wie steht es um „Zero-Zucker"? Lebensmittel, die süß schmecken, enthalten nicht immer Zucker der oben beschriebenen Form. Das können auch Substanzen sein, die keine Zucker im chemischen Sinne sind, sogenannte Süßungsmittel wie Sacharin, Aspartam, Cyclamat oder Zuckeraustauschstoffe wie Zuckeralkohole (Alditole, Abb. 10.5). Letztere gelten nicht als Süßstoffe im Sinne der Lebensmittelzusatzstoffe.

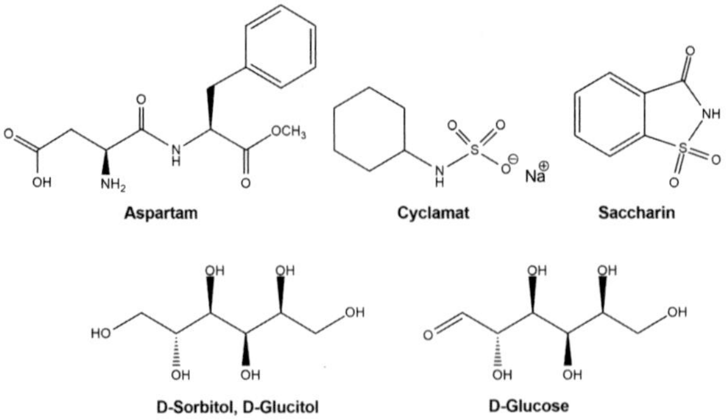

Abb. 10.5 Die wichtigsten Süßstoffe Aspartam, Cyclamat und Saccharin sowie Sorbitol (Sorbit, Glucitol) als Beispiel für einen Zuckeralkohol. Im Vergleich zum Zuckeralkohol enthält die Glucose eine Aldehydgruppe (C=O)

Ihnen allen ist gemein, dass wir sie als süß wahrnehmen, da sie an die „Süße"-Rezeptoren unserer Geschmacksknospen andocken. Obwohl ihre Süßkraft oft ein Vielfaches derer von Haushaltszucker (Saccharose) ist, werden sie nicht über Insulin abgebaut. Sie sind daher grundsätzlich für Diabetiker oder eine kalorienreduzierte Ernährung geeignet. Dennoch sind sie gesundheitlich umstritten, auch wenn die Studienlage hier nicht eindeutig ist [12]. Daher gibt es klare Höchstmengen (der sogenannte ADI, „acceptable daily intake") für ihren Verzehr [12]. Neben den direkten Auswirkungen auf die Gesundheit wird auch immer wieder der appetitanregende Effekt „leerer Zucker" in der Wissenschaft diskutiert. Damit ist gemeint, dass die Süße im Gehirn zwar mit dem Wohlgefühl der Belohnung einhergeht, bei Süßungsmitteln aber keine Energiezufuhr erfolgt. Das solle dann zu Heißhunger und damit zu dem eigentlichen Gegenteil einer kalorienreduzierten Ernährung führen (Blundell-Hill-Hypothese [13]). Eine aktuelle Übersichtsstudie verschiedener europäischer Forschungsinstitute kommt aber zu dem Ergebnis, dass der Konsum von Süßungsmitteln nicht zu einer Änderung des Nahrungsaufnahmeverhaltens führt [14]. Dennoch weist die Arbeit auf erhebliche Kenntnislücken bei den Auswirkungen von Süßungsmitteln auf die Darmmikroflora hin [14]. Damit gilt auch für „zuckerfreie" Limonaden und Süßigkeiten wie bei allem – einen ungetrübten Genuss gibt es nur mit maßvollem Umgang.

Es gibt Hinweise, dass ein zu hoher Zuckerkonsum auch das Verhalten von Kindern und Jugendlichen beeinflusst. Das war das Ergebnis einer großen Studie mit 137.000 Kindern im Alter von 11 bis 15 Jahren aus 26 Industrieländern [15]. Dabei bestand ein statistischer Zusammenhang zwischen hohem Zuckerkonsum und Mobbing, Schlägereien unter Gleichaltrigen und dem Alkohol- und Zigarettenkonsum der Jugendlichen. Psychische Faktoren und die soziale Stellung der Familie spielten überraschenderweise keine entscheidende Rolle. Den Autoren selbst ist keine Erklärung eingefallen, aber die Gruppe mit dem höchsten Zuckerverzehr hatte eine um 78 % höhere Wahrscheinlichkeit für mindestens 2 der 5 untersuchten Verhaltensauffälligkeiten.

Das führt zu der viel diskutierten Frage, ob Zucker in möglichst reiner Form zu einem Suchtverhalten führt. Klar ist, dass auch Zucker das Belohnungssystem aktiviert. Bei Zuckerkonsum werden Signale ins Gehirn geleitet, die eine erhöhte Ausschüttung von Dopamin bewirken und auf Dauer zu einem Gewöhnungseffekt führen. Und was das Schlimmste ist: Während die üblichen Suchtmittel erst später eingesetzt werden, bekommen schon Babys und Kleinkinder Zucker eingeflößt. Das können gesüßter Tee,

Limonade, Breikost oder konzentrierte Fruchtpürees sein, oder Süßes wird gar als Belohnung gegeben.

Das Gros der Wissenschaftler bezeichnet den Hunger nach Zucker nicht als echte Sucht, weil einige Charakteristika dafür fehlen. Aber es werden dieselben Hirnareale aktiviert wie bei Alkohol- oder Drogenkonsum und man kann durchaus suchtähnliches Verhalten entwickeln. Prof. Falk Kiefer vom Zentralinstitut für seelische Gesundheit in Mannheim zeichnete die Gehirnaktivität übergewichtiger Patienten mithilfe eines Magnetresonanztomografen (MRT) auf [16]. Dabei zeigte sich, dass die Menschen auf Bilder von Äpfeln völlig andere Aktivitätsmuster im Belohnungsareal des Gehirns zeigten als auf solche von Eiscreme. Außerdem reagierten Übergewichtige auf Bilder mit süßen Speisen deutlich stärker als Normalgewichtige. Sie werden dann wohl auch anders auf die Werbung oder beim Supermarkt auf Zuckerhaltiges ansprechen. Dabei bleibt offen, ob diese Unterschiede durch hohen Zuckerkonsum antrainiert oder genetisch verankert sind.

Alkohol – zwischen Genuss und Missbrauch

Alkohol ist leicht zu gewinnen. Die Vergärung zuckerhaltiger Früchte führt ohne großen weiteren Aufwand zu einem berauschenden Getränk. Das nutzten schon Affen in Indien zur Berauschung, auch Menschen sind darauf erpicht. Die ältesten (indirekten) Zeugnisse der Alkoholherstellung wurden in die Zeit vor Beginn der Landwirtschaft datiert. Im Heiligtum von Göbekli Tepe in Südostanatolien, das vor 11.600 Jahren errichtet wurde, fand sich in wannenartigen Steinen Calciumoxalat („Bierstein"), das als untrüglicher Hinweis auf Fermentationsprozesse gilt [17]. Und bei einer Ausgrabung bei Haifa in Israel fanden Archäologen in einer Höhle Reste, die sie als primitive Brauerei interpretierten und das bereits in der Zeit des Natufien (12.000–9.000 v. Chr. [18]). Die ersten sicheren Hinweise stammen ebenfalls aus frühester Zeit: Vor 9.000 Jahren brauten die Chinesen mit Reis, Honig und Früchten ein alkoholisches Getränk, vor 7.000 Jahren gab es im Kaukasus schon kultivierte Weinreben und vor 5.000 Jahren kannten die Mesopotamier mehrere Biersorten [19].

Heute wird nicht nur bei Geburtstagen, Betriebsfeiern, feierlichen Sonntagsessen, bei Konzerten oder Sportereignissen sowie beim Abendbrot und in Restaurants ganz selbstverständlich Alkohol serviert. Auch das „Feierabendbierchen" gehört bei Vielen zum Alltag. Nicht zuletzt deshalb gilt Deutschland als Hochrisikoland, weil generell zu viel getrunken wird. Laut offizieller Statistik gefährden rund 16 % der erwachsenen Männer und 11 %

der erwachsenen Frauen ihre Gesundheit durch riskanten Alkoholkonsum. Das wäre dann ein Konsum, der höher ist als die in der Box angegebenen Mengen [20]. Auch im Durchschnitt sind die eingenommenen Alkoholmengen groß. Im Jahr 2021 wurden 10,6 L reiner Alkohol pro Bundesbürger (über 15 Jahre) konsumiert. Zum Vergleich: Diese Menge reiner Alkohol entspricht bei einem durchschnittlichen Alkoholgehalt von 5 Vol.-% für Pils immerhin 212 L Bier. Das weltweite Mittel liegt bei 6,2 L. Davon sind in Deutschland allein 5,6 L reiner Alkohol dem Bierkonsum zuzurechnen [20]. Bei diesen Mengen wird deutlich, dass der Alkohol zum Lebensstil einfach dazugehört. Alkohol ist als Droge gesellschaftlich akzeptiert, daher ist der Weg vom Genuss zum Missbrauch besonders kurz und Letzterer erfolgt meist unbemerkt. Vom einfachen Feierabendbierchen bis zum täglichen Rausch ist es für manche nicht weit.

Alkohol-Konsum mit wenig Risiko [21]

Frauen: 10–12 g (bzw. 13–15 mL) reiner Alkohol:
1 Glas Bier (0,3 L) oder Wein (0,125 L) am Tag.
Männer: 20–24 g (bzw. 26–30 mL) reiner Alkohol.

Dass Alkohol so gerne konsumiert wird und so weitverbreitet ist, hat psychische Ursachen. Denn Alkohol wirkt sehr subtil auf uns. Innerhalb weniger Minuten nach dem Trinken überwindet er die Blut-Hirn-Schranke und verändert die Kommunikation der Nervenzellen [22]. Die gesamte Wahrnehmung wird anders, das Reaktionsvermögen und die Aufmerksamkeit sinken, die Gefühlslage ändert sich. Deshalb empfinden viele Alkohol als entspannend, er regt an und macht gesellig. Gleichzeitig aktiviert Alkohol das Belohnungszentrum im Gehirn. Endorphine, das sind körpereigene Opiate (s. „Keine Macht den Drogen"), und Dopamin werden ausgeschüttet und genau wie beim Zucker springt das körpereigene Belohnungssystem an. Glücksgefühle und Euphorie stellen sich ein, die der Körper immer wieder erleben will und aktiv danach sucht.

Aber Alkohol führt noch zu wesentlich komplexeren Gesundheitsschäden. Es gibt keine speziellen Rezeptoren für dieses kleine Molekül im Körper, aber er lagert sich an viele Rezeptoren an und schädigt jeden auf seine eigene Weise [23]. Bis zu 200 Krankheiten werden damit in Verbindung gebracht [22]. An erster Stelle denkt man natürlich an die Leber, unser zentrales Entgiftungsorgan. Sie kann sich bei starker Belastung verfetten, entzünden und vernarben, was im Endstadium zur Leberzirrhose führt. Die weibliche Leber baut Alkohol schlechter ab, deshalb sollten Frauen deutlich weniger trinken ([21], s. Box).

Aber das Perfide am Alkohol ist, dass er den gesamten Körper in Mitleidenschaft zieht. Weil er wasserlöslich ist, verteilt er sich sehr rasch im Körper und schädigt dort die Zellmembranen, die jede Zelle umgeben. Neben dem Magen werden die Membranen des Dünndarms geschädigt, was auf die Dauer zu einer Unterversorgung mit bestimmten Nährstoffen führen kann. Außerdem ist Alkohol ein Nervengift, das Nervenzellen unmittelbar abtötet. Konzentration und geistige Leistungsfähigkeit verringern sich, was man dann schnell an der Verkehrstauglichkeit merkt. Sprache und Gang werden schleppend, es ist auf der Bühne einfach, so einen Alkoholisierten darzustellen. Im Gehirn reagiert die γ-Aminobuttersäure, kurz GABA, besonders sensitiv. Sie wirkt eigentlich als Bremssignal und lässt die Aktivität von Nervenzellen erlahmen. Dadurch wirkt Alkohol beruhigend und nimmt die Angst. Allerdings können auf die Dauer Intelligenz und Urteilsvermögen geschädigt werden. Alkohol verändert zahlreiche Neurotransmitter und bewirkt eine Veränderung bei den menschlichen Emotionen und im Gedächtnis [23]. Dies kann bei anfälligen Personen zur Suchtentwicklung beitragen.

Auch Gefäße und Herz sind betroffen, der Blutdruck steigt, der Herzrhythmus verändert sich. Die Wahrscheinlichkeit für Herzmuskelerkrankungen und Bluthochdruck wird durch Alkohol erhöht. Er schädigt auch die Bauchspeicheldrüse, dadurch kann Diabetes entstehen, und fördert Entzündungen der Magenschleimhaut. Alkohol verringert Potenz und Fruchtbarkeit des Mannes und schädigt das ungeborene Kind im Mutterleib auf genauso vielfältige Weise.

In Europa ist Alkohol für 7,1 % aller Krebserkrankungen verantwortlich, 240.000 Fälle könnten jährlich vermieden werden [24]. Sieben Krebstypen zeigen einen direkten Zusammenhang mit dem Alkoholkonsum: Darm-, weiblicher Brust-, Leber-, Mund- und Kehlkopfkrebs, Krebs der Speiseröhre und des Rachenraums. Das sind genau die Organe, die als Erstes mit Alkohol in Verbindung kommen [25]. Ein Zusammenhang besteht darin, dass unser Körper Alkohol, der selbst schon krebserregend ist, in Acetaldehyd umwandelt, der genauso wirkt. Außerdem erhöht Alkohol den Östrogenhaushalt, was bei Frauen zu einem erhöhten Brustkrebsrisiko führt. Und die Leberzellen werden durch Alkohol geschädigt, können eine Zirrhose entwickeln, die wiederum die Entstehung von Leberkrebs fördert [24].

Eine große Studie mit Daten aus 195 Ländern aus den Jahren 1990–2016 untersuchte den Einfluss des Alkohols auf die Gesundheit [26]. Dabei wird die Zahl der Getränke je Tag als Maßstab genommen; 10 g reiner Alkohol am Tag werden als ein Getränk gewertet, das ist gerade mal ein kleines Glas Bier. Der Alkoholkonsum erwies sich als Ursache für 6,8 % aller Todesfälle bei Männern und für 2,2 % bei Frauen. Untersucht man nur Menschen im Alter von 15 bis 49 Jahren, dann erhöhen sich die Todesraten auf 12,2 % bei Männern und auf 3,8 % auf Frauen. Bei älteren Menschen waren v. a. alkoholbedingte Krebserkrankungen eine wichtige Todesursache. Um jegliches Gesundheitsrisiko auszuschließen, hilft nach den Autoren der Studie nur „Null Alkohol" [26]. Sie schlossen weiterhin aus ihren Ergebnissen, dass Alkohol ein sehr wichtiger globaler Risikofaktor ist und erhebliche Gesundheitsprobleme verursacht. Übrigens zählte Mitteleuropa zusammen mit England, Skandinavien, Argentinien und Australien zu den einzigen Ländern der Welt, in denen 80–100 % aller Frauen Alkohol trinken. Die Autoren räumen auch mit der Meinung auf, dass geringe Mengen von Alkohol für manche Krankheiten sogar gesundheitsfördernd seien. Die Risikokurve steigt schon ab einem Drink pro Tag – wenn auch nur leicht – an. Der Risikoforscher David Spiegelhalter und sein Team aus Cambridge haben es genau berechnet [27]. Von 100.000 Menschen, die täglich einen Drink zu sich nehmen, bekommen im Mittel 918 Menschen innerhalb eines Jahres ein Gesundheitsproblem. Beim absoluten Verzicht auf Alkohol sind es mit 914 insgesamt 4 Personen weniger. Also steigt das Risiko durch geringen Alkoholgenuss für 4 von 100.000 Menschen. Bei zwei Gläsern am Tag und damit der nach der Bundeszentrale für gesundheitliche Aufklärung empfohlenen Höchstmenge für Männer (s. Box) steigen die Gesundheitsprobleme für 63 von 100.000 Menschen. Bei noch höheren täglichen Alkoholmengen, und das bestreitet niemand, steigt die Risikokurve deutlich an. So haben bei 5 Gläsern am Tag schon über 1.200 Menschen (1,2 %) zusätzliche Gesundheitsprobleme [27].

Nicht alle Studien sind so rigoros in ihren Schlussfolgerungen. Eine Metastudie, die die Ergebnisse der Befragung von fast 600.000 Menschen aus 19 Industrieländern analysierte, stellte zunächst auch den großen Einfluss von Alkohol auf zahlreiche Krankheiten fest [28]. Dabei hing der Alkoholkonsum ungefähr linear mit einem höheren Schlaganfallrisiko, verschiedenen Herzerkrankungen, einer tödlichen Kreislauferkrankung und einem tödlichen Aneurysma der Hauptschlagader zusammen. Im Gegensatz dazu war ein erhöhter Alkoholkonsum logarithmisch linear mit einem geringeren Risiko für einen Herzinfarkt verbunden. Außerdem fanden die Autoren eine Toleranzgrenze von 100 g reinem Alkohol pro Woche, das ist etwas höher als die Empfehlung von Burger et al. [21] für Frauen, aber deutlich geringer als die für Männer (s. Box). Die Wissenschaftler nahmen als Maß die verlorenen Lebensjahre durch Alkohol. Sie fanden heraus, dass ein 40-jähriger Mann, der täglich mehr als 1,25 L Bier (>350 g reiner Alkohol je Woche) trinkt, im Durchschnitt 5 Jahre seines Lebens verliert. Bei einer 40-jährigen Frau sind es 4,5 Jahre. Mit zunehmender Alter wird der Verlust geringer, da dann andere Todesursachen in den Vordergrund treten [28].

Auch wenn sich die Studien im Detail unterscheiden und es noch sehr viel mehr davon gibt als nur die zwei zitierten, sagen sie alle, dass Alkoholkonsum prinzipiell schädlich ist. Und es bleibt jedem Einzelnen überlassen, welches Risiko er für die entspannende und euphorisierende Wirkung des Alkohols eingehen möchte. Aber es gehört auch zur Wahrheit, dass der durchschnittliche Alkoholkonsum der Deutschen 2021 bei 204 g reinem Alkohol je Woche lag [20], das ist deutlich mehr als die Toleranzgrenze der oben genannten Studie [28]. Und Alkoholkonsum führt dabei jährlich zu über 40.000 zusätzlichen Todesfällen allein in Deutschland [20]! Dabei entstehen direkte Gesundheitskosten von rund 16,6 Mrd. €.

Außerdem bewirkt Alkohol nicht nur ein verstärktes Krankheitsrisiko, sondern führt bei abhängigen Trinkern auch zu erheblichen sozialen Folgen: von erhöhtem Risiko für Verkehrsunfälle über Arbeitslosigkeit und Frühverrentung bis hin zu Selbstverletzung oder häuslicher Gewalt. Solche indirekten gesellschaftlichen Kosten werden mit noch einmal 40,4 Mrd. € jährlich veranschlagt [20].

Darüber hinaus kann Alkohol einen erheblichen Einfluss auf die Gesundheit eines ganzen Volkes haben. Ein frappierendes Beispiel bietet Russland. Alkohol wurde hier als Ursache für einen erheblichen Anstieg der Todesraten in den 1980er-Jahren erkannt und konnte mit 75 % der Todesfälle von Männern zwischen 15 und 55 Jahren in Verbindung gebracht werden [29]. Die durchschnittliche Lebenserwartung russischer Männer stieg um 8 Jahre, als der Alkoholkonsum gesetzlich eingeschränkt wurde [22].

„Ein Zigarettchen in Ehren…

… kann niemand verwehren", wie der Volksmund sagt. Aber die Zeiten, in denen der Nikotinkonsum verharmlost wurde, sind längst vorbei. Wir wissen heute genau, dass der Konsum von Tabak uneingeschränkt schädlich ist. Durch das Rauchen sind 13,5 % aller Todesfälle in Deutschland bedingt; 4 von 5 Menschen, die an Lungenkrebs sterben, sind Raucher [30]. Das Gefährliche am Rauchen ist nicht einmal das Nikotin, das macht nur abhängig, sondern die Substanzen, die entstehen, wenn der Tabak bei bis zu 800 °C in der Zigarette oder Zigarre verbrannt wird. Von rund 4.800 Stoffen, die bisher identifiziert wurden, sind mindestens 95 giftig oder krebserregend [31].

Neben dem Rauchen gibt es heute noch andere Möglichkeiten, Nikotin zu konsumieren (Tab. 10.3). Tabakerhitzer sind batteriebetriebene Geräte, bei denen Tabak bei Temperaturen zwischen 250 und 350 °C elektrisch erhitzt wird, wodurch Nikotindämpfe entstehen. Bei E-Zigaretten wird eine Flüssigkeit (E-Liquid) erhitzt, die neben verschiedenen Aromastoffen auch Nikotin enthalten kann. Beide Formen sind weniger schädlich als herkömmliche Zigaretten, aber keineswegs gesund. Trotz nur weniger zuverlässiger Studien und fehlender Langzeitstudien, die es aufgrund der Neuheit der Verfahren auch gar nicht geben kann, sieht der Drogen- und Suchtbericht der Bundesregierung die E-Zigarette als am wenigsten gefährlich an (Tab. 10.3). Hier entstehen nicht die häufig krebserregenden Verbrennungsprodukte, die in Kombination mit Nikotin das Abhängigkeitspotenzial noch erhöhen. Die in der Tab. 10.3 genannten Substanzen Formaldehyd, Benzol und 1,3-Butadien sind anerkannte krebserregende Substanzen, Acetaldehyd (CH_3CHO) ist giftig. Deshalb werden sie als Indikator für die Anwesenheit noch vieler anderer Kanzerogene und Giftstoffe verwendet. Diese können bei der E-Zigarette entweder gar nicht oder in wesentlich geringeren Mengen als im Zigaretten- oder Wasserpfeifenrauch gefunden werden. Allerdings fehlen zur Beurteilung der langfristigen Risiken noch Daten. Gleiches gilt für die häufig in E-Zigaretten zum Einsatz kommenden Aromastoffe, wie z. B. für Menthol- und Fruchtnoten. Diese Stoffe finden sich in der Natur bzw. dürfen als sogenannte

Tab. 10.3 Vor- und Nachteile der verschiedenen Formen des Nikotingenusses ([34], vereinfacht, nb = nicht beobachtet)

Kriterium	Tabakzigaretten (je Zigarette)	Wasserpfeifen (je Pfeife)	Tabakerhitzer ([je Stick)	E-Zigaretten (15 Züge)
Schadstoffgehalte	sehr hoch	sehr hoch	deutlich reduziert	stark reduziert
Formaldehyd	29–130 μg	36–630 μg	4,5–5,5 μg	0,2–5,61 μg
Acetaldehyd	930–1540 μg	120–2520 μg	179–219 μg	0,11–1,36 μg
1,3-Butadien	77–117 μg	nb	bis zu 0,3 μg	nb
Benzol	50–98 μg	271 μg	0,64–0,65 μg	nb
Nikotin	1,1–2,7 mg	0,01–9,29 mg	1,1–1,32 mg	variabel
Suchtpotenzial	sehr hoch	sehr hoch	sehr hoch	vorhanden
Gesundheitliche Risiken	**sehr hoch**	**hoch**	**vorhanden**	**vorhanden**

GRAS-Stoffe („Generally Recognized as Safe", GRAS) für die Lebensmittelproduktion verwendet werden. Allerdings werden sie in E-Zigaretten anders als in Speisen, Tees oder Kräuterprodukten verdampft und inhaliert. Zu den dabei erfolgenden Umwandlungsprozessen und den inhalationstoxikologischen Auswirkungen der Verdampfungsprodukte ist bisher zu wenig bekannt. Eine Stellungnahme des Bundesinstituts für Risikobewertung von 2021 hebt neben der Bewertung von Einzelaromen zudem die Gefahr von Aromamixturen hervor. Bei Mischung verschiedener Aromastoffe können diese beim Erhitzen miteinander reagieren und völlig neue Stoffe bilden [32]. Dass es aber besonders die fruchtigen Aromen und deren Vielfalt sind, die junge Menschen für die E-Zigarette begeistern und nicht das typische „Zigaretten-Bouquet", fand eine Konsumentenstudie im Auftrag der EU heraus [33]. Hier bleibt zu beobachten, inwiefern nicht nur Raucher von der konventionellen Tabakzigarette auf E-Zigaretten umsteigen, sondern auch eigentliche Nichtraucher in den Nikotinkonsum einsteigen.

Zudem enthalten E-Zigaretten eine Vielzahl weitere Zusatzstoffe wie Trägersubstanzen und Stabilisatoren, Faserbestandteile oder Feuchthalte- und Lösungsmittel. Über deren mögliche Auswirkungen bei Inhalation ist noch weniger bekannt.

Dass Rauchen schädlich ist (Box), dürfte inzwischen Allgemeinwissen sein. Trotzdem rauchen immer noch rund 27 % der Männer und 19 % der Frauen [35]. Bei den 12- bis 17-jährigen Kindern und Jugendlichen rauchen 6 %. Knapp ein Drittel der Jugendlichen hat auch schon Wasserpfeife geraucht, was in den letzten Jahren geradezu zum Modekonsum wurde (Shishabars). Die höchsten Raucheranteile finden sich übrigens bei Reinigungspersonal (50 %), die geringsten bei Ingenieuren (9 %). Am klarsten spiegelt sich das Gesundheitsrisiko des Rauchens an der Zahl der Krebserkrankungen wider. Jede fünfte Krebsneuerkrankung war 2018 auf das Rauchen zurückzuführen. An erster Stelle steht dabei natürlich der Lungenkrebs, 89 % der Erkrankungen bei Männern und 83 % bei Frauen sind durch das Rauchen bedingt [35].

Gesundheitsschäden durch Rauchen

„Rauchen verursacht verschiedene Krebsarten, wobei die Lunge in besonderem Maße in Mitleidenschaft gezogen wird: Bis zu 90 % aller Lungenkrebsfälle sind auf das Rauchen zurückzuführen. Rauchen ist auch die bedeutendste Ursache für chronisch obstruktive Lungenerkrankungen (COPD, chronic obstructive pulmonary diseases) und Raucher haben ein höheres Risiko an Tuberkulose zu erkranken. Rauchen fördert nicht nur chronische, sondern auch akute Erkrankungen der Atemwege wie Grippe und Erkältungen. Im Vergleich zu

Nichtrauchern haben Raucher ein mehr als doppelt so hohes Risiko für eine Herz-Kreislauf-Erkrankung und ein doppelt so hohes Risiko für Schlaganfälle. Zudem schädigt Rauchen die Augen, den Zahnhalteapparat, den Verdauungstrakt sowie das Skelett, führt zu Erektionsstörungen und schränkt die Fruchtbarkeit ein. Während der Schwangerschaft schadet Rauchen dem Ungeboren, führt zu Geburtskomplikationen und beeinträchtigt die Entwicklung des Kindes noch bis ins Erwachsenenalter.“ Quelle: [36]

Hinzu kommen die gesundheitlichen Schäden für Mitmenschen durch das Passivrauchen. Dessen Gefahren wurde mittlerweile durch gesetzliche Rauchverbote in öffentlichen Einrichtungen, Verkehrsmitteln oder in der Gastronomie weitestgehend Rechnung getragen (Bundesnichtraucherschutzgesetz [37]). Aber auch nach dem Gebrauch gehen von Zigaretten und hier besonders von den Filtern erhebliche Gefahren für die Umwelt aus. Meist werden die Filter achtlos weggeworfen. Das sind laut einem aktuellen Bericht der WHO dann rund 4,5 Billionen (also 4.500 Mrd.!) Zigarettenstummel weltweit pro Jahr, die in der Umwelt landen [38]. Und mit ihnen gelangen dann all die Giftstoffe, die sie zum vermeintlichen Schutz der Lunge aufnehmen, in die Natur. Zu den über 7.000 verschiedenen Gefahrstoffen zählen neben den in Tab. 10.3 beschriebenen auch (Schwer-) Metalle wie Arsen, Kupfer, Blei, Chrom oder Cadmium sowie polyzyklische Kohlenwasserstoffe (PAK, s. Kap. 14). Und auch das Filtermaterial ist alles andere als unbedenklich. Celluloseacetat, aus dem die Filter bestehen, ist ein Kunststoff und wird entgegen der weitläufigen Annahme kaum in der Umwelt abgebaut. Er zerfällt wie alle Kunststoffe in der Umwelt nur in immer kleinere Teile, führt also zu Mikro- und Nanoplastik. Damit sind all die Risiken verbunden, die in Kap. 7 bereits beschrieben wurden. Daher benennt die WHO das Problem konkret: **„The environmental consequences of tobacco use move it from being a human problem to a planetary problem“**, was so viel heißt wie „Die Auswirkungen des Tabakkonsums auf die Umwelt machen aus ihm nicht nur ein Problem der menschlichen Gesundheit, sondern ein globales Problem.“ [38].

Wie gefährlich sind Drogen?

Diese einfache Frage ist gar nicht so leicht zu beantworten. David Nutt, ein Psychiater des Imperial College in London, war einer der Ersten, der versuchte, diese Frage wissenschaftlich und objektiv für Großbritannien zu beantworten. Er befragte dazu sachkundige Kollegen und berücksichtigte 3 Kriterien: das Abhängigkeitsverhalten, den physischen und den sozialen Schaden. Daraus leitete er eine allgemeine Schädlichkeit ab [39]. Das Besondere der Studie war, dass nicht nur die Schädlichkeit für den Konsumenten berücksichtigt wurde, sondern auch die gesellschaftlichen Schäden, die durch Drogen entstehen, also Dinge wie den Verlust von Freunden, Verlust der Arbeit und Gefängnisaufenthalte. Dabei kam heraus, dass Alkohol die schädlichste Droge überhaupt ist, zusammen mit Heroin und Crack, einer Form des Kokains (Abb. 10.6).

David Nutt war damals auch Drogenbeauftragter der britischen Regierung, als er seine Studie publizierte. Aufgrund seiner These, dass der Akzeptanzunterschied zwischen illegalen und erlaubten Drogen aufgrund des Schadenspotenzials wissenschaftlich nicht haltbar sei, wurde er von seinem Amt als Drogenbeauftragter entbunden [40]. Die Studie wurde später noch einmal unter Beteiligung von David Nutt auf europäischer Ebene wesentlich komplexer mit insgesamt 16 Kriterien wiederholt und kam praktisch zum selben Ergebnis: Alkohol war aufgrund des massenhaften und weitverbreiteten Konsums die schädlichste Droge mit weitem Abstand, gefolgt von Heroin und Crack [41].

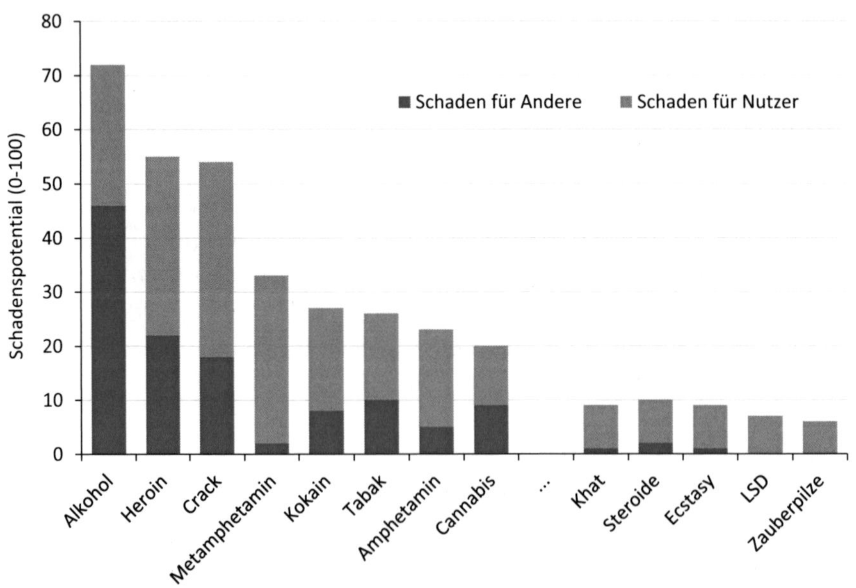

Abb. 10.6 Relatives Schadenspotenzial ausgewählter Drogen [39]

Bei der Zahl der Todesfälle (s. Box) wurde von den Zahlen von 2019 ausgegangen, um die möglichen Folgen der Covid-19-Pandemie auszuschließen. Es gibt Hinweise, dass die Zahl des Alkohol- und sonstige Drogenkonsums durch die pandemiebedingten Lockdowns gestiegen ist. Bei den illegalen Drogen stehen Todesfälle durch Opioide/Opiate an erster Stelle, danach kommen Langzeitschädigungen durch Drogenkonsum.

Todesfälle durch Drogen in Deutschland

Todesfälle gesamt 2019: davon	939.520	100 %	[42]
Todesfälle durch Rauchen	127.000	13,5 %	[43]
Todesfälle durch Alkohol (inkl. Unfälle)	74.000	7,8 %	[44]
Todesfälle durch illegale Drogen (2019)	1.389	0,15 %	[45]

Drogen im Abwasser

Die Zahl der Todesfälle durch Drogenkonsum ist natürlich nur die Spitze des Eisbergs. Die meisten Leute konsumieren Drogen so, dass sie nicht direkt daran sterben. Logischerweise gibt es aber keine zuverlässigen Statistiken über den Konsum illegaler Drogen. Wenn da nicht die Abwässer wären, die alle Ausscheidungen einer Stadt transportieren und sogar Rückschlüsse auf das Stadtviertel zulassen. Anhand ihrer Reste und Abbauprodukte kann man die Drogen feststellen, die in einem bestimmten Zeitraum konsumiert werden. Bei Probenahme vor den Kläranlagen lässt sich so z. B. das Kokain mittels seines Abbauprodukts Benzoylecgonin messen [46].

Dabei machte Dortmund schon mehrfach Schlagzeilen als „Koks-Hauptstadt“ in Deutschland. Es ergab sich ein täglicher Wert von 461 mg/1000 Einwohner [46]. Das sind immerhin 98,4 kg/Jahr, die in Dortmund konsumiert wurden. Der Wert liegt damit knapp über Frankfurt (428 mg/1000 Einwohner) und ist höher als in anderen deutschen Städten. Es wurde schon 2006 eine Schätzung vorgenommen, wie viel Kokain sich im Einflussbereich des Rheins und seiner Nebenflüsse bis Köln im Flusswasser findet. Das ist immerhin eine Region, in der 40 Mio. Menschen leben. Rechnet man die gefundene Menge auf ganz Deutschland hoch, kommt man auf einen Jahresverbrauch von 20 t Kokain, was im internationalen Vergleich ein Platz im Mittelfeld bedeutet [47].

Vergleicht man die Dortmunder Werte im europäischen Maßstab, dann liegen sie aber keineswegs an der Spitze (Tab. 10.4).

Tab. 10.4 Höchste gemessene Rückstände (mg/1000 Personen und Tag) von Kokain (bzw. seinem Abbauprodukt Benzoylecgonin) und Methamphetamin im Abwasser europäischer Städte 2017 (nach [46])

Kokain	Rückstand	Methamphetamin	Rückstand
Barcelona, Spanien	965	Chemnitz, Deutschland	241
Zürich, Schweiz	934	Erfurt, Deutschland	211
Zuid (Antwerpen), Belgien	823	Budweis, Tschechien	200
St. Gallen-Hofen, Schweiz	822	Brno, Tschechien	186
Genf, Schweiz	795	Dresden, Deutschland	180

In Barcelona wird rund doppelt so viel Kokain eingenommen wie in Dortmund. Auffallend ist, dass von den 5 Spitzenreiterstädten 3 in der reichen Schweiz liegen. Aber im Abwasser findet sich nicht nur das Kokainabbauprodukt, sondern auch die Reste anderer Drogen. Dabei ist das billig herzustellende Methamphetamin („Crystal Meth") besonders im Osten verbreitet, was auch mit den Kellerlaboren in Tschechien zusammenhängen kann [46].

Was die Drogenrückstände mit der Umwelt machen, ob sie eine Wirkung auf pflanzliches und tierisches Leben in den Gewässern haben, ist weitgehend unbekannt. Immerhin fanden englische Forscher an 15 Stellen in der ländlichen Grafschaft Suffolk allerhand Drogen und Umweltgifte in den Körpern von Flohkrebsen *(Gammarus pulex)* [48]. Sie werden gerne als Indikator für die Güte von Trinkwasser eingesetzt, da sie recht empfindlich sind und sich leicht vermehren lassen. Die am häufigsten gefundene Substanz war Kokain, es fand sich buchstäblich in jedem der Tierchen. An zweiter Stelle stand das Betäubungsmittel Lidocain mit 95 % der Proben. Es wird häufig verwendet, um Kokain zu strecken und seine Wirkung zu erhöhen. Interessanterweise fand sich Kokain im Mittel mit $5{,}9 \pm 4{,}3$ µg/kg Tiergewebe in deutlich höherer Menge als im Wasser, die Tierchen reichern es offensichtlich an [49]. Der Maximalwert lag bei 30,8 µg/kg Gewebe. Daneben fanden sich noch mehrere Schmerzmittel, die auch einem missbräuchlichen Konsum entstammen können – so wie Ketamin (s. Abb. 10.3), das ursprünglich ein Narkosemittel ist, dessen halluzinogene Nebenwirkungen es aber auch zur Droge machen [50]. Die Autoren der Studie betonen, dass dringend untersucht werden müsste, welche Effekte diese Gifte auf das Ökosystem haben und welche Risiken von ihnen ausgehen. Am erstaunlichsten an der Studie ist vielleicht, dass die Probenahmestellen im ländlichen Gebiet lagen, weit weg von Großstädten. Das zeigt, wie weitverbreitet illegaler Drogenkonsum heute ist bzw. wie diese Substanzen über den Wasserkörper weitläufig und überregional verbreitet werden können.

Was tun?

Es ist sicher lebensfremd, dazu aufzurufen, alle Drogen, ob legal oder illegal, zu meiden, gerade weil manche von ihnen uns gesellschaftlich sehr stark im Alltag begleiten. Der regelmäßige Griff zu (harten) Drogen hat aber zumeist konkrete Hintergründe in der eigenen Vergangenheit und im sozialen Umfeld. Hier gilt es, mit einem wachen Auge für Familie, Freunde und Mitmenschen Drogenkonsum nicht zu bagatellisieren oder zu tabuisieren. Und ebenso hilft es, die eigene Gesundheit und die der Mitmenschen zu schützen, indem man auch die legalen Drogen vernünftig und umsichtig einsetzt. Besonders deren Genuss sollte nicht über die Menge definiert werden, die man genießt, sondern über das Erlebnis selbst.

Das ist v. a. deshalb so schwierig, weil Drogen unser Belohnungszentrum im Gehirn aktivieren. Deshalb ist ihr Konsum lustbetont, treibt zur Wiederholung und erfordert steigende Mengen, um den Lustgewinn zu erhalten. Dies macht sie so gefährlich.

Wie kann ich mich schützen?

- Alkohol nur in Maßen genießen (s. Box) und auch alkoholfreie Tage einhalten; an Arbeitstagen keinen Alkohol vor Feierabend trinken, ebenso vor Autofahrten; auch in Gesellschaft den Alkoholkonsum selbstständig begrenzen.
- Kinder und Jugendliche nicht zum Alkoholkonsum animieren, aber auch kein Tabuthema daraus machen, sondern Aufklärung betreiben und mit gutem Beispiel einen maßvollen Konsum vorleben
- Rauchen schädigt die Lunge, auch die von passiv rauchenden Menschen (Familienmitglieder!). E-Zigaretten schädigen weniger als andere Formen des Nikotingenusses, sind aber keinesfalls unkritisch.
- Zigarettenfilter gehören in den Müll und keinesfalls in die Umwelt!
- In jedem Fall haben Eltern/Familie und Freunde eine große Vorbildwirkung. Ein maßvoller Umgang mit Süßigkeiten und Alkohol durch Eltern hat ebenso wie Nichtrauchen einen enormen Einfluss auf die späteren Gewohnheiten der Kinder.
- Von den illegalen Drogen ist nur Cannabis für Erwachsene weniger gefährlich und sein Konsum wird absehbar in geringen Mengen legalisiert. Bei Heroin, Crystal Meth und Crack kann bereits ein einziger Versuch süchtig machen. Manche Dinge muss man nicht probieren.
- Ein soziales Miteinander, Rückhalt und Interesse an den Mitmenschen und deren Leben sind die beste Krisenprävention.

Literatur

1. BMG (2020) – Bundesministerium für Gesundheit. Epidemiologischer Suchtsurvey. https://www.bundesgesundheitsministerium.de/fileadmin/Dateien/5_Publikationen/Drogen_und_Sucht/Berichte/Kurzbericht/Epidemiologischer_Suchtsurvey__ESA__2018.pdf. Zugegriffen: 17. Nov. 2022
2. Weinreich WM (2004) Integrale Psychotherapie. Drogen – Sucht – Gesellschaft. http://www.integrale-psychotherapie.de/Integrale-drogenpolitik.html. Zugegriffen: 17. Nov. 2022
3. Hyman SE, Malenka RC, Nestler EJ (2006) Neural mechanisms of addiction: the role of reward-related learning and memory. Annu Rev Neurosci 29:565–598
4. Kupferschmidt K (2018) Sucht – Motivation zu schlechten Zielen. https://www.dasgehirn.info/denken/motivation/sucht-motivation-zu-schlechten-zielen. Zugegriffen: 17. Nov. 2022
5. WIKIPEDIA: Kohlenhydrate. https://de.wikipedia.org/wiki/Kohlenhydrate
6. BLE (2021) – Bundesanstalt für Landwirtschaft und Ernährung. Pro-Kopf-Verbrauch von Zucker weiter gesunken. https://www.ble.de/SharedDocs/Meldungen/DE/2021/210517_Zuckerbilanz.html. Zugegriffen: 17. Nov. 2022
7. DAG (o. J.) – Deutsche Adipositas-Gesellschaft. Prävalenz der Adipositas im Erwachsenenalter bzw. im Kinder- und Jugendalter. https://adipositas-gesellschaft.de/ueber-adipositas/praevalenz/. Zugegriffen: 17. Nov. 2022
8. Schienkiewitz A, Brettschneider AK, Damerow S, Schaffrath Rosario A (2018) Übergewicht und Adipositas im Kindes- und Jugendalter in Deutschland – Querschnittergebnisse aus KiGGS Welle 2 und Trends. J Health Monit 3(1):16–23. https://doi.org/10.17886/RKI-GBE-2018-005.2 Robert Koch-Institut, Berlin. https://www.rki.de/DE/Content/Gesundheitsmonitoring/Gesundheitsberichterstattung/GBEDownloadsJ/FactSheets/JoHM_01_2018_Adipositas_KiGGS-Welle2.pdf?__blob=publicationFile. Zugegriffen: 17. Nov. 2022
9. Janning M (o. J.) Diabetes Typ 2 bei Kindern – Fett am Bauch, Zucker im Blut. https://www.stern.de/gesundheit/diabetes/erkrankungen/diabetes-typ-2-bei-kindern-fett-am-bauch--zucker-im-blut-3428850.html. Zugegriffen: 17. Nov. 2022
10. Laschet H (2019) So viel Zucker am Tag darf's sein. ÄrzteZeitung. https://www.aerztezeitung.de/Medizin/So-viel-Zucker-pro-Tag-darfs-sein-254183.html
11. NDR (2022) – Norddeutscher Rundfunk. Zucker: Gefährlich für die Gesundheit? https://www.ndr.de/ratgeber/verbraucher/Zucker-Gefaehrlich-fuer-die-Gesundheit,zucker133.html. Zugegriffen: 17. Nov. 2022
12. BfR (2014) – Bundesinstitut für Risikobewertung. Bewertung von Süßstoffen und Zuckeraustauschstoffen. https://www.bfr.bund.de/cm/343/bewertung_von_suessstoffen.pdf. Zugegriffen: 17. Nov. 2022

13. Blundell JE, Hill AJ (1986) Paradoxical effects of an intense sweetener (aspartame) on appetite. The Lancet (USA) 1(8489):1092–1093
14. O'Connor D, Pang M, Castelnuovo G et al (2021) A rational review on the effects of sweeteners and sweetness enhancers on appetite, food reward and metabolic/adiposity outcomes in adults. Food Funct 12(2):442–465
15. Bruckauf Z, Walsh SD (2018) Adolescents' multiple and individual risk behaviors: Examining the link with excessive sugar consumption across 26 industrialized countries. Soc Sci Med 216:133–141
16. Becker U (2013) Macht Zucker süchtig? UGB-Forum 3:114–116. https://www.ugb.de/ernaehrungsberatung/zuckersucht/?zucker-sucht. Zugegriffen: 17. Nov. 2022
17. Willmann U (2019) Elixier der Menschwerdung. ZEIT ONLINE. https://www.zeit.de/2019/04/alkohol-menschen-evolution-archaeologie. Zugegriffen: 17. Nov. 2022
18. Stark F (2018) Alkohol trieb den Menschen in die Sesshaftigkeit. WELT. https://www.welt.de/geschichte/article181535798/Anthropologie-Alkohol-trieb-den-Menschen-in-die-Sesshaftigkeit.html. Zugegriffen: 17. Nov. 2022
19. Miedaner T (2014) Genusspflanzen. Springer, Berlin
20. dkfz (2022) – Deutsches Krebsforschungszentrum. Alkoholatlas 2022. https://www.dkfz.de/de/tabakkontrolle/download/Publikationen/sonstVeroeffentlichungen/Alkoholatlas-Deutschland-2022_Auf-einen-Blick.pdf. Zugegriffen: 17. Nov. 2022
21. Burger M, Brönstrup A, Pietrzik K (2004) Derivation of tolerable upper alcohol intake levels in Germany: a systematic review of risks and benefits of moderate alcohol consumption. Prev Med 39(1):111–127
22. Gebhardt U (2019) Wie gesund – oder schädlich – ist Alkohol?. https://www.spektrum.de/wissen/wie-gesund-oder-schaedlich-ist-alkohol/1688680. Zugegriffen: 17. Nov. 2022
23. Deutschenbaur L, Walter M (2014) Neurobiologische Effekte von Alkohol. Psychiatrie & Neurologie 01:4–10. https://www.rosenfluh.ch/media/psychiatrie-neurologie/2014/01/Neurobiol_effekte_von_alkohol.pdf. Zugegriffen: 17. Nov. 2022
24. Fondation Cancer (2022) Alkohol. https://www.cancer.lu/de/alkohol. Zugegriffen: 17. Nov. 2022
25. BZgA (2020) – Bundeszentrale für gesundheitliche Aufklärung. Alkoholkonsum -Vom risikoarmen Genuss zur krankhaften Abhängigkeit. https://www.kenn-dein-limit.de/alkohol/alkoholwissen-kompakt/. Zugegriffen: 17. Nov. 2022
26. Griswold MG, Fullman N, Hawley C et al (2018) Alcohol use and burden for 195 countries and territories, 1990–2016: a systematic analysis for the global burden of disease study 2016. Lancet 392(10152):1015–1035. https://www.thelancet.com/journals/lancet/article/PIIS0140-6736%2818%2931310-2/fulltext. Zugegriffen: 17. Nov. 2022

27. Kara S (2019) Zum Wohl? DIE ZEIT 4:31–32
28. Wood AM, Kaptoge S, Butterworth AS et al (2018) Risk thresholds for alcohol consumption: combined analysis of individual-participant data for 599 912 current drinkers in 83 prospective studies. The Lancet 391(10129):1513–1523
29. Karriker-Jaffe KJ, Room R, Giesbrecht N, Greenfield TK (2018) Alcohol's harm to others: opportunities and challenges in a public health framework. J Stud Alcohol Drugs 79(2):239–243
30. DKG, Deutsche Krebsgesellschaft (2018) Rauchen – Zahlen und Fakten. https://www.krebsgesellschaft.de/onko-internetportal/basis-informationen-krebs/bewusst-leben/rauchen-zahlen-und-fakten.html. Zugegriffen: 17. Nov. 2022
31. Talhout R, Schulz T, Florek E et al (2011) Hazardous compounds in tobacco smoke. Int J Environ Res Public Health 8(2):613–628. https://doi.org/10.3390/ijerph8020613
32. BfR (2021) Gesundheitliche Risiken durch Aromen in E-Zigaretten: Es besteht Forschungsbedarf. https://www.bfr.bund.de/cm/343/gesundheitliche-risiken-durch-aromen-in-e-zigaretten-es-besteht-forschungsbedarf.pdf. Zugegriffen: 17. Nov. 2022
33. Europäische Kommission (2021) Attitudes of Europeans towards tobacco and electronic cigarettes. https://europa.eu/eurobarometer/surveys/detail/2240. Zugegriffen: 17. Nov. 2022
34. BMG (2019) Drogen- und Suchtbericht S 50. https://www.bundesgesundheitsministerium.de/service/publikationen/details/drogen-und-suchtbericht-2019.html. Zugegriffen: 17. Nov. 2022
35. Schaller K, Kahnert S, Graen L et al (2020) Tabakatlas Deutschland 2020. https://www.dkfz.de/de/tabakkontrolle/download/Publikationen/sonst Veroeffentlichungen/Tabakatlas-Deutschland-2020.pdf. Zugegriffen: 17. Nov. 2022
36. dkfz (o. J.) Gesundheitliche Folgen des Rauchens. https://www.dkfz.de/de/krebspraevention/Krebsrisiken_das-sagt-die-Wissenschaft/1_Risikofaktor_Rauchen/1_Gesundheitliche-Folgen-des-Rauchens.html. Zugegriffen: 17. Nov. 2022
37. Bundesnichtraucherschutzgesetz (2007) https://www.gesetze-im-internet.de/bnichtrschg/BJNR159510007.html. Zugegriffen: 17. Nov. 2022
38. WHO, World Health Organization/Weltgesundheitsorganisation (2022) Tobacco: poisoning our planet. https://apps.who.int/iris/rest/bitstreams/1425871/retrieve. Zugegriffen: 17. Nov. 2022
39. Nutt DJ, King LA, Phillips LD (2010) Drug harms in the UK: a multicriteria decision analysis. Lancet 376(9752):1558–1565
40. Rötzer F (2010) Alkohol ist gefährlicher als Crack. Telepolis. https://www.heise.de/tp/features/Alkohol-ist-gefaehrlicher-als-Kokain-und-Crack-3387455.html. Zugegriffen: 17. Nov. 2022

41. van Amsterdam J, Nutt D, Phillips L, van den Brink W (2015) European rating of drug harms. J Psychopharmacol 29(6):655–660
42. DESTATIS (2020) Zahl der Todesfälle im Jahr 2019 um 1,6 % gesunken. https://www.destatis.de/DE/Themen/Gesellschaft-Umwelt/Gesundheit/Todesursachen/todesfaelle.html. Zugegriffen: 17. Nov. 2022
43. BMG (2021) Rauchen. https://www.bundesgesundheitsministerium.de/service/begriffe-von-a-z/r/rauchen.html. Zugegriffen: 17. Nov. 2022
44. BMG (2022) Alkohol. https://www.bundesgesundheitsministerium.de/service/begriffe-von-a-z/a/alkohol.html. Zugegriffen: 17. Nov. 2022
45. DBBSD (2021) – Der Bundesbeauftragte der Bundesregierung für Sucht- und Drogenfragen. Zahl der an illegalen Drogen verstorbenen Menschen während der Coronapandemie um 13 Prozent gestiegen. https://www.bundesdrogenbeauftragter.de/presse/detail/zahl-der-an-illegalen-drogen-verstorbenen-menschen-waehrend-der-coronapandemie-um-13-prozent-gestiegen/. Zugegriffen: 18. Aug. 2023
46. Ferstl M (2018) Drogenanalyse – Koks im Kanal. Süddeutsche Zeitung vom 11.08.2018. https://www.sueddeutsche.de/wissen/drogenanalyse-koks-im-kanal-1.4088503. Zugegriffen: 17. Nov. 2022
47. Anonym (2006) Deutsche schnupfen tonnenweise Kokain. WELT/dpa. https://www.welt.de/wissenschaft/article96330/Deutsche-schnupfen-tonnenweise-Kokain.html. Zugegriffen: 17. Nov. 2022
48. Charisius H (2019) Kokain im Flohkrebs. Süddeutsche Zeitung vom 06.05.2019. https://www.sueddeutsche.de/wissen/england-flohkrebs-kokain-drogen-abwasser-1.4431085?utm_source=pocket-newtab. Zugegriffen: 17. Nov. 2022
49. Miller TH, Ng KT, Bury ST (2019) Biomonitoring of pesticides, pharmaceuticals and illicit drugs in a freshwater invertebrate to estimate toxic or effect pressure. Environ Int 129:595–606. https://doi.org/10.1016/j.envint.2019.04.038
50. BZgA (2014) Drogenlexikon. Ketamin. https://www.drugcom.de/drogenlexikon/buchstabe-k/ketamin/. Zugegriffen: 17. Nov. 2022

11

Schöne Gifte – bedenkliche Stoffe in Kosmetika

Die Supermarktregale sind voll mit Kosmetika und Pflegeprodukten (Abb. 11.1). Dabei gibt es von jeder Firma inzwischen komplette Serien für Mann und Frau, extra Produkte für nahezu jedes Körperteil und die Haarwaschmittel und Haarpflegeprodukte füllen dann auch noch einmal ein extra Regal. Die auffällig bunten Verpackungen versprechen nicht nur Pflege, sondern implizit auch ewige Jugend. Etwa 450.000 t Kosmetikprodukte werden in Deutschland jedes Jahr verbraucht, das sind mehr als 5 kg je Person [1]. Zahnpasta, Seife, Duschgel, Shampoo, Bodylotion, Handcreme, Deo, Haarspray, Rasiercreme und Parfüm, da kommen schnell 10 Produkte zusammen, die alleine am Morgen verwendet werden. Dabei sind Make-up und Nagellack noch gar nicht mitgezählt. Und das sind ja nur die fertigen Produkte. Eine einzige Handcreme hat allein 20–30 Inhaltsstoffe. Diese sind international im INCI-System („International Nomenclature of Cosmetic Ingredients“, INCI) festgelegt. Es umfasst auf einer 600 Seiten langen Liste rund 8.000 Substanzen, die sich in Kosmetika und Wasch-, Pflege- und Reinigungsprodukten (WPR-Produkte) finden.

Was (fast) überall drin ist

Die Basis der meisten herkömmlichen Kosmetika sind Erdölprodukte. Dazu kommen dann diverse Duft-, Farb-, Konservierungs- und Zusatzstoffe, die das Produkt angenehm machen, aber oft nichts mit Hautpflege zu tun haben. Eine Auflistung von chemischen Produktgruppen in Kosmetika ist

T. Miedaner und A. Krähmer, *Gifte in unserer Umwelt*,
https://doi.org/10.1007/978-3-662-66578-7_11

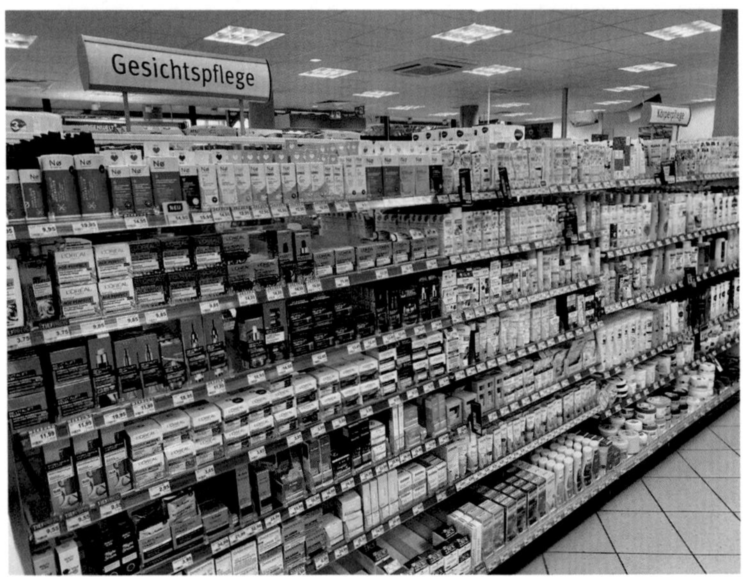

Abb. 11.1 Ausschnitt aus einem Regal mit Pflegeprodukten in einer großen Drogeriekette

erstaunlich lang (Tab. 11.1, Abb. 11.2 und 11.3) und für den normalen Konsumenten nicht zu durchschauen. Und das nicht nur, weil die Inhaltsstoffe nach dem INCI-System in Englisch angegeben sind. Ihr Verständnis würde vielmehr ein fundiertes Chemiestudium voraussetzen.

Wer mehrmals täglich duscht und sich jeden Tag die Haare wäscht, tut seinem Körper nichts Gutes, vor allem, wenn er die herkömmlichen Pflegeprodukte verwendet. Das liegt u. a. an den **Paraffinen und Mineralölprodukten**, die sich zwar als Film auf die Haut legen, aber anders als pflanzliche Öle nicht durch die Poren aufgenommen werden. Sie sind jedoch für die Industrie besonders billig im Einkauf. Bei häufiger Anwendung können die Poren verstopfen und die natürliche Regeneration der Haut kann gestört werden. Langfristig können sich einige der Substanzen im Körper anreichern und eventuell Entzündungen verursachen, im schlimmsten Fall das Krebsrisiko erhöhen. Aber das ist bis heute nicht schlüssig nachweisbar.

Die Haut wird besonders in Verbindung mit **waschaktiven Substanzen** (**Tensiden**) gestresst, die in den meisten Shampoos, Duschgels und Schaumbädern eingesetzt werden, weil sie gut reinigen und diesen Eindruck durch reiche Schaumbildung suggerieren. Tatsächlich wirken Tenside schmutzlösend, fettige Stoffe mischen sich in ihrem Beisein mit Wasser und lassen

Tab. 11.1 Bedenkliche Inhaltsstoffe in Kosmetika und Wasch-, Pflege- und Reinigungsprodukten [2, 3]

Gruppen von Inhaltsstoffen	Funktion	Bezeichnung nach INCI
Paraffine, Mineralöle	Konsistenz, filmbildend, wasserabweisend, Glanzbildung	Paraffinum liquidum, Petrolatum, (Iso) Paraffin, Ceresin, Microcrystalline Wax (Vaseline), Mineralwachs, Ozokerite
Tenside	waschaktiv, Emulgatoren, Schaumstoffe	Sodium Lauryl Sulfate, Sodium Laureth Sulfate, Ammonium Lauryl Sulfate, Sodium Myreth Sulfate
Glycerin	wasserbindend	Propan-1,2,3-triol, Glycerol, Glycerolum, Glycerinester, E 422
Alkohol	desinfizierend, antibakteriell	Ethanol
Kollagen	elastisch, aufpolsternd	Collagen, Ossein
Aluminiumsalze	Antitranspirant	Aluminium Chlorohydrate/Silicate, Alumina, Aluminium Chloride, Aluminium Stearate, Aluminium Powder, Cl77000
Weichmacher	cremige Konsistenz	Diethyl Phthalate (DEP), Dimethyl Phthalate (DMP), Diethylhexyl Phthalate, Di-n-Butylphthalate (DBP)
Duftstoffe	Geruchsmittel	Parfum, Eugenol, Cinnamal, Citral, Limonene, Coumarin, Citrnellol, Farnesol, Linalool
Formaldehyd, -abspalter	Konservierung, vernetzend	Formaldehyde, Triclosan, Sodium Hydroxymethylglycinate, Hexamidine Diisethionate, 2-Bromo-2-nitropropane-1,3-diol, Quaternium-15, Methanal, DMDM Hydantoin, Diazolidinyl Urea, Imidazolidinyl Urea, Bronopol, Methenamine, 2,4-Imidazolidinedione, 5-Bromo-5-nitro-1,3-dioxane
Parabene	Konservierung	Propylparaben, Butylparaben, Methylparaben, Ethylparaben, Isobutylparaben, Isopropylparaben
Silikone	Weichheit	Enden auf „-methicone" oder „-siloxane"
Emulgatoren	Verbindung von Wasser und Öl	Polyethylenglykol (PEG) und PEG-Derivate, Polypropylenglykol (PPG), Ceteareth-8, Polyethylenglykol
Mikroplastik	Peelingeffekt, Bindemittel	Polyethylen, Nylon-x, Polyurethan, Acrylate, Polystyren

(Fortsetzung)

Tab. 11.1 (Fortsetzung)

Gruppen von Inhaltsstoffen	Funktion	Bezeichnung nach INCI
Nanopartikel	Sonnenschutz, antibakteriell	Titan(di)oxid, Zinkoxid Silber
Aceton	Lösungsmittel	Propanon
Bleichmittel	aufhellend	Arbutin
Farbstoffe	färbend	Tartrazin, Anilin, *p*-Phenylenediamine; Toluene-2,5-diamine; Resorcinol
Antioxidatonsmittel	keine Verfärbung	BHT, BHA
Lichtschutz	Lichtschutz, UV-Filter	Benzophenone-x, Butyl Methoxydibenzoyl-methane Oxybenzone, 4-Methylbenzylidene Camphor, Ethylhexyl Methoxycinnamate

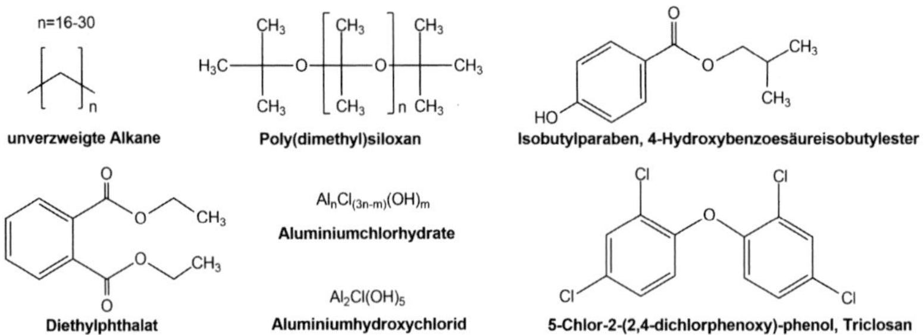

Abb. 11.2 Prominente Vertreter von Kosmetikzusatzstoffen der Paraffine (*n*-Alkane), Silikone (Poly(dimethyl)siloxan), Parabene (Isobutylparaben), Phthalate (Diethylphthalat), Aluminiumverbindungen und Formaldehydbildner (Triclosan) aus Tab. 11.1

sich abspülen. Dadurch quellen aber auch die Hornschicht der Haut und die Haare auf, empfindliche Haut und Haare können spröde werden, jucken, schuppen und sich röten. Wer sich deshalb hinterher eine Bodylotion gönnt, reibt sich in der Regel mit **Glycerin** ein. Es bindet das Wasser in der Creme und gibt der Haut eine feuchtigkeitsspendende Wirkung. Das kann sich aber bei trockener Luft, wie sie oft im Winter durch die Heizung erzeugt wird, ins Gegenteil verkehren. Dann zieht Glycerin die Feuchtigkeit aus der Haut heraus. Deshalb sollten in Kosmetika nicht mehr als 10 % Glycerin enthalten sein und es sollte immer von anderen feuchtigkeitsspendenden Stoffen begleitet werden. Sollte zusätzlich **Alkohol** in der Lotion enthalten sein, der gerne wegen seiner antibakteriellen Eigenschaften zur Desinfektion eingesetzt

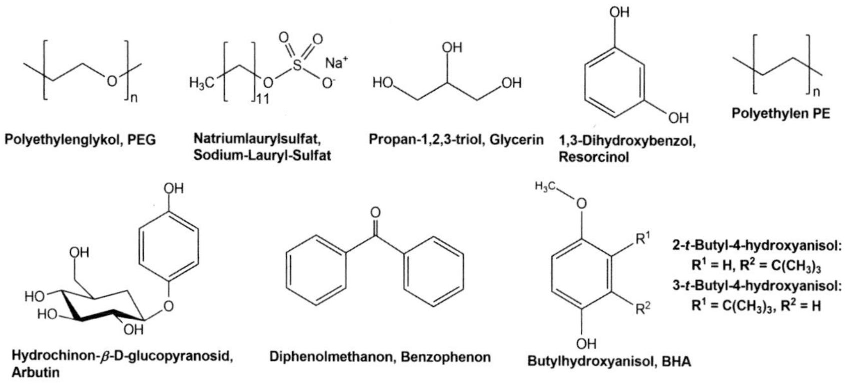

Polyethylenglykol, PEG

Natriumlaurylsulfat, Sodium-Lauryl-Sulfat

Propan-1,2,3-triol, Glycerin

1,3-Dihydroxybenzol, Resorcinol

Polyethylen PE

Hydrochinon-β-D-glucopyranosid, Arbutin

Diphenolmethanon, Benzophenon

Butylhydroxyanisol, BHA

2-*t*-Butyl-4-hydroxyanisol: $R^1 = H$, $R^2 = C(CH_3)_3$

3-*t*-Butyl-4-hydroxyanisol: $R^1 = C(CH_3)_3$, $R^2 = H$

Abb. 11.3 Häufige Kosmetikzusatzstoffe aus Tab. 11.1, die als Emulgatoren (PEG), Tenside (Natriumlaurylsulfat), Feuchtigkeitsbinder (Glycerin), mechanische Strukturgeber (PE, Mikroplastik), Stabilisatoren, Bleichmittel (Arbutin), Filterstoff (Benzophenon) oder Farbstoff (Resorcinol) bzw. als Antioxidans (BHA) dienen

wird und die Haltbarkeit der Produkte verlängert, dann reizt dieser die Haut zusätzlich und trocknet sie wieder aus. Einige dieser Stoffe, etwa die Tenside, sind auch in der Natur schwer abbaubar und es werden negative Einflüsse auf die Wasserwelt diskutiert (s. Kap. 9).

Gefährlich oder nur bedenklich?

Für den Laien ist es praktisch nicht möglich zu unterscheiden, ob Inhaltsstoffe in Kosmetika wirklich gefährlich sind oder nur bedenklich. Ob sie das auf der Verpackung aufgedruckte Versprechen erfüllen oder nur wirkungslos sind? Ein schönes Beispiel ist das **Kollagen**. Das ist eine natürliche Substanz, die unsere Haut aufpolstert und den Körper formt, sie macht etwa 60 % unseres Bindegewebes aus. Da die Kollagenproduktion im Körper schon mit etwa 25 Jahren nachlässt, wird seit den 1950er-Jahren vielen Hautpflegeprodukten Kollagen zugesetzt, in Anti-Aging-Cremes ist es sowieso enthalten [4]. Das flüssige Kollagen legt sich wie ein Film auf die Haut, polstert die Lippen auf und lässt die Wimpern fülliger wirken. Laut Verpackung soll die Haut langfristig gestrafft und tiefgehende Fältchen verringert werden. Ob das wirklich der Fall ist, ist bis heute umstritten. Sicher ist nur, dass Kollagen kurzfristig durch den feuchtigkeitsspendenden Effekt die Haut frischer und straffer erscheinen lässt. Ob das wirklich von Dauer ist und eine tägliche Anwendung den erhofften Langzeiteffekt hat, bleibt unklar. Aber schaden tut es auch nicht. Höchstens Vegetarier könnten von der Verwendung kollagenhaltiger Cremes Abstand nehmen, da das Kollagen heute noch aus Fischabfällen und Schweineschwarten gewonnen wird.

Auch **Aluminium (Al)-Salze** sind kein unbedenkliches Produkt. Sie stehen im Verdacht, neurodegenerative Erkrankungen und Brustkrebs zu fördern, allerdings ist dies bis heute nicht ausreichend wissenschaftlich belegt. Aluminiumsalze finden sich v. a. in Deos und Antitranspirants [2, 3]. Letztere haben tatsächlich einen schweißhemmenden Effekt, der dadurch entsteht, dass sich die Hautporen verengen und die Ausgänge der Schweißdrüsen durch gelartige Aluminium-Protein-Komplexe verstopft werden. Dies ist natürlich nur vorübergehend wirksam, weshalb man die Produkte immer wieder anwenden muss. Als Nachteil kann diese künstliche Verstopfung auch Entzündungen in den Achselhöhlen auslösen, v. a., wenn die Achselhaare wegrasiert werden. Deos dagegen schützen nur vor Achselgeruch und beeinflussen den Schweißfluss nicht. Es gibt inzwischen zahlreiche Produkte ohne Aluminium, aber die herkömmlichen Deos enthielten alle Aluminiumchlorohydrat, einige wenige haben noch zusätzliche Aluminiumverbindungen. Seit immer wieder kritische Bewertungen des Aluminiums in Deos überall in der Presse erschienen, verzichten die meisten Hersteller heute auf diesen Inhaltsstoff. Eine Prüfung der Stiftung Warentest ergab jedoch 2019, dass tatsächlich nur Aluminiumsalze zuverlässig das Schwitzen verhindern können [5]. Nach einer Neubewertung des Bundesinstituts für Risikobewertung (BfR) sind gesundheitliche Beeinträchtigungen durch aluminiumhaltige Deos „unwahrscheinlich", da ihr Beitrag zur Gesamtbelastung an Aluminium im Körper geringer ist als früher angenommen [6].

Manches, was sich in Kosmetika findet, steckt unabsichtlich darin. Dies gilt insbesondere für Weichmacher wie **Phthalate**. Sie werden nur Nagellacken zugesetzt, damit sie länger halten und sich besser auftragen lassen. In alle anderen Kosmetika und Pflegeprodukte kommen sie über das Plastik von Flaschen und Tuben ins Produkt. Nur so werden die weich genug, um Zahnpasta, Duschgel oder Make-up herauspressen zu können. Auch Phthalate können hormonell wirksam sein und eventuell die sexuelle Entwicklung von Kindern und Jugendlichen stören, einige hat die EU bereits verboten (s. Kap. 14; [7]).

Eine besondere Rolle spielen bei Kosmetika natürlich die **Duftstoffe** (Tab. 11.2). Diese sind zwar in erster Linie in Parfüms enthalten, sie sind aber auch aus allen möglichen anderen Körperpflegeprodukten nicht wegzudenken. Denn die Anwender wollen nicht nur sauber werden, sondern auch gut riechen. Viele Duftstoffe lösen jedoch Allergien aus, in der EU sind etwa 3 % aller Menschen betroffen. Deshalb müssen bereits seit 2009 nach der

Tab. 11.2 Allergen wirkende Duftstoffe, die in der EU deklariert werden müssen; englische Bezeichnung nach INCI, herkömmliche Bezeichnung in Klammern, wenn vorhanden [9]; **fett gedruckt** sind häufig in Cremes enthaltene Duftstoffe

Alpha-Isomethyl Ionone, Amyl Cinnamal, Amylcinnamyl Alcohol, Anise Alcohol, Benzyl Alcohol, **Benzyl Benzoat**, Benzyl Cinnamate, Benzyl Salicylate, Butylphenyl Methylpropional (Lilial), Cinnamal, **Cinnamyl Alcohol**, Citral, **Citronellol**, Coumarin, Eugenol, Evernia Furfuracea Extract (Baummoosextrakt), Evernia Prunastri Extract (Eichenmoosextrakt), Farnesol, **Geraniol, Hydroxycitronellal**, Hydroxyisohexyl 3-Cyclohexene Carboxaldehyd (Lyral), Isoeugenol, **Linalool**, Hexyl Cinnamal, **Limonene**, Methyl 2-Octynoate.

EU-Kosmetikverordnung 26 besonders stark allergene Duftstoffe ab einer Mindestgrenze einzeln auf der Packung aufgeführt werden (Tab. 11.2 und Abb. 11.4, [8]). Alle anderen dürfen unter „Parfüm" subsumiert werden.

Als hochallergen gelten Baummoos- und Eichenmoosextrakt, die nur noch bis 2021 im Handel sein durften, sowie Cinnamal, Isoeugenol und Methylheptincarbonat (Methyl 2-octynoate) [10]. Ebenfalls bedenklich sind Cinnamyl Alcohol, Hydroxycitronellal und Lyral, auch. Letzteres sollte nach 2021 aus dem Handel verschwunden sein (Abb. 11.4). Alleine in einer der meistverkauften Hautcremes sind 7 allergen wirkende Duftstoffe enthalten (Tab. 11.2, fett gedruckt). Der durchschnittliche Gehalt an Duftstoffen

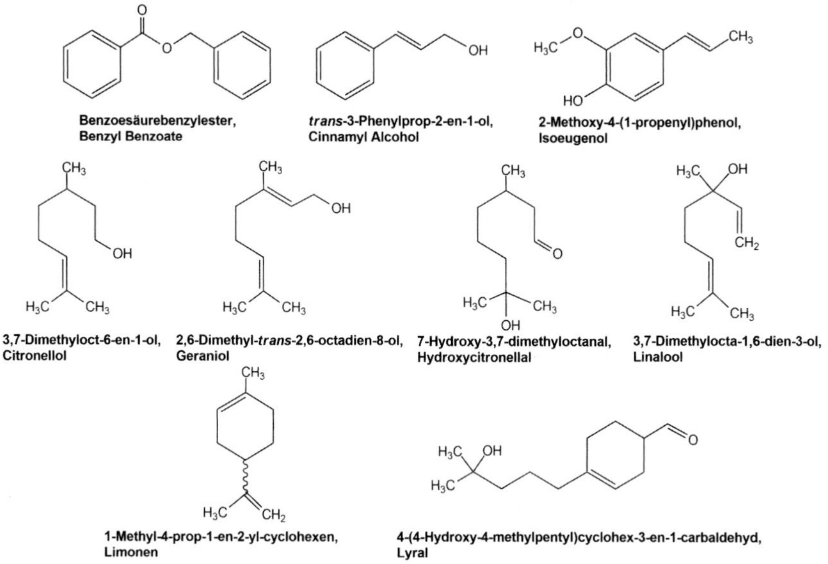

Benzoesäurebenzylester, Benzyl Benzoate

trans-3-Phenylprop-2-en-1-ol, Cinnamyl Alcohol

2-Methoxy-4-(1-propenyl)phenol, Isoeugenol

3,7-Dimethyloct-6-en-1-ol, Citronellol

2,6-Dimethyl-*trans*-2,6-octadien-8-ol, Geraniol

7-Hydroxy-3,7-dimethyloctanal, Hydroxycitronellal

3,7-Dimethylocta-1,6-dien-3-ol, Linalool

1-Methyl-4-prop-1-en-2-yl-cyclohexen, Limonen

4-(4-Hydroxy-4-methylpentyl)cyclohex-3-en-1-carbaldehyd, Lyral

Abb. 11.4 Häufig eingesetzte, allergen wirkende Duftstoffe. Alle sind auch natürliche Bestandteile ätherischer Öle mit Ausnahme von Lyral und Benzyl Benzoate. Letzteres kommt als Naturstoff u. a. in der Rinde des Zimtbaumes oder im Balsam des Balsambaums vor

beträgt in Hautcremes, Shampoos, Haar- und Deosprays ca. 0,2–1 %, in Deostiften ca. 1–3 %, in Seifen 1–4 % und in Badepräparaten 4–5 %. Alle anderen Kosmetika liegen eher bei 1 % Duftstoffen und darunter [11]. Für Allergiker ist allerdings Naturkosmetik nicht unbedingt eine Lösung, denn auch gegen natürliche ätherische Öle kann man Kontaktallergien entwickeln. Außerdem sind auch Propolis, Arnika, Melkfett und selbst Stutenmilch mögliche Allergieauslöser.

Das Problem mit Kosmetik und Pflegeprodukten ist, dass alle Inhaltsstoffe, auch die als bedenklich eingestuften, häufig nur in geringen Mengen verwendet werden und es in der Regel keine fundierten Studien über deren Wirkung gibt. **Parabene** können den Hormonhaushalt stören, aber tun sie das auch in der Konzentration, in der sie im Cremetiegel vorhanden sind? Selbst das Bundesinstitut für Risikobewertung befürwortet kein generelles Verbot von Parabenen, weil sie gut hautverträglich sind und nur ein geringes Allergierisiko haben [12]. Auch lassen sich die Ergebnisse von Tierversuchen nicht einfach auf den Menschen übertragen. Aufgrund der Beurteilungen der EU, die dafür eine eigene Behörde unterhält, gelten alle chemischen Inhaltsstoffe von Kosmetika und WPR-Produkten in den zugelassenen Konzentrationen als unbedenklich. Aber kritische Studien von unabhängigen Wissenschaftlern gibt es dazu kaum und wenn doch, widersprechen sie sich häufig. Die langfristige Wirkung niedrig konzentrierter Stoffe zu untersuchen, ist eben sehr aufwendig, mühsam und teuer. Und das Zusammenwirken mehrerer solcher Stoffe zu überblicken, ist fast unmöglich. Die Studien der Kosmetikindustrie selbst sind kaum verwertbar, weil sie meist einen viel zu kleinen Personenkreis umfassen. Wenn 10, 20 oder 30 Personen eine Creme benutzen und keine Probleme damit haben, dann heißt das auf der Packung zwar „auf Hautverträglichkeit getestet", aber das hat keinerlei statistische Aussage. Das ergibt sich schon daraus, dass nur rund 3 % der Menschen Kontaktallergien haben, die Stichprobe müsste also viel größer sein, um eine Unbedenklichkeit für alle Anwender*innen zu bescheinigen. Und gibt es bei einzelnen Probanden doch Probleme, kann man immer noch auf die Packung schreiben „dermatologisch getestet". Das ist alles legal, aber wenig informativ.

Neben Parabenen können Kosmetika auch andere **hormonell wirksame Substanzen** (= endokrine Disruptoren, s. Kap. 6) enthalten. Beispielsweise stehen UV-Filter in Sonnenschutzmitteln (Benzophenone, Ethylhexyl Methoxycinnamate), Haarfärbemittel (Resorcinol), Conditioner (Cyclotetrasiloxan) oder Vergällungsmittel in Alkohol (Diethylphthalat) im Verdacht, insgesamt sind es 28 Chemikalien. Nach der Kosmetikverordnung (EG) 1223/2009 [8] muss die EU alle verdächtigen Substanzen auf ihre Wirkung überprüfen und ggf. aus dem Verkehr ziehen. Solche Stoffe werden auf Basis einer Risikobewertung des Wissenschaftlichen Ausschusses für den Schutz der Konsumenten bei Verbraucherprodukten („Scientific Committee on Consumer Safety", SCCS) bewertet. Die Wirkung dieser Substanzen auf die Umwelt steht unter dem Vorbehalt der sehr umfassenden europäischen Chemikalienverordnung REACH („Registration, Evaluation, Authorisation, and Restriction of Chemicals").

Und eines darf man nicht vergessen: Frei verkäufliche Produkte, zu denen auch Kosmetika und WPR-Produkte zählen, dürfen nicht nachhaltig auf den Körper einwirken. Denn sonst wären sie nach der Definition Medikamente, müssten strenge Zulassungsverfahren bestehen und dürften nur in der Apotheke verkauft werden. So gesehen können viele Versprechen der Kosmetikindustrie gar nicht in Erfüllung gehen.

Gut konserviert

Eigentlich sind Konservierungsstoffe durchaus sinnvoll, da Kosmetika schließlich täglich angefasst werden und sonst rasch vor Bakterien und Pilzen wimmeln würden. Deshalb sind in der EU-Kosmetikverordnung [8] auch 54 Stoffe zugelassen (Abb. 11.5), die allerdings nicht alle unbedenklich sind.

Einer der ersten Konservierungsstoffe war **Formaldehyd**. Es wirkt zuverlässig keimtötend und zudem verfestigend, bildet also Vernetzungen zwischen verschiedenen Stoffen. Nach einer Untersuchung von 2014 war es in 10.028 auf dem deutschen Markt erhältlichen Produkten enthalten, meistens im Kosmetikbereich [13]. Formaldehyd findet sich häufig in Nagellack, Deo, Shampoo, Haarfärbemitteln, Flüssigseifen, Make-up und vielen Cremes. Heute wird in der Regel nicht mehr reines Formaldehyd zugesetzt, sondern ein sogenannter Formaldehydabspalter. Er macht genau das, was der Name verspricht, ist für den Laien aber nicht als Formaldehyd zu erkennen (s. Tab. 11.1).

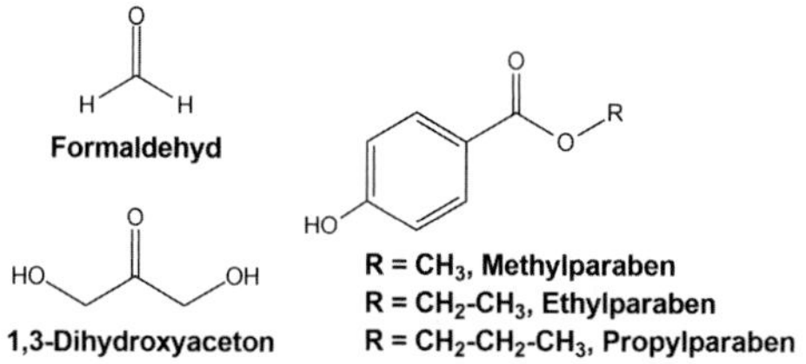

Formaldehyd

1,3-Dihydroxyaceton

R = CH_3, Methylparaben
R = CH_2-CH_3, Ethylparaben
R = CH_2-CH_2-CH_3, Propylparaben

Abb. 11.5 Beispiele häufiger Konservierungsstoffe in Kosmetikprodukten

Formaldehyd ist in reiner Form ein gefährlicher Stoff, der die Entstehung von Tumoren begünstigt und leicht zu Kontaktallergien führt, es kann sich bei häufiger Verwendung sogar ein allergisches Kontaktekzem entwickeln [14]. Die Weltgesundheitsorganisation (WHO) stufte es 2004 offiziell als „krebserregend für den Menschen" ein. Auch die EU-Verordnung 605/2014 bezeichnete Formaldehyd als krebserregend (Kategorie: carc. 1B, d. h. krebserzeugend im Tierversuch) und mutagen (Kategorie: muta. 2, d. h. erbgutverändernd für den Menschen) [15]. Deshalb wurden von der EU Grenzwerte erlassen. So darf Formaldehyd in Nagelhärtern nur bis zu 5 %, in oral angewendeten Mitteln nur bis zu 0,1 % und in anderen Kosmetika bis zu 0,2 % vorkommen. Zudem muss es deklariert werden, wenn die Konzentration 0,05 % überschreitet („enthält Formaldehyd"). In Zukunft erwägt die EU den Stoff komplett für die Verwendung in Kosmetika zu verbieten. Eine Studie des Bayerischen Landesamtes für Gesundheit und Lebensmittelsicherheit (LGL) zeigte 2017 [14], dass in Schaumbädern, Haarshampoos und Duschbädern nur noch in 4 von 58 Produkten Formaldehyd oder seine Abspalter zu finden waren. Bei Selbstbräunern war das allerdings in 33 von 37 Produkten der Fall, da sie Dihydroxyaceton (DHA) enthielten, ein Stoff, der mit Proteinen der Hornschicht der Haut braungefärbte Reaktionsprodukte bildet und damit die Selbstbräunung bewirkt, aber auch leicht Formaldehyd abspaltet. Die gefundenen Konzentrationen lagen zwischen 0,002–0,032 %, also in einem Bereich, der nicht deklarationspflichtig ist.

Durch die Werbung einiger Hersteller mit dem Zusatz „ohne **Parabene**" sind auch diese Konservierungsstoffe in Verruf geraten. Von einigen Parabenen ist aus Tierversuchen bekannt, dass sie das Hormonsystem beeinflussen können [16], auch von einer erhöhten Brustkrebsrate war schon die Rede. Sie könnten auch die Fruchtbarkeit von Männern einschränken und männliche Embryonen in ihrer Entwicklung stören. Deshalb hat die EU in der Verordnung EU 1004/2014 [17] einige Parabene ganz verboten. Nur Methyl- und Ethylparabene sind noch bis zu einer Konzentration von 0,4 % bzw. Propyl- und Butylparabene bis zu 0,19 % erlaubt (Abb. 11.5). Komplett verboten sind sie für Babyprodukte und Pflegeprodukte für Kinder unter 3 Jahren. Untersuchungen des Bayerischen Landesamts für Gesundheit und Lebensmittelsicherheit (LGL) an 345 Produkten im Jahr 2016 [18] ergab ganz klar, dass die Verwendung von Parabenen gegenüber einer früheren Untersuchung 2011 deutlich abgenommen hat (Abb. 11.6). Die seit 2015 verbotenen Parabene (Benzylparaben, Phenylparaben, Pentylparaben, Isobutylparaben und Isopropylparaben) wurden nicht mehr gefunden, die geltenden Höchstmengen für die anderen Parabene wurden in

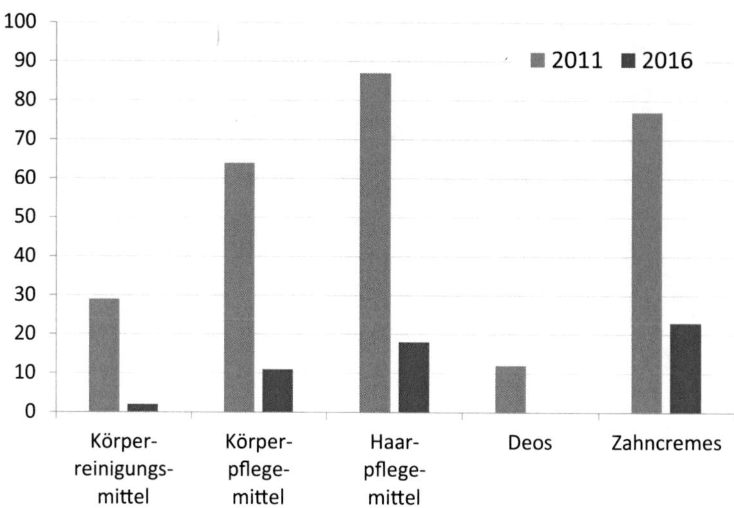

Abb. 11.6 Prozentualer Anteil an Waren mit Parabenen von insgesamt 345 untersuchten Kosmetika und Pflegeprodukten zu den Testzeiten 2011 und 2016 (nach Eintritt des 2015 in Kraft getretenen Verbots vieler Parabene) [18]

allen Fällen eingehalten. Die Kosmetikindustrie ist also durchaus lernfähig, auch wenn die Kunden kaum die Möglichkeit haben, das außerhalb von Warenprüfungen und Tests entsprechender Behörden zu überprüfen.

Von Nagellack und seinem Entferner

Nagellack ist heute nach wie vor in. Frauen, zunehmend auch Männer jeglichen Alters, lackieren sich häufig bis regelmäßig die Nägel und oft gilt je bunter, desto besser. Ein auffälliger Nagellack ist immer ein Hingucker, er erregt Aufmerksamkeit und ist Ausdruck eines individuellen Stils (Abb. 11.7). Der Nagellack soll zu den aktuellen Farben der Mode passen und natürlich die Aufmerksamkeit auf schlanke Finger oder schöne Zehen lenken. Traditionell ist ein knalliges Rot bei Nägeln sexuell konnotiert. Nach Umfragen lackieren sich in Deutschland 12,6 Mio. Frauen mindestens einmal die Woche die Nägel [19]. Der Nagellack soll gut decken, sich leicht verarbeiten lassen, schnell trocknen und möglichst lange nicht wegsplittern. Diese Ansprüche sind nicht ohne einen tiefen Griff in den Chemiebaukasten zu haben. Und dabei gibt es durchaus bedenkliche Inhaltsstoffe.

Als Konservierungsstoff wird immer noch Formaldehyd verwendet, das wie bereits beschrieben nicht nur als krebserregend gilt, sondern auch

Abb. 11.7 Mit diesem Nagellack ist Aufmerksamkeit garantiert [20]

Allergien verursachen kann. Da der Stoff leicht flüchtig ist, kann er nach außen abgegeben werden und durch Berührung mit der Haut auch an andere Körperstellen gelangen. Unangenehme Folgen können Ausschlag im Gesicht, auf den Wangen oder Augenlidern und Hautreizungen sein. Damit der Lack UV-stabil bleibt, werden häufig UV-Filter zugesetzt. Nach Ökotest befanden sich in 16 der 25 geprüften Nagellacke krebserregende Stoffe [21], davon waren Nitrosamine am häufigsten, die in Kosmetika eigentlich verboten sind. Sie werden von den Herstellern auch nicht zugesetzt, entstehen aber durch die Reaktion verschiedener Chemikalien im Lack. In Verdacht steht dabei das an sich harmlose Bindemittel Nitrocellulose. Daneben wurden auch hormonell wirksame Stoffe gefunden. Einer davon ist Benzophenon, das im Tierversuch zu Veränderungen der Geschlechtsorgane führte. Ebenfalls Einfluss auf den Hormonhaushalt der Nagellackträger*innen kann der Weichmacher Triphenylphosphat (TPP) haben, der dem Nagellack einen geschmeidigen Glanz gibt (Abb. 11.8).

Es gibt heute auch deutlich verträglichere Nagellacke. Dabei verzichten die Firmen auf umstrittene Lösungsmittel und Weichmacher. So kann statt hormonell wirkender endokriner Disruptoren (s. Kap. 6) auch Schellack beigesetzt werden, um den Nagellack zu festigen und zu binden. Dies wird aus den Ausscheidungen von Schildläusen gewonnen. Billig sind solche Nagellacke natürlich nicht.

Noch schlimmer als Nagellacke sind ihre Entferner. Denn nachdem der Nagellack besonders lange haften und glänzen soll, ist es nicht so einfach, ihn schnell und restlos wieder zu entfernen. Dazu braucht man einen

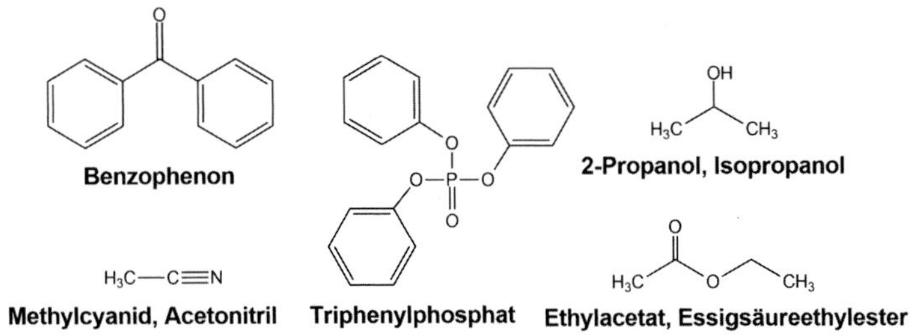

Benzophenon

2-Propanol, Isopropanol

Methylcyanid, Acetonitril

Triphenylphosphat

Ethylacetat, Essigsäureethylester

Abb. 11.8 Zusatzstoffe in Nagellack und seinem Entferner: Stabilisatoren (Lichtschutz = Benzophenon), Weichmacher (Triphenylphosphat), Konservierungsstoffe (Isopropanol) und Lösungsmittel (Acetonitril, Ethylacetat)

ganzen Cocktail an Lösungsmitteln. Früher verwendete man für Nagellackentferner häufig Aceton, es kommt immer noch in manchen Produkten vor. Es verdampft rasch und führt beim Einatmen in größeren Mengen zu einer Reizung der Bronchien, zu Müdigkeit und Kopfschmerzen. Aceton trocknet Nägel und Haut stark aus und ist leicht entzündlich [22]. Aber auch das früher alternativ eingesetzte Acetonitril ist toxisch und potenziell krebserregend. Deshalb ist es in der EU heute verboten. Stattdessen wird Ethylacetat (Essigsäureethylester) verwendet (Abb. 11.8). Aber auch das ist nicht unbedenklich. Denn Ethylacetat kann eingeatmet die Atemwege reizen und Übelkeit, Halsschmerzen, Kopfschmerzen, Schwindel, Husten oder Bewusstseinsstörungen verursachen. Die Substanz trocknet ebenfalls die Haut aus und reizt die Augen [22]. Weiterhin findet sich Butylacetat als Lösungsmittel in den Produkten, das Augen und Atemorgane reizt und schädlich für Wasserorganismen ist. Die Alkohole Isopropanol (als Konservierungsmittel) und Glykol (als weiteres Lösungsmittel) trocknen die Haut aus und können zu schmerzenden Rissen an den Bereichen um den Nagel führen. Häufig finden sich auch Duftstoffe, um die schlechten Gerüche der Lösungsmittel zu überdecken.

Um sich vor bedenklichen Inhaltsstoffen im Nagellackentferner zu schützen, sollte er am besten bei geöffnetem Fenster verwendet werden, ggf. sogar mit Mundschutz. Nach Gebrauch sollte man sich gründlich die Hände mit Seife waschen. Produkte auf Alkoholbasis ohne Lösungsmittel sind weniger giftig, allerdings lässt sich der Nagellack mit ihnen auch nicht so leicht entfernen.

Immer wieder Mikroplastik

Von Mikroplastik war ja schon in Kap. 7 die Rede. Dabei ging es im Wesentlichen um Plastikabfälle, die in der Umwelt landen und über Verwitterung zu mikroskopisch kleinen Teilchen umgewandelt am Ende über die Nahrungskette wieder auf unseren Teller kommen. In Kosmetikartikeln werden dagegen die Teilchen gezielt schon als Mikroplastik, sogenannte „microbeads", zugegeben. Nötig ist das nicht, aber es hat Vorteile. Sie werden v. a. für Peelingeffekte eingesetzt, also für das Abschaben abgestorbener Hautschüppchen in Duschgels oder speziellen Peelingprodukten. Daneben dienen sie der Fixierung der Haare („gibt lang anhaltenden Halt"), sie bilden Filme und Emulsionen und regulieren die Viskosität der Produkte, landen damit also in Shampoos, Cremes und Haarsprays. Und dabei werden sie keineswegs immer als Partikelform zugegeben, es gibt sie auch flüssig, gel- und wachsartig und sogar gelöst. In Datenbanken finden sich mehrere Hundert Polymere als Inhaltsstoffe für Kosmetika [23]. Diese Studie des Fraunhofer-Institutes nennt 922 t/Jahr, die als Mikroplastik in Partikelform Kosmetika zugegeben werden, hinzu kommen 55 t für WPR-Produkte. Insgesamt gesehen ist das nur ein untergeordneter Bereich, Kosmetik steht erst an Platz 17 der Verursacher von Mikroplastikkontaminationen in der Umwelt. Außerdem gelangen solche Kosmetikrückstände immer in das Schmutzwasser und werden in den Kläranlagen zu sehr hohen Anteilen herausgefiltert. Allerdings stellen die verbleibenden Mikroplastikteilchen trotzdem eine große Anzahl dar, da es eben so enorm viele sind. Und es handelt sich um eine der am ehesten verzichtbaren Quellen von Mikroplastikkontamination, wenn diese Zusätze nicht mehr in Kosmetika verwendet werden.

Schwerwiegender ist der Verbrauch von gelösten, gelartigen oder wachsartigen Polymeren. Die Mengen dabei werden auf rund 50.000 t für beide Produktgruppen zusammen geschätzt [24]. „In Anbetracht der hohen Eintragsmengen und der nicht abzuschätzenden Risiken für die Umwelt müssen sämtliche schwer abbaubaren, wasserlöslichen Polymere über die europäische Chemikaliengesetzgebung reguliert werden", sagt Jürgen Bertling, der für die Studie hauptverantwortliche Wissenschaftler [24]. Und fährt fort: „Unser Wissen über die Wirkungen, die Polymere in der Umwelt haben, reicht nicht aus."

Für den normalen Kunden ist Mikroplastik in Pflege- und Reinigungsprodukten kaum zu erkennen, denn es verbirgt sich dort hinter zahlreichen Namen (Tab. 11.3).

Tab. 11.3 Die häufigsten Polymere (Mikroplastik) in Kosmetika [2]

Kunststoff	Abkürzung
Polyethylen	PE
Polypropylen	PP
Polyethylenterephthalat	PET
Nylon-12	Nylon-12
Nylon-6	Nylon-6
Polyurethan	PUR
Acrylates Copolymer	AC
Acrylates Crosspolymer	ACS
Polyacrylat	PA
Polymethylmethacrylat	PMMA
Polystyren	PS

Und dann gibt es auch noch Nanopartikel

Die Kosmetikindustrie ist ein einträgliches Geschäft, die Entwicklung von immer Neuem ist geradezu ein Garant für weitere Wertschöpfung. Dabei wird mit Hautverträglichkeit, Sauberkeit und Reinheit geworben, möglichst alle Körpergerüche sollen tagelang ausgeschaltet werden, alles soll bakterienfrei und hygienisch sein. Wobei die letzten beiden Begriffe nicht unbedingt in Verbindung stehen, darauf werden wir später noch kommen. Und zusätzlich sollen sich die Produkte leicht auf der Körperoberfläche verteilen lassen und möglichst lange haften und ggf. Farbe geben. Auf alle diese Eigenschaften haben Nanopartikel einen wesentlichen Einfluss.

Nanopartikel sind Formulierungen von Chemikalien, die eine Partikelgröße von 1 bis 100 nm besitzen. Zum Vergleich sollte man wissen, dass ein Eiweißmolekül 5 nm groß ist, ein rotes Blutkörperchen aber schon einen Durchmesser von 7.000 nm hat, ein menschliches Haar ist rund 80.000 nm breit [25]. Damit sind diese Nanoformulierungen nur noch im Elektronenmikroskop sichtbar und die Produkte erhalten dadurch völlig neue Eigenschaften.

So wird Nanosilber vielfach beworben, nicht nur als Auflage auf Textilien, die die Transpiration hemmen sollen (s. Kap. 13), sondern auch in Körperpflegeprodukten. In Zahnpasta und Zahnbürsten, Seifen, Shampoos, Artikel für Mundhygiene und Deodorants findet sich heute Nanosilber, besonders auch in Pflegeprodukten gegen Pickel, unreine Haut und Hautjucken [26]. Sie werden auch so häufig eingesetzt, weil Nanosilber unangenehmen Körpergeruch verhindern soll und eben langfristig desinfizierend wirkt. Deshalb werden auch Aftershaves und Rasierer mit Nanosilber versehen, ein namhafter Hersteller wirbt mit „Scherkopf mit Nanosilber für verbesserte

Hautverträglichkeit und weniger Hautirritation“ [26]. Selbst Geschirrspülmittel, Kondome und Intimsprays werden mit Nanosilber versetzt.

Silberionen sind ein wirksames Breitbandantibiotikum, das ist seit der Antike bekannt (s. Kap. 13). Als Nanopartikel besitzt Silber eine besonders stark vergrößerte Oberfläche, es reagiert sehr viel stärker und entwickelt sogar neue Eigenschaften. So hilft Nanosilber nicht nur gegen Bakterien, sondern in bestimmten Größen sogar gegen Viren. Auch hat es durch seine geringe Teilchengröße eine viel höhere Mobilität, kann leichter verlagert werden und sogar in Zellen eindringen.

Aber Silber ist nicht das Einzige, was heute als Nanopartikel in kosmetischen Produkten eingesetzt wird. Auch in kosmetischen Farben finden sich inzwischen Nanopartikel. Sie garantieren beispielsweise bei Kajalstiften oder Mascaras ein besonders langes Haften. In Pflegeprodukten sollen sie dafür sorgen, dass sie besonders leicht in die Haut einziehen. Anti-Aging-Cremes enthalten oft Fullerene. Das sind spezielle Nanokügelchen aus reinen, sphärischen Kohlenstoffgittern, die angeblich freie Radikale binden und damit die Haut schützen.

Besonders hilfreich sind Nanopartikel in Sonnencremes [2]. Zum UV-Schutz werden seit langer Zeit Titanoxid und Zinkoxid verwendet. Während die Cremes früher besonders bei hohem Lichtschutzfaktor schwer zu verreiben waren und über längere Zeit eine weiße Schicht auf der Haut hinterließen, sind beide Effekte durch die Formulierung als Nanokörper beseitigt. Die Substanzen können jetzt sogar gesprüht werden und legen sich wie ein klarer Film auf die Haut.

Es gibt nur wenige Untersuchungen über die Wirkung der verschiedensten Nanopartikel. Generell geht man davon aus, dass sie nicht die gesunde Haut durchdringen, sondern oberflächlich haften bleiben. Dies gilt aber nur, wenn sie nicht auf Wunden gebracht werden, auch nicht auf kleine Schnitte, die beim Rasieren entstehen, und nicht für Aerosole verwendet werden. Denn wenn sie eingeatmet werden, können die winzigen Teile über die Lunge ins Blut gelangen [27]. Immerhin müssen seit 2014 Produkte, die Nanoteilchen enthalten, mit (nano) als Zusatz hinter der Chemikalie gekennzeichnet werden.

Noch viel unklarer als die Wirkung auf den Menschen ist die Wirkung dieser Nanopartikel auf die Umwelt. Ähnlich wie Mikroplastik gelangen sie bei jeder Dusche und bei jeder Haarwäsche in das Abwasser und damit in den großen Wasserkreislauf der Erde. Und die Wirkungen auf Pflanzen und Tiere sind bisher kaum untersucht.

Was ist in Naturprodukten?

Naturkosmetik ist kein geschützter Begriff, fast jeder Hersteller versteht etwas anderes darunter [28]. Die einen ersetzen nur die bedenklichen Stoffe, andere verstehen darunter „ohne Tierversuche oder tierische Produkte", wieder andere sind ganz konsequent und verzichten auf jeden synthetischen Inhaltsstoff. Allen gemeinsam könnte sein, dass sie keine Mineralölprodukte, Parabene und Silikone verwenden und keine synthetischen Farb- und Duftstoffe. Stattdessen benutzen sie pflanzliche Öle, Wachse und Fette wie Palm-, Kokosnuss- oder Mandelöl, Bienenwachs oder Sheabutter, Soja-, Oliven- oder Arganöl, einige auch mineralische oder tierische Produkte. Als Duftstoffe verwenden sie ätherische Öle, Kräuter- oder Blütenextrakte. Alkohol stammt aus Kartoffeln oder Zuckerrüben, Lecithin wird aus Pflanzen gewonnen und wirkt als natürlicher Emulgator befeuchtend, rückfettend und glättend. Üblicherweise nehmen Hersteller von Naturkosmetika keine Produkte von gentechnisch veränderten Pflanzen wie Soja oder Mais. Auch Hyaluronsäure und Coenzym Q10, von denen manche Hersteller sich wahre Wunder versprechen, gibt es aus pflanzlicher Herkunft. Zur Konservierung werden Pflanzenextrakte wie etwa Johanniskraut benutzt. Daneben findet sich auch Alkohole, Anis-, Zitronen- oder Milchsäure, die ebenfalls die Haltbarkeit verlängern und Bakterien- oder Schimmelpilzbefall verhindern.

Naturkosmetik ist übrigens nicht generell vegan. Es werden zahlreiche tierische Produkte verwendet, v. a. Lanolin aus dem Wollvlies von Schafen, vereinzelt auch Propolis, Molke oder Ziegenmilch. In Haarstyling-Produkten finden sich Schellack, das sind, wie beim Nagellack beschrieben, Absonderungen von Schildläusen, und Chitin aus Panzern von Schalentieren, denn von irgendwo muss der versprochene Halt ja herkommen. Für das Rot in Lippenstiften wird gerne Karmin verwendet, das aus Cochenille-Läusen gewonnen wird. Übrigens sind die meisten synthetischen Inhaltsstoffe aus herkömmlichen Kosmetikprodukten in der Produktion zwar vegan, wurden aber häufig im Tierversuch getestet.

Alle Labels für Naturkosmetik sind rein privater Natur, die Standards nur schwer vergleichbar, außer der EU-Kosmetikrichtlinie [8] gibt es keine verbindlichen Regeln und die kümmert sich nicht um Naturprodukte. Da auch Wasser natürlich ist, bestehen manche Feuchtigkeitscremes zu über 80 % aus Wasser.

Manches klingt auch in Naturkosmetik nach Chemie (Tab. 11.4), aber das liegt eben daran, dass auch natürliche Prozesse chemische Reaktionen

Tab. 11.4 Beispiele für pflanzliche Inhaltsstoffe aus Naturkosmetik; INCI= „International Nomenclature of Cosmetic Ingredients"

Stoff (INCI)	Funktion	Herkunft
Alkohol	desinfizierend	Zuckerrüben, Kartoffeln
Tenside	waschaktiv	Raps, Oliven, Lein, Ölpalmen, z. B. Polyglyceryl-10 Laurate aus Kokosnuss, Lavaerde, Zuckerbasis
Saponine	schaumbildend, waschaktiv	Rosskastanie, Efeu, Soja
Glycerin/Glycerol	feuchtigkeitsspendend, Hautelastizität	Soja
Propanediol	feuchtigkeitsspendend, antimikrobiell	Maiszucker, Getreidekörner
Pentylene Glycol	feuchtigkeitsspendend, antimikrobiell	Maiskolben
Sodium Hyaluronate	feuchtigkeitsspendend	Soja
Aloe Barbadensis Leaf Juice Powder	feuchtigkeitsspendend, entzündungshemmend	Aloe vera
Benzoesäure	Konservierungsmittel	verschiedene Pflanzen
Zitronen- oder Milchsäure	Konservierungsmittel	Früchte, Molkeprodukte, Pilze
Mineralische Pulver, Kreiden	Grundlage für Gesichts- und Reinigungsmasken, Puder	

sind und nach derselben Nomenklatur benannt werden. Ein Beispiel ist Pentylenglykol. Das ist ein zweiwertiger Alkohol, der desinfizierend wirkt, aber die Haut nicht austrocknet, sondern im Gegenteil feuchtigkeitsspendend wirkt. Deshalb gilt er nach der EU-Kosmetikverordnung [8] nicht als Konservierungsstoff und ist auch bei Kosmetika mit dem Aufdruck „frei von Konservierungsstoffen" erlaubt.

Naturkosmetik ist nicht automatisch „bio". Und „bio" heißt noch lange nicht, dass alle Inhaltsstoffe aus biologischem Anbau stammen, häufig sind nur bestimmte Mindestmengen vorgeschrieben (Abb. 11.9). Und mit „fair" im Sinne des Erzeugers hat es auch nicht unbedingt etwas zu tun. Ein Beispiel ist das Palmöl, das auch in Naturkosmetik aufgrund seiner hervorragenden Eigenschaften verwendet wird. Etwa als waschaktives Tensid, das sehr stabil ist und sich auch durch Lagerung und Verarbeitung nur wenig verändert. Aber es wird eben auf riesigen Palmölplantagen in Südostasien angebaut, für die großflächig naturnaher Urwald gerodet wird. Das Geschäft machen große Konzerne und für die einzelnen Arbeiter und Bauern bleibt neben der Umweltzerstörung nur wenig.

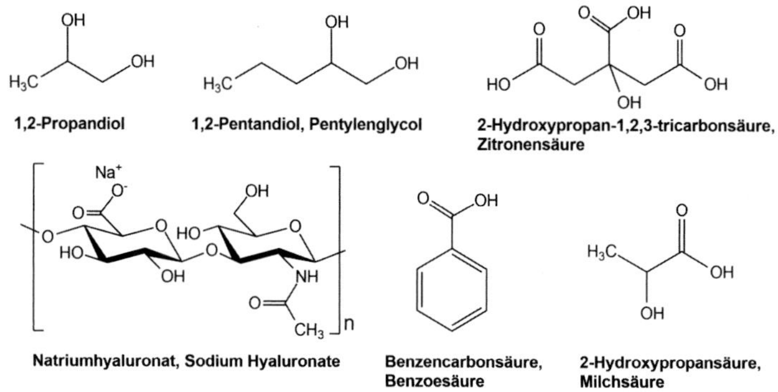

1,2-Propandiol
1,2-Pentandiol, Pentylenglycol
2-Hydroxypropan-1,2,3-tricarbonsäure, Zitronensäure
Natriumhyaluronat, Sodium Hyaluronate
Benzencarbonsäure, Benzoesäure
2-Hydroxypropansäure, Milchsäure

Abb. 11.9 Gängige Zusatzstoffe in Naturkosmetik wie in Tab. 11.4 aufgeführt: Feuchtigkeitsspender (1,2-Propandiol, 1,2-Pentandiol, Natriumhyaluronat) und Konservierungsmittel (Zitronen-, Milch- und Benzoesäure)

Eine gute Verträglichkeit muss durch Naturkosmetika nicht unbedingt gegeben sein. So können Limonen als Naturstoff aus Orangen und besonders Teebaumöl leicht Kontaktallergien auslösen. Auch Ringelblumen oder Wollwachse enthalten potenzielle Allergene. Also auch bei Naturkosmetika sollte man genauso auf die Inhaltsangaben achten, wenn man zu Empfindlichkeit und allergischen Reaktionen neigt.

Und trotz aller Anstrengungen gibt es auch Nachteile dieser natürlichen Produkte. So schäumt etwa das Naturshampoo weniger [29], da bestimmte Tenside fehlen. Es ist zwar hautfreundlicher, hat aber auch weniger Waschkraft. Puder ohne Mikrowachse, die aus Mineralöl stammen, kann nicht so leicht verteilt werden und löst sich leichter ab. Eine wasserfeste Mascara gibt es bei der Naturkosmetik bisher nicht [29]. Auch macht es Probleme, Haarshampoo bei hartem Wasser anzuwenden. Deshalb werden den herkömmlichen Produkten Komplexbildner beigefügt, die verhindern, dass sich Mineralien aus dem Wasser an die Seife binden und eine feste Schmiere entsteht. Und so entstehen die langen Listen an Inhaltsstoffen in herkömmlichen Kosmetikprodukten.

Was bleibt zu tun?

- Körperpflege sollte v. a. aus klarem Wasser bestehen. Dies erhält den natürlichen Säureschutzmantel der Haut.
- Zu häufiges Duschen mit Kosmetikprodukten schädigt die Haut und lässt sie vorzeitig altern. Der natürliche Talg ist der beste Schutz, dann ist auch kein Nachcremen erforderlich.
- Kosmetik sollte nur so viel wie nötig, aber v. a. so wenig wie möglich verwendet werden.

- Eine Verabschiedung vom gesellschaftlichen Jugendwahn würde helfen, die Alterung seines Körpers anzuerkennen und weniger Kosmetikprodukte zu verwenden.
- Schönheitsideale sind heute im Internet und in Zeitschriften mithilfe von kosmetischer Chirurgie und Grafikprogrammen bzw. speziellen Filtern hergestellt. Sie sind deshalb nicht real und kaum erreichbar. Entsprechend ist die Werbung mit Kosmetikprodukten von vorneherein meist irreführend und sollte nicht als Ideal dienen.
- Bei jedem Produkt sollte das große Marketinginteresse der Industrie bedacht werden; je mehr Werbung, desto unsicherer ist häufig die Wirkung.
- Oft sind sogenannte „wissenschaftliche Studien", mit denen auf der Packung geworben wird, mit viel zu wenig Teilnehmer*innen durchgeführt worden und entsprechen eben nicht wissenschaftlichen Standards.
- Weniger ist mehr!

Literatur

1. Anonym (o. J.) Der Beauty-Trend: Nutricosmetics. https://www.cellufine.de/beauty/. Zugegriffen: 26. Aug 2022
2. Hoffmann S (o. J.) Rätselraten beim Kleingedruckten – Versteckte Inhaltsstoffe in Kosmetik und deren Gefahren. https://www.geo.de/wissen/gesundheit/16724-rtkl-raetselraten-beim-kleingedruckten-versteckte-inhaltsstoffe-kosmetik-und. Zugegriffen: 26. Aug 2022
3. Gerhard S (2016) Aluminium unterm Arm, Mineralöl auf der Haut. ZEIT ONLINE. https://www.zeit.de/wissen/gesundheit/2016-02/kosmetik-check-schadstoffe-gift/komplettansicht. Zugegriffen: 26. Aug 2022
4. Anonym (2022) Wie gut ist Kollagen in der Kosmetik. https://www.schoenesleben.ch/wellness/schoenheit/kollagen-in-kosmetik-wirksamkeit-und-natuerliche-alternativen-433. Zugegriffen: 26. Aug 2022
5. Anonym (2019) Nur Aluminiumsalze mindern Schwitzen zuverlässig. https://www.spiegel.de/gesundheit/ernaehrung/stiftung-warentest-nur-aluminium-deos-stoppen-den-schweissfluss-zuverlaessig-a-1268542.html. Zugegriffen: 26. Aug. 2022
6. BfR (2020) – Bundesinstitut für Risikobewertung. Neue Studien zu aluminiumhaltigen Antitranspirantien: Gesundheitliche Beeinträchtigungen durch Aluminium-Aufnahme über die Haut sind unwahrscheinlich. Stellungnahme 030/2020 des BfR vom 20. Juli 2020. https://doi.org/10.17590/20200720-103116. https://www.bfr.bund.de/cm/343/neue-studien-zu-aluminiumhaltigen-antitranspirantien-gesundheitliche-beeintr%C3%A4chtigungen-durch-aluminium-aufnahme-ueber-die-haut-sind-unwahrscheinlich.pdf. Zugegriffen: 26. Aug. 2022

7. UBA (2022) – Bundesumweltamt. Deutsche Umweltstudie zur Gesundheit, GerES 2003–2006. https://www.umweltbundesamt.de/themen/gesundheit/belastung-des-menschen-ermitteln/umwelt-survey/umwelt-surveys-1985-bis-2006/kinder-umwelt-survey-2003-bis-2006#textpart-5. Zugegriffen: 26. Aug. 2022
8. Verordnung (EG) Nr. 1223/2009 des Europäischen Parlaments und des Rates vom 30. November 2009 über kosmetische Mittel (Neufassung). OJ L 342, 22.12.2009, S 59–209. https://eur-lex.europa.eu/legal-content/DE/ALL/?uri=celex%3A32009R1223. Zugegriffen: 26. Aug. 2022
9. BVL (o. J.) – Bundesamt für Verbraucherschutz und Lebensmittelsicherheit. Kennzeichnung von Duftstoffen. https://www.bvl.bund.de/DE/Arbeitsbereiche/03_Verbraucherprodukte/03_AntragstellerUnternehmen/02_Kosmetik/05_Kennzeichnung/02_Duftstoffe/bgs_fuerAntragsteller_Duftstoffe_node.html. Zugegriffen: 26. Aug. 2022
10. Anonym (2017) Bedenkliche Duftstoffe: diese Düfte stinken uns. https://www.oekotest.de/kosmetik-wellness/Bedenkliche-Duftstoffe-Diese-Duefte-stinken-uns_11407_1.html. Zugegriffen: 26. Aug. 2022
11. Daniels R (2012) Parfümöle und Duftstoffe. In: Raab W, Kindl U (Hrsg) Pflegekosmetik. Wiss. Verlagsgesellschaft, Stuttgart, S 163–166
12. Luch A (2014) Experten geben Rat: Zur Sicherheit von Kosmetik-Inhaltsstoffen. https://www.haut.de/zur-sicherheit-von-kosmetik-inhaltsstoffen/. Zugegriffen: 26. Aug. 2022
13. Anonym (2014) Formaldehyd geht unter die Haut. https://www.codecheck.info/news/Formaldehyd-geht-unter-die-Haut-52050. Zugegriffen: 26. Aug. 2022
14. Bumberger E (2019) Formaldehyd in Kosmetik – Untersuchungsergebnisse 2017. https://www.lgl.bayern.de/produkte/kosmetika/kosmetische_mittel/ue_2017_formaldehyd_in_kosmetik.htm. Zugegriffen: 26. Aug. 2022
15. Verordnung (EU) Nr. 605/2014 der Kommission vom 5. Juni 2014 zur Änderung der Verordnung (EG) Nr. 1272/2008 des Europäischen Parlaments und des Rates über die Einstufung, Kennzeichnung und Verpackung von Stoffen und Gemischen zwecks Einfügung von Gefahren- und Sicherheitshinweisen in kroatischer Sprache und zwecks Anpassung an den technischen und wissenschaftlichen Fortschritt Text von Bedeutung für den EWR. *OJ L 167, 6.6.2014, S 36–49.* https://eur-lex.europa.eu/legal-content/de/ALL/?uri=CELEX:32014R0605. *Zugegriffen: 26. Aug. 2022*
16. BfR (2011) Verwendung von Parabenen in kosmetischen Mitteln Stellungnahme Nr. 009/2011 des BfR vom 28. Januar 2011. https://www.bfr.bund.de/cm/343/verwendung_von_parabenen_in_kosmetischen_mitteln.pdf. Zugegriffen: 26. Aug. 2022
17. Verordnung (EU) Nr. 1004/2014 der Kommission vom 18. September 2014 zur Änderung des Anhangs V der Verordnung (EG) Nr. 1223/2009 des Europäischen Parlaments und des Rates über kosmetische Mittel (Text von

Bedeutung für den EWR). ABl. L 282 vom 26.9.2014, S 5–8. https://eur-lex.europa.eu/legal-content/DE/TXT/PDF/?uri=CELEX:32014R1004&from=EN. Zugegriffen: 26. Aug. 2022

18. Walther C (2019) Parabene in kosmetischen Mitteln – Untersuchungsergebnisse 2016. https://www.lgl.bayern.de/produkte/kosmetika/kosmetische_mittel/ue_2016_parabene_kosmetische_mittel.htm. Zugegriffen: 26. Aug. 2022
19. Anonym (2019) Gefährliche Fingerfarbe: So schädlich kann Nagellack sein https://web.de/magazine/ratgeber/beauty-lifestyle/gefaehrliche-fingerfarbe-schaedlich-nagellack-33284610. Zugegriffen: 26. Aug. 2022
20. WIKIMEDIA COMMONS: Romina Campos CC-BY-2.0. https://commons.wikimedia.org/wiki/File:Glitter_nail_polish_(purple).jpg. Zugegriffen: 06. Juni 2023
21. Anonym (2017) Nagellacke unter der Lupe. https://www.wunderweib.de/oeko-test-19-von-25-nagellacken-enthalten-krebserregende-stoffe-100945.html. Zugegriffen: 26. Aug. 2022
22. Lutz B (2021) Wie gefährlich ist Nagellackentferner?. http://www.wellness-blog.de/urlaub-deutschland.php/mosel/aktuell/wie-gefaehrlich-ist-nagellackentferner. Zugegriffen: 26. Aug. 2022
23. Bertling J, Hamann L, Hiebel M (2018). Mikroplastik und synthetische Polymere in Kosmetikprodukten sowie Wasch-, Putz- und Reinigungsmitteln. Endbericht. Fraunhofer Institut für Umwelt-, Sicherheits- und Energietechnik UMSICHT, Oberhausen. https://doi.org/10.24406/UMSICHT-N-490773. https://www.umsicht.fraunhofer.de/content/dam/umsicht/de/dokumente/publikationen/2018/umsicht-studie-mikroplastik-in-kosmetik.pdf. Zugegriffen: 26. Aug. 2022
24. Anonym (2018) Neue Studie zu Mikroplastik in Kosmetik. https://www.umweltdialog.de/de/umwelt/plastik-muell/2018/Neue-Studie-zu-Mikroplastik-in-Kosmetik.php. Zugegriffen: 26. Aug. 2022
25. Meßner C (2011) Nano textil. Fragen und Antworten rund um die Nutzung von Nanotechnologien am Beispiel der deutschen Textilwirtschaft. https://nano.dguv.de/fileadmin/user_upload/documents/textfiles/BGETEM/_8__nano_textil.pdf. Zugegriffen: 26. Aug. 2022
26. Anonym (2009) Nano-Silber – der Glanz täuscht. Immer mehr Konsumprodukte trotz Risiken für Umwelt und Gesundheit. https://www.bund.net/fileadmin/user_upload_bund/publikationen/chemie/nanotechnologie_nano-silber_studie.pdf. Zugegriffen: 26. Aug. 2022
27. Abrell A (2016) Sind Kosmetikartikel mit Nanoteilchen gefährlich? WELT am 22.03.2016. https://www.welt.de/gesundheit/article153563451/Sind-Kosmetikartikel-mit-Nanoteilchen-gefaehrlich.html. Zugegriffen: 26. Aug. 2022

28. Gerhard S (2016) „Alles muss man selber machen". ZEIT ONLINE. https://www.zeit.de/wissen/gesundheit/2016-03/kosmetik-check-bio-naturkosmetik-selber-machen/komplettansicht. Zugegriffen: 26. Aug. 2022
29. Wolz L (2019) Ist Naturkosmetik wirklich besser für die Haut? SPIEGEL. https://www.spiegel.de/gesundheit/ernaehrung/bio-und-naturkosmetik-ist-sie-wirklich-besser-fuer-die-haut-a-1240405.html. Zugegriffen: 26. Aug. 2022

12

Bedenkliches in Lebensmitteln – Farbstoffe, Weichmacher, Enzyme und Schadstoffe

Lebensmittel sind ein besonders sensibler Bereich des täglichen Lebens, da die Art und Qualität unseres Essens auch maßgeblich unsere Gesundheit bestimmt. Da wir nur noch die wenigsten unserer Lebensmittel selbst produzieren, wird das Meiste gekauft und der Großteil davon schon in zubereiteter Form in Supermärkten. Damit muss man den Herstellern vorab viel Vertrauen schenken und das, obwohl Lebensmittel Stoffe unterschiedlicher und bisweilen nicht unbedenklicher Kategorien enthalten können:

- Zusatzstoffe: Substanzen, die Lebensmitteln bewusst während der Produktion zugesetzt werden.
- Rückstände: Reste von Stoffen, die eingesetzt werden, um das Lebensmittel herzustellen, z. B. Reste von Pflanzenschutzmitteln und Substanzen aus Verpackungsstoffen.
- Verunreinigungen (Kontaminanten): Stoffe, die dem Lebensmittel nicht absichtlich zugefügt werden, aber während der Produktion anfallen, z. B. Metalle aus dem Boden, Luftschadstoffe und von Schadpilzen gebildete Mykotoxine (s. Kap. 3).

Wenn man Verbraucher befragt, vor welchen Gefahren in Lebensmitteln sie sich fürchten, dann stehen an erster Stelle Antibiotika, Steroide und Hormone im Fleisch. Diese spielen aber bei den Rückrufaktionen und Lebensmittelwarnungen der Behörden fast überhaupt keine Rolle (Abb. 12.1).

T. Miedaner und A. Krähmer, *Gifte in unserer Umwelt*,
https://doi.org/10.1007/978-3-662-66578-7_12

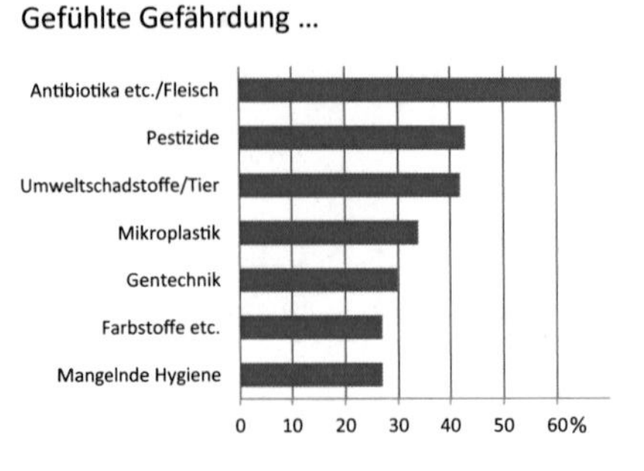

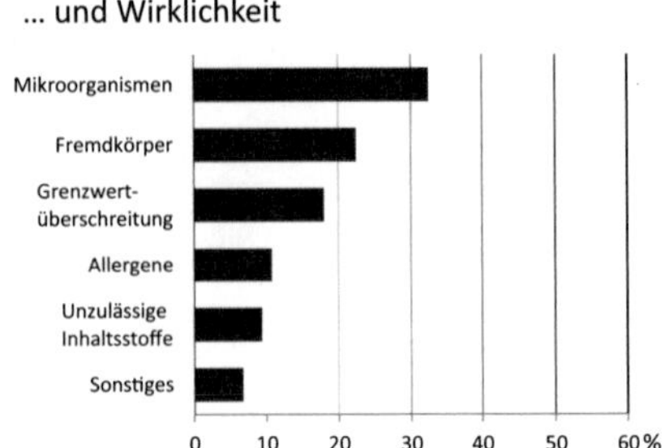

Abb. 12.1 Verzerrte Wirklichkeit: Die von Verbrauchern befürchteten Gefahren von Lebensmittelbelastungen sind mehrheitlich Schadstoffe (links [1]), während die tatsächlichen Ursachen für Lebensmittelwarnungen und Rückrufaktionen der Behörden in mikrobieller Belastung und Fremdkörpern liegen (rechts [2])

Auch die Häufigkeit von Pestizid- (Pflanzenschutzmittel-), Dioxin- und Schwermetallrückständen in Lebensmitteln werden weit überbewertet. Ebenso spielt die von Verbrauchern gefürchtete Gentechnik in Wirklichkeit keine Rolle, da der Anbau von gentechnisch veränderten Pflanzen derzeit in der EU praktisch nicht erlaubt ist. Auf der anderen Seite sind die wirklich gefährlichen Dinge wie pathogene Mikroorganismen und ihre Mykotoxine oder Fremdkörper im Lebensmittel überhaupt nicht im Bewusstsein der Verbraucher. Immerhin sind die Sorgen um das Fleisch berechtigt, es stand 2021 an Platz 1 der amtlichen Beanstandungen von Lebensmitteln (11 %), knapp gefolgt von Getreide und Backwaren (10,6 %) sowie von Kräutern und Gewürzen (10,2 %) [2]

Hunderte von Zusatzstoffen

Zusatzstoffe werden Lebensmitteln von der Industrie zugefügt, um sie überhaupt herzustellen (Schmelzsalze), sie besser verarbeiten zu können (Schaumverhüter), sie im Geschmack anzupassen (Süßungsmittel, Säuerungsmittel, Geschmacksverstärker), sie haltbar zu machen (Konservierungsstoffe) oder ihnen eine ansprechende Farbe zu verleihen (Farbstoffe). Manche Lebensmittel wie etwa Schmelzkäse, Cola oder zuckerfreier Kaugummi sind ohne Zusatzstoffe überhaupt nicht herstellbar. Und wenn man sich die Deklarationen von Fertigpizza oder einem Bohneneintopf aus der Dose mal näher anschaut, ist es schon überraschend, was sich da alles findet.

Nach der EU-Verordnung Nr. 1333/2008 gibt es 26 Klassen von Lebensmittelzusatzstoffen (Tab. 12.1, [3]). Und jede Klasse kennt oft mehrere Dutzend von Einzelsubstanzen. Dabei sind die Enzyme, Vitamine, Aromen und Nahrungsergänzungsmittel noch gar nicht dabei. In Anhang IV dieser EU-Verordnung werden traditionelle Lebensmittel genannt, für die ein Verbot der Verwendung von Lebensmittelzusatzstoffen erlaubt ist. Dazu gehört deutsches Bier mit seinem Reinheitsgebot, französisches Baguette sowie Trüffel- und Schneckenkonserven und eingelegtes Gänse- und Entenfleisch aus Frankreich. Außerdem gibt es noch sogenannte „unbehandelte Lebensmittel", die nur vor- oder zubereitet, aber nicht mit Zusatzstoffen versehen werden dürfen. Dazu gehört frisches Obst und Gemüse, rohes Fleisch, Kaffee, Tee, Mineralwasser, Pflanzenöle, Honig, Milch, Butter oder Teigwaren. Bei lose angebotenen Lebensmitteln müssen bestimmte Zusatzstoffe auf der Ware angegeben werden, etwa „mit Konservierungsstoff" oder „mit Geschmacksverstärker".

Generell müssen alle Zusatzstoffe in Lebensmitteln von der EU zugelassen werden und erhalten eine E-Nummer, aber nicht immer wurden sie wirklich kritisch geprüft. Das Interesse der Industrie an einem bestimmten Stoff stand häufig im Vordergrund. Die Prüfung sollte bis 2020 nachgeholt werden. Für den Verbraucher ist dieser Bereich trotzdem sehr undurchsichtig. So müssen nicht alle Zusätze deklariert werden, dazu gehören etwa Enzyme. Auch Stoffe, die das Aussehen und den Geschmack eines Lebensmittels nicht verändern, gelten als technische Hilfsstoffe und müssen gar nicht deklariert werden, da sie im Endprodukt keine Wirkung entfalten [4]. Andere Zusatzstoffe werden nur als Kategorie genannt. Aromastoffe mit über 2.000 Einzelsubstanzen etwa erscheinen auf dem Etikett pauschal als „Aroma" [5]. Und auch mit Deklaration ist das Meiste für die Verbraucher ohne spezielles Fachwissen oft unverständlich. Die Lebensmittelindustrie hat einfach kein Interesse daran, sich in die Karten schauen zu lassen, umso weniger, je stärker sich die Diskussion um „natürliche Ernährung" dreht. Und schließlich kann selbst das Brot vom herkömmlichen Bäcker allerhand Zusatzstoffe enthalten.

Und dann gibt es noch **Rückstände,** die während der Zubereitung in Lebensmitteln entstehen und durchaus schädlich sein können, etwa Acrylamid, Nitrosamine und Stoffe, die über die Verpackung in die Lebensmittel übergehen. PET-Flaschen sind da besonders in Verruf geraten, weil sie hormonähnliche Substanzen und Mikroplastik in den Inhalt der Flasche abgeben können, aber auch die Weichmacher in anderen Plastikverpackungen sind nicht ohne Auswirkungen (s. Kap. 14).

Tab. 12.1 Kategorien von Lebensmittelzusatzstoffen nach Anhang I der Verordnung (EG) Nr. 1333/2008 [3, 4, 5]

Zusatzstoff	Anzahl	Beispiele
Süßungsmittel	19	Acesulfam K, Aspartam, Saccharin, Sorbit
Farbstoffe	43	Chinolingelb, Curcumin, Riboflavin, Karmin
Konservierungsstoffe	44	Sorbinsäure, Benzoesäure, Schwefeldioxid
Antioxidationsmittel	22	Ascorbinsäure, Citronensäure, Phosphorsäure, Schwefeldioxid
Trägerstoffe	(21)	Bentonit, Isopropanol, Glycerindiacetat
Säuerungsmittel und Säureregulatoren	56	Carbonate, Salzsäure, Schwefelsäure
Trennmittel	23	Natriumsilikat (Rieselstoff)
Schaumverhüter		Polydimethylsiloxan, Monoglyceride, Diglyceride
Füllstoffe	11	Pektin, Cellulose, Polydextrose, Zucker
Emulgatoren	28	Lecithin, E491–E495 (Sorbitanfettsäureester)
Schmelzsalze		Natriumphosphate, Kaliumphosphat, Calciumphosphat
Festigungsmittel	21	Calciumsalze, Lactate, Phosphate, Aluminiumsulfat
Aromen und Geschmacksverstärker	32	Glutamate, Guanylate, Glycin, Inosinate
Schaummittel		Quillajaextrakt
Gelier-, Verdickungsmittel	31	Alginate, Carrageen, Guarkernmehl, Pektin
Überzugsmittel (einschließlich Gleitmittel)		Bienenwachs, Mikrowachs
Feuchthaltemittel		Invertase, Polydextrose
Modifizierte Stärken		Stärkephosphate
Pack-, Schutzgase		Helium, Argon, Stickstoff
Treibgase		Distickstoffmonoxid
Backtriebmittel		Natriumcarbonat
Komplexbildner	9	Gluconsäure, Weinsäure, Zitronensäure
Stabilisatoren		Alginate, Antioxidationsmittel, Bienenwachs, Maltodextrin, Polyphosphate, Reismehl
Verdickungsmittel		Alginate, Carrageen, Johannisbrotmehl, Guarkernmehl, Gummi arabicum, Xanthan, Pektin, Cellulose, Gelatine, modifizierte Stärke
Mehlbehandlungsmittel		Lecithin, Cystin, Calciumsulfat

Viele gesundheitsbewusste Verbraucher*innen mögen es nicht, wenn sich auf den Inhaltsstoffangaben zu viele Zusatzstoffe in Form von E-Nummern finden. Hier hat sich die Lebensmittelindustrie das „Clean Labelling" ausgedacht, d. h., man nutzt Zusatzstoffe, deren Name oder Herkunft natürlich klingt. Wenn es schon nicht der Inhalt ist, so sollen v. a. die Etiketten sauber klingen [5]. Und sie bestätigen v. a. die „Freiheit von" unerwünschten Inhaltsstoffen oder Herstellungstechniken (s. Box).

„Saubere Etiketten"

- Ohne Geschmacksverstärker
- Ohne gehärtete Fette
- Ohne künstliche Zusatzstoffe
- Ohne Gentechnik
- Ohne künstliche Aromen

Ein Beispiel ist Hefeextrakt als Geschmacksverstärker. Das ist ein altes Würzmittel, das kein E-Mittel ist und noch dazu natürlich klingt. Hefeextrakt enthält als wichtigste Aminosäure Glutaminsäure (Abb. 12.2), was nicht zufällig nach Glutamat, dem Salz der Glutaminsäure klingt. Die Hersteller können Hefeextrakt zusetzen und trotzdem Werbung machen mit Aufdrucken wie „ohne geschmacksverstärkende Zusatzstoffe" oder wenn sie besonders frech sind „ohne Glutamat". Ähnlich wie Hefeextrakt wirken auch Sojaprotein oder Tomatenpulver.

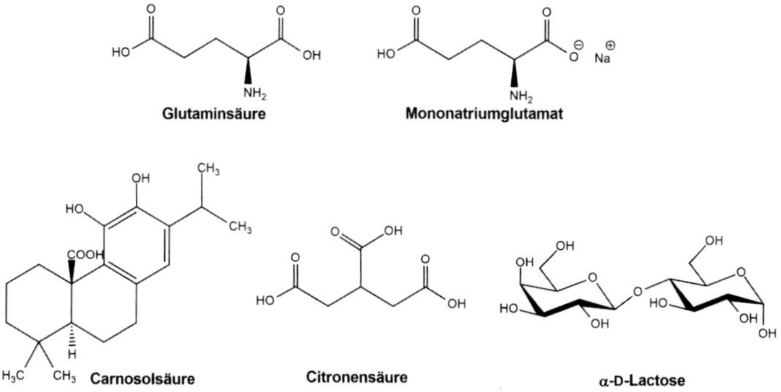

Glutaminsäure

Mononatriumglutamat

Carnosolsäure

Citronensäure

α-D-Lactose

Abb. 12.2 „Natürliche" Lebensmittelzusatzstoffe: Glutaminsäure und eines ihrer Salze Mononatriumglutamat als Geschmacksverstärker, Carnosolsäure (aus Salbei oder Rosmarin) und Citronensäure als wichtige Antioxidanzien sowie Milchzucker (Lactose) als häufiger Zusatzstoff zur längeren Haltbarkeit und zum Maskieren von Fehlaromen

Ein anderes Beispiel ist Rosmarinextrakt [5]. Das klingt gesund und erinnert an Düfte des Südens. In Wirklichkeit wird oft Carnosolsäure (E 392, Abb. 12.2) hinzugefügt, die aus Rosmarin mit Aceton oder Kohlendioxid extrahiert wird und dann nicht mit der E-Nummer gekennzeichnet werden muss. Es ist ein geschmacksneutrales Antioxidans und Konservierungsmittel für fetthaltige Speisen und ihre Deklaration lässt sogar noch die Assoziation an frische Kräuter zu. Auch Citronensäure (Abb. 12.2) klingt maximal natürlich. Sie muss zwar als Zusatzstoff deklariert werden, ist jedoch kein Konservierungsstoff im rechtlichen Sinn. Deshalb können die Lebensmittel mit Citronensäure als „ohne Konservierungsstoffe" deklariert werden. Senfsaaten, Gewürz- oder Fruchtextrakte können ebenso konservierend wirken.

Auch Milcheiweiß und Lactose (Milchzucker, Abb. 12.2) klingen natürlich, können aber für Allergiker*innen ein Riesenproblem sein, da sie inzwischen nahezu überall enthalten sind. Milcheiweiß dient als Emulgator, es macht Mayonnaise cremig und Joghurt stichfest oder verhindert die Entstehung eines Fettfilms in Wurstprodukten. Auch Lactose ist nahezu ein Wunderprodukt, da sie ein gutes Mundgefühl vermittelt, die Haltbarkeit erhöht, negative Geschmäcker überdeckt, die Farbe bewahrt und gleichzeitig ein billiger Füllstoff und Geschmacksverstärker ist. Deshalb findet sich Milchzucker auch in Gemüse aus dem Glas, Dosenobst, Schinken oder Fertigsoßen.

Für die Lebensmittelindustrie sind **Farbstoffe** unverzichtbar, um Gemüse besser aussehen zu lassen, Käse und Margarine gelber zu machen, als sie von Hause aus sind [5]. Da immer mehr Vorbehalte gegen knallbunte Azofarbstoffe bestehen (s. nächster Abschnitt), nutzt man heute gerne stark färbende Pflanzen- oder Gewürzextrakte. Diese wurden chemisch so aufbereitet, dass sie keinen Eigengeschmack mehr besitzen, sondern nur noch färben. Sie werden dann als „Gewürzaroma" oder „Pflanzenextrakt" deklariert. Ein perfektes Beispiel ist der Rote-Bete-Extrakt, der kein Farbstoff im rechtlichen Sinn ist, auch wenn er nur aus diesem Grund zugesetzt wird. Er täuscht beispielsweise im Kirschjoghurt einen höheren Fruchtanteil vor. Ähnlich gut funktionieren Spinatsaft, Tomaten- oder Paprikapulver.

Ähnlich irreführend ist häufig der Aufdruck „natürliches Aroma" 4. Es wird nämlich oft nicht aus der Zutat gewonnen, nach der das Produkt schmeckt, sondern kann aus Mikroorganismen stammen, aus Zellstoff oder sogar aus technisch extrahierten Sägespänen – Hauptsache, es ist ein natürlicher Ausgangsstoff.

„Clean Labelling" verdeckt zwar in der Regel keine schädlichen Stoffe, täuscht aber etwas vor, was nicht den Tatsachen entspricht, enttäuscht umweltbewusste Verbraucher*innen und kann für Allergiker*innen dann doch sehr problematisch sein.

So schön bunt hier – Farbstoffe

Natürlich kann man sich fragen, warum Lebensmittel Farbstoffe enthalten müssen. Aber wer einmal gesehen hat, wie sich Kinder über bunte Süßwaren freuen, kennt die Antwort (Abb. 12.3). Darüber hinaus dient die Farbe oft auch zur Kennzeichnung des Inhalts. So erwartet man, dass Bonbons mit Kirschgeschmack rot und solche mit Zitrusgeschmack gelb aussehen, obwohl die künstlichen Geschmacksstoffe völlig farblos sind. Beim Konservieren von Früchten und Gemüse geht die natürliche Farbe verloren, ohne dass dies zu verhindern ist. Deshalb werden beispielsweise Sauerkirschen rot und Erbsen grün eingefärbt, damit sie nicht rosa und fahlgrün aus Glas und Dose kommen. Die Farbe signalisiert eben auch Frische und Qualität. Selbst Margarine wird gelb eingefärbt, weil das die Konsumenten einfach so erwarten. Und die schwäbische Hausfrau hat bei der Spätzleherstellung schon immer Eigelb gespart, indem sie die Nudeln beim Kochen mit Kurkuma versetzte. Das Auge isst eben mit, beeinflusst das Geschmacksempfinden und signalisiert bestimmte Qualitätskriterien.

Mithilfe von Aromen und Farbstoffen erfüllt die Lebensmittelindustrie diese Erwartungen und bewirkt damit, dass verarbeitete Lebensmittel nicht vom natürlichen Produkt zu unterscheiden sind. Beispielsweise würde ein rein natürlich hergestellter Erdbeerjoghurt kaum nach Erdbeeren schmecken

Abb. 12.3 Bei manchen der beliebten Jelly Beans sieht man die künstlichen Farbstoffe geradezu heraus [6]

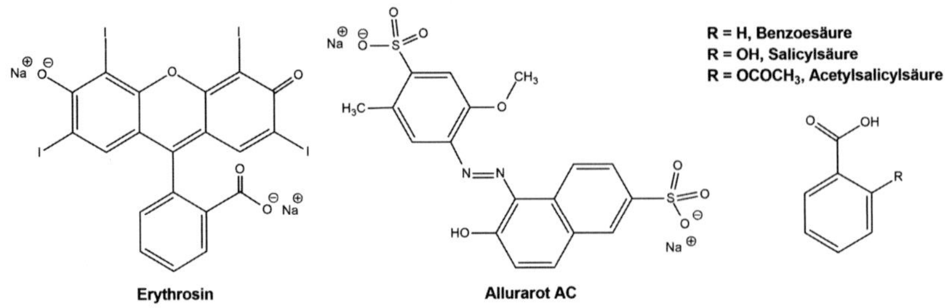

Abb. 12.4 Zwei der häufigsten Azofarbstoffe Erythrosin (E127) und Allurarot (E129). Letzterer steht im Verdacht, Pseudoallergien bei Menschen mit Unverträglichkeit von Benzoesäure, Salicylsäure und deren Ester Acetylsalicylsäure (Aspirin) auszulösen

und die kleinen Fruchtstückchen, die „Natürlichkeit" und Frische signalisieren sollen, wären schlabbrig und unansehnlich graubraun. Also wird der Joghurt mit Erdbeeraroma versehen, die Früchte werden grasgrün geerntet, damit sie knackig bleiben und mit einem frischen Rot eingefärbt. Auch die Cocktail- oder Belegkirsche ist ein hochartifizielles Produkt [7]. Ausgangsprodukt ist tatsächlich eine erntereife Kirsche. Sie wird entsteint und einige Wochen in Sirup eingelegt, der Schwefelsäure (H_2SO_4) und Calciumcarbonat ($CaCO_3$) enthält. Dabei verliert sie Farbe und Geschmack. Deshalb wird sie anschließend in Farbstoff eingelegt, der mit Citronensäure als Antioxidationsmittel versehen ist, und mit Zucker kandiert. Als Farbstoffe dienen oft Erythrosin (E127) oder Allurarot (E129), beide sind nicht unbedenklich (Abb. 12.4). Erythrosin darf in der EU auch nur noch für behandelte Kirschen verwendet werden [7]. Übrigens hat die Kirsche in der Mon Chéri-Praline eine ähnlich aufwendige, wenn auch gänzlich andere Behandlung hinter sich.

Heute sind 34 Lebensmittelfarben und anorganische Pigmente zugelassen. Die Details regelt eine EU-Verordnung über Lebensmittelzusatzstoffe [3]. Hier ist festgelegt, dass bestimmte Lebensmittel gar nicht eingefärbt werden dürfen, etwa frisches Obst, Gemüse, Pilze, Milch und Zucker oder dass für manche Lebensmittel bestimmte Farben nur bis zu einer Höchstmenge zugelassen sind.

In Verruf geraten sind sogenannte Azofarbstoffe (Tab. 12.2), die v. a. für farbige Süßwaren und Getränke eingesetzt werden. Für quietschbunte Süßigkeiten werden sogar bis zu 6 dieser Farbstoffe gemischt. Sie werden mit Anilin als Grundstoff hergestellt, das wiederum aus Erdöl stammt und krebserregend ist. Einige der Farbstoffe werden im Körper in Anilin zurückverwandelt. Die gefährlichsten Azofarbstoffe sind bereits verboten, bei den noch erlaubten besteht jedoch ein gewisses Restrisiko. Zum Problem können sie bei Menschen werden, die allergisch gegen Aspirin (Salicylsäure) oder Benzoesäure (E210) sind (Abb. 12.4).

Azofarbstoffe werden auch für Verhaltensauffälligkeiten bei Kindern verantwortlich gemacht. Vor allem das sogenannte Zappelphilipp-Syndrom (ADHS) soll durch sie mitverursacht sein, wobei die Ergebnisse einer Metastudie diesbezüglich nicht so eindeutig sind [8].

Bei Kindern mit ADHS-Symptomen, die eine Zeit lang nur Nahrung bekamen, die azofarbstofffrei war, waren die Verhaltensauffälligkeiten aber nur geringfügig kleiner als bei Kindern, die weiter diese Farbstoffe aßen. Es ist auch unwahrscheinlich, dass sie alleine für eine solch komplexe Krankheit verantwortlich sind, aber sie könnten einen Beitrag leisten. Immerhin müssen einige Azofarbstoffe und Chinolingelb (E104) jetzt mit dem Zusatz gekennzeichnet werden „Kann Aktivität und Aufmerksamkeit bei Kindern

Tab. 12.2 Azofarbstoffe, die für Lebensmittel verwendet werden und ihre Einsatzgebiete [9]

E-Nummer	Name	Farbe	Verwendung in
E 102	Tartrazin	Gelb	Brausepulver, Brausen, Sirup, Schmelzkäse, Speiseeis, Pudding und Desserts, Kuchen, Kekse, Süßwaren, gesalzene Knabberartikel, Würzsoßen
E 110	Sunsetgelb	Orange	gesalzene Knabberartikel, Schmelzkäse, Brausepulver, Brausen, Sirup, Speiseeis, Pudding, Desserts, Kuchen, Kekse, Süßwaren, Konfitüren, Fruchtzubereitungen
E 122	Azorubin	Rot	gesalzene Knabberartikel, Schmelzkäse, Brausepulver, Brausen, Sirup, Speiseeis, Pudding, Desserts, Kuchen, Kekse, Süßwaren, Konfitüren, Fruchtzubereitungen
E 123	Amaranth	Rot	Kaviar, Liköre und Spirituosen
E 124	Cochenillerot A	Rot	Würzmittel, gesalzene Knabberartikel, Schmelzkäse, Süßwaren, Speiseeis, Desserts, Kuchen, Kekse, Brausepulver, Brausen, Sirup
E 129	Allurarot	Rot	Brausepulver, Brausen, Sirup, Schmelzkäse, Speiseeis, Pudding, Desserts, gesalzene Knabberartikel, Süßwaren
E 151	Brilliantschwarz	Schwarz	Süßwaren, Kaviarersatz
E 154	Braun FK	Braun	englischer Räucherhering
E 155	Braun HT	Braun	Süßwaren, Eis, Kuchen, Kekse, Würzmittel
E 180	Litholrubin	Rot	essbare Käserinde

beeinträchtigen." Dies gilt für Tartrazin (E102), Gelborange S (E110), Azorubin (E122), Cochenillerot A (E124) und Allurarot AC (E129) [10].

Enzyme und Gentechnik in Lebensmitteln

Enzyme sind natürliche Bestandteile des Lebens. Sie sind praktisch für alle Stoffwechselvorgänge wichtig, weil sie chemische Reaktionen beschleunigen und teilweise erst ermöglichen (Biokatalysatoren). Enzyme sind meist Eiweiße (Proteine) und steuern z. B. die Verdauung. So führen Amylasen zum Abbau von Stärke, Proteasen und Lipasen zum Abbau von Eiweißen und Fetten. Derzeit (2016) sind mindestens 10.000 natürliche Enzyme bekannt, davon sind etwa 1800 kommerziell erhältlich („technische Enzyme") und viele werden in der Lebensmittelproduktion eingesetzt. In der Lebensmittelanalytik kann man nicht einfach die in einem Lebensmittel enthaltenen Enzyme analysieren, man muss nach jedem Enzym einzeln suchen. Da aber Enzyme nicht deklariert werden müssen, weiß im Grunde niemand, welche Enzyme in einem Lebensmittel enthalten sind. Der Grund dafür ist, dass Enzyme nicht als Lebensmittelzusatzstoffe, sondern als „Produktions- oder Verarbeitungshilfsstoffe" eingestuft werden. Enzyme werden bei Erhitzung von über 50–60 °C zerstört, da sie ja Eiweiße sind. Allerdings gibt es heute in der Industrie funktionelle Enzyme, die noch bei weit höheren Temperaturen aktiv sind [11].

Enzyme sind zunächst nichts Schlechtes. Ohne sie wäre die Herstellung von Käse, Butter, Wein und Milchprodukten gar nicht möglich, da diese eine Fermentation (Vergärung) benötigen. Das ist nichts anderes als ein enzymgesteuerter Prozess. So muss als erste Stufe zur Käseherstellung die Milch rasch dick werden, ohne sauer zu werden, und das passiert durch Lab, das früher aus Kälbermägen gewonnen wurde. Es ist nichts anderes als ein Gemisch aus 2 Enzymen, Chymosin und Pepsin, die die Ausfällung des Milcheiweißes bewirken. Nahezu alle bekannten Hart- und Schnittkäsearten werden so produziert (Süßmilchkäse). Bei Frischkäse werden Milchsäurebakterien eingesetzt, die mit ihren Enzymen die Milch dick werden lassen und vergären, wodurch auch Quark, Joghurt oder Kefir entstehen.

Bis hierhin sind Enzyme also etwas ganz Natürliches. Aber Enzyme können auch eingesetzt werden, um minderwertiges Fleisch zu verkleben (Transglutaminasen, Formfleisch), nicht gelungene Weine zu schönen und die Brotherstellung einfacher zu machen. Und da beginnt die Kritik. Denn Enzyme sind in vielen Fällen gar nicht nötig, aber sie erleichtern und verbilligen v. a. die Herstellung. Dazu zwei alltägliche Beispiele: Brot und Kochschinken.

Früher wurde Brot aus Mehl, Wasser, Hefe, Salz hergestellt, viel mehr braucht es eigentlich auch nicht. Heute dagegen werden in den Brötchenteig v. a. bei industrieller Herstellung 5–20 Enzyme zugesetzt [12]. So zerlegen Amylasen die Stärke in Zucker, der Teig geht schneller. Außerdem halten sie die Kruste knusprig, das Brötchen schmeckt länger frisch. Xylanasen zerlegen schwer verdauliche Gerüstsubstanzen aus dem Korn, die gleichzeitig wertvolle Ballaststoffe sind. In zerlegter Form machen sie den Teig aber elastisch, er bleibt nicht mehr so schnell an den Maschinen kleben. Lipasen spalten pflanzliche Fette, die im Teig wie Emulgatoren wirken und die Luftbläschen stabilisieren. Die Krume wird heller und die Poren feiner [12]. Das Ganze führt dazu, dass Brot und Brötchen in wesentlich kürzerer Zeit als früher hergestellt werden, was den Preis verbilligt. In den Großbäckereien gibt es für die Teige keine langen Standzeiten mehr, alles muss schnell gehen und dazu muss man eben mit Enzymen nachhelfen. Während ein Sauerteig traditionell bis zu 25 h gehen und ruhen muss, ruht ein Brötchenteig in der Industrie nur noch 10 min, ein hochwertigeres Brot höchstens 1 h. Und das hat Auswirkungen.

Der schnelle Herstellungsprozess steigert nicht die Bekömmlichkeit von Brot und Brötchen. Denn durch die früher üblichen langen Standzeiten findet auch eine Umsetzung von Mehlinhaltsstoffen statt, wie etwa bei den FODMAPs (engl. für „fermentable oligo-, di- and monosaccharides and polyols") gezeigt werden konnte. Das sind kurzkettige Zucker, die natürlicherweise in Weizen und anderen Lebensmitteln vorkommen und bei Patienten mit Reizdarm zu verstärkten Blähungen führen. In einer wissenschaftlichen Studie der Universität Hohenheim fanden sich die FODMAPs auch in alten Weichweizensorten, in Einkorn, Emmer und Dinkel [13]. Die Forscher bereiteten aus diesen Weizenformen Brote mit 1, 2, 4 und 4,5 h Gehzeit. Dabei wiesen alle Teige die höchsten FODMAPs nach nur 1 h Gehzeit auf, nach 4,5 h dagegen waren selbst im Teig aus den Sorten mit höchstem Gehalt nur noch 10 % der FODMAPs enthalten [14]. Offensichtlich hat die Art der Teigbereitung hier einen größeren Einfluss als der Ausgangsstoff. Die Autoren schließen daraus, dass die langsamere Brotbereitung beim traditionellen Bäcker weniger Beschwerden verursacht, während Großbäckereien ihre Teige meist zu einem Zeitpunkt backen, in dem noch die meisten FODMAPs vorhanden sind.

Auch bei Kochschinken wird ein Enzym weitverbreitet eingesetzt, die Transglutaminase. Sie löst das Eiweiß an und so lassen sich die Teile wieder miteinander verbinden. Dadurch kann Schinken aus beliebig kleinen Fleischteilen zusammengeklebt werden, ohne dass der Kunde das merkt [12]. So entsteht Schinken eben nicht nur aus dem Vorder- oder Hinterschinken vom Schwein, die Scheiben haben dank des Enzyms alle einen einheitlichen Durchmesser und sind v. a. viel billiger in der Herstellung. Da die Schinken gekocht werden, ist das Enzym danach zerstört, bei rohem Lachs- und Nussschinken wird es dagegen mitverspeist, ist aber in der Regel inaktiv [15]. Nach der VO (EU) 1169/2011 (Lebensmittelinformations-Verordnung LMIV, [16]) müssen solche zusammengesetzten Fleischerzeugnisse, die an gewachsenes Fleisch erinnern, den Hinweis „aus Fleischstücken zusammengefügt" tragen und werden oft auch als Formfleisch bzw. Analogfleisch bezeichnet.

Nebenwirkungen von der Verwendung von zusätzlichen Enzymen sind bisher nicht bekannt geworden. Allerdings können die überall eingesetzten Enzyme auch wie jedes Eiweiß Allergien auslösen. Dies wurde kürzlich an 813 Industriearbeiter*innen untersucht, die seit mindestens 3 Monaten regelmäßig mit verschiedenen technischen Enzymen in Kontakt kamen [17]. Dabei wurden die spezifischen IgE-Antikörper untersucht, die sich im Blut bei allergenen Reaktionen bilden. Es zeigten in dieser Studie 23 % aller Arbeiter*innen eine spezifische Sensibilisierung gegenüber den Enzymen, denen sie ausgesetzt waren. Die höchsten Werte ergaben sich für das Enzym α-Amylase (44 %, Backwaren), gefolgt von Stainzym (41 %, Stärkeabbau in Reinigungsmitteln), Pancreatinin (35 %, Gemisch aus Lipasen, Amylasen und Proteasen als Arzneimittel bei Erkrankungen der Bauchspeicheldrüse), Savinase (31 %, Protease in Waschmitteln), Papain (31 %, Protease zum Zartmachen von Fleisch) und Ovozym (28 %, zur Klärung und Maskierung von Fehlaromen im Wein). Weniger allergen wirkten Phytase (16 %, Zusatzstoff in Tierfutter), Thrypsin (15 %, Protease in der Medizin) und Lipase (4 %, Lebens- und Reinigungsmittel). Besonders betroffen waren – nicht ganz überraschend – Personen mit Atemproblemen. Auch in der Bäckerbranche finden sich gehäuft Allergien gegen technische Enzyme. Freilich sind wir über unsere alltäglichen Lebensmittel mit weitaus geringeren Konzentrationen konfrontiert, denn Enzyme zeichnen sich ja gerade dadurch aus, dass sie schon in geringsten Mengen wirken. Und für die meisten Menschen sind sie völlig unbedenklich, einzelne empfindliche Personen können aber allein schon durch den Verzehr Allergien entwickeln.

Was viele nicht wissen: Technische Enzyme werden heute häufig mit Gentechnik hergestellt. Da es sich um natürliche Substanzen handelt, ist es kein großes Problem, einen harmlosen Bakterienstamm dazu zu bringen, beliebige Enzyme in relativ großen Mengen zu synthetisieren. Die entstehenden Enzyme sind dabei tatsächlich identisch mit den natürlichen Substanzen und das Lab für den Käse muss nicht mehr aus geschlachteten

Kälbermägen extrahiert werden, sondern kommt ganz sauber aus großen Fermentern mit gentechnisch veränderten Bakterien.

Gentechnisch hergestellte Enzyme sind heute überall in Lebensmitteln zu finden [18]. Sie werden verwendet, um Aromastoffe aus pflanzlichem oder tierischem Eiweiß herzustellen (Würze-, Braten-, Fleischaromen: Lipase, Protease) oder modifizierte Stärken für Fertig- und Tiefkühlprodukte, Pudding, Mayonnaise und Fertigsoßen zu gewinnen (Amylase, CGTase). Sie sollen das Auskristallisieren von Süßwaren verhindern (Invertase) oder die Konsistenz von Eiscreme und Schokolade verbessern (Lactase), pflanzliche Stärke in verschiedene Zuckeraustauschstoffe umwandeln (Pullulanase), den Milchzucker für laktoseempfindliche Personen abbauen (Lactase) oder Eiprodukte länger haltbar machen (Katalase, Glucoseoxidase). Auch Süßigkeiten werden heute nicht mehr unbedingt mit Zucker aus Zuckerrüben hergestellt, sondern aus pflanzlicher Stärke, die mithilfe von technischen Enzymen „verzuckert" wird (Amylasen, Pullulanase, Glucose-Isomerase). So entstehen die billigeren Stoffe Isoglucose und Fructose-Glucose-Sirup aus Mais oder Zuckeraustauschstoffe wie Sorbit, Xylit und Mannit, die als Lebensmittelzusatzstoffe zugelassen sind.

Prinzipiell gilt, je stärker ein Lebensmittel verarbeitet ist, umso eher enthält es (gen-)technisch hergestellte Enzyme. Allein zwischen 2010 und 2016 haben sich die Umsätze der Enzymproduktion für die Lebensmittel- und Getränkeindustrie von 1,2 auf 2,1 Mrd. US$ nahezu verdoppelt [18]. Inzwischen brauchen auch Enzyme, die für Lebensmittel eingesetzt werden, eine EU-Zulassung. Werden sie mit Gentechnik produziert, dann darf das verkaufte Enzympräparat keine Überreste der produzierenden Bakterien bzw. ihrer DNS enthalten. Etwa 40 % aller Enzympräparate sind mithilfe von Gentechnik erzeugt, in Zukunft werden es noch mehr werden. Da immer nur winzigste Mengen für die Lebensmittelzubereitung benötigt werden, ist eine Kennzeichnung als „gentechnisch verändert" nicht erforderlich. Diese greift erst, wenn 0,9 % oder mehr eines Produktes aus der Gentechnik stammt. Und das findet sich in der EU derzeit nicht in den Regalen. Aufgrund der allgemeinen Ablehnung der Gentechnik in Lebensmitteln lässt sich derzeit der Verkauf gentechnisch hergestellter Produkte nicht am Markt durchsetzen. Dass die meisten konventionellen Fleischerzeugnisse mithilfe von gentechnisch veränderter Soja als Futtermittel hergestellt wurden, ist nicht kennzeichnungspflichtig und im Grunde wollen das die Verbraucher auch gar nicht wissen. Die Gentechnik-Kennzeichnung findet sich ja nur auf dem Sack, den der Landwirt sieht. Wer diese Praxis trotzdem ablehnt, muss zu Biofleischprodukten greifen, hier garantiert der jeweilige Verband, dass auch das Futter der Tiere gentechnikfrei war.

Acrylamid, Nitrosamine & Co

Heute weiß jeder, der regelmäßig raucht, um die Gefahren. Gesundheitsgefährdend ist dabei weniger das Nikotin, das macht „nur" süchtig, sondern die krebserregenden Substanzen, die bei der Verbrennung von Tabak entstehen (s. Kap. 10). Aber auch Grillen ist nicht uneingeschränkt gesund. Vor allem bei Benutzung von Holzkohlegrills kann auch das Grillgut solche Stoffe enthalten. Und das gilt auch für geräucherte oder gepökelte Lebensmittel.

Seit 2002 weiß man, dass **Acrylamid,** ein Ausgangsstoff für die Herstellung von Kunststoffen, auch in kohlenhydratreichen Lebensmitteln (Kartoffeln, Getreide) bei hohen Temperaturen entstehen kann (Abb. 12.5). Besonders viel davon findet sich in Kartoffelchips, Pommes frites, Kartoffelpuffern, Bratkartoffeln, Knäckebrot und Keksen. Voraussetzung ist das Vorhandensein der Aminosäure Asparagin und reduzierenden Zuckern (Glucose, Fructose) sowie Temperaturen über 120 °C [19]. Asparagin findet sich besonders viel in Kartoffeln, aus deren Stärke die nötige Glucose gebildet wird. Acrylamid ist ein Nebenprodukt der Bräunungsreaktion, bei der die typische Farbe und der Geschmack von Gegrilltem, Gebratenem oder Frittiertem entsteht. Je dunkler die Farbe der genannten Produkte, umso höher ist ihr Acrylamidgehalt. Dies ist deshalb bedenklich, da sich Acrylamid in Tierversuchen als krebserregend und erbgutverändernd erwies. Ob die Mengen, die aus Lebensmitteln aufgenommen werden, für eine solche Wirkung reichen, ist nicht klar. Aber dennoch ist eine gewisse Vorsicht bei diesem Stoff geboten [19]. In diesem Zusammenhang ist auch **Glycidamid** zu nennen, das Abbauprodukt von Acrylamid in der Leber, das ebenfalls stark krebserregend wirkt. Wahrscheinlich werden

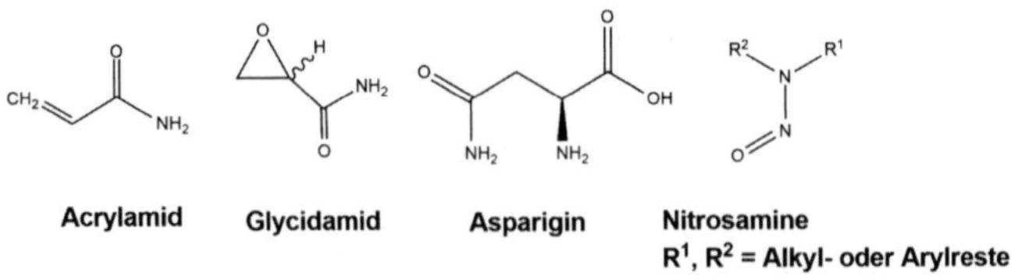

Acrylamid | Glycidamid | Asparigin | Nitrosamine R^1, R^2 = Alkyl- oder Arylreste

Abb. 12.5 Strukturformeln von Acrylamid, seinem Abbauprodukt im Körper Glycidamid sowie der zur Acrylamidbildung benötigten Asparaginsäure. Genauso wie Nitrosamine entsteht Acrylamid beim Erhitzen von Lebensmitteln und zeigt krebserregende Wirkung. Sind R^1 und R^2 Methylgruppen ($-CH_3$), handelt es sich um *N*-Nitrosodimethylamin (NDMA)

die kanzerogenen Eigenschaften von Acrylamid durch dieses Abbauprodukt erzeugt.

Krebserregende **Nitrosamine** entstehen, wenn Nitrit mit bestimmten Eiweißverbindungen (sekundäre Amine) reagiert. Dies findet sich in gepökelten und geräucherten Fleischwaren. Fast alle Wurstwaren in Deutschland, auch Biowurst, sind mit dem Nitritpökelsalz Natriumnitrit ($NaNO_2$, E250) behandelt, das ein idealer Ausgangsstoff für die Nitrosaminbildung ist [20]. Dies gilt v. a. bei großer Hitze. So kann Frühstücksspeck, der vor dem Braten völlig nitrosaminfrei ist, nach dem Aufenthalt in der Pfanne deutlich höhere Werte enthalten als zugelassen. Die Nitrosamine sind eine Stoffgruppe mit etwa 300 Verbindungen, von denen die allermeisten krebserregend sind.

Ideale Bedingungen finden sich für die Nitrosaminbildung auch auf Pizza und Toast Hawaii. Hier sind alle Voraussetzungen gegeben (s. Box). Mit einer Pizza nimmt man im Schnitt bereits ein Drittel der maximalen Pro-Kopf-Aufnahme an Nitrosaminen zu sich [20]. Enthält die Pizza höhere Nitrosaminwerte als im Mittel, dann kann auch die maximal tolerierbare Menge bereits überschritten werden. Beim Räuchern entstehen Nitrosamine durch die Reaktion mit Stickoxiden.

Voraussetzungen für maximale Nitrosaminbildung [20]

- „Nitrit aus gepökeltem Schinken, geräucherter Salami, Käse,
- Nitrat aus stark nitrathaltigem Gemüse oder Salat (Spinat, Rucola),
- hohe Aminkonzentration in Käse, Thunfisch, Sardellen, Shrimps,
- saures Milieu durch Ananas oder Peperoni,
- Hitze beim Überbacken bzw. Braten."

Erfreulicherweise haben die Nitrosaminwerte in Fertiglebensmitteln in den letzten Jahren deutlich abgenommen. In Wurstwaren wird weniger Nitritpökelsalz verwendet als früher, weil es nur noch in der Mischung mit Kochsalz zugelassen ist. Zudem wird Ascorbinsäure (Vitamin C) zugesetzt, was die Nitrosaminbildung hemmt. Dies gilt übrigens auch für Vitamin E und Selen. So enthielten laut dem Bayerischen Landesamt für Gesundheit und Lebensmittelsicherheit (LGL) gepökelte Produkte 1980 noch bis zu 12 µg/kg *N*-Nitrosodimethylamin (NDMA), bereits 2011 wurden nur noch 2,5 µg/kg NDMA als Höchstgehalt beschrieben. Bei einer Untersuchung 2015 in 47 Speckproben fand sich keine Beanstandung [21]. Bei der Käseherstellung muss die Verwendung von Nitratsalzen auf der Packung angegeben werden. Es kommt oft in Form von Natrium- oder Kaliumnitrat

(E251, E252) zum Einsatz, um die Entwicklung unerwünschter Bakterien zu hemmen [20].

Von **polyzyklischen aromatischen Kohlenwasserstoffen (PAK)** wird noch ausführlich in Kap. 14 die Rede sein. Sie können durch Kontakt mit Rauch oder beim Grillen auch in Lebensmitteln entstehen. Insbesondere fetthaltige Lebensmittel, die geräuchert oder gegrillt werden, sind dafür prädestiniert. Nach der Verordnung (EG) 1881/2006 [22] darf Benzo[*a*]pyren, das als krebserregend und erbgutverändernd gilt, in Gegrilltem höchstens in einer Menge von 5 µg/kg enthalten sein. Die PAK des neuen Summenparameters PAK-4, der neben Benzo[*a*]pyren auch Benzo[*a*]anthracen, Benzo[*b*]fluoranthen und Chrysen (Benzo[*a*]phenanthren) enthält (Abb. 12.6), dürfen 30 µg/kg nicht überschreiten. Insgesamt wies das LGL bei zwei Drittel der untersuchten Proben (n = 65) PAK nach. Dabei wurden sie in nahezu allen Proben, die auf dem Grillrost zubereitet wurden, gefunden [23]. Nach österreichischen Untersuchungen werden neben dem Grillen die höchsten Mengen an PAK-4 durch Fischkonserven und Meeresfrüchte sowie geräucherte Süßwasserfische aufgenommen [24]. Auch Kakao und Kakaoerzeugnisse können PAK enthalten.

Auch andere Stoffe können prozessbedingt in Lebensmitteln entstehen, ohne dass ihr Vorkommen derzeit verhindert werden kann. So fanden sich 2007 erstmals **3-MCPD-** (**Monochlorpropandiol**) bzw. **2-MCPD-** und **Glycidyl-Fettsäureester** in raffinierten Pflanzenfetten. Sie stammen von einem Glyceringrundgerüst ab, bei dem an einer Stelle ein Chloratom vorkommt, und entstehen bei der Raffination von Pflanzenfetten und -ölen, einem mehrstufigen technischen Prozess. Da weltweit über 90 % aller ver-

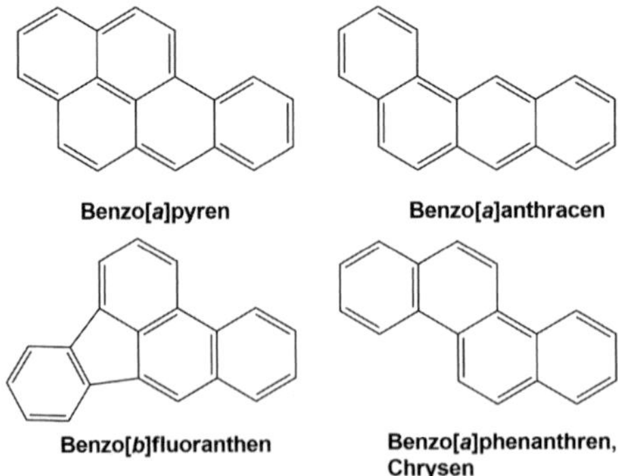

Abb. 12.6 Für Lebensmittel relevante polyzyklische aromatische Kohlenwasserstoffe (PAK): Strukturformeln von Benzo[*a*]pyren, Benzo[*a*]anthracen, Benzo[*b*]fluoranthen und Benzo[*a*]phenanthren

wendeten pflanzlichen Fette raffiniert werden müssen, um sie genießbar zu machen, sind diese Fettsäureester überall zu finden. Nach Untersuchungen des Chemischen und Veterinäruntersuchungsamtes (CVUA) Stuttgart finden sich 3-MCPD-Ester in besonders hohen Mengen in Brat- und Frittierfett (Median = 8 mg/kg), gefolgt von Nuss-Nougat-Cremes (4,8 mg/kg) und Keksfüllungen und Fettglasuren (2,9 mg/kg) [25]. Dummerweise enthalten Produkte aus Palmöl, das derzeit sehr beliebt ist, die höchsten Werte. Dabei werden raffinierte Speisefette nicht nur in Margarine und Mayonnaise verwendet, sondern sind auch Zutat für Keksfüllungen und Brotaufstriche, Fettglasur und andere Lebensmittel bis hin zur Säuglingsnahrung. Produkte mit tierischen Fetten enthalten sie dagegen nicht. Auch native Pflanzenöle wie etwa hochwertige Olivenöle sind frei von 3-MCPD-Estern, da sie nicht erhitzt werden dürfen. Auch kalt gepresste Öle sind weitgehend unbelastet, da sie in der Regel mit Wasserdampf behandelt werden.

Das Problem mit diesen Fettsäureestern ist, dass sie 2011 von der IARC („International Agency for Research on Cancer") als „mögliches Humankarzinogen" eingestuft wurden [26]. Allerdings beurteilt diese Behörde nur theoretische Gefahren aufgrund von Literaturstudien; so stuft sie auch Sonnenbäder und den Verzehr von Gegrilltem als „potenziell krebserregend" ein. Laut dem Bundesinstitut für Risikobewertung (BfR) wird die neu etablierte tolerierbare tägliche Aufnahmemenge („Tolerable Daily Intake", TDI) von 2 µg/kg Körpergewicht pro Tag für 3-MCPD und seine Fettsäureester bei Erwachsenen normalerweise nicht überschritten [27]. Für Kinder und Säuglinge wird der von der Europäischen Behörde für Lebensmittelsicherheit (EFSA) abgeleitete Wert für die TDI jedoch teilweise deutlich überschritten [27]. Für 2-MCPD gibt es noch nicht genügend toxikologische Daten. Bedenklich ist dagegen Glycidol und seine estergebundene Form, die nachweislich genotoxisch/kanzerogen wirken. Auch hier gibt es für Kinder und Säuglinge ein erhöhtes Risiko. Deshalb empfiehlt das BfR die Gehalte für Lebensmittel, die verstärkt von diesen Gruppen verzehrt werden, deutlich zu senken.

Schadstoffe in Lebensmitteln

Dioxin in Eiern, Nitrat im Salat, Antibiotika im Fleisch und Quecksilber im Fisch – immer wieder gibt es Lebensmittelskandale, die durch erhöhte Schadstoffgehalte hervorgerufen werden. Sie ziehen dann in kurzer Zeit weite Kreise. Die Verbraucher*innen ängstigen sich, reduzieren eine Weile den Konsum der betroffenen Lebensmittel, aber schon nach kurzer Zeit ist alles wieder normal. Kaum jemand will eben langfristig auf günstige Eier, frischen Salat im tiefsten Winter oder billiges Fleisch verzichten. Das sind nämlich meistens die Ursachen der Skandale: eine möglichst billige Produktion und eine saisonunabhängige Allzeitverfügbarkeit.

Antibiotika in der Tierhaltung

Antibiotika können in der modernen Tierhaltung zu zwei Zwecken eingesetzt werden: als Medizin und als Masthilfsmittel. Letzteres ist in der EU streng verboten, nicht aber in Ländern, die für ihr gutes Rindfleisch berühmt sind: USA, Brasilien und Australien. Offiziell darf dieses „Hormonfleisch" auch nicht eingeführt werden, aber natürlich kann von jeder Schiffsladung höchstens eine Stichprobe genommen werden, wenn sie überhaupt kontrolliert wird. Bleiben die Tierarzneimittel. Diese werden in Deutschland in sehr großen Mengen eingesetzt, weil billiges Fleisch nur dann produziert werden kann, wenn möglichst viele Tiere auf möglichst kleinem Raum gehalten werden. Sprichwörtlich ist dies bei Hühnern der Fall, von denen in der konventionellen Haltung jedes Tier höchstens die Fläche eines DIN-A4-Blattes zur Verfügung hat – sein ganzes kurzes Leben lang [28]. Das betrifft auch die sogenannte Bodenhaltung. Da ist es kein Wunder, dass bei dieser Dichte Krankheitskeime schnell um sich greifen und deshalb werden häufig Antibiotika routinemäßig dem Futter zugemischt, obwohl das ohne Krankheitsindikation eigentlich nicht erlaubt ist. Aber ohne diesen Zusatz können rasch um sich greifende Bakterienkrankheiten bei dieser Tierdichte nicht mehr beherrscht werden und es kann innerhalb von Tagen zum Tod von Tausenden Tieren kommen. Und in einem Betrieb mit 40.000 Hähnchen sind immer einige Tiere krank und deshalb setzt der Landwirt dem Trinkwasser von Hühnern präventiv und ganz legal Antibiotika zu. So wurden in Deutschland 2020 jährlich rund 700 t dieser hochwirksamen Medikamente in der Tierhaltung verwendet [29]. Nach Einsatz von Antibiotika gibt es mehrtägige Wartezeiten. Die Milch einer behandelten Kuh darf dann nicht verkauft werden und auch Hähnchen dürfen bei der Schlachtung keine Antibiotika mehr im Körper haben. Doch auch nach korrektem Ablauf der Wartezeit können mit den heutigen hochempfindlichen Methoden noch winzige Reste im Fleisch nachgewiesen werden. Eine Verbesserung der Haltungsbedingungen unserer Nutztiere stellt damit auch eine Qualitätserhörung unseres Essens dar.

Das Problem mit Antibiotika im Fleisch ist jedoch nicht, dass sie giftig wären, sondern die Furcht vor einem Wirksamkeitsverlust der für Menschen im Krankheitsfall unverzichtbaren Antibiotika. Das kann passieren, weil sich bei den Bakterien schnell Resistenzen gegen mehrere Antibiotika gleichzeitig bilden können, es entstehen sogenannte multiresistente Keime [28]. Die Probleme, die wir heute dadurch in den Kliniken haben, schreiben manche dem großflächigen Einsatz von Antibiotika in der Tierhaltung zu. Und tatsächlich lassen sich im Fleisch multiresistente Keime direkt nachweisen. Und das ist die eigentliche Gefahr: Dass wir uns mit Fleisch solche schwer zu bekämpfenden Bakterien in die Küche holen (s. Abb. 12.1). Sie sind zwar häufig nicht sehr aggressiv, können aber über offene Wunden wie Schnittverletzungen und leichte Hautabschürfungen in den Körper eindringen. Dort machen sie dann besonders bei Menschen mit geschwächtem (kranke oder ältere Menschen) oder noch nicht voll entwickeltem Immunsystem (Säuglinge) Probleme.

Jahresbericht des Bundesamts für Verbraucherschutz und Lebensmittelsicherheit (BVL) 2019 [nach 30]:

- Fast 50 % der untersuchten Hähnchenfleischproben waren mit Campylobacter belastet, ein Bakterium, das rund 68.000 Erkrankungen im Jahr verursacht.
- Putenfleisch war 2018 fast doppelt so häufig (22,7 %) mit Salmonellen belastet wie 2016 (11,9 %).
- Bei der Geflügelmast werden erheblich mehr Antibiotika als bei der Schweine- und Rinderhaltung eingesetzt; deshalb sind die Resistenzraten bei Geflügel sehr hoch, d. h., es finden sich in erheblichem Maße antibiotikaresistente Keime im Fleisch.
- Biofleisch ist in diesem Punkt deutlich besser als Fleisch aus konventioneller Massentierhaltung, obwohl auch von Biobetrieben Antibiotika zur Behandlung von kranken Tieren eingesetzt werden dürfen, aber eben nicht präventiv.
- Bei der Schlachtung wird eine Vielzahl von Mikroorganismen auf die Oberfläche des Fleisches übertragen, darunter können auch antibiotikaresistente Keime sein.

Ein generelles Verbot von Antibiotika in der Tierhaltung ist nicht durchführbar, weil dann auch offensichtlich kranke und leidende Tiere nicht mehr behandelt werden dürften, was dem Tierschutzgesetz widerspricht. Helfen würde es allerdings, wenn die präventive Behandlung durch engmaschige Kontrollen massiv begrenzt werden würde. Eine Möglichkeit wäre, dass die Tierärzte ihre Antibiotika nur noch von staatlichen Stellen beziehen dürfen und damit ein Register über ihren Einsatz geführt würde. So käme man

„schwarzen Schafen" schnell auf die Schliche. Auch das Verbot von Reserveantibiotika in der Tierhaltung würde helfen. Diese sind oft das letzte Mittel für schwer erkrankte Menschen im Kampf gegen multiresistente Keime.

Hormone im Fleisch

Eine ähnliche Diskussion wie für Antibiotika gilt übrigens auch für Hormone. Auch sie dürfen in der EU nur noch als Tierarzneimittel eingesetzt werden, etwa zur Synchronisation des Zyklus von Tieren oder zur Behandlung von Fruchtbarkeitsstörungen [31]. Bei der ersteren Anwendung sollen die Tiere einer Gruppe gleichzeitig in die Brunst kommen. Das spart Arbeitszeit und steigert die Anzahl Ferkel. Hier kann aber Entwarnung gegeben werden, die Zahl an Funden von Hormonen im Fleisch ist sehr gering. Nach dem neuesten Bericht über die Rückstandskontrollen von 42.624 Fleischproben in Deutschland fand 2019 in keinem einzigen Fall eine Beanstandung wegen des Hormongehaltes statt [30, 31]. In vielen Ländern außerhalb der EU ist jedoch der Einsatz von Hormonen erlaubt, um die Gewichtszunahme der Tiere zu erhöhen und damit die Mast zu beschleunigen („Fütterungshormone").

Tierische Produkte enthalten aber auch natürlicherweise vom Tier abgegebene Hormone, am meisten finden sich in der Kuhmilch. Da diese eigentlich zur Aufzucht der Kälber produziert wird, ist das auch nicht verwunderlich. Nach Schätzungen stammen bei einem Erwachsenen rund 60 % des Östrogens und 80 % der Progesterone, die er über die Nahrung aufnimmt, aus Kuhmilch [31].

Männerbrüste durch Hähnchenfleisch?

Seit ein Fall aus China durch die Presse geistert, wo einem 26-jährigen Mann (angeblich) durch den übermäßigen Konsum von Chickenwings und Chickennuggets Brüste wuchsen, geht auch bei uns die Mär um, dass das Brustwachstum bei Männern, die sogenannte Gynäkomastie, durch Hormone in Hähnchenfleisch bedingt ist. Dies ist aber Unsinn, denn im Gegensatz zu China ist in der EU der Einsatz von Hormonen als Masthilfsmittel verboten. Die Ursache für häufig zu beobachtende Männerbrüste auch schon in jungen Jahren ist in sehr seltenen Fällen krankheitsbedingt, häufiger aber durch Übergewicht, Bierkonsum, als Nebenwirkung von Medikamenten oder Drogenkonsum bedingt. Bei älteren Männern erhöht sich die Umwandlung der männlichen Hormone in weibliche und die Menge der männlichen Hormone im Hoden nimmt ab, was die Brustbildung begünstigt.

[32]

Nitrat im Gemüse

Nitrat ist ein wichtiger Pflanzennährstoff in leicht verfügbarer Form, ohne den es überhaupt kein Pflanzenwachstum gäbe. Auch schwer lösliche Stickstoffverbindungen aus Gülle und Mist werden letztlich im Boden durch Mikroorganismen in Nitrat umgewandelt. Deshalb wird er von konventionellen Landwirten, die Ackerbau betreiben, in Form von mineralischem Dünger zugeführt, wenn keine tierischen Exkremente vorhanden sind. Der über Düngung zugeführte Stickstoff, egal ob als Gülle, Mist oder in mineralischer Form, kann aber bei ungünstigem Wetter oder übermäßigem Einsatz zur Auswaschung von Nitrat in das Grundwasser oder zur Anreicherung im pflanzlichen Produkt führen.

Besonders kritisch ist dies beim Anbau von Gemüse in Gewächshäusern. Denn die Pflanzen transportieren das Nitrat dorthin, wo es am meisten gebraucht wird: in Stiele, Blätter und Wurzeln und speichern es dort in unterschiedlichem Maß (Tab. 12.3). Besonders hohe Werte finden sich in Kopfsalat, Feldsalat, Mangold, Spinat, Rettich, Radieschen, Rote Bete und Rucola, während im Fruchtgemüse in der Regel deutlich weniger Nitrat enthalten ist. Aber das lässt sich nicht verallgemeinern, wie gerade die ver-

Tab. 12.3 Unterschiedliche Nitratgehalte in Gemüse [33]

HOCH: 1.000–4.000 mg/kg	MITTEL: 1.000–500 mg/kg	GERING: unter 500 mg/kg
Blattgemüse: Kopfsalat, Endivie, Eissalat, Feldsalat, Spinat, Stielmangold, Rucola	**Wurzel- und Knollengemüse:** Karotten, Kohlrabi, Sellerie	**Fruchtgemüse:** Erbsen, Gurken, Grüne Bohnen, Paprika, Tomaten
Kohlgemüse: Grünkohl, Chinakohl, Weißkohl, Wirsing	**Kohlgemüse:** Blumenkohl, Kopfkohl	**Kohlgemüse:** Rosenkohl
Wurzelgemüse: Rote Rüben, Radieschen, Rettich	**Zwiebelgemüse:** Lauch	**Zwiebelgemüse:** Knoblauch, Zwiebeln
	Fruchtgemüse: Auberginen, Zucchini	**Sonstiges:** Obst, Getreide, Kartoffeln

schiedenen Kohlarten zeigen. Weißkohl enthält besonders viel, Rosenkohl sehr viel weniger Nitrat. Auch die Belichtung wirkt sich auf den Nitratgehalt aus: Je mehr Licht, desto weniger Nitrat wird gespeichert. Deshalb enthält Kopfsalat aus dem Freilandanbau im Sommer in der Regel weniger Nitrat als derselbe Salat aus dem Gewächshausanbau im Winter.

Auch für Nitrat gibt es Grenzwerte. Eine Untersuchung des Bayerischen Landesamts für Ernährung und Lebensmittelsicherheit ergab, dass durchschnittlich 101 mg Nitrat pro Tag aufgenommen wurde, wovon 62 % aus Gemüse stammten [34]. Der von der WHO festgelegte Grenzwert von 3,65 mg Nitrat je kg Körpergewicht wird bei einem 70 kg schweren Menschen damit zu 40 % ausgeschöpft.

Ein Problem mit Nitrat kann entstehen, wenn es über das Trinkwasser oder Lebensmittel in zu hohen Mengen aufgenommen wird. Es kann dann im Magen zu Nitrosaminen umgewandelt werden. Für das Trinkwasser gilt in Deutschland ein Grenzwert von 50 mg Nitrat je Liter, der jedoch in vielen Gegenden im Grundwasser überschritten wird, sodass das Wasser aufwendig gereinigt werden muss. Für erwachsene Menschen geht vom Nitrat nur eine sehr geringe Gesundheitsgefährdung aus. Bei Säuglingen unter 6 Monaten kann das Nitrat (NO_3^-) in ihrem Magen zu Nitrit (NO_2^-) reduziert werden. Das wiederum oxidiert den Blutfarbstoff Hämoglobin in Methämoglobin und führt zu einem Sauerstoffmangel („Säuglingszyanose") [34], der prinzipiell tödlich sein kann.

Pflanzenschutzmittel in Kaffee, Bananen und Orangen

Die Erzeuger von Früchten in den Tropen haben alle ein riesiges Problem: Durch die hohen Temperaturen und die meist hohe Luftfeuchtigkeit wachsen Schimmelpilze noch besser und Insekten vermehren sich noch schneller als in hiesigen Breiten. So werden alleine die Zitrusfrüchte in ihrer Heimat schon von einem halben Dutzend Insekten befallen [35]. Hinzu kommen noch einmal so viele Pilzkrankheiten, die zum Totalausfall der Ernten führen können. Aber auch wenn sie „nur" die Schale verfärben, werden die Früchte unverkäuflich, da unsere Konsumentenansprüche unnatürliche Makellosigkeit fordern. Deshalb wird bei Nicht-Bioware in den Tropen meist viel mehr und viel häufiger Pflanzenschutzmittel eingesetzt als bei uns.

Am schlimmsten ist das bei Bananen und Ananas. So werden in Costa Rica bei den dort vorherrschenden riesigen Ananaskulturen mit 2 Ernten pro Jahr über 50 verschiedene Chemikalien einzeln und in Kombination

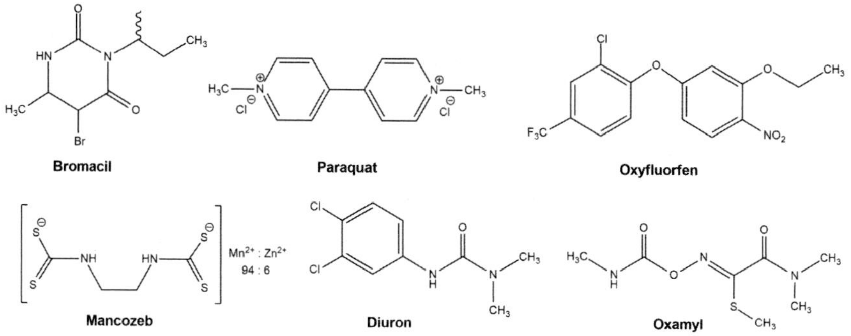

Bromacil Paraquat Oxyfluorfen

Mancozeb Diuron Oxamyl

Abb. 12.7 Gesundheitlich bedenkliche Pflanzenschutzmittel, die in der EU für die Anwendung nicht mehr zugelassen sind, aber über den Import exotischer Früchte von außerhalb der EU auf unseren Tisch gelangen können

versprüht, oft mit dem Hubschrauber [36]. Pro Jahr landen so zwischen 30 und 38 kg Chemikalien auf 1 ha Anbaufläche, bei uns ist es bei Obst gerade mal ein Zehntel davon. Dabei sind in Costa Rica noch Pflanzenschutzmittel zugelassen, die in der EU und den USA längst verboten sind (s. Kap. 4). Dazu gehören Bromacil und Paraquat, letzteres wurde in den USA als „wahrscheinlich krebserregend“ eingestuft [36]. Auch andere Mittel aus der sprichwörtlichen „Giftküche“ vergangener Jahrzehnte werden hier noch eingesetzt: Diuron, Mancozeb, Oxyfluorfen sowie das von der Weltgesundheitsorganisation als akut toxisch eingestufte Oxamyl (Abb. 12.7, s.a. Kap. 4).

Beim Kaffee ist das Ganze für den Verbraucher relativ unbedenklich, ganz gleich, welche Pflanzenschutzmittel eingesetzt werden, denn das meiste wird mit dem roten Fruchtfleisch der Kaffeebeeren abgeschält. Trotzdem werden in den Großplantagen, etwa in Brasilien, reichlich Pflanzenschutzmittel eingesetzt, auch bei uns längst verbotene.

Bei Import in die EU gelten trotzdem die hiesigen Bedingungen. Und damit das auch durchgesetzt wird, gibt es die Lebensmittelkontrollen, deren Verantwortung bei den deutschen Bundesländern liegt. Dort werden Rückstände von Pflanzenschutzmitteln streng überwacht und die Rückstände von bis zu 600 Pflanzenschutzmitteln routinemäßig untersucht. Da sich Rückstände nicht immer ganz vermeiden lassen, gibt es für jedes Pflanzenschutzmittel einen eigenen Höchstgehalt, der bei der Zulassung festgelegt wird und nicht überschritten werden darf. Dabei werden im Jahr rund 20.000 Lebensmittel untersucht. Während in den Lebensmitteln aus Deutschland in den Jahren 2018 und 2019 rund 50 % überhaupt keine messbaren Rückstände enthielten, waren dies bei den Importen aus Drittländern nur 26,5 % [37, 38]. Besonders häufig wurden Rückstände in exotischen Früchten

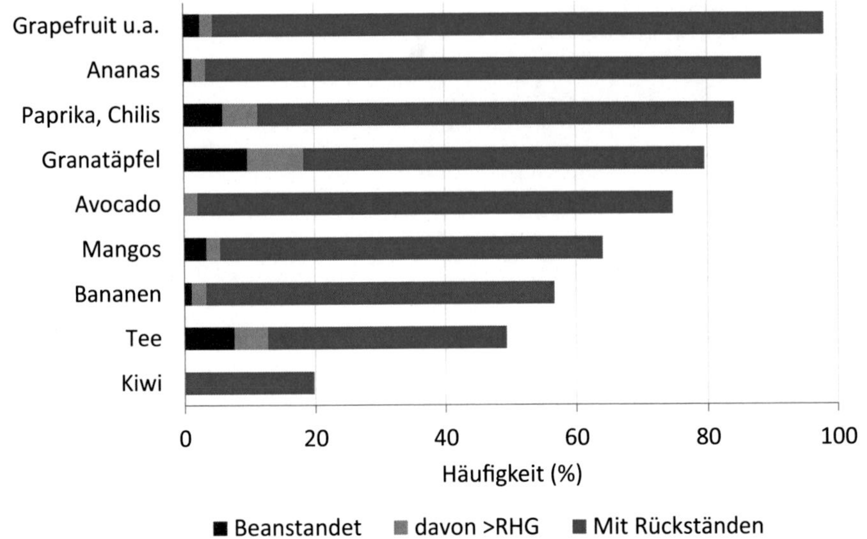

Abb. 12.8 Ergebnisse der amtlichen Lebensmittelüberwachung in Deutschland für exotische Früchte und Tee mit 80–230 Proben je Produkt in 2019 [38]; RHG = Rückstandshöchstgehalt

gefunden (Abb. 12.8). Dies ging bis zu fast 100 % aller Proben in Grapefruit, Pomelo und Sweetie. Am wenigstens belastet waren Kiwis. Aber nur ein kleiner Teil der Proben lag über den Rückstandshöchstgehalten. Diese sind verbindlich festgelegt und dürfen nicht überschritten werden. Ob sie toxikologisch bedenklich sind, muss in jedem Einzelfall geprüft werden, dann werden diese Chargen beanstandet. Solche Beanstandungen fanden bei den Produkten aus Abb. 12.8 in bis zu 10 % der Fälle statt, besonders häufig bei Granatäpfeln, Tee und Paprika.

Die meisten beanstandeten Proben kamen bei Ananas aus Costa Rica, bei Granatäpfeln aus der Türkei und bei Grapefruit aus China. Bei Paprika fielen die Türkei und Ungarn auf, beim Tee v. a. China.

Aber es gibt nicht nur Pflanzenschutzmittel in den Früchten, sie sind häufig auch auf der Schale. Denn wenn die tropischen Köstlichkeiten geerntet sind, müssen sie auch heil zum Verbraucher transportiert werden. Zum Beispiel Zitrusfrüchte [35], hier können zahlreiche Mittel eingesetzt werden. Das Einfachste wäre, sie zu wachsen, sie werden dann mit der Deklaration „gewachst" versehen. Dafür gibt es natürliche Wachse wie Schellack (E904), ein Stoff aus der Lackschildlaus, oder Carnauba-Wachs (E903), das aus Blättern der Carnauba-Palme hergestellt wird. Aber auch synthetische Wachse auf Paraffinbasis (E905) oder Polyethylenwachsoxidate

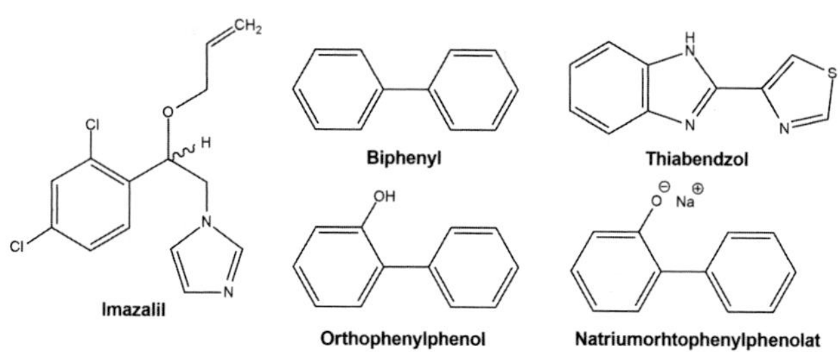

Abb. 12.9 Zum Schutz vor Schimmelpilzen als Zusatzstoffe in Wachsen zur Oberflächenbehandlung von Früchten zugelassene Fungizide. Einige, besonders Thiabendazol und Imazalil stehen im Verdacht, Schäden an Leber, Galle oder Schilddrüse zu verursachen [35]

(E914) finden sich. Das Wachs verhindert ein vorzeitiges Austrocknen der Früchte und verlängert so die Haltbarkeit.

Häufig werden den Wachsen aber auch Chemikalien zugesetzt, um Schimmelbefall zu verhindern. In der EU sind folgende Chemikalien erlaubt [35]: Imazalil, Biphenyl (E230), Orthophenylphenol (E231), Natriumorthophenylphenol (E232) oder Thiabendazol (E233) (Abb. 12.9). Ganz harmlos sind diese alle nicht. Bei Thiabendazol muss das sogar direkt auf der Frucht vermerkt sein. Es ist dann durchaus ratsam, solche Früchte zu meiden, denn der Stoff kann die Leber schädigen und die Gallenfunktion beeinträchtigen. Werden die anderen Mittel angewendet, findet sich nur der Hinweis „konserviert" auf den Verpackungen. Aber auch sie sind nicht ganz „ohne". Vor allem das weltweit eingesetzte Imazalil kam in Verruf, weil es im Tierversuch Leber- und Schilddrüsentumore verursachte und sich negativ auf die Entwicklung und die Fortpflanzungsfähigkeit auswirkte [35]. Einzelne dieser E-Nummern gelten noch als Lebensmittelzusatzstoffe, sollen aber in Zukunft in Pflanzenschutzmittel umklassifiziert werden.

Letztlich heißt dies, dass behandelte Zitrusfrüchte vor dem Schälen mit heißem Wasser abgewaschen werden sollten, weil man sonst das an den Fingern haftende Wachs und die darin enthaltenen Chemikalien mitisst. Wenn zum Backen Zitronen- oder Orangenschalen abgerieben werden sollen oder Fruchtscheiben mit Schale in Cocktails verwendet werden, sollte man dagegen nur unbehandelte oder Biofrüchte nutzen.

Als Fazit ist festzuhalten: Ganz gleich, welche und wie viele Pflanzenschutzmittel in den tropischen Heimatländern verwendet werden, in Europa dürfen sie nicht als Rückstände ankommen, wenn sie hier verboten sind bzw. müssen die Rückstände bei erlaubten Pflanzenschutzmitteln unter der Höchstgrenze liegen, was nicht immer durch Kontrollen abgesichert werden kann.

Schadstoffe in Lebensmittelverpackungen

Die meisten Lebensmittel, selbst frische Lebensmittel aus dem Ökoladen, sind heute verpackt. Dies dient einerseits der Hygiene, andererseits halten beispielsweise in Folie verpackte Gurken länger frisch. Manche empfindlichen Lebensmittel, etwa frisches Sushi, geschnittenes Obst oder Fertigsalate, müssen einfach verpackt sein. Dasselbe gilt für Fleisch- und Wurstprodukte aus der Selbstbedienungstheke. Und zur Verpackung von Lebensmitteln bieten sich Folien an, sie sind leicht, durchsichtig und billig herzustellen. Aber einzelne Bestandteile von Verpackungen können auch in Lebensmittel übergehen („Migration"), wo sie eigentlich nichts zu suchen haben (Tab. 12.4, s. auch Kap. 14). So kann sich das krebserregende **Form-**

Tab. 12.4 Bedenkliche Substanzen, die aus dem Verpackungsmaterial in Lebensmittel übergehen [40, 41]

Substanz	Vorkommen	Mögliches Problem
Bisphenol A (BPA, BADGE)	Plastikverpackungen von Lebensmitteln, z. T. Thermopapier, Küchenplastikgefäße, Konservendosen	wirkt hormonartig und negativ auf Fruchtbarkeit, kann ADHS auslösen, Krebsverdacht!
Epoxidiertes Sojaöl (ESBO)	in PVC, v. a. Deckel von Konserven und Glas, Ziehfolien, besonders bei hohem Fettgehalt	keine ausreichenden Daten, Gefahr der Toxizität
Fluortelomeralkohole (FTOH)	Verunreinigung in der Beschichtung von Pappkartons, z. B. bei Pizza, Fast Food	Wirkung wenig bekannt, wird als kritisch eingestuft
Klebstoffe	besonders bei wieder verschließbaren Verpackungen	Bildung aromatischer Amine
Mineralöl (MOAH, MOSH)	Recyclingpapier, Druckfarben, Schmieröle, Zusatzstoffe, Abgase	Verdacht auf Krebserzeugung (MOAH)
Phthalate (DEHP)	Plastikverpackungen, u. a. weiche Folien um Schnittkäse, Konservendosenbeschichtung	schwach östrogenähnlich, begünstigen eventuell Diabetes
Vinylchlorid	Herstellung von PVC, beschichtete Verpackungen, (Verbund-) Folien	schwach erbgutschädigend, krebsfördernd
Zink	verzinkte Weißblechkonservendose	Durchfall, Erbrechen

aldehyd (H_2CO) unter bestimmten Bedingungen in Lebensmitteln wiederfinden. Verantwortlich dafür sind Geschirr und Küchenartikel aus reinem Melaminharz oder einem Melamin-Bambus-Materialmix, zu dessen Herstellung Formaldehyd nötig ist. Bei Temperaturen über 70 °C, z. B. beim Einfüllen von heißen Getränken und bei der Verwendung in der Mikrowelle, kann Formaldehyd freigesetzt werden. Nach der europäischen Kunststoffverordnung dürfen maximal 15 mg Formaldehyd/kg Lebensmittel entlassen werden. Als Salat- oder Essbesteck dagegen können Melaminprodukte unbedenklich verwendet werden.

Ein besonderes Kapitel sind die beliebten PET-Flaschen (Polyethylenterephthalat, PET) für Getränke. Sie sind leicht, durchsichtig und können einfach recycelt werden. Sie sparen gegenüber Glas durch ihr geringeres Gewicht erheblich Transportkosten und können bis zu 20-mal wiederverwendet werden. Allerdings sind sie in Verruf geraten, da sie nicht nur **Mikroplastik,** sondern auch **Acetaldehyd** (H_3CCHO), das zu ihrer Herstellung benötigt wird, in das Getränk abgeben. Dies kann bei Mineralwasser zu einem süßlichen Fehlgeschmack führen. Außerdem setzen PET-Flaschen noch Ethylenglykol, Terephthalsäure oder Antimon frei. Das stellt aber laut Bundesinstitut für Risikobewertung keine gesundheitliche Gefährdung dar, da die Belastung in allen Fällen weit unter den gesetzlichen Grenzwerten liegt [39]. Auf jeden Fall sollte man die PET-Flaschen nicht direkter Sonne aussetzen oder sie im Sommer im geschlossenen Auto aufbewahren, weil sie dann aufgrund der UV-Strahlung oder Hitze größere Mengen abgeben als üblicherweise. Übrigens enthalten PET-Flaschen kein Bisphenol A oder Weichmacher wie Phthalate, obwohl der ausgeschriebene Name so ähnlich klingt.

Große Aufregung gibt es immer wieder um **Weichmacher im Plastik,** v. a. Phthalate. Sie werden beispielsweise in PVC und Polystyrol eingesetzt und erhöhen die Formbarkeit. Das häufigste Phthalat ist Di(2-ethylhexyl) phthalat (DEHP, s. Kap. 14). Die Substanz ist toxikologisch noch nicht abschließend bewertet, hat aber wahrscheinlich eine schwache östrogenähnliche Wirkung und greift damit in den Hormonhaushalt ein. Sie steht auch im Verdacht, bei Männern Übergewicht, Fettsucht und Diabetes zu fördern. Seit 2015 ist DEHP aber in Lebensmittelverpackungen verboten. Heute wird nur noch Diisononylphthalat (DINP) verwendet, das als ungefährlich gilt. Meist sind die Mengen, die frei werden, so gering, dass sie unbedenklich sind. Joghurt- und Quarkbecher sind dagegen von Haus aus unbedenklich, da sie meist aus Polypropylen (PP), Polystyrol (PS) oder Polylactiden (PLA) bestehen, die gar keine Weichmacher enthalten [42]. Auch gibt es neuerdings PVC-freie Metalldeckel, die blau eingefärbt sind, was man allerdings erst nach dem Öffnen erkennt.

Auch **Bisphenol A** (BPA) kann sich in Lebensmitteln finden (s. Kap. 6). Hierher gelangt es durch Getränke- und Konservendosen, die innen mit Epoxidlack beschichtet sind. Hier wurden schon erhöhte Gehalte nachgewiesen. Auch Kartons von Fast-Food-Verpackungen können BPA enthalten. Ob Weichmacher oder nicht, allen Kunststoffverpackungen gemein ist aber die Gefahr der Abgabe von Kleinstbestandteilen (Mikroplastik) an die Lebensmittel.

Großen Wirbel machen immer wieder Funde von **Mineralölbestandteilen** in Lebensmitteln. Dabei handelt es sich um komplexe Gemische, die hauptsächlich aus gesättigten Mineralölkohlenwasserstoffen („mineral oil saturated hydrocarbons", MOSH) und aromatischen Mineralölkohlenwasserstoffen („mineral oil aromatic hydrocarbons", MOAH) bestehen [41]. Zu Letzteren gehören auch die polyzyklischen aromatischen Kohlenwasserstoffe (PAK). Natürlich haben diese im Lebensmittel nichts zu suchen, sie sind aber als Rückstände anzusehen, die v. a. von der Verwendung von recyceltem Papier bzw. Karton und den darauf befindlichen Druckfarben herrühren [42]. Billige Zeitungsdruckfarben werden nämlich mit Mineralölbestandteilen hergestellt [43]. Andere Quellen sind Schmieröle aus Maschinen, Wellpappe und Abgase. Während bei MOSH (z. B. Paraffine, Naphthene) derzeit keine gesundheitlichen Bedenken bestehen, stehen die MOAH (z. B. Pyrene) im Verdacht, krebserregend zu sein, insbesondere die PAK-ähnlichen Verbindungen (s. Kap. 14) mit 3–7 Ringsystemen. Im Niedersächsischen Landesamt für Verbraucherschutz und Lebensmittelsicherheit wurden 2018 und 2019 insgesamt 251 Lebensmittel auf Mineralölrückstände untersucht [44]. Dabei fanden sich nur in 2 Fällen nachweisbare MOAH. Es handelte sich um ein Olivenöl und eine Schokolade mit je 2,6 mg/kg Gehalt. Bei den MOSH wurde man dagegen in 23 % der Fälle fündig, am häufigsten waren Milchprodukte, Schokolade und Käse belastet. Solche Funde sind jedoch auch zufallsbedingt. Im Jahr 2018 waren bei demselben Institut v. a. Nudeln und Haferflocken belastet.

Als Fazit ist festzuhalten, dass praktisch alle konventionellen Verpackungen Spuren von zahlreichen Substanzen freigeben können, die sich nachher in den Lebensmitteln wiederfinden. Eine nachhaltige Gefährdung der Gesundheit konnte bisher jedoch bei den vorhandenen Mengen kaum nachgewiesen werden. Manche Substanzen sind aber toxikologisch noch nicht abschließend bewertet, viele Verbindungen wahrscheinlich auch noch gar nicht erkannt. Wer sichergehen will, sollte so weit wie möglich auf Ware verzichten, die in Kunststoff oder farbig bedruckten Papierkartons eingepackt ist (s. Box). Auch zu Hause sollte man Lebensmittel nicht in Plastikdosen umfüllen, da sie mit der Zeit porös werden und dann auch Schadstoffe abgeben [42].

Was tun?

Immer hilft ein vielfältiges, abwechslungsreiches Essen, das so häufig wie möglich frisch zubereitet und möglichst wenig verändert sein sollte. So ist ein frisches Schnitzel vom Metzger besser als ein Schnitzelfertiggericht aus der Tiefkühltruhe. Oder ein Brot vom Biobäcker besser als ein industriell hergestelltes Toastbrot. Je stärker ein Lebensmittel verarbeitet ist, desto eher enthält es Zusatzstoffe. Auch sollte man Fleisch in der Küche immer streng getrennt halten von Lebensmitteln, die nicht gekocht werden und für rohes Fleisch eigene Messer und Schneidbretter verwenden (wegen multiresistenter Keime). Fleisch sollte möglichst gut durchgebraten und komplett rohes Fleisch (Mett, Tartar) vermieden werden. Darüber hinaus kann man folgende einfache Regeln befolgen (s. Box).

Wie kann ich mich schützen?

- Auf sehr bunte, stark gefärbte Lebensmittel weitestgehend verzichten (Farbstoffe).
- Möglichst unverpackte Lebensmittel kaufen (z. B. Wochenmarkt, entsprechende Läden, Hofläden).
- Wenig Lebensmittel aus Dosen und Gläsern verwenden, wobei Gläser besser als Dosen sind, da hier nur der Deckel beschichtet ist.
- Eingeschweißte Lebensmittel zu Hause in Gläser, Edelstahl- oder Keramikgefäße umfüllen/umpacken.
- Kuhmilch und Eier nur in mäßigen Mengen verzehren.
- Rohes Fleisch immer getrennt von anderen Lebensmitteln aufbewahren und ein eigenes Schneidbrett verwenden (wegen möglicher Keime!); Fleisch immer bis in den Kern erhitzen.
- Bevorzugt Biofleisch einkaufen (Antibiotika).
- Selten Gepökeltes und Geräuchertes essen (Nitrosamine), wenig Gegrilltes und Frittiertes (Acrylamid) verzehren.
- Möglichst Freilandgemüse verwenden, im Winter hoch nitratanreichernde Pflanzen aus dem Gewächshaus (Salate, Rucola) meiden.
- Schalen von tropischen Früchten gründlich mit heißem Wasser reinigen (Pflanzenschutzmittel); wenn die Schale verwendet werden soll, nur unbehandelte oder Bioprodukte einsetzen.
- Nur Verpackungen aus weißem Karton nehmen, besser unverpackt einkaufen.
- Lebensmittel nicht in Kunststoffbehältern erhitzen (Mikrowelle).
- Nicht alles glauben, was auf dem Etikett steht.

Literatur

1. Suhr F (2019) Die Angst vor unsichtbaren Schadstoffen im Essen. https://de.statista.com/infografik/13792/beunruhigung-bei-lebensmittelthemen/. Zugegriffen: 30. Dez. 2022
2. BVL (2022) Bundesamt für Verbraucherschutz und Lebensmittelsicherheit. Lebensmittelwarnung – Statistische Auswertung 2011–2022. https://www.bvl.bund.de/SharedDocs/Downloads/01_Lebensmittel/LMWarnungen-Statistiken/Statistik-LMWarnungen.pdf?__blob=publicationFile&v=13. Zugegriffen: 30. Dez. 2022
3. Verordnung (EG) Nr. 1333/2008 des Europäischen Parlaments und des Rates vom 16. Dezember 2008 über Lebensmittelzusatzstoffe (Text von Bedeutung für den EWR). OJ L 354, 31.12.2008, 16–33
4. Pollmer U (2017) Zusatzstoffe von A-Z - Was Etiketten verschweigen. Deutsches Zusatzstoffmuseum, Hamburg. https://www.zusatzstoffmuseum.de/lexikon-der-zusatzstoffe.html. Zugegriffen: 30. Dez. 2022
5. Anonym (2019). „Ohne Zusatzstoffe" – trotzdem gefärbt, aromatisiert und im Geschmack verstärkt. https://www.lebensmittelklarheit.de/informationen/ohne-zusatzstoffe-trotzdem-gefaerbt-aromatisiert-und-im-geschmack-verstaerkt. Zugegriffen: 30. Dez. 2022
6. pixabay: Foodie Factor, freie kommerzielle Nutzung. https://pixabay.com/de/photos/s%c3%bcssigkeit-s%c3%bc%c3%9figkeiten-bunt-zucker-2538878/. Zugegriffen: 30. Dez. 2022
7. WIKIPEDIA: Cocktailkirsche https://de.wikipedia.org/wiki/Cocktailkirsche. Zugegriffen: 18. Juni 2023
8. Sonuga-Barke EJ, Brandeis D, Cortese et al (2013). Nonpharmacological interventions for ADHD: systematic review and meta-analyses of randomized controlled trials of dietary and psychological treatments. American Journal of Psychiatry 170(3):275–289
9. Clausen A (2009) Azofarbstoffe in Lebensmitteln. UGB-Forum 5/09, S 245–248. https://www.ugb.de/lebensmittel-im-test/azofarbstoffe-in-lebensmitteln/. Zugegriffen: 30. Dez. 2022
10. Wikipedia: Liste der Lebensmittelzusatzstoffe https://de.wikipedia.org/wiki/Liste_der_Lebensmittelzusatzstoffe. Zugegriffen: 18. Juni 2023
11. Geißler L (2016) Funktionelle Enzyme. https://www.baeckerlatein.de/funktionelle-enzyme/. Zugegriffen: 30. Dez. 2022
12. Donner S (2011) Technische Hilfsstoffe – Zutaten uncover. UGB-Forum 4/11, S 172–175. https://www.ugb.de/lebensmittel-im-test/technische-hilfsstoffe-zutaten-undercover/. Zugegriffen: 30. Dez. 2022
13. Ziegler JU, Steiner D, Longin CFH et al (2016) Wheat and the irritable bowel syndrome – FODMAP levels of modern and ancient species and their retention during bread making. Journal of Functional Foods 25:257–266. https://doi.org/10.1016/j.jff.2016.05.019

14. UHOH (2016) Universität Hohenheim. Reizdarm: Alte Brotbacktechniken könnten Leiden verringern. https://www.uni-hohenheim.de/pressemitteilung?&tx_ttnews[tt_news]=33167&cHash=d78c600ea3. Zugegriffen: 30. Dez. 2022
15. LGL (2012) Bayerisches Landesamt für Gesundheit und Lebensmittelsicherheit. Transglutaminase in Rohschinken. https://www.lgl.bayern.de/lebensmittel/warengruppen/wc_07_fleischerzeugnisse/et_transglutaminase_schinken.htm. Zugegriffen: 30. Dez. 2022
16. Verordnung (EU) Nr. 1169/2011 des Europäischen Parlaments und des Rates vom 25. Oktober 2011 betreffend die Information der Verbraucher über Lebensmittel und zur Änderung der Verordnungen (EG) Nr. 1924/2006 und (EG) Nr. 1925/2006 des Europäischen Parlaments und des Rates und zur Aufhebung der Richtlinie 87/250/EWG der Kommission, der Richtlinie 90/496/EWG des Rates, der Richtlinie 1999/10/EG der Kommission, der Richtlinie 2000/13/EG des Europäischen Parlaments und des Rates, der Richtlinien 2002/67/EG und 2008/5/EG der Kommission und der Verordnung (EG) Nr. 608/2004 der Kommission Text von Bedeutung für den EWR. *OJ L 304, 22.11.2011,* S 18–63
17. Budnik LT, Scheer E, Burge PS, Baur X (2017) Sensitising effects of genetically modified enzymes used in flavour, fragrance, detergence and pharmaceutical production: cross-sectional study. Occup Environ Med 74(1):39–45
18. Transgen (2018) Lebensmittel-Enzyme: Bei der Herstellung wird Gentechnik zum Standard. https://www.transgen.de/lebensmittel/1051.lebensmittel-enzyme-gentechnisch-hergestellt.html. Zugegriffen: 30. Dez. 2022
19. Knapp H (2023) Acrylamid. https://www.lgl.bayern.de/lebensmittel/chemie/toxische_reaktionsprodukte/acrylamid/index.htm#eu_verordnung. Zugegriffen: 05. Juni 2023
20. Nardmann B (2001) Nitrosamin-Cocktail im Essen? UGB-Forum 3/01, S 164–165. https://www.ugb.de/lebensmittel-im-test/nitrosamin-cocktail-im-essen/?nitrosamine-konservierungsstoffe. Zugegriffen: 30. Dez. 2022
21. Preiß U (2016) Nitrosamine in Speck – Untersuchungsergebnisse 2015. Bayerisches Landesamt für Gesundheit und Lebensmittel. https://www.lgl.bayern.de/lebensmittel/warengruppen/wc_07_fleischerzeugnisse/ue_2015_speck.htm. Zugegriffen: 30. Dez. 2022
22. Verordnung (EG) Nr. 1881/2006 der Kommission vom 19. Dezember 2006 zur Festsetzung der Höchstgehalte für bestimmte Kontaminanten in Lebensmitteln (Text von Bedeutung für den EWR). OJ L 364, 20.12.2006, 5–24
23. Gaßmann F (2013) Polycyclische aromatische Kohlenwasserstoffe (PAK) in Gegrilltem – Untersuchungsergebnisse 2012. https://www.lgl.bayern.de/lebensmittel/chemie/kontaminanten/pak/ue_2012_pak_gegrilltes.htm. Zugegriffen: 30. Dez. 2022

24. AGES (2022) Österreichische Agentur für Gesundheit und Ernährungssicherheit GmbH. Polyzyklische aromatische Kohlenwasserstoffe (PAK). https://www.ages.at/themen/rueckstaende-kontaminanten/polyzyklische-aromatische-kohlenwasserstoffe-pak/. Zugegriffen: 30. Dez. 2022
25. CVUA (2008) Chemisches und Veterinäruntersuchungsamt Stuttgart. 3-MCPD-Ester in raffinierten Speisefetten und Speiseölen -aktualisierter Bericht. https://www.ua-bw.de/pub/beitrag.asp?subid=1&Thema_ID=2&ID=786. Zugegriffen: 30. Dez. 2022
26. IARC (2013) World Health Organization: International Agency for Research on Cancer. 3-Monochloro-1,2-propanediol. IARC monographs on the evaluation of the carcinogenic risk of chemicals to humans 101, 349–374. https://monographs.iarc.fr/ENG/Monographs/vol101/mono101-010.pdf. Zugegriffen: 30. Dez. 2022
27. BfR (2020) – Bundesinstitut für Risikobewertung. Gesundheitliche Risiken durch hohe Gehalte an 3-MCPD- und Glycidyl-Fettsäureestern in bestimmten Lebensmitteln möglich. Stellungnahme Nr. 020/2020 des BfR vom 20. April 2020. https://www.bfr.bund.de/cm/343/gesundheitliche-risiken-durch-hohe-gehalte-an-3-mcpd-und-glycidyl-fettsaeureestern-in-bestimmten-lebensmitteln-moeglich.pdf. Zugegriffen: 30. Dez. 2022
28. Verbraucherzentrale Hamburg (2020). Schadstoffe in Lebensmitteln: Keime im Fleisch – was tun? https://www.vzhh.de/themen/lebensmittel-ernaehrung/schadstoffe-lebensmitteln/keime-im-fleisch-was-tun. Zugegriffen: 30. Dez. 2022
29. BVL (2022) Abgabemengen von Antibiotika in der Tiermedizin leicht gestiegen. https://www.bvl.bund.de/SharedDocs/Pressemitteilungen/05_tierarzneimittel/2021/2021_10_12_PI_Abgabemengen_Antibiotika_Tiermedizin.html. Zugegriffen: 30. Dez. 2022
30. BVL (2020) BVL-Report 15.5. Berichte zur Lebensmittelsicherheit. https://www.bvl.bund.de/SharedDocs/Berichte/05_Weitere_Berichte_LM_Sicherheit/Berichte_zur_Lebensmittelsicherheit_2019.pdf?__blob=publicationFile&v=6. Zugegriffen: 14. Dez. 2021
31. BfR (2014). Fragen und Antworten zu Hormonen in Fleisch. https://www.bfr.bund.de/cm/343/fragen-und-antworten-zu-hormonen-in-fleisch.pdf. Zugegriffen: 30. Dez. 2022
32. Anonym (2015). Hormone im Fleisch – Chinesische Ärzte behaupten: Mann wachsen von frittiertem Hühnchen Brüste! FOCUSonline. https://www.focus.de/panorama/welt/gesunde-ernaehrung-chinesische-aerzte-behaupten-maennern-wachsen-von-fritiertem-huhn-brueste_id_4826323.html
33. Zorn C (1986). Richtwerte für Nitrat in Gemüse, AID Verbraucherdienst 31, 166–173; zitiert nach: https://www.lgl.bayern.de/lebensmittel/chemie/kontaminanten/nitrat/. Zugegriffen: 30. Dez. 2022
34. Göllner T (2021) Nitratgehalt in Gemüse. https://www.lgl.bayern.de/lebensmittel/chemie/kontaminanten/nitrat/. Zugegriffen: 18. Aug. 2023

35. Rehberg C (2022) Chemikalien in Orangen und Zitronen. https://www.zentrum-der-gesundheit.de/ernaehrung/lebensmittel/obst-fruechte/chemikalien-in-orangen-zitronen-ia. Zugegriffen: 30. Dez. 2022
36. Oxfam (2016) Süße Früchte, bittere Wahrheit. Oxfam Deutschland e. V. https://www.oxfam.de/system/files/20150530-oxfam-suesse-fruechte-bittere-wahrheit.pdf. Zugegriffen: 30. Dez. 2022
37. BVL (2019) Nationale Berichterstattung „Pflanzenschutzmittelrückstände in Lebensmitteln" Zusammenfassung der Ergebnisse des Jahres 2018 aus der Bundesrepublik Deutschland. https://www.bvl.bund.de/SharedDocs/Downloads/01_Lebensmittel/nbpsm/00_Berichte/NBPSMR_2018.pdf;jsessionid=DF0427B50FE7D3BC99BF6F0AFEC63827.2_cid350?__blob=publicationFile&v=10. Zugegriffen: 30. Dez. 2022
38. BVL (2020) Tabellen zur Nationalen Berichterstattung Pflanzenschutzmittelrückstände in Lebensmitteln 2019 https://www.bvl.bund.de/DE/Arbeitsbereiche/01_Lebensmittel/01_Aufgaben/02_AmtlicheLebensmittelueberwachung/07_PSMRueckstaende/01_nb_psm_2019_tabellen/nbpsm_2019_tabellen_node.html;jsessionid=A4D5F4F6DD21FF391A94FF8BE05E9AA2.1_cid290. Zugegriffen: 30. Dez. 2022
39. BfR (2020) Fragen und Antworten zu PET-Flaschen. https://www.bfr.bund.de/de/fragen_und_antworten_zu_pet_flaschen-10007.html
40. Stark C (2021) Gifte in Lebensmitteln. https://gesundheitstabelle.de/index.php/schadstoffe-gifte/gifte-lebensmittel.html. Zugegriffen: 30. Dez. 2022
41. Institut für Produktqualität (2020) Mineralölkohlenwasserstoffe (MOSH/MOAH). https://www.produktqualitaet.com/de/lebensmittel/kontaminanten/mineraloelkohlenwasserstoffe-mosh-moah.html. Zugegriffen: 30. Dez. 2022
42. Sabersky A (2013) Lebensmittelverpackungen: Schadstoffe aus dem Karton. UGB-Forum 2(13):100–101
43. BfR (2017) Fragen und Antworten zu Mineralölbestandteilen in Lebensmitteln. https://www.bfr.bund.de/de/fragen_und_antworten_zu_mineraloelbestandteilen_in_lebensmitteln-132213.html. Zugegriffen: 30. Dez. 2022
44. LAVES (2020) Nds. Landesamt für Verbraucherschutz und Lebensmittelsicherheit). Mineralölverunreinigung in Lebensmitteln. https://www.laves.niedersachsen.de/startseite/lebensmittel/ruckstande_verunreingungen/mineraloel-in-verpackten-lebensmitteln-161848.html. Zugegriffen: 30. Dez. 2022

13

Schwere Metalle – Blei, Arsen, Quecksilber, Chrom und andere

Schwermetalle sind allgegenwärtig. Die Umweltorganisation *Green Cross* Schweiz und die in New York ansässige Organisation *Pure Earth* benannten in ihrem Umweltgiftreport 2016 die weltweit drei gefährlichsten Umweltgifte und es waren alles Schwermetalle: Blei, Chrom und Quecksilber [1]. Das sind Metalle mit einer Dichte von mehr als 5 g/cm^3 [2]. Dazu gehört auch Arsen (As) mit einer Dichte von 5,72 g/cm^3, obwohl es oft als Halbmetall bezeichnet wird. Neben den Genannten zählen auch Eisen (Fe), Kupfer (Cu), Zink (Zn), Nickel (Ni), Cadmium (Cd) und Thallium (Tl) als Schwermetalle. Dazu kommen die Edelmetalle Silber (Ag), Gold (Au), Platin (Pt), Palladium (Pd). Diese Elemente kommen natürlicherweise nur in Spuren in der Erdkruste vor, einige sind aber für unsere Lebensabläufe unbedingt notwendig (essenziell), wie Eisen, Kupfer oder Zink. Sie sind in winzigsten Mengen beteiligt an vielen Körperfunktionen. Eisen ist etwa ein essenzieller Bestandteil der roten Blutkörperchen, Cobalt (Co) ist das Zentralatom für Vitamin B_{12} (Abb. 13.1) und der Mangel an Nickel führt zu einer Wachstumsverminderung.

Trotzdem können viele diese Schwermetalle bereits schwere Gesundheitsschäden bewirken, wenn die Konzentrationen nur leicht erhöht sind. Dabei sind die Metalle als solche meist ungefährlich, sie werden aber toxisch, wenn sie in einer Verbindung vorkommen, die in Wasser oder Fett löslich ist [3]. Andererseits galten Schwermetalle jahrhundertelang als sehr wirksame Medizin. Auch hier zeigt sich wieder die Janusköpfigkeit von allem, auch von natürlichen Stoffen.

T. Miedaner und A. Krähmer, *Gifte in unserer Umwelt*,
https://doi.org/10.1007/978-3-662-66578-7_13

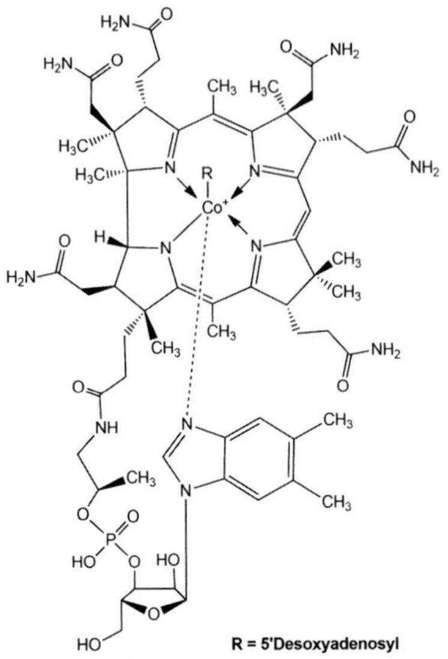

Abb. 13.1 Strukturformel von Coenzym B_{12} (Adenosylcobalamin), dem wichtigsten Vertreter der Vitamin-B_{12}-Gruppe mit Cobalt als Zentralatom

Schwermetalle als Medizin

Reines Silber ist eines der ältesten Medizinprodukte der Menschheit. Die Ägypter verwendeten bereits dünnes Blattsilber als Teil von Verbänden, wie Papyrusfunde zeigten. Ebenso wie die Hethiter setzten sie auch pulverisiertes Silber in der Wundbehandlung ein und nutzten somit seine antibakterielle Wirkung. Deshalb wurden bei entsprechend Begüterten auch Wasser, Milch und andere Nahrungsmittel in silbernen Gefäßen aufbewahrt. Da die Chinesen zur Akupunktur silberne Nadeln verwendeten, kam es kaum einmal zu Infektionen an der Stichstelle. In der indischen Ayurveda-Medizin wurde Silber gegen Alterserscheinungen, Entzündungen und Lebererkrankungen eingesetzt. Auch das Mittelalter kannte die desinfizierende Wirkung von Silber. So empfahl Hildegard von Bingen im 12. Jahrhundert Silber gegen Husten, etwas später wurden silberhaltige Salben eingesetzt, um Hämorrhoiden und Hautausschläge zu behandeln [4]. Im 20. Jahrhundert wurde das Silber als Heilmittel von den aufkommenden Antibiotika verdrängt, auch Cortison machte bei Hautkrankheiten das Schwermetall überflüssig.

Bis heute ist Silber in manchen Wundauflagen enthalten, ebenso in Auflagen für die Heilung von Verbrennungen und anderen nässenden Wunden.

Silber wird auch im industriellen Maßstab für Trinkwasserfilter und für Kläranlagen von Bädern verwendet. Allen diesen Anwendungen gemeinsam ist die Bekämpfung oder Verhinderung bakterieller Infektionen. Silberionen, die in kleinsten Mengen selbst aus elementarem Silber und aus Silberverbindungen freigesetzt werden, hemmen oder inaktivieren das Wachstum von bestimmten Bakterien und Pilzen [5]. Auch in Kosmetika wird Mikro-/Nanosilber oder kolloidales Silber verwendet, einmal als Konservierungsstoff, andererseits aber auch, um Keime auf der Haut abzutöten. Der Stoff bleibt auf der Haut und wirkt antimikrobiell. Die Konzentration beträgt dabei 0,05–0,5 %. Die wichtigsten Einsatzgebiete sind die Vorbeugung vor bzw. Pflege bei Hautkrankheiten wie etwa Neurodermitis [6]. Neben Kosmetika werden auch Sportsocken und andere Funktionswäsche für Sportler mit bis zu 12 %igem Silberanteil ausgestattet, um das Wachstum von Keimen und die Geruchsbildung zu unterdrücken. Dabei vernichtet das Silber schon nach 1 h Kontakt die geruchsbildenden Bakterien und bekämpft auch Hautpilze wie *Candida albicans.* Durch die temperaturregulierende Wirkung und Verminderung der Schweißabsonderung durch Förderung der Verdunstung nimmt das Silber den Hautpilzen auch die Lebensgrundlage. Ursprünglich kommt diese Silberkleidung aus der industriellen Anwendung, v. a. von Schutzkleidung. Da diese weder atmungsaktiv noch wasserdurchlässig sein darf, um beispielsweise Feuer- oder Säureschutz zu gewährleisten, werden Silberionen eingesetzt, um das vermehrte Schwitzen zu verhindern und die Bildung von Wundstellen zu vermeiden.

Die antimikrobielle und antimykotische Wirkung von kolloidalem Silber entsteht durch seine Reaktion mit schwefelhaltigen Gruppen einiger Aminosäuren und Proteine, die dadurch inaktiviert werden, was zur Wachstumshemmung bis hin zur Abtötung führt [5]. Dieser Effekt führt auch bei anderen Schwermetallen wie Quecksilber (Hg), Kupfer, Eisen, Blei (Pb), Bismut (Bi) und Gold zu einer ähnlichen Wirkung. Da sie an verschiedenen Stellen im Zellstoffwechsel angreifen, haben sie eine sehr breite Wirkung auf viele Mikroorganismen mit nur geringer Gefahr der Resistenzbildung. Selbst gefürchtete multiresistente Keime können durch Silber abgetötet werden. Die Oberfläche, die die Metallionen freisetzt, ist besonders groß bei kolloidalem Silber oder gar Nanosilber. Dieses kann aufgrund seiner Kleinheit auch Zellwände und Zellmembranen durchdringen und im Zellinnern wirken. Im Labor wirkt Nanosilber sogar gegen Viren [5]. Allerdings ist genau diese Wirkung innerhalb der Zellen noch wenig erforscht, weshalb das Bundesinstitut für Risikobewertung (BfR) eine verstärkte Forschung einfordert und vor der breiten Verwendung warnt [7]. Nach neueren Unter-

Abb. 13.2 Quecksilber ist bei Zimmertemperatur flüssig [33]

suchungen kann Nanosilber auch menschliche Zellen – v. a. Fibroblasten – schädigen [8]. Außerdem kann Silber zu einer schiefergrauen Verfärbung der Haut führen (Argyrose), die nicht mehr rückgängig zu machen ist [6].

Historisch wichtig war auch Quecksilber. Dieses extrem giftige Schwermetall galt geradezu als Wundermittel, da es das einzige Metall ist, das bei Zimmertemperatur flüssig ist und durch seine silberne Farbe wertvoll wirkt (Abb. 13.2). Schon bei den Ägyptern und in der gesamten Antike wurden die antibiotischen Eigenschaften als Medizin genutzt [9]. Es tötet zuverlässig Bakterien und Pilze, auch Aristoteles empfahl Quecksilbersalben. Im Mittelalter behandelte man Läuse, Hautjucken, Geschwüre, Krebs und Lepra mit solchen Salben [9]. Obwohl bereits die Griechen wussten, dass es (neuro-) toxisch wirkt, wurde das offensichtlich in Kauf genommen. Noch bis ins 19. Jahrhundert wurde Quecksilber in Salben zur Anwendung bei allen möglichen Krankheiten verwendet, z. B. auch zur Behandlung von Syphilis- und Trippergeschwüren auf den Geschlechtsorganen [10]. Zahlreiche Todesfälle waren wohl eher auf die Giftigkeit des „Heilmittels" als auf die Krankheit selbst zurückzuführen. Betroffen waren so berühmte und lebenslustige Leute wie der Marquis de Sade, Cyrano de Bergerac und Casanova, Franz Schubert, Friedrich Nietzsche und Charles Baudelaire [9]. Erst zu Beginn des 20. Jahrhunderts wurde das Quecksilber von Arsen (As) abgelöst, danach wurden wirksame Antibiotika entdeckt. Bis in die jüngste Zeit hinein wurde aber Quecksilber in Holzschutzmitteln, Imprägnierstoffen, Antifoulingfarben zum Schiffsanstrich und zur Wasseraufbereitung verwendet.

Historischer Kontakt mit Schwermetallen

Die Menschen kommen spätestens seit der Antike regelmäßig mit Schwermetallen in Berührung. Die antibakteriellen Eigenschaften von Silber und Quecksilber wurden in Zeiten, in denen man nicht viele wirksame Mittel zur Verfügung hatte, besonders zur Wund- und Infektbehandlung geschätzt [10]. Auch Blei hat ähnliche Eigenschaften und wurde deshalb schon von den Römern als Wasserleitung, zur Auskleidung von Wassertanks, zum Decken von Dächern und im Schiffsbau verwendet. Angeblich verbrauchten die Römer geschätzte 10 Mio. t Blei [11]. Es ist durchaus möglich, dass der Mangel an gesunden Nachkommen einiger römischer Herrscherfamilien auf die Wirkung von Blei zurückzuführen ist. Denn Unfruchtbarkeit, Totgeburten und Störungen des Fruchtbarkeitszyklus gehören neben den kognitiven Ausfallerscheinungen zu den Hauptsymptomen einer Belastung mit Blei [12]. Neuere Untersuchungen der Bleikonzentrationen in archäologischen Fundstellen zeigen, dass Leitungswasser bei den Römern rund 100fach höhere Bleigehalte hatte als das dortige Quellwasser [13]. Zusätzlich zu der Trinkwasserbelastung wurden auch Speisen mit Blei versehen, um ihnen ein besseres Aussehen zu verleihen. Die Technik der Bleirohre als Wasserleitung rettete sich bis in unsere Zeit. Erst seit 1973 werden in ganz Deutschland keine Bleirohre mehr verbaut, Süddeutschland ist seit rund 100 Jahren bleifrei [14]. Dadurch konnten die Bleiwerte auf ein Viertel gesenkt werden [15].

Früher kamen die meisten Schwermetallvergiftungen aus der Metallindustrie, wo unter primitivsten Bedingungen Metalle verarbeitet wurden. So wurde spätestens seit dem 16. Jahrhundert in Peru und Chile in großem Umfang Quecksilber eingesetzt, um Gold und Blei aus den Erzen zu amalgieren (s. Abschn. Schwermetalle in Entwicklungsländern). Es starben Hunderttausende von Minenarbeiter durch die giftigen Quecksilberdämpfe.

Früher dachte man, dass die Schwermetallemissionen in der Luft erst mit der Industrialisierung begannen. Doch neue Analysen von Eisbohrkernen aus den Alpen zeigen, dass dies nicht stimmt [16]. Bei der Analyse eines Eisbohrkerns aus einem Alpengletscher konnten aus eingelagerten Luftbläschen die Bleigehalte der letzten 2000 Jahre bestimmt werden. Und dabei fanden sich fast zu allen Zeiten Blei, also schon lange vor der Industriellen Revolution. In Wirklichkeit, folgerten die Autoren, gibt es gar keine natürliche Bleibelastung, alles Blei stammt aus menschlichen Tätigkeiten, v. a. der Metallverarbeitung. Dafür spricht auch, dass zwischen 1349 und 1353 die Bleimesswerte unter die Nachweisgrenze fielen, das war damals der Höhepunkt der Pestepidemie. Dadurch kamen praktisch alle wirtschaftlichen Tätigkeiten zum Erliegen, mindestens ein Drittel der Bevölkerung starb. Und die Wissenschaftler schlossen daraus, dass auch vor dem industriellen Zeitalter bereits eine erhebliche Bleibelastung vorlag und der Wert ohne menschliche Tätigkeit praktisch bei null liegt.

> „… das, was bisher als natürlicher Hintergrund galt und daher als gesundheitlich unbedenklich, war nicht natürlich. Es widerspricht auch unserer Annahme, dass vorindustrielle Bleiwerte keinen Effekt auf die menschliche Gesundheit hatten – weil sie natürlich waren." [17]

Auch Eisbohrkerne vom Mont Blanc-Gletscher belegen, dass schon zu römischer Zeit die Luft sehr bleihaltig war [18]. Von ca. 350 v. Chr. an fanden die Forscher rund 500 Jahre lang deutlich erhöhte Antimon- (Sb) und Bleiwerte; sie lagen teilweise über dem 10fachen dessen, was für die Zeit vor der Industriellen Revolution bislang als „natürlich" angesehen wurde.

Schwermetalle heute

Während der Hochzeit der Industrialisierung rauchten in den Revieren überall die Schlote, Metall wurde in nie gesehenem Ausmaß verhüttet. Dadurch wurden die in Spuren im Erz vorhandenen Schwermetalle frei und verseuchten die Umwelt. Eisbohrkerne vom Südpolgebiet zeigen, dass bereits seit den 1880er-Jahren eine zunehmende globale Bleibelastung stattfand. Damals begann man in Südaustralien mit der Bleiverarbeitung und Bleiverhüttung. Diese Quelle wurde auch durch die Isotopenzusammensetzung bestätigt [19].

Im frühen 20. Jahrhundert war das Benzin eine wesentliche Quelle von Bleiemissionen. Dort wurde es seit den 1920er-Jahren zugesetzt, um die Klopffestigkeit zu erhöhen. Seit 1983 wurde in Europa bleifreies Benzin angeboten, 1997 wurde das bleihaltige Benzin in Deutschland, 3 Jahre später auch in der ganzen EU verboten. Noch viel früher begann man, Bleirohre als Wasserleitungen in den Häusern zu verbauen, in Städten in Nord- und Mitteldeutschland finden sie sich heute noch in alten Häusern.

$H_3C—Hg^+ X^-$

Abb. 13.3 Formel von Methylquecksilber. Das positiv geladene Quecksilberion hat eine hohe Affinität zu Schwefelgruppen, wie sie in der Aminosäure Cystein vorliegen und bindet so an die DNS. Durch die Methylgruppe (CH_3) wird Methylquecksilber fettlöslich und kann so über die Haut in den Körper gelangen. X^- steht für Hydroxyd- (OH^-)oder Chlorid-Ionen (Cl^-).

Aber auch bei Kupferrohren kann sich bei sehr hartem Wasser das Schwermetall im Trinkwasser lösen und durch verchromte Armaturen kann Nickel freigesetzt werden [20]. Nach der Trinkwasserverordnung sind u. a. für Blei (0,010 mg/L), Kupfer (2 mg/L), Chrom (0,050 mg/L) und Nickel (0,020 mg/L) Grenzwerte festgelegt [20].

Schwermetalle werden auch heute noch bei allen möglichen Verbrennungsprozessen gas- oder staubförmig freigesetzt. Im Energiebereich entstehen so Arsen, Cadmium, Chrom, Quecksilber und Nickel [21]. Schwermetallemissionen von Blei, Kupfer und Zink werden im Verkehr durch den Abrieb von Bremsen und Reifen frei. Auch aktive Vulkane und die Schlote von Kohlekraftwerken und Müllverbrennungsanlagen emittieren Schwermetalle. Kohlekraftwerke sind heute die wichtigste Quelle von Quecksilberemissionen. Sie gelangen durch das Rauchgas hoch in die Atmosphäre und binden an Staub und Wassertröpfchen, wo sie jahrelang verbleiben können. Aus Quecksilber entsteht hier das hormonaktive Methylquecksilber (Abb. 13.3). Mit dem Regen gelangt das Ganze dann wieder auf die Erde und in die Ökosysteme. Auch Energiesparlampen enthalten Quecksilber und dürfen deshalb nicht in den normalen Hausmüll gelangen. Allerdings ist die Konzentration in den letzten Jahren gesunken. Moderne Lampen enthalten nur noch 2–3 mg, alles über 5 mg ist sogar verboten [22]. Das Quecksilber ist fest im Innern der Lampe gebunden, es wird nur frei, wenn sie zerbricht. Mit dem Verbot einiger Typen nimmt die EU seit Februrar 2023 nun auch Energisparlampen (Kompaktleuchtstofflampen mit Stecksockel, einige T5- und T8-Leuchtstoffröhren sowie Hoch- und Niedervolt-Halogenlampen) nach und nach aus dem Handel und empfielt die Verwendung von energiepsarenden LEDs.

Heute noch in der Diskussion ist das Amalgam, das für billige Plombenfüllungen verwendet wird. Sein Hauptbestandteil ist Quecksilber, das den Vorteil hat, keimtötend zu sein. Eigentlich ist das Quecksilber fest gebunden und damit ungefährlich. Es kann aber eingeatmet werden, wenn es beim Entfernen der Plombe erhitzt wird oder wenn es sich durch organische Säuren (Fruchtsäure, Apfelessig) in Methylquecksilber umwandelt. Auch beim Kontakt mit heißen Flüssigkeiten dampft Quecksilber im Mund aus und wird über die Atemwege aufgenommen [10]. Auch in anderen Zahnmetallen finden sich Schwermetalle, etwa Palladium in Goldfüllungen.

Seit 2006 dürfen in Deutschland in Elektrogeräten die Schwermetalle Blei, Cadmium, Quecksilber und Chrom(VI) nur noch stark eingeschränkt verwendet werden [23]. Aber alte Elektrogeräte, die vor 2006 hergestellt wurden, können erhebliche Mengen Schwermetalle enthalten. So findet sich Blei in Bildschirmen, Cadmium in Steckern, alten Fernsehröhren und Kunststoffen, Quecksilber in Knopfzellen, Leuchtstoff- und Energiesparlampen, LCD-Bildschirmen, Thermostaten und schließlich das gefährliche Chrom(VI) in Gestellen und Schrauben. Übrigens werden in Deutschland jährlich 10,1 kg Elektroaltgeräte pro Einwohner gesammelt [23].

Aber auch ganz andere Industriezweige verursachen Schwermetallemissionen (Tab. 13.1).

Man kann heute zeigen, dass die Belastung mit den meisten Schwermetallen in den letzten Jahrzehnten deutlich abgenommen hat (Abb. 13.4). Dazu beigetragen hat v. a. die Stilllegung veralteter Produktionsanlagen in der ehemaligen DDR und die Verlagerung ganzer Industriezweige ins östliche Europa und nach China. Auch die wirksamen Minderungsmaßnahmen von Staub- und Schwefeldioxid (SO_2)-Emissionen bewirkten eine Verringerung der Belastung. So hat die Emission von Arsen und Blei um 90 % abgenommen, die der anderen Schwermetalle um 40–80 %. Seit 2010 gibt es kaum noch Veränderungen. Nur die Emission von Kupfer hat etwas zugenommen.

Die Schwermetalle gelangen durch den Abrieb von Bremsbelägen und Autoreifen in großen Mengen in die Umwelt. Das Fraunhofer-Institut für System- und Innovationsforschung hat in einer Untersuchung herausgefunden, dass in Deutschland bei mehr als der Hälfte der Messstellen an Böden und Gewässern die maximale Konzentration für Zink und Kupfer überschritten ist [26]. So gelangen jedes Jahr mehr als 932 t Kupfer, 2.078 t Zink und 80 t Blei in die Umwelt. Auch durch die Verwendung von verzinkten Leitplanken, Schilderbrücken und Fahrbahnabrieb entsteht eine Belastung, wodurch heute der Straßenverkehr die Industrie als wichtigste

Tab. 13.1 Schwermetallbelastung durch industrielle Quellen [24]

Herkunft	Cd	Cr	Cu	Hg	Pb	Ni	Sn	Zn
Papierindustrie	–	+	+	+	+	+	–	–
Petrochemie	+	+	–	+	+	–	+	+
Chlorkaliproduktion	+	+	–	+	+	–	+	+
Düngemittelindustrie	+	+	+	+	+	+	–	+
Stahlwerke	+	+	+	+	+	+	+	+

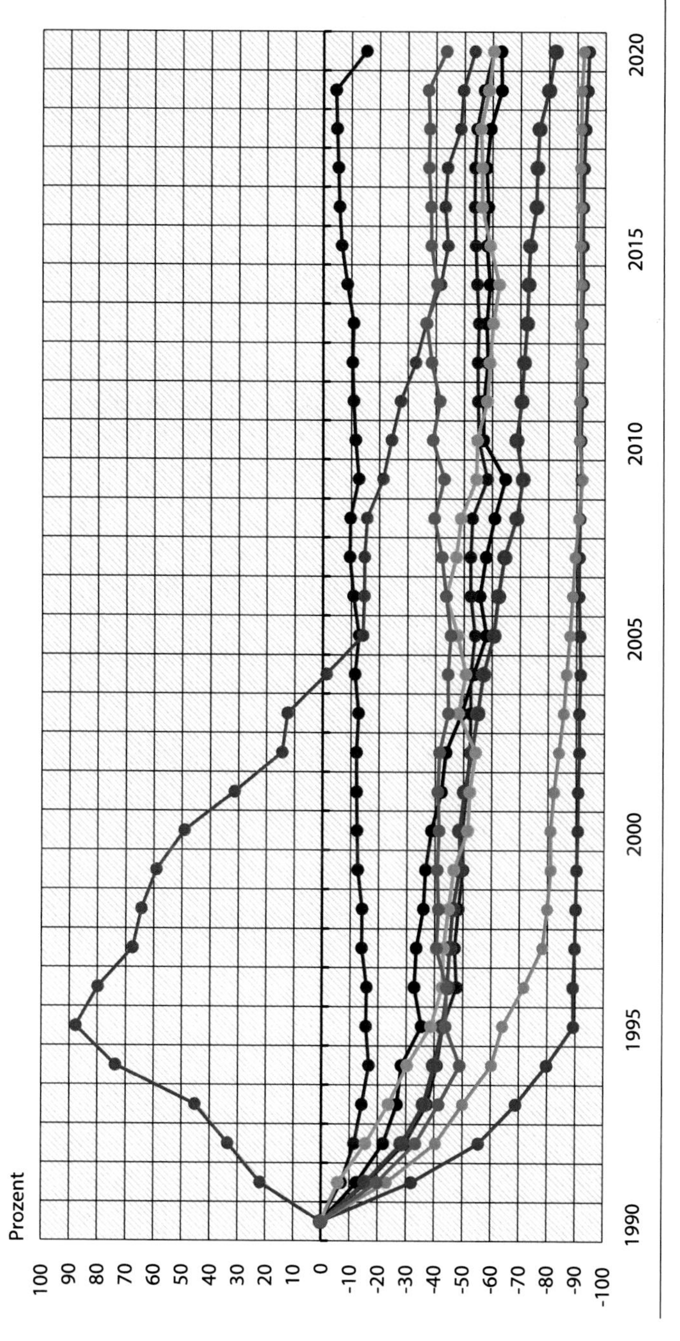

Abb. 13.4 Veränderung der Schwermetall-Emissionen von 1990 bis 2020 in Prozent [25]

Schwermetallquelle abgelöst hat. Hinzukommen jährlich 85 t Kupfer, 682 t Zink und 25 t Blei, die von Gebäuden und hier v. a. von Dächern und Fassaden freigesetzt werden [27].

Wenn man von Straßenverkehr spricht, ist der Feinstaub nicht weit. Und tatsächlich ist Feinstaub nicht nur als solcher schädlich, sondern er transportiert auf subtile Weise Schwermetalle in unsere Lungen: Nickel, Blei, Cadmium, Arsen [28]. Die Herkunft der Schwermetallbelastung im Alltag ist kein Geheimnis (Tab. 13.2).

Was machen Schwermetalle mit uns?

Seit Jahrtausenden wusste man, dass Schwermetalle giftig sind. Vergiftungserscheinungen wie Tremoranfälle, Lähmungen und Magersucht (Anorexie) gab es seit alters her in Berufen, die mit Silber oder Quecksilber in Berührung kamen, wie etwa bei Vergoldern, Chemikern, Hut- und Spiegelmachern, Malern und Heilkundlern.

Heute ist es ist nicht so einfach, Schwermetallbelastungen mit körperlichen Gebrechen in Übereinstimmung zu bringen (Tab. 13.3).

Zwar wirkt eine Überdosis von Schwermetallen stark toxisch und dazu gibt es zahlreiche Literatur über direkte Vergiftungsfälle. So erkrankten 1953 in Japan 121 Küstenbewohner an der Minamata-Bucht an Lähmungen, Seh- und Hörstörungen [24]. Diese damals rätselhafte Erkrankung wurde Minamata-Krankheit genannt, rund ein Drittel der Patienten starb daran. Intensive Nachforschungen ergaben, dass nicht mehr benötigtes Quecksilber aus einer Acetylenfabrik direkt in einen Fluss geleitet wurde, der in die

Tab. 13.2 Herkunft der Schwermetallbelastung im Alltag [29]

Stoff	Herkunft
Blei	(Straßen-)Verkehr, Metallverhüttung, Kohleverbrennung, Bauschutt, Farben, Batterien
Cadmium	Phosphatdünger, Verbrennung von Kohle und Öl, Reifenabrieb, Farben, Zigaretten
Kupfer	Metallverarbeitung, Fungizide, Bremsabrieb, Haus-/Dachverkleidung
Zink	Metallindustrie, Reifenabrieb, Korrosion von verzinkten Materialien, Bauschutt, Holzasche
Chrom	Metallindustrie und Energiebereich
Nickel	Metallindustrie und -verarbeitung, Kraftwerke und Müllverbrennung
Arsen	Erzbergbau, Halbleiterherstellung, Metall-, Farben- und Glasindustrie, alte Pestizide
Quecksilber	Elektrische Schalter, alte Leuchtstoffröhren, Energiesparlampen, Kraftwerke, (Straßen-)Verkehr

Tab. 13.3 Gesundheitsschäden verschiedener Schwermetalle [2, 30]

Schwermetall	Symptome
Arsen	Magen-Darm- und Herz-Kreislauf-Probleme, fördert Tumorbildung
Blei	Müdigkeit, Appetitlosigkeit, Kopfschmerzen, Muskelschwäche; bei organischen Bleiverbindungen Halluzinationen, Erregungszustände und Krämpfe; Kinder: Intelligenz-, Lern-, Konzentrationsstörungen. Spätfolgen sind Parkinsonismus und Lähmungen
Cadmium	Erbrechen, Leberschäden und Krämpfe („Itai-Itai-Krankheit"); chronisch: Schleimhautentzündungen („Cadmiumschnupfen"), Schäden der Lunge und Niere, Blutarmut, krebserregend, erbgut- und fruchtschädigend
Chrom	Verätzungen der Haut und der Schleimhäute; inhaliertes Chrom(VI): schlecht heilende Geschwüre des Atemtraktes, Leberschäden, Lungen- und Magenkrebs
Quecksilber	Erbrechen, Bauchschmerzen, Kopfschmerzen, Tremor, Blasenentzündung und Gedächtnisverlust („Merkurialismus")
Thallium	akut: Grauer Star, Haarausfall, Sehstörungen; chronisch: Fetteinlagerungen und Nekrose der Leber, Nierenentzündung, Zerstörung der Nebennieren, Schäden des Nervensystems
Kupfer	Verschlucken: Schwäche, Erbrechen, Entzündungen im Verdauungstrakt

Minamata-Bucht mündete. Durch Bakterientätigkeit wurde es in Methylquecksilber umgewandelt, das von Fischen und Muscheln aufgenommen wurde und so in die Körper der Küstenbewohner kam. Insgesamt rechnet man heute mit über 1.000 Todesfällen im Zusammenhang mit diesem Vorfall, Zehntausende von Menschen waren betroffen [9]. Er war so prägend, dass es heute sogar ein Minimata-Protokoll gibt, das 135 Staaten unterzeichnet haben und der Verminderung von Quecksilberemissionen dient.

In der DDR wurde bei der Erdgasgewinnung über Jahrzehnte sehr nachlässig gearbeitet. Die Arbeitskleidung bot kaum Schutz, auch sonstige Maßnahmen gab es kaum. Die Arbeiter wurden während ihres ganzen Berufslebens mit Quecksilber und Blei belastet, das zusammen mit dem Erdgas an die Oberfläche kam. Dadurch erlitten sie eine chronische Vergiftung, denn das Schwermetall reichert sich in Nieren, Leber und Gehirn an und wird vom Körper kaum abgebaut. Die Arbeiter fühlten sich zunächst nur abgeschlagen und unmotiviert. Später kamen dann Zahnfleischentzündungen, Gemütsschwankungen und Organschäden dazu. Das Krebsrisiko erhöhte sich und die Lebenserwartung verringerte sich deutlich [31].

In China erkrankten noch 2009 mehr als 300 Kinder aus der Provinz Shaanxi an einer Bleivergiftung, weil sie in der Nähe einer Blei- und Zinnschmelze wohnten. In ihrem Blut fanden sich Bleikonzentrationen, die bei mehr als dem Doppelten des Grenzwertes lagen. Die Kinder klagten über Müdigkeit, Konzentrationsschwäche und verlangsamte Reaktionen [32].

Heute jedoch können wir in Deutschland bei allen Schwermetallen für den Normalbürger höchstens von einer chronischen Belastung ausgehen. Langzeitstudien hierüber gibt es bis heute nicht ausreichend, da chronisch schleichende Belastungen im menschlichen Körper meist schwierig nachzuweisen sind. Oft dauert es auch sehr lange, bis relativ unspezifische Symptome bemerkt werden. Nur akute Vergiftungen lassen sich gut nachweisen, da sie im Blut zirkulieren. Die Vergiftung kann jedoch auch länger zurückliegen und sich bereits im Knochen (typisch bei Blei) oder anderen Organen angereichert haben.

Quecksilber im Meer

Stoffe, die erst einmal in die Umwelt gelangt sind, landen früher oder später über die Böden und Gewässer im Meer. Dies gilt auch für Quecksilber, dessen Konzentration in den Ozeanen seit Jahren ansteigt. Dies begann schon mit der Industriellen Revolution und bis heute hat sich die Fracht in Oberflächengewässern verdreifacht. Dabei ist das Perfide an Quecksilber, dass es sich über die Atmosphäre auf der ganzen Welt verbreiten kann und dann oft an entlegenen Orten wieder auftaucht. So fanden sich in den 1970er-Jahren in Fischen aus skandinavischen Seen in nahezu unberührter Landschaft so hohe Quecksilberkonzentrationen, dass sie nicht mehr zum Verzehr geeignet waren. Heute weiß man, dass das Quecksilber aus den Schloten der DDR stammte, v. a. aus Bitterfeld und dem damaligen „Plaste und Elaste“-Werk Buna in Schkopau. Denn Quecksilber wird nicht nur über 1.000 km hinweg verweht, sondern kann sich auch ein halbes Jahr oder länger in der Atmosphäre halten [9]. Zu bestimmten Zeiten kann es aber auch schlagartig wieder aus der Atmosphäre entlassen werden. So weiß man heute, dass jährlich 100–300 t des gasförmigen Quecksilbers ins arktische bzw. antarktische Eis gelangen.

Natürlich stellt sich spätestens hier die Frage: Wo kommt das ganze Quecksilber her? Darauf antwortet ein UN-Bericht erstaunlicherweise, dass zwei Drittel des Quecksilbers im Meer aus dem historischen Bergbau vom 16. Jahrhundert bis ca. 1920 stammt, und zwar v. a. aus der Gold- und Silbergewinnung in Amerika und natürlich aus der Quecksilbergewinnung selbst [34]. Das restliche Drittel kommt aus neuerer Zeit; Abb. 13.5 zeigt die neuzeitlichen Emissionsquellen für Quecksilber in die Luft, von wo aus es früher oder später im Meer landet.

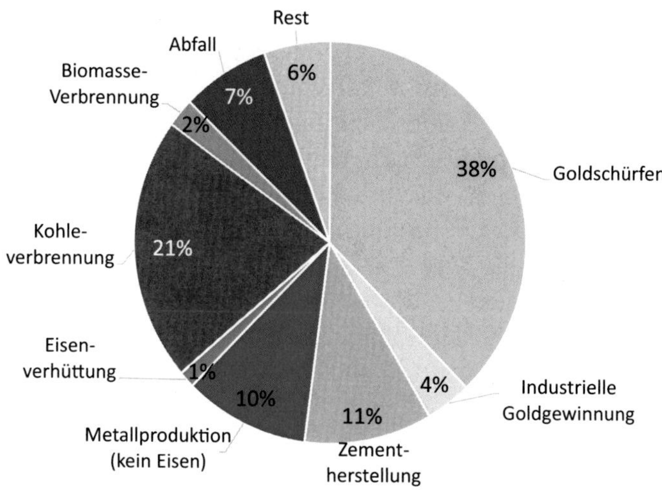

Abb. 13.5 Menschengemachte Quecksilberemissionen in die Luft von 2015 [34]

Die Luftfracht betrug 2015 jährlich etwa 2.220 t. Der weitaus größte Teil des Quecksilbers in der Luft stammt von Goldschürfern, die auf eigene Rechnung arbeiten (s. Abschn. Schwermetalle in Entwicklungsländern), die industrielle Goldproduktion spielt kaum eine Rolle. An zweiter Stelle steht die Verbrennung von Kohle und Verhüttung von Erzen zur Metallproduktion. Quecksilber ist natürlicherweise in Erzen, Kalkstein (Zement) und Kohle enthalten. Auch wenn die Mengen in der Kohle sehr gering sind, machen die riesigen Mengen, die jährlich an Kohle verbrannt werden, den großen Anteil aus. Das meiste Quecksilber in der Luft stammt aus Ost- und Südostasien aus der Kohleverbrennung, während die Emissionen des Goldschürfens v. a. aus einzelnen Ländern in Südamerika und Subsahara-Afrika kommen. Weitere 1.220 t werden jährlich direkt in Böden und Fließgewässer abgegeben, auch hier v. a. durch die individuelle Goldgewinnung (40 %), aber auch durch das Abwasser (43 %). In Deutschland stammen nach Angaben des Umweltbundesamtes 70 % des Quecksilbers in der Luft aus der Verbrennung fossiler Stoffe zur Energiegewinnung [35]. Auch der Bauboom unserer Zeit hat seinen Beitrag – mit 11 % trägt die Zementherstellung zur Quecksilberbelastung der Luft heute bei (Abb. 13.5).

Diese Mengen finden sich auch in der Tierwelt wieder: Thunfische im Pazifik enthalten seit etwa 20 Jahren drastisch gestiegene Mengen von Quecksilber [9]. Mit jeder Portion Sushi kommt auch ein wenig Quecksilber auf die Platte. Aber das betrifft grundsätzlich alle Fische. Algen und kleine Krebse nehmen Quecksilber auf und bauen es chemisch um, dabei entsteht auch das giftige Methylquecksilber. Das kann vom Körper nicht abgebaut werden und reichert sich in der Nahrungskette an. Je höher ein Fisch dort steht, umso mehr ist er mit dem Schwermetall verseucht. Deshalb das Problem mit den Thunfischen. Auch Delfine und Wale zeigen hohe Quecksilbergehalte. Je älter der Fisch, umso höher die Belastung. Raubfische wie Rotbarsch, Steinbeißer, Wildlachs, Schwertfisch, Barsch, Heilbutt und Seeteufel sind besonders stark belastet, Friedfische wie Hering oder Rotfeder dagegen deutlich weniger. Wer 150 g Schillerlocke isst, die vom Dornhai stammt, überschreitet bereits die tolerable Tagesdosis an Methylquecksilber um das 10fache [9]. Deshalb empfiehlt auch das Bundesinstitut für Risikobewertung Schwangeren auf viele Fische (Heilbutt, Rotbarsch, Hai- oder Schwertfisch, Wildlachs aus der Ostsee, Aal) ganz zu verzichten und Thunfisch nur selten zu essen [36]. Denn Quecksilber wirkt sich besonders negativ auf die Hirnentwicklung aus und ist beim ungeborenen Kind rund 10-mal so giftig wie beim Erwachsenen.

Auch in anderen Nahrungsmitteln aus dem Meer finden sich Schwermetalle. So gibt es erhöhte Cadmiumgehalte v. a. in Fischen, Krebsen, Muscheln und Tintenfischen. Auch Nahrungsergänzungsmittel aus Meeresalgen zeigen immer mal wieder erhöhte Cadmium- und Bleigehalte.

Schwermetalle im Essen und Trinken

Aber auch wer auf Fisch und anderes Meeresgetier verzichtet, entkommt den Schwermetallen nicht. Sie sind natürliche Bestandteile der Erdkruste und gelangen durch Verwitterung auch in Böden und Grundwasser. Aber der größte Teil der Schwermetalle wird heute in Deutschland durch die Industrie und den Straßenverkehr produziert. Reifen- und Bremsenabrieb setzt Blei und andere Schwermetalle frei, der sich als Feinstaub auf den Böden ablagert. Deshalb sind häufig Gemüsekulturen neben Autobahnen und Flughäfen besonders stark belastet. Auch in Dünger und Pflanzenschutzmitteln finden sich unbeabsichtigte Beimengungen von Schwermetallen, in Klärschlamm sowieso. So wird in der ökologischen Landwirtschaft gezielt Kupfer als Pflanzenschutzmittel eingesetzt, das bestimmte Schadpilze wie Braunfäule bei Kartoffeln und Falschen Mehltau bei der Rebe effektiv bekämpft. Die Mengen sind deshalb besonders hoch im Wein- und Kartoffelbau. Das Kupfer reichert sich wie jedes Schwermetall im Boden an, wo es sich bekanntermaßen kaum abbaut. Es gibt heute noch bleiverseuchte Böden, die vom Erzabbau der Römer stammen [37].

Auch Pflanzen können Schwermetalle aufnehmen. Dabei gibt es 3 Typen von Pflanzen. Einzelne landwirtschaftliche Produkte wie Gersten- und Maiskörner oder Kartoffelknollen enthalten weniger Schwermetalle als sich im Boden befinden. Das ist natürlich günstig. Haferstroh, Möhrenwurzel und Kohlblätter enthalten mengenmäßig etwa so viel Schwermetalle wie auch der Boden, in dem sie gewachsen sind. Ein dritter Typ von Pflanzen aber reichert Schwermetalle in seinen Zellen geradezu an (Akkumulatortyp [38]). Diese können natürlich besonders gefährlich werden. Am besten ist das bei Cadmium untersucht.

Zahlreiche Pflanzen können Cadmium anreichern. Sie nehmen es aus dem Boden auf und entgiften das Schwermetall, in dem sie es in die Vakuolen einlagern und so ungefährlich machen. Diese effiziente Taktik führt aber dazu, dass sich das Schwermetall in den Pflanzenteilen anreichert und damit in unsere Nahrung kommt. So ist Blattgemüse, Sellerie und Salat besonders bekannt dafür, dass es viel Cadmium enthalten kann. Auch Waldpilze gehören zu den Spitzenreitern bei der Cadmiumbelastung. Danach folgen gleich Ölsaaten wie Sonnenblumen und Leinsamen. Aus dem Grund wird sogar empfohlen, nicht mehr als 20 g Leinsamen, etwa 2 Esslöffel am Tag, zu essen [37]. Pinienkerne, Trockenpilze oder Kakao sind ebenfalls oft besonders stark belastet.

Bei Hartweizen, aus dem bei uns v. a. Nudeln hergestellt werden, hat man jetzt sogar ein Gen entdeckt, das für die Anreicherung von Cadmium aus dem Boden verantwortlich ist [39]. Das Gen ist für ein Cadmiumtransportprotein verantwortlich, das es in verschiedenen Varianten (Allele) gibt. Ist es hyperaktiv, reichert es besonders viel Cadmium in den Vakuolen der Blätter an. Ist es hingegen nicht funktionsfähig, wird besonders wenig Cadmium aufgenommen. Auch Tabak enthält Cadmium, beim Rauchen wird das Schwermetall besonders leicht über die Lungenbläschen absorbiert. Über die Pflanzen werden Schwermetalle nicht nur vom Menschen, sondern natürlich auch von Tieren aufgenommen. Dort sind v. a. die Nieren besonders belastet, die ja zur Entgiftung dienen.

Wer Schwermetalle im Trinkwasser sucht, der wird bei der Verwendung von Bleirohren immer fündig. Blei ist weich, einfach zu bearbeiten, wirkt antibiotisch und hält somit das Wasser frisch. Aber es gehen immer Bleipartikel in das Wasser über. Das vermutete 1790 schon Herzog Carl von Württemberg, bis zu einem Verbot der Bleirohre in Württemberg dauerte es aber noch bis 1878 [40]. Gegen Ende des 19. Jahrhunderts zog das Königreich Bayern mit Ausnahme von München nach, Verbote gab es auch in den Großherzogtümern Hessen und Oldenburg, 1909 auch in Baden. In der restlichen Bundesrepublik dauerte es bis 1973, bis man mit der DIN-Norm

2000 mit langen Zielsetzungen die Verwendung von Bleirohren untersagte. In der damaligen DDR wurden bis zu ihrem Ende 1989 noch Bleirohre eingebaut. Und die Umsetzung der DIN-Norm ist bis heute noch nicht abgeschlossen. Der jetzige Grenzwert von 0,010 g/L Blei im Trinkwasser ist bei Vorhandensein von Bleirohren unabhängig von der Wasserbeschaffenheit nicht einzuhalten. Das geht so weit, dass Babys und Kleinkinder bis 6 Jahre sowie Schwangere kein Trinkwasser aus Bleirohren bekommen dürfen [15]. Deshalb gibt es nur die Lösung der Vollsanierung bei Gebäuden, die vor 1974 im Westen bzw. vor 1989 im Osten gebaut wurden. Blei kann übrigens auch durch Armaturen ins Wasser kommen.

Auch in Nahrungsergänzungsmitteln – v. a. solche, die Mineralerde (Kieselerde) enthalten, – wurden schon überhöhte Blei- und Quecksilbergehalte gefunden [41]. Ein Dauerbrenner in Süddeutschland ist auch ein zu hoher Aluminiumgehalt in Laugenbrezeln und -brötchen, die man hier schon Kleinkindern zum Essen gibt. Die Ursache ist die Verwendung von Aluminiumblechen bei deren Herstellung, weil diese nicht laugenbeständig sind. Die Natronlauge löst geradezu Aluminium aus den Blechen, das dann unmittelbar in das Laugengebäck übergeht [41].

Verseuchtes Spielzeug

Immer wieder gehen Meldungen durch die Presse, dass Spielzeug mit Schadstoffen belastet ist, darunter auch mit Schwermetallen. Dies ist deshalb so kritisch, weil Kinder, insbesondere Kleinkinder, Spielzeuge eben nicht nur anfassen, sondern auch in den Mund nehmen, ablecken, darauf herumbeißen und zerbrechen, teilweise sogar Teile davon verschlucken [42]. Und das alles soll sie nicht gefährden. Hinzu kommt, dass ein Großteil der Spielzeuge, v. a. die billigen Artikel, in China gefertigt sind und dabei nicht immer europäische Richtlinien eingehalten werden. Dabei ist hier klar geregelt, welche Grenzwerte für Antimon, Arsen, Blei, Cadmium, Quecksilber und andere Schwermetalle gelten.

Giftige Stoffe können auf vielen Wegen in die Hände von Kindern gelangen. So finden sich Blei und Quecksilber in Batterien von Elektrospielzeug, Antimon kann in Spielzeug aus Polyester enthalten sein. Besondere Aufmerksamkeit sollte bei stark farbigen Spielzeugen gelten, weil hier oft schwermetallhaltige und damit giftige Farben Verwendung finden. Das kräftig gelbe Bleichromat wäre hier ein Beispiel (s. nächster Abschnitt).

Wie kompliziert das Beurteilungsverfahren ist, zeigt ein Blick in die Europäische Richtlinie [42], die sogenannte Spielzeugrichtlinie 2009/48/

EG. Dabei wird angenommen, dass Kinder pro Tag 8 mg Buntstiftlack, 100 mg Kreide und 400 mg Fingermalfarbe zu sich nehmen. Die festgelegten Grenzwerte gelten für 3 Kategorien von Spielzeug (abschabbar, trocken, flüssig). Dabei darf der tägliche Grenzwert in jeder der 3 Kategorien getrennt erreicht werden. Insgesamt führt die Richtlinie 19 Metalle von Aluminium bis Zink mit je 3 Grenzwerten für die genannten Kategorien auf. Dabei handelt es sich nicht etwa um die Inhaltsstoffe im Spielzeug, sondern um Migrationsgrenzwerte, d. h., es wird der unter bestimmten Annahmen mögliche Übergang vom Spielzeug in den Körper des Kindes berechnet.

Erst 2018 hat die EU die Gesetzgebung zu diesem Thema erneut verschärft. So dürfen sich aus Kreide nur noch 2 mg Blei/kg Kreide lösen (bisher 13,5 mg). Flüssiges Material, etwa Fingerfarben, darf nur noch 0,5 mg Blei (statt bisher 3,4 mg)/kg Produkt abgeben. Blei ist deshalb so gefährlich, weil es einen Einfluss auf die kindliche Intelligenzentwicklung hat. Es kann über natürliche Verunreinigung von Farbpigmenten in Spielzeug wie Farbstifte, Knete, Kreide oder auch in Lacke gelangen [43]. In PVC-Spielzeug dient es oft als Stabilisator.

Für die Eltern oder Großeltern gibt es kaum Möglichkeiten, gefährliches von ungefährlichem Spielzeug zu unterscheiden. Auch von Holzspielzeug können sich schwermetallhaltige Farben ablösen. Laut dem Bundesinstitut für Risikobewertung wurde aber Spielzeug, das ein GS-Zeichen für geprüfte Sicherheit trägt, zusätzlich durch ein unabhängiges Labor überprüft, bevor es auf den Markt kam [43]. Das CE-Zeichen dagegen vergibt jeder Hersteller selbst, es entspricht daher nur einer Kennzeichnung und keinem Qualitätssiegel. Auch die Chemischen Landesuntersuchungsämter überprüfen regelmäßig Spielzeug auf Schwermetalle. Dabei kann es sich natürlich immer nur um Stichproben handeln.

Schwermetalle in Entwicklungsländern

Während bei uns die Schwermetallbelastung zurückgeht, haben wir die Emissionsquellen teilweise in ärmere Drittweltstaaten und Schwellenländer ausgelagert. Dort werden unter für uns unglaublichen Arbeitsbedingungen Schwermetalle verarbeitet oder als Bestandteil von Arbeitsprozessen freigesetzt. Industrielle Schadstoffe beeinträchtigen demnach weltweit mehr Lebensjahre („disability adjusted life years“, DALY) als manche Infektionskrankheit (Tab. 13.4).

Tab. 13.4 Die weltweit 10 „dreckigsten" Industrien und ihre Schwermetallbelastung; DALY („disability adjusted life years") beinhalten die gesamte Schadstoffbelastung [1]

Industriezweig	Vorkommende Schwermetalle	DALY (in Mio. Jahre)
Recycling von Autobatterien	Blei, Arsen, Cadmium	2,0–4,8
Bergbau und Erzverarbeitung	Blei, Chrom, Arsen, Cadmium, Quecksilber	0,45–2,6
Bleischmelze	Blei, Quecksilber, Cadmium	1,0–2,5
Gerberei	Chrom	1,2–2,0
individuelles Goldschürfen	Quecksilber (Blei, Cadmium, Kupfer, Arsen)	0,6–1,6
Mülldeponien	Blei, Chrom	0,37–1,2
industrielle Gewerbegebiete	Blei, Chrom	0,37–1,2
Chemikalienherstellung	Arsen, Cadmium, Quecksilber, Chrom, Blei	0,3–0,75
Produktherstellung	Blei, Chrom	0,4–0,70
Farbenindustrie	Chrom, Blei, Quecksilber (Cadmium, Arsen, Nickel, Cobalt)	0,22–0,43

Autobatterien bestehen aus einem Kunststoffgehäuse mit Bleiplatten, die mit einer Bleipaste bedeckt und in verdünnter Schwefelsäure gelagert sind. Beim Recyceln werden die Bestandteile getrennt. Die gebrauchten Bleiplatten und die Bleipaste werden geschmolzen, um Verunreinigungen zu entfernen, und anschließend zu Bleibarren gegossen. In Entwicklungsländern wird dieser Vorgang oft von Hand mit Hämmern oder Äxten durchgeführt, das Schmelzen erfolgt offen oder in Wohnhäusern und die toxischen Abfallprodukte werden einfach in der Umwelt entsorgt. Dadurch kommt es zu Emissionen und flüchtigen Stäuben.

Bergbau, Erzverarbeitung und Bleischmelzen setzen immer Schwermetalle frei, wenn keine Vorkehrungen getroffen werden. Beim Ledergerben werden traditionell Chromsalze eingesetzt, die das Leder stabilisieren. Sie werden nach der Einwirkzeit wieder abgewaschen und verschmutzen dann das Abwasser. Chrom(III)-Verbindungen sind wenig toxisch, können aber in das deutlich gefährlichere Chrom(VI) oxidieren. Es ist ein Karzinogen, das insbesondere Lungen- und Magenkrebs verursachen kann.

Aufgrund der billigen Arbeitskraft, geringeren Materialkosten und fehlenden Sicherheitsvorschriften befinden sich rund die Hälfte der weltweiten Gerberei- und Lederindustrien in Entwicklungsländern [1]. In rund 50 Ländern ist der Goldabbau nicht großtechnisch organisiert, sondern findet durch Schürfer statt, die auf eigene Kosten arbeiten. Man geht von 10–12 Mio. Menschen aus, die so ihr Geld verdienen. Obwohl solche Lagerstätten in der Regel nur einen kleinen Umfang haben, machen sie mehr als 20 % der gesamten Goldgewinnung aus und sind für mehr als 30 % der weltweiten Quecksilberemissionen verantwortlich [9]. Sie entlassen damit mehr Quecksilber in die Umwelt als jeder andere Industriezweig (s. a. Abb. 13.5). Goldpartikel werden im Amalgamverfahren mit Quecksilber zusammen verrieben oder vermahlen. Das Quecksilber dient dann als Lösungsmittel, damit wird das Gold extrahiert. Wenn der goldhaltige Staub dann erhitzt wird, verdampft das Quecksilber und geschmolzenes Gold bleibt übrig. Das flüchtige Quecksilber wird direkt von den Arbeitern und ihren in der Nähe wohnenden Familien eingeatmet. In kalten Nächten sublimiert es und senkt sich auf ganze Landstriche, in die dortigen Flüsse und Siedlungen nieder. Auch heute noch wird dieses Verfahren praktiziert, v. a. von privaten Goldwäschern in Afrika und Südamerika.

Die anderen in der Tab. 13.4 genannten Industrien führen zu zahlreichen Schwermetallverunreinigungen von Boden, Luft und Wasser in den Ländern, wo es keine gesetzlichen Regelungen, kaum Kontrollen bzw. keine funktionierenden Regierungen gibt.

In der Farben- und Textilindustrie schließlich gibt es Tausende von chemischen Farbpigmenten, von denen v. a. die synthetischen anorganischen Pigmente Schwermetalle enthalten (s. Box). Das Abwasser von Textilfirmen ist ein wesentlicher Grund für Abfallprobleme und enthält neben den in der Tab. 13.4 genannten Schwermetallen v. a. Nitrate und Chlorverbindungen. Es wird häufig ohne jegliche Reinigung in Oberflächengewässer abgeleitet. Schätzungen der Weltbank gehen davon aus, dass 17–20 % der industriell verursachten Wasserverschmutzung allein von der Farbenindustrie für die Färbung von Textilien stammt [1].

Pigmente mit Schwermetallen [44]

Antimon – Neapelgelb, Grauspießglanz, Goldschwefel
Arsen – Auripigment, Realgar, Schweinfurter Grün
Borate – Borax, Borsäure, Chromoxidhydratgrün
Blei – Neapelgelb, Bleiweiß, Bleisulfat, Mennige, Massicot, Zinkweiß-Weißsiegel, Bleiglanz, farbige Glasmehle, Bleizinngelb
Cadmium – Cadmiumpigmente, einige farbige Glasmehle
Chrom – Chromgelb (Bleichromat)
Kobalt – alle Kobaltblau, -grün, -gelb, -violett, Smalte
Kupfer – Azurit, Malachit, Chrysokoll, Grünspan, Ägyptischblau, Han-Blau, Ploss-Blau, Bremer Blau, Phthaloblau und -grün
Mangan – Manganbraun, -schwarz, -grau, -violett, Purpurit, Umbren
Nickel – Nickeltitangelb, Indischgelb
Quecksilber – Zinnober natur und synthetisch
Zink – Zinkweiß, Zinkgelb, Zinkgrün

In Bangladesch etwa müssen rund 20 Mio. Menschen Wasser trinken, das 50 µg/L Arsen und mehr enthält, das ist das 5fache des von der WHO empfohlenen Grenzwertes [45]. Und auch Reis gerät immer wieder in die Kritik, weil er zu viel Arsen enthält. Das gilt v. a. für den Nassreisanbau Asiens, wo Reis in stehendem Wasser wächst. Dabei gibt es natürlich große Unterschiede je nach Region und Reissorte. Aber prinzipiell gehört Reis zu den Akkumulatorpflanzen für Arsen. Deshalb lässt sich laut dem Bundesamt für Risikobewertung Arsen in Reis nicht vollständig vermeiden. Es hilft aber, wenn man das Kochwasser in den Ausguss kippt, dann wird schon ein Teil des Arsens entsorgt. Auch enthält geschälter Reis weniger Arsen als Vollkornreis, weil sich das Schwermetall v. a. in der Schale anreichert.

Neben den in Tab. 13.4 und Abb. 13.5 aufgeführten Industrien gibt es noch zahlreiche andere, die enorme Umweltschäden verursachen. Dazu gehört auch das Recycling von Elektroschrott, der mengenmäßig am meisten in Industrieländern anfällt. Es wird berichtet, dass fast 80 % des Elektronikschrotts der USA in Ländern wie Nigeria, Indien, Vietnam, Pakistan und China landen [46]. Bei der völlig ungeregelten „Wiederverwertung" alten Elektroschrotts wird Quecksilber, Cadmium, Blei und Chrom(VI) frei.

Was bleibt zu tun?

- Schwermetallemissionen werden in erster Linie durch weniger gefahrene Kilometer im Straßenverkehr und maßvollen Umgang mit Konsumgütern verringert.
- Man sollte stark gefärbte bzw. stark riechende Produkte meiden.
- Elektroschrott nicht im Hausmüll entsorgen, sondern zu kommunalen Sammelstellen zum Recycling bringen.
- Reparatur von kaputtgegangenen Geräten, maximale Lebensdauer ausnutzen, auch wenn das im Moment bei den kurzen Produktzyklen utopisch erscheint. Hierbei helfen Repair-Cafes und Gemeinschafts- oder Nachbarschaftsprojekte.
- Ältere Häuser (Baujahr vor 1973 im Westen, vor 1989 im Osten) können noch Bleirohre als Trinkwasserleitung besitzen. Man erkennt das leicht an den Rohren beim Wasserzähler: Bleirohre können mit dem Messer leicht eingeritzt werden und erscheinen silbergrau [14]. Bei Verdacht sollte der Bleiwert in Ihrem Trinkwasser untersucht werden.
- Lebensmittel können erheblich mit Schwermetallen belastet sein [47]. Deshalb sollten Gemüse, Salat und Obst vor dem Verzehr immer gründlich gewaschen und geschält werden: Dies entfernt die Rückstände von der Oberfläche.
- Innereien, insbesondere von Wildtieren, und Waldpilze wegen möglichen Cadmium- und Quecksilbergehalten nur gelegentlich verzehren.

- Insbesondere Ölsaaten (z. B. Leinsamen, Sonnenblumenkerne) können erhebliche Cadmiummengen aus dem Boden aufnehmen und anreichern. Daher ist ein maßvoller Konsum geboten.
- Schwangere und Stillende sollten auf den Verzehr von Haifisch, Buttermakrele, Aal, Steinbeißer, Schwertfisch, Heilbutt, Hecht, Seeteufel und Thunfisch und daraus hergestellter Erzeugnisse wegen der potenziell hohen Quecksilberbelastung verzichten.

Literatur

1. Green Cross/Pure Earth (2017). 2016 – World's worst pollution problems. The toxics beneath our feet. https://www.greencross.ch/wp-content/uploads/uploads/media/pollution_report_2016_top_ten_wwpp.pdf. Zugegriffen: 15. Dez. 2022
2. WIKIPEDIA: Schwermetalle. https://de.wikipedia.org/wiki/Schwermetalle. Zugegriffen: 06. Juni 2023
3. Heintz A, Reinhardt G (1990) Schwermetalle in der Umwelt. In: Chemie und Umwelt. Vieweg + Teubner Verlag, Wiesbaden
4. Marbach E (2010) Heilen mit kolloidalem Silber: Das Edelmetall Silber als natürliches Antibiotikum. emv-Verlag. ISBN-13: 978-3938764190
5. WIKIPEDIA: Kolloidales Silber. https://de.wikipedia.org/wiki/Kolloidales_Silber. Zugegriffen: 06. Juni 2023
6. Daniels R, Mempel M, Ulrich M, Steinrücke P (2009) Mikrosilber: Alte Aktivsubstanz in neuem Gewand. Pharmazeutische Zeitung, 154(16). https://www.pharmazeutische-zeitung.de/ausgabe-162009/alte-aktivsubstanz-in-neuem-gewand/. Zugegriffen: 15. Dez. 2022
7. BfR (2009) Bundesinstitut für Risikobewertung. BfR rät von Nanosilber in Lebensmitteln und Produkten des täglichen Bedarfs ab. Stellungnahme Nr. 024/2010 vom 28. Dezember 2009. https://www.bfr.bund.de/cm/343/bfr_raet_von_nanosilber_in_lebensmitteln_und_produkten_des_taeglichen_bedarfs_ab.pdf. Zugegriffen: 15. Dez. 2022
8. Anonym (2012) Silber tötet Keime, schädigt aber Zellen. ÄrzteZeitung online. https://www.aerztezeitung.de/medizin/krankheiten/infektionskrankheiten/article/821477/nicht-harmlos-silber-toetet-keime-schaedigt-aber-zellen.html
9. Straßmann B (2016) Quecksilber – Unfassbar giftig. DIE ZEIT Nr. 3/2016, 14. Januar 2016. https://www.zeit.de/2016/03/quecksilber-gefahr-kohlekraftwerke. Zugegriffen: 15. Dez. 2022
10. Walach H (2019) Unser Merkurisches Zeitalter: Über Gier, Geld und Quecksilber. https://harald-walach.de/2018/01/12/unser-merkurisches-zeitalter-ueber-gier-geld-und-quecksilber/. Zugegriffen: 15. Dez. 2022

11. Nriagu JO (1983) Lead and Lead Poisoning in Antiquity. Wiley, New York. zitiert nach [10]
12. Loef M, Mendoza LF, Walach H (2011) Lead (Pb) and the risk of Alzheimer's disease or cognitive decline: A systematic review. Toxin Reviews 30:103–114. http://www.tandfonline.com/doi/abs/, https://doi.org/10.3109/15569543.2011.624664. Zugegriffen: 15. Dez. 2022
13. Delile H, Blichert-Toft J, Goiran JP et al (2014) Lead in ancient Rome's city waters. Proc Natl Acad Sci 111(18):6594–6599. http://www.pnas.org/content/111/18/6594. Zugegriffen: 15. Dez. 2022
14. DVGW (o. J.) Deutscher Verein des Gas- und Wasserfaches e. V. – Blei im Trinkwasser. https://www.dvgw.de/themen/wasser/verbraucherinformationen/blei-im-trinkwasser. Zugegriffen: 15. Dez. 2022
15. Hoke S (2013) Bleirohre: So kommt Gift ins Trinkwasser. RP ONLINE. https://rp-online.de/leben/gesundheit/news/bleirohre-so-kommt-gift-ins-trinkwasser_aid-15543985. Zugegriffen: 15. Dez. 2022
16. More AF, Spaulding NE, Bohleber P et al (2017) Next-generation ice core technology reveals true minimum natural levels of lead (Pb) in the atmosphere: Insights from the Black Death. Geohealth 1(4):211–219
17. Anonym (2017) Europa: Luftverschmutzung schon seit 2000 Jahren – Erhöhte Bleiwerte schon lange vor der industriellen Revolution nachweisbar. https://www.scinexx.de/news/geowissen/europa-luftverschmutzung-schon-seit-2-000-jahren/. Zugegriffen: 15. Dez. 2022
18. Preunkert S, McConnell JR, Hoffmann H et al (2019) Lead and antimony in basal ice from Col du Dome (French Alps) dated with radiocarbon: A record of pollution during antiquity. Geophys Res Lett 46(9):4953–4961
19. Kretschmer A (2015) Ozeane voller Blei… – …Quecksilber ist auch dabei. https://www.scinexx.de/dossierartikel/ozeane-voller-blei/. Zugegriffen: 15. Dez. 2022
20. TestWasser (o. J.) Grenzwerte für Trinkwasser (TrinkwV). https://www.test-wasser.de/mein-leitungswasser/trinkwasser-grenzwerte. Zugegriffen: 15. Dez. 2022
21. UBA (2022) Umweltbundesamt. Schwermetall-Emissionen. https://www.umweltbundesamt.de/daten/luft/luftschadstoff-emissionen-in-deutschland/schwermetall-emissionen#textpart-4. Zugegriffen: 15. Dez. 2022
22. Lenhoff W (2009) Umweltproblem Energiesparlampen. Deutschlandfunk. https://www.deutschlandfunk.de/umweltproblem-energiesparlampen-100.html. Zugegriffen: 15. Dez. 2022
23. UBA (2022) Elektronikaltgeräte in Deutschland. https://www.umweltbundesamt.de/themen/abfall-ressourcen/produktverantwortung-in-der-abfallwirtschaft/elektroaltgeraete#elektronikaltgerate-in-deutschland. Zugegriffen: 15. Dez. 2022
24. Fellenberg, G (1990) Chemie der Umweltbelastung. Teubner Studienbücher, Stuttgart, S 124

25. UBA (2023) Schwermetall-Emissionen. https://www.umweltbundesamt.de/daten/luft/luftschadstoff-emissionen-in-deutschland/schwermetall-emissionen#textpart-1. Zugegriffen: 18. Aug. 2023
26. Pressetext (2007) Schwermetalle: Bremsbeläge als größte Schmutzquelle. https://www.pressetext.com/news/20070215004. Zugegriffen: 15. Dez. 2022
27. Anonym (2022) Wie gelangen Schwermetalle in die Umwelt? http://www.klaerwerk.info/Allgemeine-Meldungen-und-Berichte/Wie-gelangen-Schwermetalle-in-die-Umwelt. Zugegriffen: 15. Dez. 2022
28. UBA (o. J.) Schwermetall. https://www.umweltbundesamt.de/tags/schwermetall. Zugegriffen: 15. Dez. 2022
29. Anonym (o. J.) Schwermetalle – die schleichende Gefahr. https://www.raiffeisen-laborservice.de/schwermetalle-im-boden. Zugegriffen: 15. Dez. 2022
30. Antwerpes F (2013) Schwermetallvergiftung. https://flexikon.doccheck.com/de/Schwermetallvergiftung. Zugegriffen: 15. Dez. 2022
31. Elfering M (2018) Quecksilber – Webers Liste. ZEIT online. https://www.zeit.de/2018/49/quecksilber-vergiftung-erdgasfoerderung-ddr-tot. Zugegriffen: 15. Dez. 2022
32. HDA/Reuters (2011) Chinas Äcker sind stark verseucht. SPIEGEL online. https://www.spiegel.de/wissenschaft/natur/schwermetalle-chinas-aecker-sind-stark-verseucht-a-796350.html. Zugegriffen: 15. Dez. 2022
33. WIKIMEDIA COMMONS: Bionerd, CC-BY-3.0. https://commons.wikimedia.org/wiki/File:Pouring_liquid_mercury_bionerd.jpg. Zugegriffen am 06. Juni 2023
34. UN Environment (2019) Global Mercury Assessment 2018, Geneva, Switzerland. https://www.unep.org/resources/publication/global-mercury-assessment-2018. Zugegriffen: 15. Dez. 2022
35. UBA (2015) Nationale Trendtabellen für die deutsche Berichterstattung atmosphärischer Emissionen (Schwermetalle). 1990–2013. https://www.umweltbundesamt.de/sites/default/files/medien/376/dokumente/emissionsentwicklung_1990_-_2013_fuer_schwermetalle.xlsx. Zugegriffen: 15. Dez. 2022
36. BfR (2008) Verbrauchertipp für Schwangere und Stillende, den Verzehr von Thunfisch ein zuschränken, hat weiterhin Gültigkeit Stellungnahme Nr. 041/2008 des BfR vom 10. September 2008. https://www.bfr.bund.de/cm/343/verbrauchertipp_fuer_schwangere_und_stillende_den_verzehr_von_thunfisch_einzuschraenken.pdf. Zugegriffen: 15. Dez. 2022
37. Anonym (2018) Schwermetalle in Nahrungsmitteln. Quarks. https://www.quarks.de/gesundheit/ernaehrung/schwermetalle-in-nahrungsmittel/. Zugegriffen: 15. Dez. 2022
38. Anonym (2010) Was Pflanzenforscher gegen Gifte im Essen tun können. Redaktion Pflanzenforschung. https://www.pflanzenforschung.de/de/pflanzenwissen/journal/was-pflanzenforscher-gegen-gifte-im-essen-tun-koennen-880. Zugegriffen: 15. Dez. 2022

39. Anonym (2019) Hartweizen-Genom entschlüsselt. Forscher bremsen Cadmiumaufnahme bei Pasta-Weizen. Redaktion Pflanzenforschung. https://www.pflanzenforschung.de/de/pflanzenwissen/journal/hartweizen-genom-entschluesselt-forscher-bremsen-cadmiu-11055. Zugegriffen: 15. Dez. 2022
40. Becker A (2014) Korrosion und Blei in Trinkwasser-Installationen – wirklich ein Problem? Symposium 2014. https://www.fh-muenster.de/egu/downloads/seminar_symposium_workshop/2014/sanitaersymposium/03_Becker_Korrosion_und_Blei_in_Trinkwasser-Installationen.pdf. Zugegriffen: 15. Dez. 2022
41. Schöberl K (2014) Schwermetalle und toxische Spurenelemente – Bilanz 2013. CVUA Karlsruhe. http://www.ua-bw.de/pub/beitrag.asp?subid=2&Thema_ID=2&ID=1902&lang=DE&Pdf=No. Zugegriffen: 15. Dez. 2022
42. Schrader C (2015) Schadstoffe im Spielzeug – Deutschland muss Grenzwerte für Schwermetalle in Spielzeug lockern. https://www.sueddeutsche.de/gesundheit/schadstoffe-im-spielzeug-bruesseler-schwermetalle-1.2559145. Zugegriffen: 15. Dez. 2022
43. BfR (2017). Bundesinstitut für Risikobewertung 2017.Fragen und Antworten zu Blei in Kinderspielzeug. FAQ des BfR vom 13. März 2017. https://www.bfr.bund.de/de/fragen_und_antworten_zu_blei_in_kinderspielzeug-10063.html. Zugegriffen: 15. Dez. 2022
44. Kremer Pigmente (o. J.) Pigmente mit giftigen Schwermetallen. https://www.kremer-pigmente.com/de/info/sicherheit/pigmente-mit-giftigen-schwermetallen/. Zugegriffen: 15. Dez. 2022
45. Anonym (2016) Trinkwasser in Bangladesch: Das Arsen tötet schleichend. Süddeutsche Zeitung. https://www.sueddeutsche.de/gesundheit/trinkwasser-giftige-brunnen-1.2938713-2. Zugegriffen: 15. Dez. 2022
46. NPR (2010) National Public Radio. After Dump, What Happens To Electronic Waste? https://www.npr.org/2010/12/21/132204954/after-dump-what-happens-to-electronic-waste?msclkid=a8483be5d05d11eca894b9cf0e14941f&t=1652186126396. Zugegriffen: 15. Dez. 2022
47. Verbraucherfenster Hessen (2011) So können Sie sich schadstoffarm ernähren. https://verbraucherfenster.hessen.de/ernaehrung/sichere-lebensmittel/so-koennen-sie-sich-schadstoffarm-ernaehren. Zugegriffen: 06. Juni 2023

14

Die Unaussprechlichen – PAK, PCB, Dioxine...

Trotz der Vielzahl an chemischen Verbindungen gibt es strukturelle Merkmale, die für die Umwelt problematische Substanzen anzeigen. Das sind beispielsweise energetisch sehr stabile und damit reaktionsarme aromatische Kohlenstoffringe (z. B. Benzol, Abb. 14.1) sowie deren halogenierte Formen mit gebundenem Fluor, Chlor oder Brom im Molekül. Diese Verbindungen sind in Menschen und Tieren und auch in der Umwelt nur sehr schwer abbaubar. Deshalb reichern sie sich in Boden, Wasser, Luft und allen Organismen an, die mit ihnen Berührung kommen. Dort wirken diese Stoffe häufig gesundheitsschädlich.

Zu den Aromaten zählt z. B. das Naphthalin, das aus 2 aromatischen Kohlenstoffringen (Phenylringe) besteht und der einfachste Vertreter eines polyzyklischen aromatischen Kohlenwasserstoffs (PAK) ist (Abb. 14.1). Bei den halogenierten Kohlenwasserstoffen stehen organische Fluor-, Chlor- oder Bromverbindungen im Fokus, die polychlorierten Biphenylverbindungen (PCB) sind ein Beispiel dafür (Abb. 14.1).

Bei allen Verbindungen, die wir in diesem Kapitel besprechen, handelt es sich um gefährliche Stoffe, von denen viele krebserregend (kanzerogen) sind. Dabei kann bei ihnen nach heutigem Kenntnisstand keine Konzentration angegeben werden, die wirkungslos ist. Deshalb gilt für diese Stoffe das ALARA-Prinzip („**A**s **L**ow **A**s **R**easonably **A**chievable"), Verbraucher sollten so wenig wie nur irgend möglich damit in Berührung kommen.

Und dann gibt es noch eine ganze Reihe anderer umweltgefährdender und auch für Menschen gefährlicher Chemikalien, die entweder

T. Miedaner und A. Krähmer, *Gifte in unserer Umwelt,*
https://doi.org/10.1007/978-3-662-66578-7_14

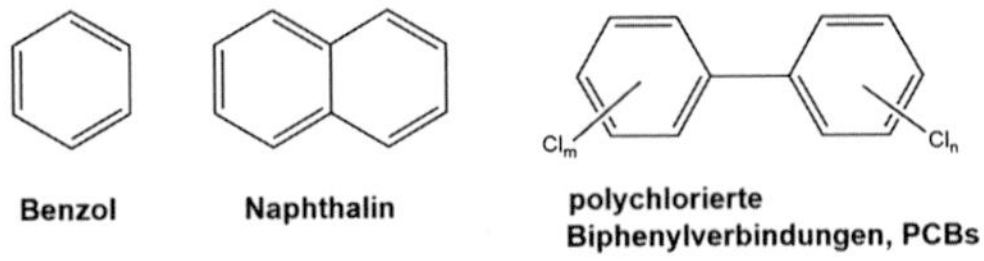

Benzol Naphthalin polychlorierte Biphenylverbindungen, PCBs

Cl_m Cl_n

Abb. 14.1 Benzol als aromatischer Grundbaustein, Naphthalin als einfachster Vertreter eines polyzyklischen aromatischen Kohlenwasserstoffs (PAK) und die Grundformel polychlorierter Biphenylverbindungen (PCB); m und n stehen dabei für eine unterschiedliche Anzahl von Chloratomen

Verunreinigungen sind (Dioxine, Furane) oder sich in Alltagsprodukten wiederfinden (PFAS, Phthalate). Davon ist in diesem Kapitel die Rede.

Badelatschen und Gummienten – PAKs

Ob in Badesandalen, Gummienten oder Kinderspielzeug, Fahrradhupen, den Griffen von Rollkoffern oder Armbanduhrbändern – polyzyklische aromatische Kohlenwasserstoffe (PAK) sind überall in Plastik- oder Gummiprodukten enthalten. Eigentlich sind sie natürliche Substanzen, sie entstehen bei der unvollständigen Verbrennung von organischem Material. Deshalb werden sie beispielsweise bei Waldbränden freigesetzt. Im Teer sind sie in hohen Anteilen enthalten, weil er durch die Verkokung von Steinkohle entsteht. Man findet sie aber auch im Kraftstoff, im Heizöl, im Tabakrauch oder beim abendlichen Grillen. Je niedriger die Temperatur des Feuers und je weniger Sauerstoff zur Verfügung steht, desto mehr PAK entstehen [1]. An verkehrsreichen Straßen reichern sie sich im Hausstaub an. Interessanterweise sind sie auch ein wichtiger Bestandteil interstellarer Materie und finden sich in vielen Gebieten der Milchstraße.

Ihren Namen haben die PAK, weil 2–6 Aromatenringe miteinander verbunden sind. Das einfachste PAK ist Naphthalin mit seinen 2 Ringen (Abb. 14.1). Insgesamt gibt es Hunderte von PAK, die in der Regel als Stoffgemisch in der Luft vorkommen. PAK entstehen in Deutschland meist durch die Verbrennung in Kleinfeuerungsanlagen in privaten Haushalten (93 %). Nur noch 5 % stammen aus Industrieprozessen, weniger als 1 % jeweils aus Großfeuerungsanlagen und dem Verkehr [2]. So sind PAK auch im Ruß von Dieselmotorabgasen von Autos und Lkw, aber auch von Dieselzügen oder Schiffen enthalten. Auch Tabakrauch ist eine wichtige Quelle für PAK [2]. Jedes Jahr werden weltweit Hunderttausende Tonnen PAK ausgestoßen. Spitzenreiter ist China, gefolgt von Indien und den USA. Wir atmen PAK aber nicht nur ein, sondern essen sie auch v. a. über geräucherte und gegrillte Speisen und durch Kakao und Schokolade (s. Kap. 12).

Und dann gibt es noch die Altlasten, wie bei allen umweltbeständigen Stoffen. Bis 1984 beispielsweise wurde PAK-haltiger Teer im Straßenbau (Asphalt) und als Dachpappe verwendet, Eisenbahnschwellen und Telegrafenmasten wurden damit imprägniert. Beim Straßenasphalt kommt es durch den Abrieb dann zu einer ständigen Freisetzung von PAK. Bis 2009 wurden PAK-haltige Weichmacheröle in Autoreifen eingesetzt, seit Januar 2010 gibt es einen EU-weiten Grenzwert [2]. Dieser wurde über die Europäische Chemikalienverordnung REACH eingeführt [3]. Auch in Farben und Beschichtungen – v. a. in Korrosionsschutzanstrichen – wurde früher PAK-haltiges Kohleteerpech verwendet. Der Einsatz an Schiffen und Hafenanlagen ist heute EU-weit verboten. Früher war es auch als Holzschutzmittel weitverbreitet, da es giftig auf Pilze und Insekten wirkt und das Austrocknen des Holzes verhindert. Im öffentlichen städtischen Raum und in Innenräumen ist das heute verboten. Im landwirtschaftlichen Bereich (Baumstützen, Rebstangen) und für Bahnschwellen, Masten und Zäune ist es noch erlaubt.

Polyzyklische aromatische Kohlenwasserstoffe in der Umwelt sind ein schwieriges Thema [2]. Denn wie viele andere dieser Unaussprechlichen sind sie sehr persistent, also extrem langlebig: je mehr Ringe, umso schlimmer. Die leichteren PAK mit 2–3 Ringen sind flüchtig und gehen in die Atmosphäre, wo sie wegen ihrer Langlebigkeit über weite Strecken transportiert werden. Die schweren PAK bleiben fest und absorbieren gut an Boden- oder Staubpartikel. Alle PAK sind nicht wasserlöslich und werden weder vom Körper noch in der Natur abgebaut, sondern reichern sich im Fettgewebe an (Bioakkumulation). Die PAK in der Atmosphäre gelangen durch normale Austauschprozesse in Seen, Bäche und Flüsse, zu einem kleineren Teil auch durch Bodenabtrag und Oberflächenabfluss von Regenwasser. Mit dem Wasser verdunsten sie dann und gelangen durch Regen, Schnee oder Nebel wieder an die Erdoberfläche. Viele PAK sind krebserregend, erbgutverändernd und fortpflanzungsgefährdend, d. h., sie haben hormonelle Eigenschaften, die die Fortpflanzung von Tier und Mensch beeinflussen.

Wie alle Substanzen dieses Kapitels werden sie von den Fachleuten als persistente, bioakkumulierende und toxische (PBT) Stoffe bezeichnet, was sie besonders besorgniserregend macht. Aufgrund dieser Eigenschaften findet man PAK heute überall, in entlegenen Alpenseen ebenso wie in der Arktis und der Antarktis. Sie finden sich praktisch in allen untersuchten tierischen Fettgeweben und auch in Pflanzen. Die Belastung des Menschen kann man am einfachsten im Urin untersuchen (Abb. 14.2). Hier zeigt sich, dass die Belastung in den neuen Bundesländern durch die Stilllegung

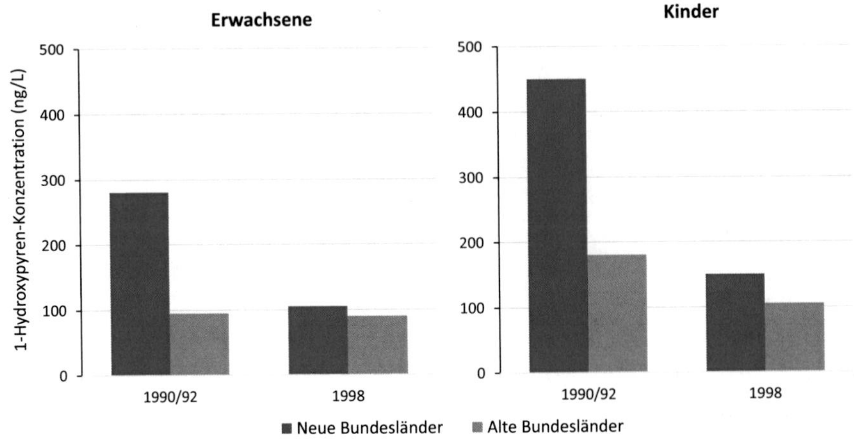

Abb. 14.2 Konzentration eines wichtigen PAK (1-Hydroxypyren) im Urin von Erwachsenen (nur Nichtraucher) und Kindern in Deutschland (ng/L) [2]

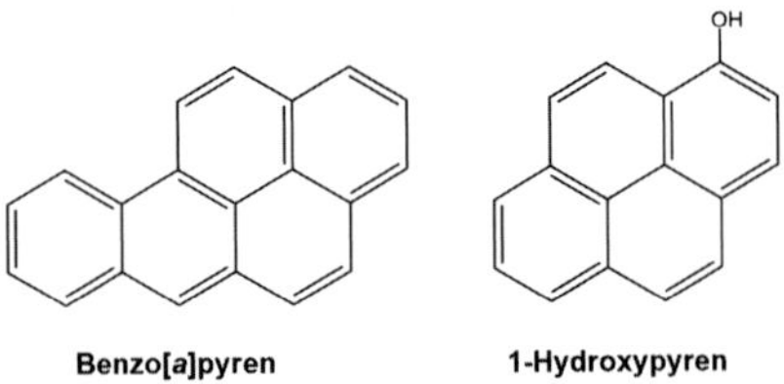

Abb. 14.3 Strukturformeln von Benzo[*a*]pyren und 1-Hydroxypyren. Letzteres wird im Körper nach Aufnahme von PAK gebildet und dient als im Urin nachweisbarer Indikator einer PAK-Belastung

der DDR-Kohlechemie sehr stark zurückgegangen ist und heute auf dem Niveau Westdeutschlands von 1990 liegt. Kinder sind bei den meisten Schadstoffen stärker belastet als Erwachsene, da sie im Verhältnis zu ihrem Körpergewicht mehr Schadstoffe aufnehmen.

Die US-Umweltbehörde hat 16 besonders giftige und leicht nachweisbare PAK als Leitsubstanzen bestimmt, die gemessen und als Summe angegeben werden. Alternativ kann man auch nur das Benzo[*a*]pyren messen und als Leitsubstanz benutzen. Es ist deshalb sinnvoll, weil diese Chemikalie besonders krebserregend ist [4]. Die meisten Fachleute bevorzugen heute die Messung mehrerer PAK (Abb. 14.3).

Das am besten untersuchte PAK ist das Benzo[*a*]pyren (1,2-Benzpyren, Abb. 14.4). Es kommt zu großen Anteilen im Zigarettenrauch vor, wo es hauptsächlich für den Lungenkrebs verantwortlich ist. Es findet sich auch

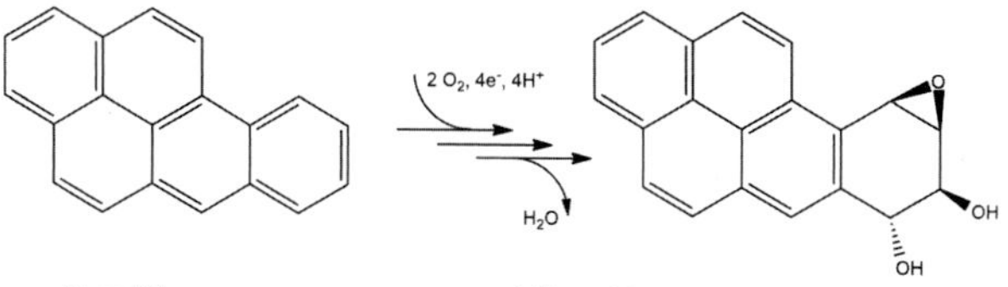

2 O_2, 4e⁻, 4H⁺

H_2O

Benzo[*a*]pyren

(+)Benzo[*a*]pyren-7,8-dihydroxy-9,10-epoxid

Abb. 14.4 Metabolisierung von Benzo[*a*]pyren im Körper zum hochreaktiven und kanzerogenen Benzo[*a*]pyren-7,8-dihydroxy-9,10-epoxid [4]

in Grillgut, das über Holzkohle gegart wurde. Benzo[*a*]pyren wird auch für den sogenannten Schornsteinfegerkrebs verantwortlich gemacht [4]. Das ist ein Tumor der Hodenhaut, der sich durch die ständige Berührung mit Ruß entwickelt, in dem Benzo[*a*]pyren enthalten ist. In kleinen Mengen findet es sich sogar in geröstetem Kaffee. Benzo[*a*]pyren selbst ist dabei nicht giftig, es wird aber im Körper über mehrere Umwandlungsprozesse zu der kanzerogenen Substanz Benzo[*a*]pyren-7,8-dihydroxy-9,10-epoxid umgesetzt (Abb. 14.4). Sie enthält eine hochreaktionsfähige Epoxidgruppe, die die Struktur der DNS beeinträchtigt, Zellteilungen verhindert und Mutationen begünstigt, was letztlich zu Krebs führen kann [4].

Und wie kommen die PAK in die Badelatschen und andere Gummiprodukte? Ursache sind Weichmacheröle, die dem Gummi zugesetzt werden, um ihn geschmeidig und elastisch zu machen. Solche Weichmacher wie Teeröl entstehen als Abfallprodukte bei der Kohle- und Erdölverarbeitung und sind deshalb besonders billig. Außerdem sind schwarze Kunststoffe oft mit Ruß eingefärbt, der hohe PAK-Konzentrationen enthält. Es gäbe für die meisten Produkte PAK-freie Alternativen, aber die sind teurer. Deshalb finden sich PAK-belastete Materialien häufig im Billigwarensegment. Von Badelatschen für 2 € kann man nicht viel erwarten, außer umweltschädliche Inhaltsstoffe. Erkennen kann man das leider nicht. Nur ein starker, ölartiger Geruch ist ein deutlicher Hinweis auf PAK. Aber wenn man nichts riecht, heißt das nicht automatisch Entwarnung. In einer Studie des Bundesinstituts für Risikobewertung (BfR) von 2010 wurden rund 5.300 Produkte auf ihre PAK-Gehalte untersucht ([5], Abb. 14.5). Dabei wurden v. a. dort Proben genommen, wo man PAK vermutete. Man analysierte die 16 gefährlichsten PAK, die von der US-Umweltbehörde festgelegt wurden. Nimmt man alle Daten zusammen, dann waren nur bei gut einem Fünftel der untersuchten Produkte die PAK unter der Nachweisgrenze (Grün), bei ca. 15 % aber im gefährlichen Bereich (Rot). Besonders auffällig sind die Ergebnisse bei Reifen und Rollen. Allerdings wurden bei Autoreifen am 01.01.2010 von der EU Grenzwerte festgelegt, sodass die Belastung heute hier viel geringer sein dürfte.

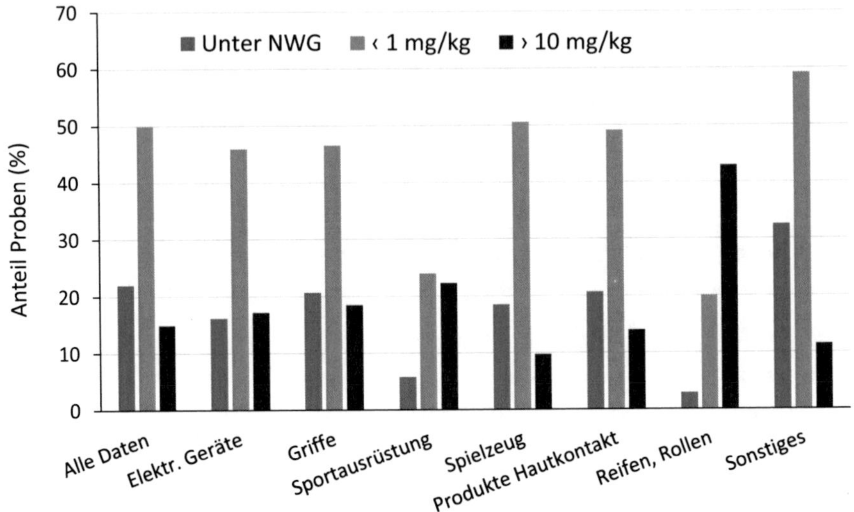

Abb. 14.5 Gehalte der Summe von 16 PAK in Alltagsprodukten (NWG = Nachweisgrenze < 0,2 mg/kg), N = 5.278 Proben [5]

Bedeutend ist auch die Belastung von Sportausrüstung, die häufig direkt auf der Haut getragen wird. Dadurch werden die PAK in den Körper aufgenommen, ebenso über die Griffe von Koffern, Fahrrädern und über andere Produkte mit Hautkontakt. Insgesamt macht die Abbildung deutlich, dass man hohen PAK-Werten kaum entkommen kann.

Inzwischen gibt es zahlreiche gesetzliche Bestimmungen, die die PAK-Konzentrationen in Alltagsgegenständen geringhalten sollen. So dürfen Stoffe aus Teerölen seit 1984 nicht mehr als Holzschutzmittel verwendet werden. Ebenso darf Steinkohlenteer nicht mehr als Dachpappe oder im Straßenbau eingesetzt werden. Richtlinien sollen die aus den Großfeuerungsanlagen und aus sonstigen Industrieanlagen stammenden PAK-Emissionen verringern. Auch für Kleinfeuerungsanlagen in privaten Haushalten gibt es Empfehlungen für bestimmte Schadstoffe, die aber niemand überprüfen kann. In einer EU-Verordnung von 2011 [6] wurde auch ein Höchstgehalt von PAK in Lebensmitteln festgelegt.

Asbest mit dem Beelzebub ausgetrieben – PCB

Als man entdeckte, dass Asbest hochgradig krebserregend war man froh, polychlorierte Biphenyle (PCB) zu haben. PCB bezeichnen dabei eine ganze Gruppe strukturell sehr ähnlicher Stoffe. Der große Vorteil von Asbest und

PCB ist, dass sie praktisch nicht entflammbar sind und damit eine wichtige Rolle bei der Brandsicherheit spielen. Und so nahm man v. a. in großen Gebäuden und Hochhäusern Deckenplatten und bestrich sie ganzflächig mit PCBs. Allerdings dampft verarbeitetes PCB über Jahrzehnte hinweg aus und wird mit der Raumluft eingeatmet. Hingegen ist fest verbauter Asbest völlig ungefährlich, so lange er nicht bearbeitet wird und Fasern freigibt.

PCB wurden schon im 19. Jahrhundert das erste Mal hergestellt, ihre große Einsatzbreite fanden sie allerdings erst nach dem 2. Weltkrieg. In den 1950er- bis 1980er-Jahren wurden sie v. a. in Fugendichtungen als Weichmacher, als Brandverzögerer in Lacken und Farben und als Beschichtungen für den Korrosionsschutz eingesetzt und milliardenfach verbaut [7]. Dies ist bis heute der problematischste Einsatzort, weil sie über Jahrzehnte hinweg ausgasen. Des Weiteren wurden sie in reiner Form oder als Beimischung in Isolierölen für Transformatoren, Kondensatoren oder als Hydrauliköle verwendet. Da sie hier in geschlossenen Systemen eingesetzt wurden, lassen sich die Reste leicht entsorgen. Ihr großer Vorteil bei der Nutzung ist die chemische Stabilität durch die Chloratome, eine geringe Wasseraufnahme und ihre Nichtbrennbarkeit. Genau das ist aber auch das Problem aus Sicht von Gesundheits- und Umweltschutz.

Aufgrund der vielfältig abwandelbaren chemischen Struktur (s. Abb. 14.1) gibt es heute 209 PCB-Verbindungen, die jeweils eine unterschiedliche Anzahl an Chloratomen an unterschiedlichen Stellen der beiden Phenylringe besitzen; 12 PCB-Strukturen haben eine dioxinähnliche Wirkung und sind besonders schädlich. Deshalb werden sie in amtlichen Tabellen oft mit Dioxin zusammen erfasst. Als Indikator wird dabei meist das PCB-118 gemessen (Abb. 14.6).

Polychloriertes Biphenyl ist akut wenig schädlich, aber die chronische Toxizität tritt schon bei geringen Konzentrationen in der Raumluft auf. Typische Folgen von Vergiftungen sind Chlorakne, Haarausfall, Leberschäden und eine Schädigung des Immunsystems. Daneben steht PCB im Verdacht, krebserregend zu sein. Bei den dioxinähnlichen PCB ist dies sogar sehr wahrscheinlich. Außerdem kann bei Kindern die körperliche und geistige Entwicklung verzögert werden [7]. PCB stehen im Verdacht,

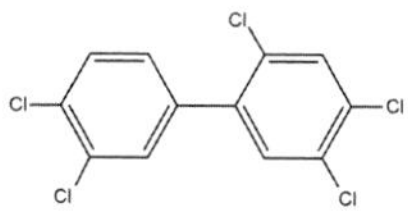

PCB-118, 2,3',4,4',5'-Pentachlor-biphenyl

Abb. 14.6 PCB-118 als Indikatorsubstanz für PCB mit dioxinähnlicher Wirkung

hormonähnliche Wirkung zu haben (endokrine Disruptoren, s. Kap. 6). Sie sollen für Unfruchtbarkeit bei Männern und männlichen Tieren und hormonell bedingte Krankheiten verantwortlich sein. Auch eine Verweiblichung von Jungen durch einen gestörten Hormonhaushalt wird mit PCB verknüpft, was schon bei ungeborenen Föten einsetzen kann.

Da PCB im Körper nicht abgebaut werden, reichern sie sich im Fettgewebe an. Besonders betroffen sind dabei natürlich, genau wie bei DDT, (s. Kap. 4) Organismen an der Spitze der Nahrungskette, also wir, aber auch Eisbären, Wale, Seehunde und Robben. Bei Schwertwalen soll es die Fruchtbarkeit herabsetzen.

Wie nehmen wir PCB auf? Entweder direkt über die Raumluft, wenn sich im Gebäude PCB-haltige Anstriche oder Fugendichtungen befinden, oder über das Fleisch. Denn Hühner, Rinder und Schweine können in Ställen mit PCB-haltigen Farbanstrichen gehalten werden. Sie atmen die Chemikalie ein und lagern es im Fleisch ein, auch Milchprodukte und Eier können dann belastet sein. Im Dezember 2008 fanden sich dioxinähnliche PCB in Schweinefleisch aus Irland. Es wurden Gehalte von bis zu 292 µg/kg gefunden, die damit die gesetzlich zulässigen Höchstwerte weit überschritten [8]. Dieser liegt beim Schweinefleisch bei 40 µg/kg Fett [9]. Wegen solcher und ähnlicher Fälle hat die Schweiz sogar eine „Nationale Strategie zu PCB in tierischen Lebensmitteln von Nutztieren" begründet. Auch in Deutschland kommen immer wieder einzelne Überschreitungen vor, wobei die Tiere das PCB auch aus der Umwelt aufnehmen. Wenn Rinder weiden, kommen dabei auch Bodenpartikel in den Magen, deren PCB sich ebenfalls im Fett anreichert.

In den USA hängen zahlreiche Klagen gegen Monsanto wegen möglicher Schäden durch PCB an. Die ehemalige US-Firma war 2018 vom deutschen Bayer Konzern übernommen worden, der übrigens selbst der einzige Hersteller von PCB in Deutschland war. PCB war in den USA von 1935 bis 1977 ausschließlich von Monsanto erzeugt und verbaut worden [10]. Zwei Jahre später wurde die Chemikalie verboten. Die Kläger warfen der Firma nicht die Produktion vor, denn die war legal, sondern jahrzehntelang trotz besseren Wissens, die Folgen der PCB für Mensch und Umwelt verschwiegen zu haben. Dabei geht es um Umweltschäden in Los Angeles, wie verseuchte Gewässer, und um Lehrer, die wegen der PCB-Belastung von Schulen klagen. Mehrfach haben die Richter den Klägern hohe Millionensummen zugesprochen, die Urteile wurden von Bayer immer wieder angefochten.

In Deutschland dürfen PCB-haltige Stoffe seit 1982 nicht mehr produziert werden, seit 1989 gilt ein generelles Verbot. Das Ausdünsten von Altbauten war lange kein Thema. Seit 1995 gibt es eine Richtlinie mit einem Vorsorgewert von <300 ng/m^3 Raumluft (für 24 h Aufenthalt) [11]. Bei dem 10fachen Gehalt müssen umgehende Maßnahmen getroffen werden. Für Schwangere gelten geringere Mengen. Dabei berücksichtigt diese Richtlinie allerdings nicht die tägliche Aufenthaltszeit, unterschiedliche Körpergewichte und geht von hoher körperlicher Belastung und vollständiger Resorption aus. Da dies in der Regel nicht auf Arbeitsplätze in geschlossenen Räumen zutrifft, liegt der Grenzwert der Deutschen Forschungsgemeinschaft (DFG) gleich bei 3.000 ng/m^3 (bei 8 h Aufenthalt/Tag und 40-jähriger Belastung).

Das Problem bei der Altbausanierung ist, dass es nicht reicht, die PCB-belasteten Materialien zu entfernen. Da sie über Jahrzehnte ausdampften, sind auch Wände, Fußböden und langlebige Geräte sekundär belastet und diese können weiterhin die Messwerte hochtreiben, zumal nach einer Sanierung immer der geringere Vorsorgewert gilt. Bei Messungen gilt es noch zu beachten, dass das Ausdampfen von PCB temperaturabhängig ist. Deshalb können Räume als völlig unbedenklich eingestuft werden, wenn sie bei 18 °C gemessen werden. Bei 30–35 °C können dieselben Räume aber bis zu 10fach höhere Werte ergeben. Bei Verdacht einer längerfristigen Exposition können auch die PCB-Werte im Blut gemessen werden [12].

Obwohl PCB seit über 30 Jahren in Deutschland verboten sind, können die Stoffe noch in Altbauten, Böden, Wasser und Luft nachgewiesen werden, was dann verständlicherweise bei den Betroffenen große Aufregung verursacht [11, 12]. Dabei sind wir im Alltag einer ständigen Hintergrundbelastung mit PCB ausgesetzt. Die größte Belastungsquelle ist heute der Verzehr von fettreichen tierischen Lebensmitteln, dazu gehören v. a. Fleisch und Milchprodukte.

Das Seveso-Gift – Dioxine

Am Samstag, den 10. Juli 1976, kam es in einem Chemiewerk 20 km von Mailand entfernt zu einem folgenschweren Unfall. Vier Gemeinden grenzten an das Werk, eine davon hieß Seveso, nach der später der Unfall benannt werden sollte. Es wurde eine unbekannte Menge des hochgiftigen Dioxins 2,3,7,8-Tetrachlordibenzodioxin (TCDD) freigesetzt [13]. Es entstand als Nebenprodukt bei der Herstellung eines Desinfektionsmittels. Durch einen Wärmestau im Produktionskessel kam es zu einer Explosion. Ein Sicherheitsventil löste aufgrund von Überdruck aus und über eine halbe Stunde lang wurde das Dioxin in die Umwelt geblasen. Die Giftwolke waberte über ein 6 km^2 großes dicht besiedeltes Gebiet. Die Folgen waren dramatisch, die Ursachen wurden von der Firma aber 8 Tage lang geheim gehalten. Rund 200 Menschen erkrankten an schwerer Chlorakne, es wurden 3300 Kadaver von Tieren gefunden, die dioxinverseuchtes Gras gefressen hatten. Alles Obst und Gemüse der gesamten Region mussten vernichtet werden. Hunderte von Bewohnern wurden evakuiert, das vergiftete Gebiet militärisch abgesperrt. Schwangeren riet man offiziell zur Abtreibung. Erst im April 1984, acht Jahre nach dem Unglück, waren die Dekontaminations- und Aufräumarbeiten abgeschlossen. Über die Auswirkungen auf die Bevölkerung weiß man trotz zahlreicher Studien nicht viel. Es konnten keine direkten Todesopfer mit dem Unglück in Zusammenhang gebracht werden – eine leichte Erhöhung des Vorkommens seltener Krebsarten ist statistisch kaum nachweisbar. Am auffälligsten war die Umkehrung des Geschlechterverhältnisses. In der norditalienischen Bevölkerung kommen normalerweise 106 Männer auf 100 Frauen. In Seveso war das Verhältnis rund 20 Jahre nach dem Unfall 54,2 Männer auf 100 Frauen [14]. Junge Männer zeugten viel mehr Mädchen als statistisch zu erwarten gewesen wäre. Diese „Verweiblichung" ist typisch für den Hormoncharakter der Dioxine.

Das Seveso-Unglück rückte die schädlichen Folgen von Dioxin in den Mittelpunkt der Öffentlichkeit. Dioxin ist eine Sammelbezeichnung für rund 75 polychlorierte Dibenzo-*para*-Dioxine (PCDD) und 135 polychlorierte Dibenzofurane (PCDF), die in der Regel in Gemischen vorkommen [15]. Das giftigste Dioxin ist das in Seveso ausgetretene TCDD. Bei Messungen werden 17 Verbindungen (7 Dioxine, 10 Furane) für die Bewertung der Toxizität verwendet und die toxische Wirkung als Toxizitätsäquivalentfaktor (TEF) im Verhältnis zu TCDD ausgedrückt [15]. Die Formeln zeigen, dass es sich auch hier um vielfach chlorierte Kohlenwasserstoffe handelt, die sich durch die Anzahl und Stellung der Chloratome unterscheiden. Es handelt sich immer um 2 Phenolringe (Dibenzo-…), die unterschiedlich über Sauerstoff miteinander verknüpft sind (Abb. 14.7).

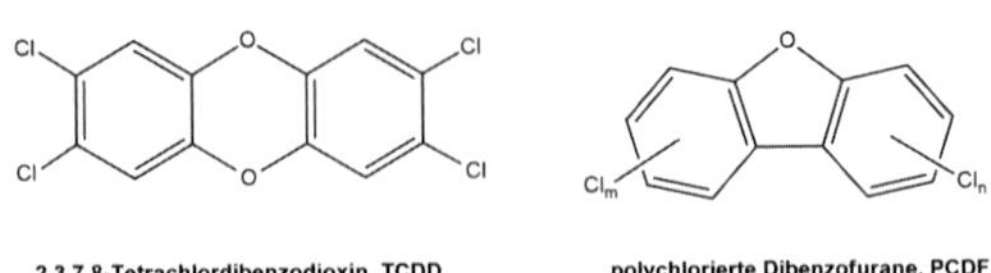

Abb. 14.7 TCDD als Beispiel für die Gruppe der polychlorierten Dibenzodioxine und PCDF als polychloriertes Dibenzofuran; m und n stehen dabei für eine unterschiedliche Anzahl von Chloratomen

Dioxine sind reine Schadstoffe. Das heißt, sie wurden nie in technischem Maßstab produziert, sondern entstehen als Nebenprodukte bei allen Verbrennungsprozessen, wenn Chlor und organischer Kohlenstoff anwesend sind und Temperaturen von 300 °C herrschen [15]. Sie werden damit beim Verbrennen von Plastiktüten ebenso erzeugt wie bei Waldbränden und Vulkanausbrüchen. In Chemiefirmen entstehen sie bei vielen Produktionsverfahren, in denen Chlor eingesetzt wird, früher auch bei Herstellung bestimmter Unkrautvernichtungsmittel (Herbizide). Die Dioxine sind dann auch in den entsprechenden Produkten als Verunreinigungen vorhanden. Auch das vorhin besprochene PCB ist in der Regel mit Dioxinen verunreinigt [15]. Der Eintrag in die Umwelt geschah früher durch die genannten chlorierten Substanzen, aber auch bei der Metallgewinnung und in Abfallverbrennungsanlagen. Letztere konnten durch strenge Grenzwerte ihren Eintrag technisch drastisch vermindern. Weitere Eintragsmöglichkeiten sind in der Verwendung von Klärschlamm zur Düngung landwirtschaftlicher Flächen und in den Abwässern von Zellstofffabriken und Deponiesickerwasser zu finden. Über solche Quellen gelangten Dioxine jahrzehntelang in Grundwasser, Flüsse und letztlich auch in die Meere. In die Nahrungskette kommen sie durch Bodenpartikel, die an Nahrungspflanzen anhaften, z. B. beim Weidegang von Rindern, frei laufenden Hühnern oder bei schlecht gewaschenem Gemüse. Von Pflanzen werden sie mit Ausnahme von Zucchini aber kaum aufgenommen. Hingegen sind die Fette in Tierfuttermittel oft dioxinbelastet, wodurch sie wieder ins Fleisch kommen. Und diese Quellen führen dann auch zu immer wiederkehrenden Lebensmittelskandalen um dioxinverseuchte Eier oder dioxinbelastetes Schweinefleisch.

Wir nehmen 90–95 % der Dioxine über die Nahrung auf, v. a. durch Milchprodukte, Fleisch, Fisch und Eier – in dieser Reihenfolge. Da die Dioxine chemisch sehr stabil sind, reichern sie sich im Körperfett an. Die Halbwertszeit von TCDD beträgt im Körperfett etwa 7 Jahre, das sich am langsamsten abbauende Dioxin ist erst nach fast 20 Jahren zur Hälfte wieder abgebaut [15]. Deshalb finden wir heute Dioxine überall in der Umwelt, von der Arktis bis zur Antarktis, im Boden, im Wasser und in der Luft. Als persistente organische Schadstoffe („Persistent Organic Pollutants“, POPs) wurden Dioxine und PCB vom Stockholmer Übereinkommen im Mai 2001 erfasst, was ein weltweites Produktionsverbot zur Folge hat. Für Dioxine hilft das allerdings nichts, da sie ja gar nicht großchemisch hergestellt werden, sondern Abfallprodukte der chemischen Industrie sind.

Schwierig bis sehr schwierig ist es festzustellen, welche Wirkungen die chronische Belastung mit Dioxinen wirklich hat. In Tierversuchen sind alle Dioxine toxisch, am gefährlichsten ist das Seveso-Gift TCDD. Es ist die giftigste, von Menschen erzeugte Substanz und wird nur noch von wenigen natürlichen Toxinen und Polonium-210 übertroffen (s. Kap. 1). Es kommt dann bei Tieren zu Auszehrungssyndromen und massiven Stoffwechselstörungen. Durch Dioxine können Hautschädigungen (Chlorakne), Störungen des Immunsystems, des Nervensystems, des Hormonhaushalts, der Reproduktionsfunktionen und der Enzymsysteme auftreten [15].

Das TCDD wurde von der WHO im Februar 1997 als humankanzerogen eingestuft, auch andere Dioxine stehen im Verdacht, krebserregend zu sein. Allerdings sind die täglich aufgenommenen Mengen so gering, dass völlig unklar ist, welche Auswirkungen sie auf den Menschen haben. In Deutschland geht man bei einem Erwachsenen von einer sogenannten Hintergrundbelastung von maximal 2 pg (Pikogramm) TEQ (toxic equivalents, nach WHO-Standards) pro Kilogramm Körpergewicht aus, was die dioxinähnlichen PCB bereits einschließt; 1 pg ist der milliardste Teil eines Gramms. Damit entspricht dieser Wert auch schon der täglichen tolerierbaren Dosis, die das Wissenschaftliche Komitee für Lebensmittel (SCF) der EU festgelegt hat. Die ganze Diskussion um die Grenzwerte, die zudem auch von derselben Organisation noch öfter verändert werden, entsteht, weil niemand toxikologisch begründet einen solchen Wert angeben kann. Die jetzigen Grenzwerte sind lediglich Werte, die gerade noch erreichbar sind und deshalb sollte jedes Mehr vermieden werden. Erschwerend kommt hinzu, dass ungeborene Föten über die Plazenta und gestillte Säuglinge über die Muttermilch deutlich höhere Mengen an Dioxinen aufnehmen. Auch Kleinkinder nehmen 2- bis 3-mal mehr Dioxine über die Nahrung auf als ein Erwachsener [15].

Die Dioxine, die wir heute in der Umwelt finden, sind im Wesentlichen den Umweltsünden der Vergangenheit zuzuschreiben. Seit Ende der 1980er-Jahre wurden in Deutschland technische Maßnahmen bei Verbrennungsprozessen und in der Chemikalienproduktion ergriffen und rechtliche Vorschriften erlassen, wie Emissionsbeschränkungen und Verbotsverordnungen. Und diese Maßnahmen waren erfolgreich. Im Jahr 1990 entwichen deutschlandweit noch 1,2 kg Dioxin in die Luft, 2005 waren es nur noch 70 g [16]. Dadurch ist auch die Dioxinbelastung von Muttermilch in Deutschland laut dem Umweltbundesamt (UBA) [15] seit Ende der 1980er-Jahre um 60 % zurückgegangen. Heute kommen Dioxine v. a. durch die Metallindustrie in die Luft, aber auch durch Holzöfen und Kamine in Privathaushalten, die nicht reguliert sind. So enthält auch sauberes Holz Dioxine, v. a. aber lackiertes Holz, Gartenabfälle oder Holzpaletten.

Immerhin brachte das Seveso-Unglück das Dioxin in das Bewusstsein der Öffentlichkeit und es entstand die Seveso-II-Richtlinie der EU zur „Beherrschung der Gefahren bei schweren Chemieunfällen“.

Von Outdoorjacken, Gummistiefeln und Zelten

Wer heute die Wohnung oder das Haus verlässt, trägt, v. a. wenn Regen angesagt ist, funktionelle Outdoorbekleidung, die früher nur wenigen Profis vorbehalten war. Schön bunt und auffallend gemustert schützt sie uns vor Sonne, Regen, Wind, versorgt unseren Körper mit frischer Luft und lässt den Schweiß durch ihre Poren verdunsten. Was jedoch kaum jemand weiß: Was die Jacken wetterfest macht, sind polyfluorierte und perfluorierte Alkylsubstanzen (PFAS). Diese Gruppe umfasst mehr als 4.000 verschiedene Stoffe. Sie bestehen aus Kohlenstoffketten, bei denen die Wasserstoffatome vollständig (perfluoriert) oder teilweise (polyfluoriert) durch Fluoratome ersetzt sind (Abb. 14.8, [17]). Und das macht diese Verbindungen nicht nur unglaublich stabil, sondern auch wasser- und fettabweisend. Sie sind außerdem UV-beständig und schützen auch noch vor Schmutz – ideale Eigenschaften für Regenjacken, Gummistiefel und Zelte. Durch die Imprägnierung bleiben die Eigenschaften auch nach mehrmaligem

Polytetrafluorethylen, Teflon, PTFE

Perfluoroctansulfonsäure, PFOS

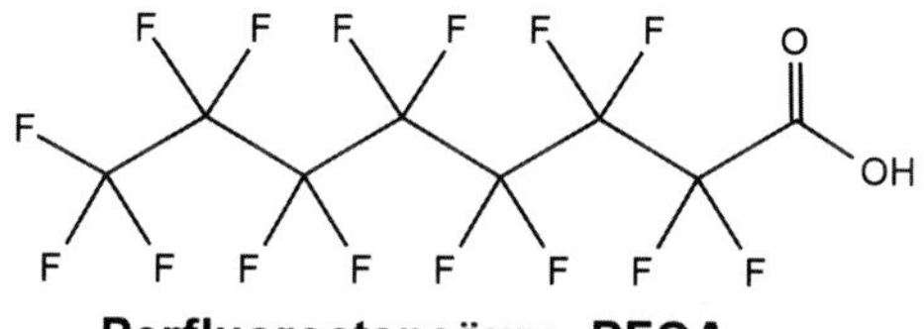

Perfluoroctansäure, PFOA

Abb. 14.8 Strukturformeln von Polytetrafluorethylen, Perfluoroctansulfonat (PFOS) und Perfluoroctansäure (PFOA) als Beispiele perfluorierter Kohlenwasserstoffverbindungen (PFAS)

Waschen in den Textilien erhalten, was natürlich ein besonderer Vorteil ist. Aber ihr Einsatzgebiet ist noch wesentlich weiter und sie begegnen uns auf Schritt und Tritt (Tab. 14.1). Am bekanntesten ist das Polytetrafluorethylen (PTFE, Abb. 14.8), das unter den Markennamen Teflon®, Gore-Tex® und Scotchgard® gehandelt wird. Es wird für Antihaftbeschichtungen in Bratpfannen, als Membrangewebe für Bekleidungsstücke oder im technischen Umfeld verwendet. Andere perfluorierte Verbindungen werden als schmutzabweisende Imprägnierung für Teppichböden eingesetzt oder in Pizzakartons verarbeitet, damit der fettige Inhalt in der Packung bleibt.

Das früher häufigste PFAS war das Perfluoroctansulfonat (PFOS, Abb. 14.8). Es stellte sich im Tierversuch allerdings als leberschädlich heraus, beeinflusste das Immunsystem und die Fortpflanzungsfähigkeit. Es steht sogar im Verdacht, krebserregend zu sein und ebenso wie seine direkten Abkömmlinge Schilddrüsenhormone zu beeinflussen und dadurch zu neurologischen Entwicklungsstörungen beizutragen [19]. Deshalb darf es in der EU seit 2008 nur noch in winzigen Beimischungen vorkommen. Seit 2020 sind die Herstellung und die Verbreitung in der EU ganz verboten. Statt PFOS werden heute andere Verbindungen derselben Gruppe verwendet. Diese haben häufig kleinere Moleküle und müssen deshalb in höherer Dosis eingesetzt werden.

Die vielfachen Fluoranlagerungen der PFAS machen diese besonders stabil und das gilt leider auch für ihr Umweltverhalten. Sie werden in der Natur praktisch nicht abgebaut und werden als „langlebige organische Schadstoffe" eingestuft. Sie sind weitestgehend inaktiv. Das heißt aber nicht, dass sie keine Wirkung entfalten würden. PFOS ist heute noch in biologischen Proben vorherrschend, in den Ozeanen findet sich v. a. Perfluoroctansäure (PFOA, Abb. 14.8). Im menschlichen Körper reichern sich beide im Blut und im Organgewebe an und werden nur extrem langsam ausgeschieden. Die Konzentration verringert sich erst nach 4,4 Jahren bei

Tab. 14.1 Verwendungsmöglichkeiten für PFAS [17, 18]

Industriezweig	Verwendung (direkt/indirekt)
Textil	Imprägnierungsmittel, atmungsaktive Jacken, Arbeitskleidung
Papier	schmutz-, fett- und wasserabweisende Papiere
Baustoff	Wetterschutzfarben/-lacke, Schutz vor Verschmutzung
Haushaltswaren	Pfannen- und Topfbeschichtung
Lebensmittelverpackungen	fett- und wasserabweisendes Verpackungsmaterial
Feuerwehr	Feuerlöschschäume
Sport	Zusatz für Skiwachs, Outdoorbekleidung, Regenbekleidung

PFOA und bei PFOS sogar erst nach 8,7 Jahren um die Hälfte [19]. Auch in Kläranlagen werden sie kaum abgebaut oder herausgereinigt, sodass sich gerade hier hohe Gehalte im Abwasser finden können und natürlich auch im Klärschlamm. Wird dieser in der Landwirtschaft als Dünger ausgebracht, gelangen die Chemikalien in den Boden und sickern bis ins Grundwasser. Auch Pflanzen können PFAS aufnehmen, wodurch sie in die Nahrungskette gelangen.

Durch verschiedene Umwandlungsprozesse können in den Kläranlagen zusätzliche perfluorierte Chemikalien entstehen. Sie werden über Flüsse und Meere global verteilt und können heute überall in der Umwelt nachgewiesen werden: von den Eisbären der Antarktis bis zu bayerischen Böden und Fließgewässern. Flüchtige PFAS, etwa in Imprägniersprays für Schuhe, Zelte oder Outdoorjacken, gelangen in die Atmosphäre und verteilen sich dort. Sie können sich auch an Staubpartikel in der Luft absorbieren und über weite Strecken transportiert werden. Wir nehmen diese Substanzen hauptsächlich über die Nahrung oder Trinkwasser auf. Auch in Innenräumen finden sich erhöhte Konzentrationen, wenn schmutzabweisende Teppiche verwendet werden.

Es gibt toxikologische Einschätzungen der Europäischen Behörde für Lebensmittelsicherheit (EFSA) für Perfluoroctansulfonsäure (PFOS) und Perfluoroctansäure (PFOA). Der vorläufige TDI („Tolerable Daily Intake", täglich tolerierbare Aufnahmemenge) wurde von der EFSA auf 0,15 µg PFOS/kg Körpergewicht pro Tag bzw. auf 1,5 µg PFOA/kg Körpergewicht pro Tag festgelegt [18]. Es sind jedoch bisher keine Höchstgehalte für PFAS in Lebensmitteln festgelegt. Seit 2021 gibt es durch die EU-Trinkwasserrichtlinie Grenzwerte, die aber noch in nationales Recht umgesetzt werden müssen. Bis heute sind in Deutschland 177 Schadensfälle bekannt, wo per- und polyfluorierte Chemikalien in größeren Mengen in Boden, Grund-, Trink-, Oberflächenwasser oder Wasserschutzgebieten nachgewiesen wurden [20]. Dies zeigt, wie ubiquitär heute hormonelle Schadstoffe sind und wie wenig wir uns ihnen entziehen können.

Mehr oder weniger schädlich – Phthalate

Ganz so eindeutig wie bei den bisherigen Chemikalien ist der Schädigungsgrad bei den Phthalaten nicht zu bestimmen. In dieser Gruppe gibt es sowohl schädliche als auch weitgehend unschädliche Substanzen. Sie sind wichtig als Weichmacher in Kunststoffen, denn Kunststoff kann häufig nur mit Additiven richtig genutzt werden. Weltweit benötigt man ca. 6 Mio. t Weichmacher im Jahr, von denen allein 1,2 Mio. t in Europa verbraucht werden [21].

Phthalate sind im Gegensatz zu den bisherigen Chemikalien dieses Kapitels nicht persistent, sondern bauen sich im Körper und in der Umwelt ab. Manche wie das Di(2-ethylhexyl)phthalat (DEHP) jedoch nur sehr langsam [22]. Allerdings sind sie im Kunststoff chemisch nicht fest gebunden. Sie gasen langfristig aus Produkten aus, werden ausgewaschen und verteilen sich durch Abrieb von Kunststoffpartikeln. Durch die Anwendung der Phthalate in Bodenbelägen, Tapeten, Kunstleder, Kinderspielzeug, Sport- und Freizeitartikeln oder Lebensmittelverpackungen ist praktisch jeder ihrer Wirkung ausgesetzt (Abb. 14.9). Wenn man etwa PVC-Böden nass aufwischt, können Phthalate im Abwasser landen und sich in Sedimenten von Klärschlamm absetzen. Wird dieser wieder als Dünger für landwirtschaftliche Zwecke verwendet, kommen die Phthalate in den Ackerboden. Im Außenbereich handelt es sich um Weich-PVC in Kabeln und Dichtungsbahnen, bei Unterbodenschutz von Kraftfahrzeugen oder in LKW-Planen. Wir nehmen sie v. a. über die Luft und die Nahrung auf. Sie sind praktisch bei jedem Menschen im Blut oder Urin nachweisbar [22]. Umso wichtiger ist es, etwas über ihre Wirkung zu wissen.

Dabei kann man Phthalate nicht über einen Kamm scheren, es gibt die „Bösen" und die „Guten" (Tab. 14.2).

Abb. 14.9 Im Jahr 2013 beschlagnahmte die amerikanische Zoll- und Grenzschutzbehörde mehr als 200.000 Spielzeugpuppen aus China wegen eines zu hohen Phthalatgehaltes [23]

Tab. 14.2 Die bis 2006 am häufigsten eingesetzten Phthalate und ihre Auswirkung auf die menschliche Fortpflanzungsfähigkeit, das ungeborene Kind im Mutterleib (Teratogenität) und die Umwelt [24]

Phthalat	Chemischer Name	Fortpflanzungsfähigkeit	Teratogenität	Umwelt
Die „Bösen":				
DBP	Di-*n*-butylphthalat	R62	R61	R50/53
DEHP	Di(2-ethylhexyl) phthalat	R62	R61	R50/53
BBP	Benzylbutylphthalat	R62	R61	R50/53
DIBP	Diisobutylphthalat	R62	R61	R50
Die „Guten":				
DIOP	Diisooctylphthalat	keine	keine	keine
DIDP	Diisodecylpthalat	keine	keine	keine

R60: Kann die Fortpflanzungsfähigkeit beeinträchtigen
R61: Kann das Kind im Mutterleib schädigen
R62: Kann möglicherweise die Fortpflanzungsfähigkeit beeinträchtigen
R50: Umweltgefährlich
R53: Kann langfristig Schäden im Gewässer bewirken

Die ersten 4 Phthalate in Tab. 14.2 sind alle kurzkettig (Abb. 14.10) und wurden von der Europäischen Chemikalienbehörde (ECHA) als „besonders besorgniserregende Substanzen" und seit 2017 zusätzlich als mögliche endokrine Disruptoren (s. Kap. 6) eingestuft. Dies beinhaltet eigentlich ein generelles Verwendungsverbot bei Neuzulassungen. Eine Ausnahmeregelung gibt es nur in Medizinprodukten. So wird DBP von der Pharmaindustrie verwendet, damit sich Tabletten nicht im Magen, sondern erst im Darm auflösen und um ihre Haltbarkeit zu verlängern.

Heute geht man nicht mehr von einer krebserregenden Wirkung der „bösen" Phthalate aus, aber was an Gefährdung übrig bleibt, reicht auch. So haben einige Phthalate – v. a. DEHP – einen Einfluss auf die Spermien-DNS. Bei DBP nimmt bei Mäusen das Fötusgewicht ab und hohe Konzentrationen führen zu Missbildungen. Allerdings sind die Wirkungen auf Menschen deutlich geringer als auf Mäuse, da der Mensch nur 1–10 % der Rezeptordichte von Mäusen besitzt [21]. Daneben zeigen einige Phthalate endokrine Wirkungen. So verfrühen sie bei Frauen die Menopause um 2–4 Jahre bzw. sind ein Risikofaktor für Frühgeburten [25]. Nicht nur für Frauen stellen sie eine Gefahr dar, so stehen Phthalate im Verdacht, Unfruchtbarkeit, Übergewicht und Diabetes beim Mann zu bewirken. Hinzu kommt die Gefährdung von Oberflächengewässern, wo insbesondere Fische sehr empfindlich sind. Das DBP etwa ist sehr giftig für Wasserorganismen.

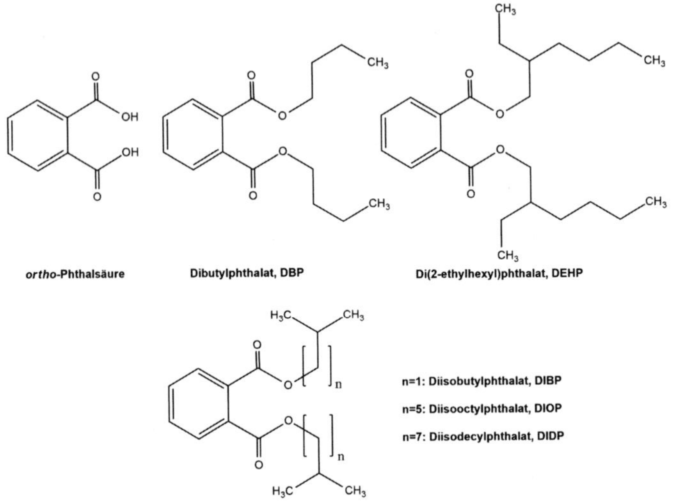

ortho-Phthalsäure Dibutylphthalat, DBP Di(2-ethylhexyl)phthalat, DEHP

n=1: Diisobutylphthalat, DIBP
n=5: Diisooctylphthalat, DIOP
n=7: Diisodecylphthalat, DIDP

Abb. 14.10 Phthalsäure als Grundbaustein sowie die häufigsten Phthalate DBP, DEHP, DIBP, DIOP und DIDP mit unterschiedlichen Kohlenwasserstoffresten

Bei den „guten" langkettigen Phthalaten (Tab. 14.2) geht man von keinen Risiken aus und sie können frei verwendet werden. In den letzten Jahren verlagerte sich die Verwendung von Phthalaten deshalb auf die langkettigen Varianten, die heute 80 % des Marktes ausmachen [26]. Trotzdem hat sie die EU aus Vorsicht in Baby- und Kinderspielzeug verboten, weil diese das Spielzeug gerne in den Mund nehmen und damit direkt die Phthalate in den Körper aufnehmen.

Zu fast allen Produkten, denen Phthalate als Weichmacher zugesetzt wird, gibt es Alternativen. Das können bei PVC andere Weichmacher sein oder gleich andere Kunststoffe wie beispielsweise Polyethylen (PE) oder Polypropylen (PP), die keine Phthalate enthalten. Auch kann man statt Vinyltapeten Papiertapeten nehmen oder statt PVC als Fußbodenbelag Alternativen, wie z. B. Linoleum, nutzen.

Angst vor Flammen

Brandschutz ist seit einigen Jahren sowohl bei Altbauten, vorrangig aber bei Neubauten ein wichtiges Ziel. Dazu werden brennbare Materialien mit Chemikalien versetzt, um das Brandrisiko zu verringern. Trotzdem entstehende Brände sollen dadurch verzögert werden, sodass sich für die Bewohner die Zeit zur Flucht verlängert. Solche Produkte im Haushalt

Tab. 14.3 Bewertung von Flammschutzmitteln [28]

I Anwendungsverzicht	Decabromdiphenylether (DecaBDE)[b] Tetrabrombisphenol A, additiv (TBBPA)[a, b]
II Substitution anzustreben	Tetrabrombisphenol A, reaktiv[a, b] Tris(chlorpropyl)phosphat
III Problematische Eigenschaften	Hexabromcyclododecan, (HBCDD)[a, b] Natriumborat Decahydrat, $Na_2B_4O_7 \cdot 10H_2O$ (Borax)
	Antimontrioxid, Sb_2O_3
IV Keine Empfehlung möglich (Kenntnislücken)	Bis(pentabromphenyl)ethan Resorcinol-bis(diphenylphosphat)
	Pyrovatex CP neu
	Melamincyanurat
V Anwendung unproblematisch	Roter Phosphor (mikroverkapselt) Ammoniumpolyphosphat, $[NH_4PO_3]_n$
	Aluminiumtrihydroxid, $Al(OH)_3$

[a] Schädlich für Gewässerorganismen
[b] In Muttermilch und Blut nachweisbar

sind die Gehäuse von Elektro- und Elektronikgeräten, Leiterplatten, Kabel, Teppiche, Dämmstoffe und Montageschäume, Textilien für Matratzen und Polstermöbel. In Europa werden jährlich rund 35.000 t Flammschutzmittel verschiedenster Art hergestellt [27]. Viele Mittel sind gesundheitsgefährlich mit negativen Auswirkungen auf die Umwelt (Tab. 14.3).

Dies gilt v. a. wiederum für halogenhaltige Verbindungen (Abb. 14.11), die, wie schon ausführlich besprochen, in der Umwelt kaum abbaubar sind und sich deshalb anreichern (Bioakkumulation). Manche Verbindungen wie die polybromierten Diphenylether (PBDE) verursachen hochgifte Stoffe, wenn der Brand dann doch stattfindet. Aus ihnen können dann flüchtige Dioxine und Furane entstehen. Allerdings sind sie kostengünstig und mit vielen Produktgruppen nutzbar.

In den Kategorien I und II finden sich mehrere bromierte Flammschutzmittel, die v. a. in Kunststoffen eingesetzt werden. Der Kontakt mit diesen Oberflächen ist für den Verbraucher kein Problem, wohl aber die Herstellung und spätere Entsorgung. Denn bereits bei den Verarbeitungsschritten dampfen die Chemikalien aus oder lösen sich und gelangen dadurch in die Umwelt. Ein besonderes Problem ist ihre Entsorgung in Mülldeponien. Sie können dort ins Sickerwasser geraten und die Gewässer verunreinigen. Wie bei vielen Umweltchemikalien ist ihre Auswirkung auf den Menschen nicht hinreichend geklärt. Man sagt ihnen einen schädigenden Einfluss auf Gehirn und Leber, hormonelle und krebserregende Wirkungen und Stoffwechselstörungen nach.

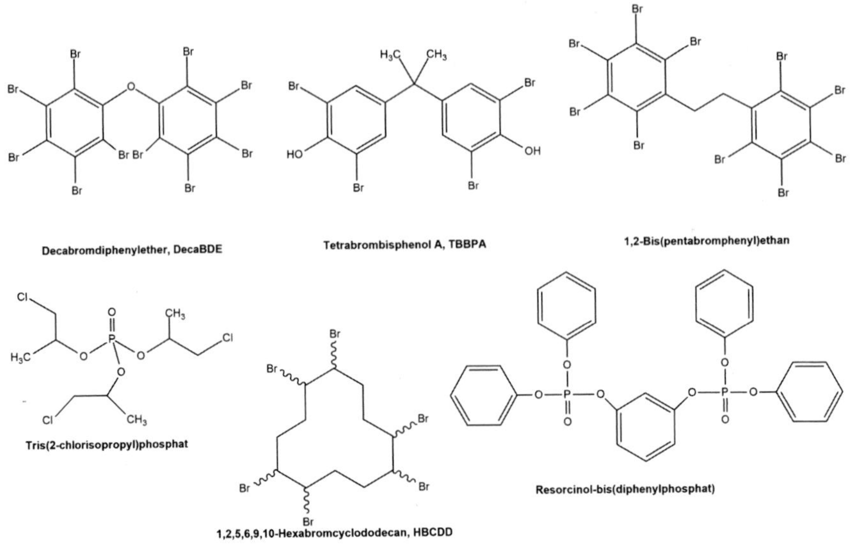

Decabromdiphenylether, DecaBDE

Tetrabrombisphenol A, TBBPA

1,2-Bis(pentabromphenyl)ethan

Tris(2-chlorisopropyl)phosphat

1,2,5,6,9,10-Hexabromcyclododecan, HBCDD

Resorcinol-bis(diphenylphosphat)

Abb. 14.11 Strukturformen der prominentesten polyhalogenierten Flammschutzmittel aus Tab. 14.3

Als Reaktion darauf wurden einige bromierte Flammschutzmittel bereits 2004 in Europa verboten. Hexabromcyclododecan (HBCDD) ist seit 2013 nach dem Stockholmer Übereinkommen weltweit geregelt und weitestgehend verboten. Decabromdiphenylether (DecaBDE)darf seit 2008 bereits nicht mehr in neuen Elektro- und Elektronikgeräten enthalten sein. Für Kunststoffe gibt es seitdem einen Grenzwert; seit 2017 ist DecaBDE weltweit verboten [29]. Problematisch sind dabei natürlich immer Materialien, die sich bereits in der Wohnung befinden und u. U. eine jahrzehntelange Haltbarkeit haben.

Viele Hersteller versuchen heute auch die noch erlaubten halogenierten Verbindungen zu ersetzen, etwa durch halogenfreie phosphororganische Flammschutzmittel. Aber auch diese müssten intensiver auf ihr Umweltverhalten geprüft werden.

Was Sie tun können...

- Kaufen Sie nicht das billigste Plastik – v. a. nicht als Kinderspielzeug. Halten Sie Abstand von Kunststoffen, die streng riechen.
- Bei der Verbrennung von Plastik entsteht Dioxin, dies ist unbedingt zu vermeiden.
- Geräucherte und gegrillte Nahrung nur zurückhaltend essen, hier entstehen PAK bei der Herstellung.

- Verwenden Sie so wenig Weichplastik wie möglich, v. a. nicht als Verpackung von Lebensmitteln (wegen der Phthalate). Benutzen Sie vorzugsweise Kunststoffe wie Polyethylen (PE) oder Polypropylen (PP), die keine Phthalate enthalten oder weichen Sie ganz auf Glas-, Metall- oder Porzellangefäße aus.
- Kaufen Sie beschichtete Outdoorbekleidung nur, wenn sie wirklich nötig ist, z. B. zum Hochgebirgstrekking, nicht zum Spaziergang im Stadtpark. Auch gibt es für den Alltagsbedarf mittlerweile ökologische Alternativen in der Outdoorbekleidung und -ausrüstung.

Literatur

1. WIKIPEDIA: Polycyclische aromatische Kohlenwasserstoffe. https://de.wikipedia.org/wiki/Polycyclische_aromatische_Kohlenwasserstoffe. Zugegriffen: 07. Juni 2023
2. UBA (2016) – Umweltbundesamt. Polyzyklische aromatische Kohlenwasserstoffe – Umweltschädlich! Giftig! Unvermeidbar? Broschüre 25 Seiten. https://www.umweltbundesamt.de/sites/default/files/medien/376/publikationen/polyzyklische_aromatische_kohlenwasserstoffe.pdf. Zugegriffen: 28. Dez. 2022
3. Verordnung (EG) Nr. 1907/2006 des Europäischen Parlaments und des Rates vom 18. Dezember 2006 zur Registrierung, Bewertung, Zulassung und Beschränkung chemischer Stoffe (REACH), zur Schaffung einer Europäischen Agentur für chemische Stoffe, zur Änderung der Richtlinie 1999/45/EG und zur Aufhebung der Verordnung (EWG) Nr. 793/93 des Rates, der Verordnung (EG) Nr. 1488/94 der Kommission, der Richtlinie 76/769/EWG des Rates sowie der Richtlinien 91/155/EWG, 93/67/EWG, 93/105/EG und 2000/21/EG der Kommission. OJ L 396, 30.12.2006, S 1–851
4. WIKIPEDIA: Benzo(*a*)pyren. https://de.wikipedia.org/wiki/Benzo(a)pyren. Zugegriffen: 07. Juni 2023
5. BfR (2010) Bundesinstitut für Risikobewertung. Krebserzeugende polyzyklische aromatische Kohlenwasserstoffe (PAK) in Verbraucherprodukten sollen EU-weit reguliert werden – Risikobewertung des BfR im Rahmen eines Beschränkungsvorschlages unter REACH. Stellungnahme Nr. 032/2010 des BfR vom 26. Juli 2010. https://www.bfr.bund.de/cm/343/krebserzeugende_polyzyklische_aromatische_kohlenwasserstoffe_pak_in_verbraucherprodukten_sollen_eu_weit_reguliert_werden.pdf. Zugegriffen: 28. Dez. 2022
6. Verordnung (EU) Nr. 835/2011 der Kommission vom 19. August 2011 zur Änderung der Verordnung (EG) Nr. 1881/2006 im Hinblick auf Höchstgehalte an polyzyklischen aromatischen Kohlenwasserstoffen in Lebensmitteln. Text von Bedeutung für den EWR. OJ L 215, 20.8.2011, S 4–8

7. WIKIPEDIA: Polychlorierte Biphenyle. https://de.wikipedia.org/wiki/Polychlorierte_Biphenyle. Zugegriffen: 07. Juni 2023
8. BfR (2008) Dioxinähnliche PCB in Schweinefleisch aus Irland. https://www.bfr.bund.de/de/presseinformation/2008/26/dioxinaehnliche_pcb_in_schweinefleisch_aus_irland-27289.html. Zugegriffen: 28. Dez. 2022
9. Djuchin K, Wahl K (2015) Dioxine und PCB in Lebensmitteln und Futtermitteln – Untersuchungsergebnisse 2015. http://www.ua-bw.de/uploaddoc/cvuafr/JB_2015_Dioxine_PCB_ausfuehrlich.pdf
10. Anonym (2021) Bayer verliert Verfahren um verbotene Chemikalie PCB. https://www.faz.net/aktuell/wirtschaft/unternehmen/bayer-verliert-pcb-verfahren-in-usa-17457797.html. Zugegriffen: 28. Dez. 2022
11. Universität Hohenheim (2019) Häufige Fragen und Antworten zum Thema PCB. https://www.uni-hohenheim.de/pcb-faq. Zugegriffen: 28. Dez. 2022
12. Anonym (2019). Im KIT stimmt die Chemie nicht. Laborjournal 5:12–15. https://www.laborjournal.de/rubric/hintergrund/hg/hg_19_05_01.php. Zugegriffen: 28. Dez. 2022
13. WIKIPEDIA: Sevesounglück. https://de.wikipedia.org/wiki/Sevesoungl%C3%BCck. Zugegriffen: 07. Juni 2023
14. Bertazzi PA, Bernucci I, Brambilla G et al (1998) The Seveso studies on early and long-term effects of dioxin exposure: a review. Environmental Health Perspectives 106. Suppl 2:625–633
15. UBA (2017). Dioxine (PCDD/PCDF) und Polychlorierte Biphenyle (PCB). https://www.umweltbundesamt.de/themen/chemikalien/persistente-organische-schadstoffe-pop/dioxine-pcddpcdf-polychlorierte-biphenyle-pcb
16. Blawat K (2011) Dioxin – "Das Zeug gehört nicht in den Körper". Süddeutsche Zeitung am 15.01.2011. https://www.sueddeutsche.de/wissen/dioxin-das-zeug-gehoert-einfach-nicht-in-den-koerper-1.1047041. Zugegriffen: 28. Dez. 2022
17. UBA (2018) Per- und polyfluorierte Chemikalien (PFC). https://www.umweltbundesamt.de/themen/chemikalien/chemikalien-reach/stoffgruppen/per-polyfluorierte-chemikalien-pfc#textpart-1. Zugegriffen: 28. Dez. 2022
18. Radykewicz T (2015) Perfluorierte Alkylsubstanzen (PFAS) – Hintergrundinformationen. http://www.ua-bw.de/pub/beitrag.asp?subid=0&Thema_ID=2&ID=2044&Pdf=No&lang=DE. Zugegriffen: 28. Dez. 2022
19. WIKIPEDIA: Per- und polyfluorierte Alkylverbindungen. https://de.wikipedia.org/wiki/Per-_und_polyfluorierte_Alkylverbindungen. Zugegriffen: 07. Juni 2023
20. Stadtwerke Rastatt (o. J.). PFC-Schadensfallübersicht. https://www.stadtwerke-rastatt.de/pfc-schadensfalluebersicht?ConsentReferrer=https%3A%2F%2Fwww.google.com%2F. Zugegriffen: 28. Dez. 2022
21. Thalheim M (2016). Phthalate: Innovation mit Nebenwirkung. Deutsches Ärzteblatt 113(45): A-2036/B-1704/C-1688. https://www.aerzteblatt.de/archiv/183814/Phthalate-Innovation-mit-Nebenwirkung. Zugegriffen: 28. Dez. 2022

22. UBA (2007). PHTHALATE – Die nützlichen Weichmacher mit den unerwünschten Eigenschaften. https://www.umweltbundesamt.de/sites/default/files/medien/publikation/long/3540.pdf. Zugegriffen: 28. Dez. 2022
23. WIKIMEDIA COMMONS: US-Department of Homeland Security, James Tourtellotte, gemeinfrei. https://commons.wikimedia.org/wiki/File:CBP_Seizes_Hazardous_Toy_Dolls_(10928300625).jpg. Zugegriffen: 07. Juni 2023
24. BAG (2012) – Bundesamt für Gesundheit. Factsheet Phthalate. Internet: https://www.infosperber.ch/wp-content/uploads/2016/02/BAG_Factsheet_Phthalate.pdf
25. WKIPEDIA: Phthalsäureester. https://de.wikipedia.org/wiki/Phthals%C3%A4ureester. Zugegriffen: 07. Juni 2023
26. LfU (2012) Bayerisches Landesamt für Umwelt. Stoffinformationen. Phthalate. https://www.lfu.bayern.de/analytik_stoffe/doc/abschlussbericht_svhc.pdf. Zugegriffen: 28. Dez. 2022
27. Kreuter J, Schwalbe M, Rudolf D et al (o. J.) Kunststoffe. Gefährdung durch Kunststoffe im Alltag. http://www.mannheimer-schulen.de/lilo/2005-2006/chemie/dat/gefaehrdung_alltag.html#5
28. BMUV (2001) Bundesministerium für Umwelt, Naturschutz, nukleare Sicherheit und Verbraucherschutz. Erarbeitung von Bewertungsgrundlagen zur Substitution umweltrelevanter Flammschutzmittel. Band I-III. Kurzfassung. https://www.umweltbundesamt.de/sites/default/files/medien/publikation/short/k1965.pdf. Zugegriffen: 28. Dez. 2022
29. BMUV (o. J.) Bromierte Flammschutzmittel. https://www.bmuv.de/themen/gesundheit-chemikalien/chemikalien/bromierte-flammschutzmittel. Zugegriffen: 28. Dez. 2022

Stichwortverzeichnis

3-MCPD-Ester 301

A

Abwasser 139, 155, 253
Abwasserreinigung 146
Acrylamid 298
Afrika 60
Agrarlandschaft 91, 99
Alkaloid 32, 35
Alkohol 244
Allergie 7, 30, 68, 226, 266
Altbausanierung 351
Alternaria-Art 53
Aluminiumsalz 266
Amalgam 325
Ammoniak 216
Ammoniak (NH_3) 130
Anorganisches Salz 81
Antibabypille 140
Antibiotikum 302
Anwendungsbereich 80
Arsen 338
Arzneimittel 152
Asbest 348
Aspergillus-Art 69
Aspergillus flavus 52
Atombombe 200
Atomkern 191
Atomkraftwerk 199
Atrazin 93
Autoabgas 116
Autobatterie 336
Azofarbstoff 292

B

Backofenreiniger 215
Bananenspinne 18
Belohnungssystem 236
Benzin 324
Benzo[*a*]pyren 346
Bergbau 330, 336
Bikini-Atoll 200
Bilsenkraut 33, 34
Bioakkumulation 84
Biologisch abbaubar 180
Bioplastik 180
Bioprodukt 89
Biowaffe 70

T. Miedaner und A. Krähmer, *Gifte in unserer Umwelt*,
https://doi.org/10.1007/978-3-662-66578-7

Biozid 80, 104
Bisphenol A 150, 312
Blaugeringelter Krake 20
Blei 323
Bleichmittel 222
Bleirohr 333
Boden 92, 172
Brasilianische Wanderspinne 18

C

Cadmium 333
Chemische Industrie 88
Chlor 214, 343
Chlorverbindung 86
Claviceps purpurea 54
Clean Labelling 289
Cocktailwirkung 147

D

DDT 81
Desinfektionsmittel 104, 225
Diabetes 240
Dieselskandal 119
Dioxine 351
Dopamin 237, 245
Dreckiges Dutzend 6, 86
Droge 233
  Gefährdung 252
  Konsum 234, 253
Dubois' Seeschlange 20
Duftstoff 266

E

Empfängnisverhütung 139
Endokrine Disruptoren 142, 268, 350
Enthärter 221
Enzym 294
Epoxid 59, 347
Erdnuss 60
Ergotismus 37
Ernteverlust 79

F

Fallout 193
Farbpigment 337
Farbstoff 290, 291
Feinstaub 117, 122, 328
Feinstaubbelastung 124
Flammschutzmittel 149, 361
Flüchtige organische Verbindung 131
Fluor 356
Formaldehyd 269, 271, 310
Fortpflanzungsfähigkeit 145, 146
Fossiler Brennstoff 116, 126
Fungizid 89
Fusarium-Art 52
Futtermittel 63

G

Gefahrensymbol 216, 219
Gelber Regen 71
Gentechnik 296
Genussmittel 233
Geschlechtsumkehr 141
Gesundheitsbeeinträchtigung 115
Gesundheitsgefährdung 122, 123, 133
Gesundheitsschaden 17, 194, 199, 212, 213, 239, 245, 250, 319, 329
Gift 3
Giftpilz 23
  Düngerling 26
  Fliegenpilz 25
  Frühlingslorchel 25
  Knollenblätterpilz 24
  Pantherpilz 24
Glucose 238
Glycerin 264
Glyphosat 98
Goldschürfer 331

Greifvogel 85
Grenzwert 94, 120
Gülle 169

H

Haushaltschemikalie 213
Hefeextrakt 289
Herbizid 81, 93
Hexenpflanze 32
Hiroshima 199
Höchstmenge 56
Holzschutzmittel 104
Hormon 304, 352
  Östrogen 141
  Schilddrüsenhormon 149
  Umwelthormon 142
Hormoneller Schadstoff 144

I

INES-Skala 203
Inlandtaipan 18
Innenraum 131
Insekt 95
Insektenrückgang 95
Insektizid 82, 86, 96
Intelligenz 148

J

Jagdwaffe 44

K

Kanzerogen 58
Kegelschnecke 19
Kernanlagenunfälle 204
Kernwaffentest 201
Kinderspielplatz 27
Kläranlage 152, 227
Klärschlamm 169, 172
Kohlendioxid (CO_2) 117, 125
Kohlenhydrat 238
Kokain 253
Kollagen 265
Konservierungsstoff 225, 269
Kontaminant 285
Konzentrationsangabe 8
Kosmetik 261
Kraftfahrzeug 117
Krankheitsbild 68
Krebs 250, 271, 299
Krebserkrankung 199, 246
Krebserregend 346
Krustenanemone 19
Kunststoff 147, 159
  Nitrocellulose 161
  Polystyrol 176
  Polyvinylchlorid (PVC) 162
Kupfer 100, 332

L

Lachgas (N_2O) 118, 126, 130
Landwirtschaft 129
Lebensmittel 55, 285
Letale Dosis (LD_{50}) 4
Lindan 88
Luftschadstoff 114
Lustzentrum 237

M

Mais 60
Makroplastik 171
Malariabekämpfung 83
Meerestier 174
Methan (CH_4) 131
Mikroplastik 169, 176, 227, 274, 311
Militärische Kernwaffe 202
Minamata-Krankheit 328
Mineralöl 262, 312
Mischtoxizität 103
Monitoring 155
Müll 168

Mülldeponie 165
Mutterkorn 37, 54
Mykotoxine
  Aflatoxin 52, 58, 63
  Deoxynivalenol (DON) 61
  Diacetoxyscirpenol 62
  Fumonisin 62
  Fusarium-Toxin 61, 64
  HT-2-Toxin 61
  Mutterkornalkaloid 37, 54, 64
  Ochratoxin A 53
  Patulin 54
  T-2-Toxin 61
  Trichothecene 51, 61
  Zearalenon 62

N

Nachtschattengewächs 33
Nagellack 271
Nagellackentferner 273
Nahrungskette 84, 178
Nanopartikel 275
Nanoplastik 177
Nanosilber 275, 321
Nationaler Aktionsplan 91
Natriumhydroxid 216
Naturkosmetik 277
Neonicotinoide 103
Neotyphodium 22
Nikotin 248
Nikotingenuss 249
Nitrat 305
Nitrosamin 299
Nutztier 63

O

Oberflächengewässer 92
Ökologischer Landbau 80, 100
Organisches Pflanzenschutzmittel 81
Orientierungswert 64
Ozeanplastik 165
Ozonloch 128

P

Paraben 268, 270
Paraffin 262
Penicillum-Art 53
PET-Flasche 311
Pfeilgift 44
Pfeilgiftfrosch 15
Pflanzenschutzmittel 306
Pharmazeutische Wirkung 39
Phthalat 266, 311, 357
Pille 139
Planetare Belastungsgrenze 2
Plastikabfall 159
Plastikstrudel 168
Plastiktüte 161, 183
Polychloriertes Biphenyl (PCB) 348
Polyfluorierte und perfluorierte Alkylsubstanz (PFAS) 355
Polymer 274
Polytetrafluorethylen 356
Polyzyklischer aromatischer Kohlenwasserstoff (PAK) 300, 344
Produktwarnung 57
Putzmittel 215

Q

Quecksilber 322, 325, 330

R

Radioaktiver Fallout 205
Radioaktive Strahlung 191
Radionuklide
  Cäsium-137 206
  Kalium-40 192
  Radon-222 194
Rauchen 250

Raumluft 131
Reaktorunfall 203
  Fukushima 206
  Tschernobyl 203
Reduktion 101, 102
Reinigungsmittel 211
  umweltfreundlich 229
Reproduktionstoxisch 151
Roggen 54, 64
Rosmarinextrakt 290
Roter Fingerhut 41
Rückstand 285, 287

S

SARS-CoV-2 155
Schierling 35
Schimmelpilz 67
Schwangerschaftstest 142
Schwefel 79, 100
Schwermetall 319
Schwermetallemission 323, 325
Seewespe 19
Semivolatile organic compound (SVOC) 132
Seveso-Gift 351
Silber 276, 320
Sonnenschutzmittel 147
Spanische Fliege 17
Spermium 146, 359
Spielzeug 334, 358
Spurenanalytik 8
Steinfisch 20
Stickoxid (NO_x) 117
Stickstoffdioxid (NO_2) 119
Stockholmer Abkommen 87
Strahlenbelastung 193
  Beispiel 198
Strahlungsart 192
Stummer Frühling 84
Super-GAU 203
Süßstoff 242
Sydney-Trichternetzspinne 19

T

Tabak 248
TCDD 351, 354
Tensid 221, 262
Tetanus 14
THG-Emission 128
Tierhaltung 131
Tollkirsche 35
Toxin
  Atropin 33
  Batrachotoxin 15
  Blausäure (Cyanid) 21
  Botulinumtoxin 13
  Cantharidin 17
  Conotoxin 19, 43
  Curare 44
  Digitoxin 41
  Hyoscyamin 33
  Lysergsäure 37
  Maitotoxin 21
  Muscimol 23
  Psilocybin 26
  Ricin 21
  Strophanthin 40
  Taipoxin 18
  Tetrodotoxin 16
Treibhauseffekt 118
Treibhausgas 125, 127
Turkey-X 63

U

Umweltbundesamt 94
Umweltchemikalie 1
Umweltgift 5
Umweltsicherheit 94, 103
Unfruchtbarkeit 350, 359

Unkraut 77
Uranbergbau 194

V

Venomics 43
Verendetes Tier 174
Vergiftung 14, 23, 24, 28, 34, 328, 329, 349
Verkehr 116, 126
Verpackungsmüll 161
Versauerung der Meere 128
Verunreinigung 285
Verursachergruppe 115
Verweiblichung 141, 350, 352
Vogelbestand 84, 98
Volatile organic compound (VOC) 131
Vorbeugungsmaßnahme 65
Vorkommen 56

W

Waschaktive Substanz 221
Waschmittel 211, 220
Weichmacher 148, 311, 347
Wirkstoff 91

Z

Zauberpilz 26
Zucker 238
Zuckerkonsum 243
Zuckerkrankheit 240
Zulassung 89, 103
Zusatzstoff 285, 286

Printed in the United States
by Baker & Taylor Publisher Services